CALCULE MAIS

Nunca é tarde para aprender matemática

DICAS INFALÍVEIS E MACETES MATEMÁTICOS PARA SOLUÇÕES SIMPLES E RÁPIDAS

VANDEIR VIOTI DOS SANTOS

CALCULE MAIS

Nunca é tarde para aprender matemática

DICAS INFALÍVEIS E MACETES MATEMÁTICOS
PARA SOLUÇÕES SIMPLES E RÁPIDAS

ALTA BOOKS
GRUPO EDITORIAL
Rio de Janeiro, 2018

Calcule Mais: Nunca É Tarde para Aprender Matemática

Impresso no Brasil — 2018 — Edição revisada conforme o Acordo Ortográfico da Língua Portuguesa de 2009.

Publique seu livro com a Alta Books. Para mais informações envie um e-mail para autoria@altabooks.com.br

Obra disponível para venda corporativa e/ou personalizada. Para mais informações, fale com projetos@altabooks.com.br

Produção Editorial
Editora Alta Books

Produtor Editorial
Thiê Alves

Gerência Editorial
Anderson Vieira

Assistente Editorial
Illysabelle Trajano

Produtor Editorial (Design)
Aurélio Corrêa

Editor de Aquisição
José Rugeri
j.rugeri@altabooks.com.br

Marketing Editorial
Silas Amaro
marketing@altabooks.com.br

Ouvidoria
ouvidoria@altabooks.com.br

Vendas Atacado e Varejo
Daniele Fonseca
Viviane Paiva
comercial@altabooks.com.br

Equipe Editorial Bianca Teodoro, Ian Verçosa, Juliana de Oliveira, Renan Castro

Revisão Gramatical
Thamiris Leiroza
Amanda Meirinho

Diagramação
Lucia Quaresma

Capa
Bianca Teodoro

Erratas e arquivos de apoio: No site da editora relatamos, com a devida correção, qualquer erro encontrado em nossos livros, bem como disponibilizamos arquivos de apoio se aplicáveis à obra em questão.

Acesse o site www.altabooks.com.br e procure pelo título do livro desejado para ter acesso às erratas, aos arquivos de apoio e/ou a outros conteúdos aplicáveis à obra.

Suporte Técnico: A obra é comercializada na forma em que está, sem direito a suporte técnico ou orientação pessoal/ exclusiva ao leitor.

A editora não se responsabiliza pela manutenção, atualização e idioma dos sites referidos pelos autores nesta obra.

Dados Internacionais de Catalogação na Publicação (CIP) de acordo com ISBD

S237c Santos, Vandeir Vioti dos

Calcule mais: nunca é tarde para aprender matemática / Vandeir Vioti dos Santos. - Rio de Janeiro : Alta Books, 2018.
528 p. ; 17cm x 24cm.

ISBN: 978-85-508-0252-7

1. Matemática. 2. Aprendizado. I. Título.

2018-104 CDD 512
CDU 512

Elaborado por Vagner Rodolfo da Silva - CRB-8/9410

Rua Viúva Cláudio, 291 — Bairro Industrial do Jacaré
CEP: 20970-031 — Rio de Janeiro - RJ
Tels.: (21) 3278-8069 / 3278-8419
ALTA BOOKS GRUPO EDITORIAL www.altabooks.com.br — altabooks@altabooks.com.br
www.facebook.com/altabooks

Dedico este livro a Deus, aos meus pais,
Valdir e Valéria, e a minha esposa, Bruna.

AGRADECIMENTOS

Cada um que passa em nossa vida passa sozinho, pois cada pessoa é única, e nenhuma substitui outra. Cada um que passa em nossa vida passa sozinho, mas não vai só, nem nos deixa sós. Leva um pouco de nós mesmos, deixa um pouco de si mesmo. Há os que levam muito; mas não há os que não levam nada. Há os que deixam muito; mas não há os que não deixam nada. Esta é a maior responsabilidade de nossa vida e a prova evidente que nada é ao acaso.

ANTOINE DE SAINT-EXUPÉRY (1900–1944)

Agradeço, primeiramente a Deus, por todas as bênçãos recebidas.

Agradeço aos meus pais, Valdir e Valéria, por todo apoio e dedicação. Agradeço por sempre estarem ao meu lado, pelo incentivo e por nunca me deixarem desistir.

Agradeço a minha esposa, Bruna Campos Vioti, por sempre estar ao meu lado me incentivando a lutar cada vez mais pelos meus sonhos e objetivos. Também agradeço a ela por ter desenhado com tanta dedicação cada uma das figuras que se encontram neste livro.

SOBRE O AUTOR

Vandeir Vioti dos Santos — formado em Matemática, Engenharia Elétrica e Tecnologia de Automação Industrial, mestre em Automação e Controle de Processos no Instituto de Ciências e Tecnologias do Estado de São Paulo — é fundador e professor do site Calcule Mais, **www.calculemais.com.br**. Com quatro publicações de artigos no maior Congresso Nacional de Iniciação Científica do Brasil nas áreas de eficiência energética e educação matemática. Medalhista de bronze na Olimpíada Brasileira de Física (OBF), em 2007, e premiado com duas menções Honrosas na Olimpíada Brasileira de Matemática (OBM), em 2007 e 2008. Semifinalista do prêmio Jovens Inspiradores da Fundação Estudar em parceria com a revista Veja. Vandeir é também um jovem sonhador com objetivo de ajudar a melhorar a educação no Brasil, país no qual, infelizmente, não são todas as pessoas que têm a oportunidade de obter uma educação de qualidade. Diante disso, não pôde deixar de pensar em todos aqueles que gostariam de estudar, prestar concursos, vestibulares e Enem, mas não podem pagar cursinhos ou não possuem tempo para tanto. Sempre esteve preocupado com os que possuem algum tipo de deficit. Por esse motivo resolveu criar o site e agora este livro. Seu objetivo é ensinar matemática a todas aquelas pessoas que nunca conseguiram aprender ou possuem extrema dificuldade com a matéria.

SUMÁRIO

INTRODUÇÃO

O objetivo deste livro é ajudar a todas as pessoas que possuem extrema dificuldade no aprendizado da matemática. O livro foi pensado de forma que qualquer pessoa possa usá-lo, seja no estudo para concursos públicos, vestibulares, Enem ou simplesmente tirar dúvidas de matérias específicas nas escolas.

Procurei simplificar ao máximo, por isso deixei muitas vezes o rigor matemático de lado. Caso você seja um matemático, peço que entenda o motivo pelo qual omiti tantas definições difíceis e expliquei de modo não convencional. Meu objetivo não é formar matemáticos, mas ensinar as pessoas a usarem a matemática para aprofundar seus conhecimentos ou simplesmente passar em uma prova. Por entender que muitas pessoas detestam matemática embora precisem estudá-la para atingir seus objetivos, procurei usar uma linguagem coloquial, mais simples e com algumas brincadeiras no decorrer do livro.

Gosto de dizer que aprender matemática é como fazer um bolo. Você pode preparar um bolo profissional e medir cada grama de ingrediente que colocar (rigor matemático), ou pode fazê-lo usando a receita da vovó, que adiciona alguns ingredientes conforme o gosto de quem o estiver fazendo (matemática mais simples). Ambos terão o mesmo resultado. O bolo será feito, mas o primeiro de forma profissional (rigor matemático) e o segundo para comer com os amigos (matemática mais simples). Essa foi a matemática que procurei abordar neste livro, por isso não citei alguns detalhes técnicos, que normalmente são difíceis de entender e não trazem grandes benefícios ao leitor.

Espero que você aprenda muito, mas lembre-se que é preciso paciência e dedicação. Faça e refaça os exercícios; uma dica é fundamental para o aprendizado. Por falar em dicas, você encontrará dezenas neste livro, além do acesso gratuito ao site Calcule Mais, com videoaulas para melhor ajudá-lo nesta jornada!

Um grande abraço,

Do seu amigo,

Vandeir

CAPÍTULO 1

DICAS DE INTERPRETAÇÃO

IDENTIFICANDO O ASSUNTO DAS QUESTÕES

Tão importante quanto saber resolver uma questão é saber identificar o assunto do qual ela trata. Recebi milhares de mensagens perguntando como fazer essa identificação. Darei algumas dicas preciosas, mas você terá que arregaçar as mangas e praticar. O primeiro ponto que quero destacar é que não adianta decorar o passo a passo de como resolver uma questão: você precisa entender o que está fazendo. É preciso compreender que a matemática é apenas uma ferramenta que usamos em dezenas de momentos para resolver alguma coisa. Ela não foi inventada; foi descoberta conforme a necessidade do ser humano de resolver algum problema. Por ser uma ferramenta tão poderosa é usada nas ciências exatas, biológicas e até humanas. Toda a tecnologia só pode ser desenvolvida graças à evolução da matemática.

Na matemática, decorar algo só servirá para que você esqueça depois, e a pior parte é ter dificuldades em resolver questões que apresentam enunciados diferentes do que você está acostumado. Um erro muito comum de quem presta concurso público é focar apenas na banca que realiza seu concurso, ou seja, o concurseiro quer resolver questões só daquela banca. Uma coisa é certa: se você de fato aprender e entender um assunto, por exemplo, regra de três, você será capaz de resolver qualquer questão de qualquer banca sobre ele. Então foque em compreender aquilo que está aprendendo. Percebeu a importância de entender o que se está fazendo?

Outro ponto importante é que, na maioria das vezes, não existe apenas uma forma de resolver uma questão. Saber qual é a forma mais fácil e rápida de resolvê-la pode ser a diferença entre ser aprovado ou não. Imagine que você queira ir da sua casa até o mercado. Você pode pegar o caminho mais rápido ou pode viajar até a China e depois voltar. Em ambos os casos você chegará ao mercado, mas qual é mais vantajoso? Como a matemática é uma ferramenta, vou perguntar o seguinte: o que você usa para pregar um prego na parede, um martelo ou uma retroescavadeira? Saber escolher qual forma (ferramenta) você usará é fundamental.

Um dos truques para descobrir qual é o assunto da questão ou o caminho mais rápido para resolvê-la é fazendo perguntas do tipo: o que o exercício quer? O que sei sobre esse assunto? Se já resolvi alguma questão parecida, como fiz? Por mais óbvio que pareça, essas questões ajudarão seu cérebro a identificar o assunto. Quanto mais questões você resolver, mais experiência ganha, logo mais prática adquire; ou seja, quanto mais treinado seu cérebro estiver, mais rápido identificará as questões. Posso dizer seguramente que já resolvi milhares de questões, por isso só de ler rapidamente alguma questão já sei identificar o assunto. Mas enquanto você não tem essa prática, ensinarei um truque: construa uma tabela! Como assim? Vamos lá! Não importa qual seja o assunto, quando for resolver algum exercício, preste atenção em algumas palavras-chaves ou características que encontrar na questão. Por exemplo, qual é o padrão que você encontra em todas ou na maioria das questões de regra de três que está resolvendo? Coloque isso em uma tabela separada por assunto. Você pode fazer tabelas comparativas, por exemplo: regra de três simples versus regra de três composta, juros simples versus juros compostos, dentre outras.

Professor, faz uma tabela para mim? NÃO! Porque se eu fizer isso, você vai querer decorá-la, e a minha sugestão de construí-la não é com o objetivo de ter uma tabela em si, mas que você desenvolva e construa seu próprio raciocínio. Quando você entende o que usa ou faz em uma questão, você ganha uma enorme facilidade para resolvê-la. Mas se pegar as mesmas questões de um colega e montar a tabela verá características diferentes em cada uma delas, por isso ressalto que este é um exercício individual que só você pode e deve fazer.

SUPERDICA

Uma **SUPERDICA** que tenho para você é sobre a ordem em que resolverá os exercícios. Depois de ter feito a tabela, comece a misturar os exercícios, ou seja, pegue questões que você já resolveu sobre os temas que já estudou. Misture tudo e resolva. Você conseguirá ver as diferentes características de cada assunto de forma mais detalhada. Quer ver uma coisa legal para sair da rotina? Copie várias questões diferentes, corte, dobre, jogue tudo dentro de uma caixa e sorteie a questão que você resolverá. Não existe milagre, matemática exige treino! Então largue a preguiça e vamos lá! Quem não luta pelo futuro que quer, deve aceitar o futuro que vier.

LINGUAGEM MATEMÁTICA

Entender a linguagem matemática é a chave para resolver milhares de questões. Começarei do básico até chegar o nível avançado. Preste atenção na frase: "um número menos três." Toda vez que o problema não tiver uma quantia, número ou valor, você usará uma letra para representá-lo. Você pode usar qualquer uma, mas a letra mais comum é o x. Não faço ideia do motivo de usarem tanto a letra x, mas usarei também. Se quiser, use a primeira letra do seu nome ou do nome do seu cachorro, sei lá, você é quem sabe!

Vamos voltar à frase:

> "Um número menos três"

Vamos trocar as palavras por símbolos.

> A expressão "um número" trocarei pela letra x.
>
> A palavra "menos" indica subtração, por isso trocarei pelo sinal de menos.
>
> E a palavra "três" trocarei pelo próprio número 3.
>
> Exemplo: $x - 3$

Outra frase:

> "Um número vezes quatro"

Vamos trocar as palavras por símbolos.

> A expressão "um número" trocarei pela letra x.
>
> A palavra "vezes", indica multiplicação, por isso trocarei pelo sinal de multiplicação. (Utilizarei o ponto como símbolo desse sinal.)
>
> Exemplo: $x.4$ → Observe que é comum escrever $4.x$ ou simplesmente $4x$.

SUPERDICA

> As palavras "da", "de", "do" em matemática significam multiplicação e a palavra "por" significa divisão.

Existem outras expressões que talvez você até já saiba o significado, mas não custa nada relembrar. Veja:

> "O dobro de um número"

Vamos trocar as palavras por símbolos.

A expressão "o dobro de" significa multiplicar por 2.

A expressão "um número" trocarei pela letra x.

Exemplo: 2.x ou, simplesmente, 2x

Construí uma tabela com o resumo das principais expressões para você! Claro que existem outras, mas as que coloquei aqui são suficientes para você entender a lógica para montar em linguagem matemática. Observe que existem várias expressões repetidas demonstrando que o importante é a interpretação e não a forma como está escrito. Veja:

Expressão	Linguagem matemática	Expressão	Linguagem matemática
Um número menos dois	$x - 2$	Um número mais quatro	$x + 4$
Um número vezes dois	2x	O dobro de um número	2x
Um número vezes três	3x	O triplo de um número	3x
Um número vezes quatro	4x	O quádruplo de um número	4x
Um número vezes cinco	5x	O quíntuplo de um número	5x
Um número dividido por dois	$\frac{x}{2}$	Metade de um número	$\frac{x}{2}$
Um número dividido por três	$\frac{x}{3}$	Um terço de um número	$\frac{x}{3}$
A terça parte de um número	$\frac{x}{3}$	Um número dividido por quatro	$\frac{x}{4}$
Um quarto de um número	$\frac{x}{4}$	A quarta parte de um número	$\frac{x}{4}$

Outro conceito muito importante é o de números consecutivos. Você sabe o que é isso? Números consecutivos são números que vêm em uma ordem, seguindo o outro, por exemplo:

1, 2, 3, 4, 5
10, 11, 12, 13, 14
100, 101, 102, 103

É possível representar números consecutivos em linguagem matemática? SIM!

Para isso, você precisa ter prestado atenção em uma coisa: qual é a característica principal que você observou nos números dados como exemplo? SEMPRE será um número logo depois do outro, em outras palavras, posso dizer que é o número anterior mais o número um. Então vou escrever exatamente isso, mas em linguagem matemática. O primeiro número vou chamar de x. Lembre-se, sempre será o número anterior mais um. Abaixo segue representada a sequência:

113, 114, 115, 116

Como o número 113 é o primeiro, chamarei de x.

114 é a mesma coisa que $113 + 1$, logo representarei por $x + 1$.

115 é a mesma coisa que $114 + 1$, logo representarei por $(x + 1) + 1$.

Para melhorar, em vez de escrever $(x + 1) + 1$, escreverei apenas $x + 2$, ou seja, 115 é a mesma coisa que $x + 2$.

116 é a mesma coisa que $115 + 1$, logo seria $(x + 2) + 1$. Posso escrever como $x + 3$.

Existe outra forma de pensar que também dá certo. Veja:

Número	Dica	Linguagem matemática
113	-----	x
114	113 + 1	x + 1
115	113 + 2	x + 2
116	113 + 3	x + 3
117	113 + 4	x + 4

Já que você entendeu como funcionam os números consecutivos, toda vez que alguém pedir para escrever números consecutivos em linguagem matemática, você escreverá assim:

$x,\ x + 1,\ x + 2,\ x + 3, \ldots$

Agora que você já está com tudo isso na ponta da língua, pegaremos algumas expressões mais elaboradas. Vamos lá!

"A metade de um número menos a quarta parte de x"

O segredo é dividir em partes, ou seja, em duas frases. Veja:

"A metade de um número" **menos** "a quarta parte de x"

Vamos trocar as palavras por símbolos.

A metade de um número = $\frac{x}{2}$

Menos = subtração = −

"A quarta parte de x" é a mesma coisa que "x dividido por 4" = $\frac{x}{4}$

Logo:

"A metade de um número menos a quarta parte de x" = $\frac{x}{2} - \frac{x}{4}$

Quero chamar a atenção porque às vezes temos frases parecidas, mas o resultado é o mesmo. Veja:

"A metade de um número menos a quarta parte dele"

Você precisa apenas observar o final, quando a frase fala a quarta parte dele, refere-se a quem? Refere-se ao número que já está sendo usado. Como nós utilizamos a letra x para representar esse número, podemos dizer que a quarta parte dele significa a quarta parte de x, ou seja, a frase passa a ser exatamente igual a anterior.

Vamos ver mais um exemplo:

"A quarta parte de x mais um terço"

Lembre-se, o segredo é dividir em partes, ou seja, em duas frases:

"A quarta parte de x" mais "um terço"

Se você pensou, vamos trocar as palavras por símbolos, parabéns!

"A quarta parte de x" é a mesma coisa que "x dividido por 4" = $\frac{x}{4}$

Mais = adição = +

"Um terço" é a mesma coisa que "um dividido por três" = $\frac{1}{3}$

Logo:

"A quarta parte de x mais um terço" = $\frac{x}{4} + \frac{1}{3}$

Vamos resolver mais um exemplo:

"A quarta parte de x vezes um quarto de y"

Vamos dividir em duas partes:

"A quarta parte de x" **vezes** "um quarto de y"

Trocando as palavras por símbolos:

"A quarta parte de x" = $\frac{x}{4}$

Vezes = multiplicação = usarei o ponto como símbolo de multiplicação.

"Um quarto de y" = $\frac{y}{4}$

Logo:

"A quarta parte de x vezes um quarto de y" $= \frac{x}{4} \cdot \frac{y}{4} = \frac{x.y}{16} = \frac{xy}{16}$

DICA

Eu apenas multipliquei as frações, mas se você não lembra como fazer isso, não se preocupe, este livro tem um capítulo totalmente dedicado a frações.

Outro conceito superimportante é o de sucessor e o de antecessor. Sucessor é o número que vem imediatamente depois e o antecessor é o número que vem imediatamente antes. Ou seja, se ele vem imediatamente depois, basta somar "um" e você descobre o sucessor e subtrair "um" para achar o antecessor. Veja a tabela, na última linha, usei a linguagem matemática para representar:

Antecessor	Número	Sucessor
9	10	11
221	222	223
332	333	334
x – 1	**x**	**x + 1**

Agora, para finalizar, abaixo temos alguns exemplos com um nível mais avançado:

"O triplo do sucessor de x"

CUIDADO

Com esse tipo de expressão! Você sabe que o triplo é a mesma coisa que multiplicar o número por três. Qual é o sucessor de x? Você já sabe é **(x + 1)**. Coloquei parênteses para deixar o sucessor "separado" do resto. O maior perigo nesse tipo de expressão é justamente não inserir os parênteses. Vou demonstrar o motivo.

"O triplo do sucessor de x" = $3.(x + 1)$

Se você não colocar os parênteses, fica $3.x + 1$ → traduzindo, o triplo de um número mais um. Percebeu a diferença absurda entre usar a expressão com e sem os parênteses? Portanto, **CUIDADO!**

Vamos ver mais um exemplo:

"O triplo do sucessor de x mais o dobro do sucessor de x"

Vamos dividir em duas partes:

"O triplo do sucessor de x" **mais** "o dobro do sucessor de x"

Trocando as palavras por símbolos:

"O triplo do sucessor de x" = $3.(x + 1)$

Mais = adição = +

"O dobro do sucessor de x" = $2.(x + 1)$

Logo:

"O triplo do sucessor de x mais o dobro do sucessor de x" = $3.(x + 1) + 2.(x + 1)$

Para finalizar esse assunto, veja a última expressão que separei para você:

"O antecessor de x menos a quarta parte do sucessor de x"

Vamos separar em duas partes:

"O antecessor de x" **menos** "a quarta parte do sucessor de x"

A primeira parte é fácil, mas como fica a segunda? A quarta parte do sucessor, significa que você pegou o sucessor e dividiu por quatro. Veja:

"O antecessor de x" = $(x - 1)$

Menos = subtração = –

"A quarta parte do sucessor de x" = $\frac{(x + 1)}{4}$

Logo:

"O antecessor de x menos a quarta parte do sucessor de x" = $(x - 1) - \frac{(x + 1)}{4}$

CAPÍTULO 2

DICAS E TÉCNICAS PARA GANHAR VELOCIDADE NA RESOLUÇÃO

TRUQUES DE MULTIPLICAÇÃO

A ideia deste capítulo é mostrar algumas maneiras diferentes de fazer multiplicações. Se treinar bastante, você vai adquirir tanta prática que ganhará muito tempo nas resoluções. Vamos às dicas!

MULTIPLICAÇÃO POR 10, 100 E 1000

O primeiro truque que tenho para ensinar é bem conhecido, mas não custa relembrar. Primeiro pense em um número sem vírgula, ou seja, inteiro. Agora se quiser multiplicar por **10**, pegue esse número e coloque um zero no final. Se quiser multiplicar por **100**, ponha dois zeros no final, por mil, três zeros, por dez mil, quatro zeros e assim vai. Veja:

15 × 10 = 150

125 × 10 = 1250

215 × 100 = 21500

15 × 1000 = 15000

37 × 100 = 3700

E se o número não for exato, ou seja, tiver vírgula? Não se preocupe, é bem fácil. Ande com a vírgula para a direita. Se for multiplicar por dez, ande uma casa para a direita, se for por **100** duas casas, por mil, três e assim por diante. Veja:

22,3 × 10 = 223

45,64 × 10 = 456,4

35,22 × 100 = 3522

SUPERDICA

Se você já andou com a vírgula até o final do número, termine completando com zeros.

13,5 × 100 = 1350

2,3 × 1000 = 2300

1,23 × 1000 = 1230

MULTIPLICAÇÃO POR 5

Uma forma rápida de fazer isso é usando o seguinte truque: cinco não é a mesma coisa que dez dividido por 2? Então, em vez de multiplicar por 5, você multiplica por dez e depois divide por 2. Veja:

- 35 × 5 é a mesma coisa que 35 × 10 = 350 dividido por 2 = 175, ou seja, 35 × 5 = 175
- 15 × 5 é a mesma coisa que 15 × 10 = 150 dividido por 2 = 75, ou seja, 15 × 5 = 75
- 55 × 5 é a mesma coisa que 55 × 10 = 550 dividido por 2 = 275, ou seja, 55 × 5 = 275

MULTIPLICAÇÃO POR 25

Vinte e cinco não é a mesma coisa que cem divido por 4? Então faremos o mesmo esquema da multiplicação por 5.

- 35 × 25 é igual a 35 × 100 = 3500 dividido por 4 = 875, ou seja, 35 × 25 = 875
- 15 × 25 é igual a 15 × 100 = 1500 dividido por 4 = 375, ou seja, 15 × 25 = 375
- 55 × 25 é igual a 55 × 100 = 5500 dividido por 4 = 1375, ou seja, 55 × 25 = 1375

DICA

Um dos próximos temas que abordarei será sobre dicas de divisão. Ensinarei um truque para dividir por quatro.

MULTIPLICAÇÃO POR 4

Multiplique duas vezes por 2. Em geral é mais rápido fazer isso, porque se você for bom de tabuada, provavelmente vai fazer de cabeça. Veja:

55 × 4 é igual a 55 × 2 = 110 multiplicado por 2 = 220

15 × 4 é igual a 15 × 2 = 30 multiplicado por 2 = 60

23 × 4 é igual a 23 × 2 = 46 multiplicado por 2 = 92

255 × 4 é igual a 255 × 2 = 510 multiplicado por 2 = 1020

MULTIPLICAÇÃO POR 6

Multiplique por 3 e depois por dois. Ou se preferir, multiplique primeiro por 2 e depois por 3. A resposta é a mesma. É mais fácil multiplicar por três primeiro.

12 × 6 é igual a 12 × 3 = 36 multiplicado por 2 = 72

22 × 6 é igual a 22 × 3 = 66 multiplicado por 2 = 132

133 × 6 é igual a 133 × 3 = 399 multiplicado por 2 = 798

MULTIPLICAÇÃO POR 9

Multiplique duas vezes por 3. Veja:

15 × 9 é igual a 15 × 3 = 45 multiplicado por 3 = 135

22 × 9 é igual a 22 × 3 = 66 multiplicado por 3 = 198

35 × 9 é igual a 35 × 3 = 105 multiplicado por 3 = 315

MULTIPLICAÇÃO POR 11

Essa regra precisa ser dividida em duas partes. Você logo entenderá o motivo.

Pegue o número que você multiplicará por 11 e abra um espaço no meio dele. Como exemplo usarei o número 22.

2__2

Agora nesse espaço em branco do meio, coloque a soma dos números que estão na ponta. Neste caso, 2 + 2 = 4.

2<u>4</u>2

Pronto: 22 × 11 = 242

IMPORTANTÍSSIMO: isso só dará certo se a soma dos números resultar em um número menor ou igual a 9. Se der um número maior, precisa fazer outro truque que ensinarei daqui a pouco. Antes vamos praticar esse que acabei de ensinar!

27 × 11 = 2_7 → somando os números (2 + 7 = 9) e colocando no meio 2 9 7
27 × 11 = 297

33 × 11 = 3_3 → somando os números (3 + 3 = 6) e colocando no meio 3 6 3
33 × 11 = 363

Agora, veja este próximo caso:

39 × 11 = 3__9 → somando os números (3 + 9 = 12)

PARA TUDO! O que faço quando der um número de dois algarismos? Primeiro você vai colocar ele no meio da mesma forma que o outro, mas não acaba aí. Veja:

3 12 9 → Para descobrir o resultado final, você precisa somar os dois primeiros números: 3 + 1 = 4, resultando em 429, ou seja, 39 × 11 = 429.

Vamos ver mais um exemplo:

73 × 11 = 7__3 → somando os números (7 + 3 = 10) → 7 10 3 → Somando os dois primeiros números (7 + 1 = 8) tem-se o resultado 803.

73 × 11 = 803

MULTIPLICAÇÃO POR 20, 30, 40, 50, 60, 70, 80 E 90

O truque é o mesmo, e vale para todos esses números acima. Em vez de escrever o número 20, você pode escrever 2 x 10 que também é 20, ou seja, em vez de multiplicar por 20 direto, primeiro multiplique por 2 e depois por 10. Isso vale para todos. Veja:

14 × 20 é igual a 14 × 2 = 28 multiplicado por 10 = 280

12 × 30 é igual a 12 × 3 = 36 multiplicado por 10 = 360

15 × 60 é igual a 15 × 6 = 90 multiplicado por 10 = 900

REGRAS DE DIVISIBILIDADE

Estas regras servem para você saber se o resultado da divisão por esses números será exato ou não. São fundamentais para agilizar sua vida, porque você precisará delas na hora em que for simplificar.

REGRA DO NÚMERO 2

É muito fácil saber se um número é divisível por dois, ou seja, se é possível fazer a divisão e o resultado ser exato! Todos os números pares são divisíveis por 2. Os números são pares quando terminam em 0, 2, 4, 6 e 8. Veja alguns exemplos de números pares: 32, 110, 932, 2.220, 77.777.776, dentre outros. Existem infinitos números pares.

REGRA DO NÚMERO 3

Para saber se é possível dividir por três, pegue o número que quer descobrir se é divisível por 3 e some os números que o compõem. Se o resultado for um número da tabuada do 3, então é possível dividir por três. Só preste atenção porque a tabuada do 3 não vai só até o 30, ela é infinita.

Veja alguns exemplos:

Número	Soma dos números	É possível dividir?
72	7 + 2 = 9	Sim
3.561	3 + 5 + 6 + 1 = 15	Sim
1.001.001	1 + 0 + 0 + 1 + 0 + 0 + 1 = 3	Sim
3.313	3 + 3 + 1 + 3 = 10	Não

REGRA DO NÚMERO 4

É bem simples saber se é possível dividir por quatro. Olhe os dois últimos números. Se os dois últimos números forem 00 ou divisíveis por 4, ou seja, pertencerem a tabuada do 4, o número em questão poderá ser dividido por quatro. Veja alguns exemplos:

Número	Dois números finais	Os dois últimos números são divisíveis por 4?	O número é divisível por 4?
5.000	00	Não precisa	Sim
1.232	32	Sim	Sim
147.453	53	Não	Não
44.414	14	Não	Não

REGRA DO NÚMERO 5

Esta é muito fácil. É só o número terminar em zero ou cinco.

Número	Último número	É possível dividir?
5.005	5	Sim
37.380	0	Sim
1.475	5	Sim
444	4	Não

REGRA DO NÚMERO 6

Para saber se é possível dividir por 6, faça dois testes. Tanto faz a ordem. Teste e veja se é possível dividir por 2; depois teste e veja se é possível dividir por 3. Se os dois testes derem como possíveis, então divida por 6. Mas se um dos testes resultar em não possível, então não é possível a divisão.

Veja:

Número	É possível dividir por 2?	É possível dividir por 3?	É possível dividir por 6?
36	Sim	Sim	Sim
42	Sim	Sim	Sim
44	Sim	Não	Não
33	Não	Sim	Não

REGRA DO NÚMERO 8

Esta regra é bem parecida com a regra do número 4. A diferença é que usamos os três últimos números. Se os três últimos números forem zero ou se eles forem divisíveis por 8, o número é divisível por 8. Veja a tabela:

Número	Três números finais	Os três últimos números são divisíveis por 8?	O número é divisível por 8?
5.000	000	Não precisa	Sim
1.232	232	Sim	Sim
147.453	453	Não	Não
44.414	414	Não	Não

REGRA DO NÚMERO 9

Esta regra é muito parecida com a regra do número **3**. Some os números; se o resultado for um número da tabuada do **9**, ou seja, for divisível por **9**, o número que você está investigando é divisível por **9**. Veja a tabela:

Número	Soma dos números	É possível dividir?
72	7 + 2 = 9	Sim
3.564	3 + 5 + 6 + 4 = 18	Sim
100.116	1 + 0 + 0 + 1 + 1 + 6 = 9	Sim
3.313	3 + 3 + 1 + 3 = 10	Não

REGRA DO 10, 100, 1000 ETC.

Esta é uma regra bem simples. Se o número terminar em um zero, é possível dividir por **10**, porque **10** tem um zero. Se o número terminar com dois zeros, é possível dividir por **100** e também por dez. Se o número terminar em três zeros, é possível dividir por **1.000**, por **100** e por **10**. Veja a tabela:

Número	É possível dividir por 10?	É possível dividir por 100?	É possível dividir por 1000?
30	Sim	Não	Não
300	Sim	Sim	Não
3.000	Sim	Sim	Sim
30.000	Sim	Sim	Sim

SUPERDICA1

Existem números que são possíveis dividir ao aplicar várias dessas regras. Por exemplo: o número dez pode ser dividido por 2, por 5 e pelo próprio 10.

SUPERDICA2

De todas as regras que passei, você precisa saber na ponta da língua as dos números 2, 3, 5 e 10. As outras não são essenciais, mas óbvio que se você souber é melhor.

TRUQUES DE DIVISÃO

Quero chamar sua atenção para um truque que se ainda não conhece, vai fazer você ganhar muito tempo quando for dividir por 10, 100 ou 1000. Você sabe que fração significa divisão, certo? Então usarei uma fração para demonstrar a divisão por 10. Suponha que queira dividir 430 por 10. Basta apagar o zero do 430 e o zero do 10. Observe:

$$\frac{430}{10} = \frac{43}{1} = 43$$

Se quiser dividir por 100, apague dois zeros. Por exemplo, 4500 dividido por 100, resulta em:

$$\frac{4500}{100} = \frac{45}{1} = 45$$

Está fácil, não é verdade? Mas se o número não tiver zero no final e for necessário dividir por 10, como proceder? É muito simples. Primeiro coloque uma vírgula depois do último algarismo no número que você quer dividir. Depois, é só mudar a vírgula de lugar para a esquerda. Se você for dividir por 10, a vírgula anda 1 casa porque o número 10 tem apenas um zero. Se você for dividir por 100, a vírgula anda duas casas para a esquerda, caso você divida por 1.000, a vírgula andará três casas para a esquerda. Caso o número já tenha uma vírgula, basta mudar a vírgula de lugar. Na divisão, a vírgula sempre andará para a esquerda. Veja alguns exemplos:

14 dividido por 10 = 1,4

356 dividido por 10 = 35,6

56,8 dividido por 10 = 5,68

346 dividido por 100 = 3,46

5.837,6 dividido por 100 = 58,376

14.567 dividido por 1.000 = 14,567

16 dividido por 100 = 0,16

16 dividido por 1.000 = 0,016

2 dividido por 1.000 = 0,002

SUPERDICA

Observe esses três últimos exemplos. Veja que adicionei números zeros à esquerda para poder completar o número. Nesses casos, quando for mudar a vírgula de lugar, você vai reparar que faltam alguns números para o truque dar certo, então, no lugar desses números acrescente zero. Costumo brincar que estes números que faltam são buracos que você tampa com o zero.

TRUQUE DA TABUADA DO 9

Esse truque é bem divertido! É uma forma super-rápida de montar a tabuada do 9 para socorrer você caso esqueça. Lembre-se, o ideal é que você decore essa tabuada e saiba na ponta da língua.

1° Passo: Monte a estrutura da tabuada.

2° Passo: Coloque de cima para baixo os números de 0 até 9. Dê uma olhada na tabela para você entender melhor.

3° Passo: Coloque de baixo para cima os números de 0 a 9 e você terá finalizada a tabuada no número 9.

1° Passo	2° Passo	3° Passo
9 × 1 =	9 × 1 = **0**	9 × 1 = **09**
9 × 2 =	9 × 2 = **1**	9 × 2 = **18**
9 × 3 =	9 × 3 = **2**	9 × 3 = **27**
9 × 4 =	9 × 4 = **3**	9 × 4 = **36**
9 × 5 =	9 × 5 = **4**	9 × 5 = **45**
9 × 6 =	9 × 6 = **5**	9 × 6 = **54**
9 × 7 =	9 × 7 = **6**	9 × 7 = **63**
9 × 8 =	9 × 8 = **7**	9 × 8 = **72**
9 × 9 =	9 × 9 = **8**	9 × 9 = **81**
9 × 10 =	9 × 10 = **9**	9 × 10 = **90**

ARREDONDAMENTO

Arredondar um número é algo bem fácil. Primeiro, você precisa pensar em quantas casas depois da vírgula você vai deixar. Geralmente deixamos apenas duas, mas existem exercícios nos quais podemos deixar uma quantidade maior.

Caso esse tipo de exercício apareça neste livro, explicarei como descobrir quantas casas você vai precisar deixar. Se não estiver explícito, deixe apenas duas casas. Ao arredondar números com duas casas, você sempre vai olhar o número da terceira. Se for um número menor ou igual a 4, você simplesmente vai eliminar todos os números a partir dele, deixando apenas duas casas; se for um número maior ou igual 5, você aumenta uma unidade na segunda casa. Veja os exemplos para entender melhor:

3,2345 → arredondando → 3,23

3,3456 → arredondando → 3,35

3,4567 → arredondando → 3,46

8.793,3337 → arredondando → 8.793,33

746,39489 → arredondando → 746,39

Se quiser deixar três casas depois da vírgula, você vai olhar o valor da quarta casa para decidir como arredondar. Veja:

3,4567 → arredondando → 3,457

3,2345 → arredondando → 3,235

3,3456 → arredondando → 3,346

8.793,3337 → arredondando → 8.793,334

746,39489 → arredondando → 746,395

Para finalizar esse assunto, temos um caso especial. Vamos supor que você queira arredondar um número deixando apenas duas casas. Se na terceira casa tiver o número 5 e mais nenhum número ou apenas números zeros, você vai ter que prestar atenção no seguinte: só pode aumentar uma unidade se o número à esquerda for ímpar, se ele for par, não pode. Veja alguns exemplos:

13,475 → arredondando → 13, 48 → como 7 é ímpar aumento 1.

13,465 → arredondando → 13,46 → como 6 é par, não mexo.

12,445000 → arredondando → 12,44 → como 4 é par, não mexo.

12,435000 → arredondando → 12,44 → como 3 é ímpar aumento 1.

Se quiser arredondar e deixar três casas depois da vírgula, você vai olhar para o número da quarta casa. A regra é exatamente a mesma.

REGRA DE SINAIS

Antes de começar a explicar, você precisa separar as regras de sinais em dois grupos. O primeiro são as contas de multiplicação e divisão. A regra desse grupo é bem fácil. Veja:

Todas as vezes que os sinais forem iguais, o resultado será positivo e todas as vezes que os sinais forem diferentes sempre será negativo. Vamos ver alguns exemplos?

DICA

Quando não há sinal, é sempre positivo!

Sinais iguais	Sinais diferentes
3.5 = 15	3.–5 = –15
–2.–10 = +20	–2.10 = –20
5.4 = 20	5.–4 = –20
–1.– 5 = +5	–1.5 = –5
$\frac{10}{2} = 5$	$\frac{-10}{2} = -5$
$\frac{-10}{-2} = +5$	$\frac{10}{-2} = -5$

O segundo grupo são as contas de adição (soma) e subtração. Vamos a regra!

Se os sinais forem iguais, você soma os números e repete o sinal.

Se os sinais forem diferentes, você subtrai e repete o sinal do número "maior".

DICA

Quando você for subtrair, esqueça o sinal, simplesmente olhe o número. Veja qual é o maior e subtraia do menor, depois repita o sinal do número "maior". Não se esqueça: quando não há sinal, é sempre positivo!

ATENÇÃO

Eu coloquei "maior" entre aspas para chamar sua atenção! Para definir qual número é "maior", ignore o sinal. Isso só vale para aplicar esta regra de sinais porque, na verdade, um número negativo sempre será menor que um número positivo. Quanto mais distante do zero um número negativo estiver, menor ele é.

Veja alguns exemplos:

Sinais Iguais	Sinais Diferentes
8 + 6 = 14	4 − 3 = 1
−8 − 6 = −14	−4 + 3 = −1
−2 − 5 = −7	−4 + 2 = −2
−2 − 9 = −11	3 − 7 = −4
−1 − 100 = −101	10 − 100 = −90
10 + 10 = 20	−10 + 100 = +90
−10 − 10 = −20	−2 + 8 = +6

No caso das operações de soma e subtração, você pode pensar na sua conta do banco, algumas pessoas preferem pensar assim. Vamos supor que você esteja devendo 5 reais e saca mais 10 reais, ou seja, ficam 15 reais negativos. Tome **MUITO CUIDADO** para não confundir as regras de **multiplicação** e **divisão** com as regras de **soma** e **subtração**.

NÚMEROS DECIMAIS

Não falarei muito sobre os números decimais, só quero dar umas dicas para você. A primeira delas é: não use números decimais. Não estou brincando, estou falando sério! Sempre que for possível trabalhe com frações. **SEMPRE!** Depois que adquirir prática, ficará muito mais fácil usá-las. Ah, antes que esqueça, caso não se lembre o que são números decimais, vou refrescar sua memória! São aqueles números não exatos, ou seja, que têm vírgula. Exemplo: 4,5.

Outra dica é: na hora de fazer contas de soma e subtração, sempre coloque os números alinhados corretamente, ou seja, vírgula embaixo de vírgula, se precisar complete com zeros. Por exemplo: vamos somar 3,22 + 3,4567. Veja como montar:

```
123,22
  3,4567
```

Complete com zeros os espaços em branco. Desta forma fica mais fácil de resolver, ou seja, menos chances de errar.

```
123,2200
003,4567
```

Agora se for multiplicar, minha dica é outra. Apague todas as vírgulas e faça a multiplicação. Depois conte quantas casas depois da vírgula tem em cada um dos números que multiplicou. Agora pegue a resposta que você obteve, conte a quantidade de casas da direta para a esquerda e coloque a vírgula. Veja um exemplo:

2,345 → Três casas depois da vírgula

1,56 → duas casas depois da vírgula

Total = 5 casas depois da vírgula

Para multiplicar apague as vírgulas e multiplique. Exemplo:

2345 × 156 = 365820

Conte cinco casas da direita para a esquerda e coloque a vírgula. Resultado:

3,65820

Na divisão você precisa igualar o número de casas e depois cortar a vírgula. Suponha que você queira dividir 5,55 por 5. Primeiro iguale as casas. Como o primeiro número (5,55) tem duas casas depois da vírgula, coloque duas casas depois da vírgula do segundo número (5). Exemplo: 5,55 por 5,00. Agora que ambos têm a mesma quantidade de casas, basta apagar a vírgula e resolver, ou seja, 555 dividido por 500. Resultado: 1,11

COMO FAZER CONTAS DE CABEÇA

Se você quer fazer contas de cabeça, primeiro precisa saber e ser bom em fazer contas no papel. Não existem milagres. Se você praticar muito, vai virar uma fera da matemática!

Todas as dicas que dei nos tópicos que falavam sobre truques de multiplicação e divisão valem para você fazer contas de cabeça, além das regras de divisibilidade que já ensinei. Treine muito, somente assim ficará muito bom! Seguem mais algumas dicas.

SUPERDICA1

Se você for calcular 10% de algo, basta dividir por dez; se for calcular 20% de algo é só dividir por 10 e depois multiplicar por dois; 30% é só dividir por 10 e depois multiplicar por três, e 40%, 60%, 70% 80% e 90% utilizam a mesma regra. Para fazer 50% de algo, basta dividir por dois.

SUPERDICA2

Treine no dia a dia, por exemplo, no supermercado, na farmácia, dentre outros. Faça a soma do preço de alguns produtos e depois confira na calculadora.

SUPERDICA3

Se você tiver que somar números do tipo 87 + 102, basta somar 80 + 100 = 180 e depois somar o que faltou, 7 + 2 = 9. Resultado: 189.

SUPERDICA4

Você pode arredondar o número para mais e depois subtrair, por exemplo: 88 + 25, basta somar 90 + 30 = 120, depois tire dois, resultando em 118 e para finalizar subtraia 5. Resultado: 113. Você subtrai a quantidade que aumentou para arredondar.

SISTEMA MÉTRICO DECIMAL

Gosto de chamar esta matéria de conversão de unidades porque será feita a conversão, por exemplo, de quilômetros (km) para metros (m). O método que utilizo usa uma tabela e você vai precisar decorá-la. Veja:

km	hm	dam	m	dm	cm	mm

Se montar essa tabela cada vez que fizer um exercício, rapidamente vai memorizá-la.

km = quilômetro
hm = hectômetro
dam = decâmetro
m = metro
dm = decímetro
cm = centímetro
mm = milímetro

O segredo está em posicionar o número. Você sempre vai pôr apenas **UM número** em cada espaço. Se o número não tiver vírgula, coloque uma depois do último algarismo. Veja:

Exemplo 1: Converta 10 hm em cm.

km	hm	dam	m	dm	cm	mm

Primeiro coloque uma vírgula para o número "**10,**" (sempre depois do último algarismo) no canto direito do retângulo da unidade em que ele está, neste caso está em hm.

km	hm	dam	m	dm	cm	mm
	,					

Complete! Coloque um número em cada retângulo. Qual é o número que está grudado na vírgula do lado esquerdo? É o zero, então posicione-o lá.

km	hm	dam	m	dm	cm	mm
	0,					

Complete agora com os outros números, um em cada retângulo.

km	hm	dam	m	dm	cm	mm
1	0,					

Pronto, agora que o número já está posicionado, o mais difícil já foi feito. O próximo passo é apagar a vírgula e colocá-la no local em que você quer converter, neste caso em cm. Veja:

km	hm	dam	m	dm	cm	mm
1	0				,	

Para finalizar é só completar com zeros.

km	hm	dam	m	dm	cm	mm
1	0	0	0	0	0,	

Ou seja, 10 hm é igual a 100.000 cm. Fácil, não é? Já sei até o que você vai me perguntar: não precisa por zero no mm? Não! Só coloque até aonde vai a vírgula. É inútil zero depois da vírgula, certo? Afinal, faz diferença escrever 20 reais ou 20,00 reais? Não!

Outra coisa importante, em casos como este, devido a vírgula ser "a última coisa do número", você pode simplesmente apagá-la.

Exemplo 2: Converta 123 mm em km.

Primeiro faça a pergunta: esse número tem vírgula? Não! Então dê uma de presente para ele, ou seja, "123,". Vou posicionar o número na tabela.

km	hm	dam	M	dm	cm	mm
				1	2	3,

Agora vou apagar a vírgula e colocar onde quero converter, neste caso em km. Os espaços em branco vou completar com zeros.

km	hm	dam	M	dm	cm	mm
0,	0	0	0	1	2	3

Resultado: 123 mm = 0,000123 km

Exemplo 3: Usarei o mesmo número que o anterior, mas agora quero converter 123 mm em dm.

Primeiro vamos montar a tabela.

km	hm	dam	M	dm	cm	mm
				1	2	3,

Agora vou apagar a vírgula e colocar em dm.

km	hm	dam	M	dm	cm	mm
				1,	2	3

Como não precisa completar com zeros, resultado: 123 mm = 1,23 dm

Vamos fazer um exemplo de um número que já tem vírgula? É bem simples, basta usar a vírgula que o número tem, e colocá-la na unidade indicada. Veja:

Exemplo 4: Converta 23,49 m em km. Vamos posicionar o número!

km	hm	dam	m	dm	cm	mm
		2	3,	4	9	

Agora é só mudar a vírgula de lugar e completar com zeros.

km	hm	dam	m	dm	cm	mm
0,	0	2	3	4	9	

Resultado: 23,49 m = 0,02359 km

SUPERDICA

Às vezes o número pode não caber na tabela, portanto deixe-o do lado de fora, tanto para a direita como para a esquerda, de acordo com o que for necessário.

Exemplo da Superdica: Converta 12,445 mm para m.

km	hm	dam	m	dm	cm	mm	
					1	2,	445

Agora vou colocar a vírgula em metros e completar a tabela.

km	hm	dam	m	dm	cm	mm	
			0,	0	1	2	445

Resultado: 12,445 mm = 0,012445 m

Não há problema algum caso sobrem números à esquerda da tabela! Lembre-se, coloque sempre um número em cada retângulo.

Vamos fazer alguns exercícios para fixar? Se você quiser, lá no site do Calcule Mais existem muitas aulas sobre isso.

1) 34 dam → mm
2) 234,56 mm → km
3) 3,2 km → dm
4) 3,56 m → dam
5) 4,5 hm → cm
6) 35,5 dm → km
7) 9,94 cm → mm
8) 98,3 mm → dam
9) 8,76 cm → km
10) 20 km → m
11) 2000 m → km
12) 87,5 dm → m
13) 34,22 dam → mm
14) 15,345 m → mm

Abaixo segue uma tabela com todas as respostas, assim você vai poder ver a posição exata de cada número, o que vai ajudar muito! Observe que deixei duas colunas em cinza. Elas representam a parte de fora da tabela. Fiz isso para me facilitar.

	km	hm	dam	m	dm	cm	mm		Resposta
		3	4	0	0	0	0		340.000 mm
	0,	0	0	0	2	3	4	56	0,00023456 km
	3	2	0	0	0				32.000 dm
			0,	3	5	6			0,356 dam
		4	5	0	0	0			45.000 cm
	0,	0	0	3	5	5			0,00355 km
						9	9,	4	99,4 mm

continua...

...continuação

	km	hm	dam	m	dm	cm	mm		Resposta
			0,	0	0	9	8	3	0,00983 dam
	0,	0	0	0	0	8	7	6	0,0000876 km
2	0	0	0	0					20.000 m
	2,	0	0	0					2 km
				8,	7	5			8,75 m
		3	4	2	2	0	0		342.200 mm
			1	5	3	4	5		15.345 mm

SUPERDICA

Esta dica aqui é monstruosa! Vou ensinar também a converter capacidade e massa. Basta fazer exatamente a mesma coisa que você acabou de fazer. Mude apenas o nome na parte de cima da tabela, por exemplo, no lugar de metros, vou colocar gramas ou litros. Simples assim!

Vou começar pela tabela de capacidade. Veja como é fácil, basta trocar o m de metro por L de litro.

kl	hl	dal	l	dl	cl	ml

kl = quilolitro

hl = hectolitro

l = litro

dl = decilitro

cl = centilitro

ml = mililitro

A tabela de massa também é a mesma coisa. Em vez de m de metro vou colocar g de grama.

kg	hg	dag	g	dg	cg	mg

kg = quilograma

hg = hectograma

dag = decagrama

g = grama

dg = decigrama

cg = centigrama

mg = miligrama

O procedimento de conversão de capacidade e de massa é exatamente igual ao de comprimento (vimos os exemplos anteriores, além dos 14 exercícios), por isso não vou resolver exercícios específicos de capacidade e massa.

Agora vou ensinar a fazer conversões de unidade de área, por exemplo de metro quadrado para centímetro quadrado. **Atenção! NÃO** é possível converter de metros para gramas ou de litros para gramas ou vice-versa. Essa dúvida é muito comum. Também não é possível converter de metros para metros quadrados ou para metros cúbicos.

CONVERSÃO DE UNIDADES DE ÁREA

A técnica é extremamente parecida, só muda uma coisa, em vez de colocar um número em cada retângulo, você vai colocar dois. Veja só como fica a tabela:

km^2	hm^2	dam^2	m^2	dm^2	cm^2	mm^2

Se você observou com cuidado, a única coisa que mudou foi esse número dois, pequeno, em cima das abreviaturas. Esse número representa unidades de área. Veja como se lê cada uma dessas abreviaturas:

km^2 = quilômetro quadrado
hm^2 = hectômetro quadrado
dam^2 = decâmetro quadrado
m^2 = metro quadrado
dm^2 = decímetro quadrado
cm^2 = centímetro quadrado
mm^2 = milímetro quadrado

Esse número dois também é interessante para fazer lembrar que vamos colocar **DOIS números** em cada retângulo, de resto é tudo igual ao outro caso.

Exemplo 1: Converta $124\ m^2$ em mm^2.

Primeiro coloque uma vírgula depois do último número. O próximo passo é posicionar a vírgula no lado direito do retângulo do "m^2". Feito isso posicione o número na tabela, lembre-se que agora são dois números por retângulo.

km^2	hm^2	dam^2	m^2	dm^2	cm^2	mm^2
		1	24,			

Basta posicionar a vírgula em mm^2 e completar com zeros. Veja:

km^2	hm^2	dam^2	m^2	dm^2	cm^2	mm^2
		1	24	00	00	00,

Resultado: $124\ m^2 = 124.000.000\ mm^2$

Neste caso também vale aquela situação de ter que colocar números para o lado de fora da tabela. Vamos fazer alguns exercícios!

1) 21 $dm^2 \rightarrow m^2$
2) 2,56 $m^2 \rightarrow hm^2$
3) 4 $dam^2 \rightarrow cm^2$
4) 1,35 $m^2 \rightarrow km^2$
5) 5,7 $m^2 \rightarrow mm^2$
6) 6,4 $dm^2 \rightarrow m^2$
7) 2,94 $cm^2 \rightarrow mm^2$
8) 100 $dam^2 \rightarrow dm^2$
9) 3,35 $dm^2 \rightarrow dam^2$
10) 10 $km^2 \rightarrow m^2$
11) 22.000 $dam^2 \rightarrow km^2$
12) 83 $m^2 \rightarrow mm^2$
13) 1245,12 $dm^2 \rightarrow km^2$
14) 234,23 $cm^2 \rightarrow m^2$

Abaixo segue uma tabela com as respostas. Reforço que as duas colunas em cinza representam a parte de fora da tabela.

! **CUIDADO**

A vírgula sempre ficará à direita do retângulo, nunca no meio, ou seja, entre dois números no mesmo retângulo!

Quero chamar atenção para um erro muito comum. Você não deve pôr dois zeros antes da vírgula, por exemplo, **00,21**. Apenas **0,21** é o suficiente.

	km^2	hm^2	dam^2	m^2	dm^2	cm^2	mm^2		Resposta
				0,	21				0,21 m^2
		0,	00	02	56				0,000256 dm^2
			4	00	00	00			4.000.000 cm^2
	0,	00	00	01	35				0,00000155 km^2
				5	70	00	00		5.700.000 mm^2
				0,	06	40			0,0640 cm^2 ou 0,064 cm^2
						2	94,		294 mm^2
		1	00	00	00				1.000.000 dm^2
			0,	00	03	35			0,000335 dam^2
	10	00	00	00					10.000.000 m^2
	2,	20	00						2,2 km^2
				83	00	00	00		83.000.000 mm^2
	0,	00	00	12	45	12			0,0000124512 km^2
				0,	2	34	23		0,23423 m^2

DICA

0,0640 e 0,064 são exatamente o mesmo número. Após a vírgula, no final do número, é inútil ter zeros.

Para finalizar esse assunto, vamos falar de conversão de volume. O método de resolução é o mesmo, o que muda agora é que vamos colocar três números em cada retângulo.

DICA

Em cima das abreviaturas tem o número **3**, ou seja, o expoente é o número três e vamos colocar três números em cada retângulo. Esta dica vai ajudar a lembrar! Como é extremamente parecido, vamos direto para os exercícios!

1) 123 $dam^3 \rightarrow dm^3$
2) 122,56 $dm^3 \rightarrow cm^3$
3) 42,3 $dm^3 \rightarrow dam^3$
4) 1,5 $cm^3 \rightarrow km^3$
5) 15,8 $mm^3 \rightarrow m^3$
6) 63,45 $hm^3 \rightarrow cm^3$
7) 122,94 $m^3 \rightarrow hm^3$
8) 10.000 $dm^3 \rightarrow dam^3$
9) 23,82 $dam^3 \rightarrow dm^3$
10) 50 $km^3 \rightarrow cm^3$
11) 3.200 $dm^3 \rightarrow hm^3$
12) 5.300 $m^3 \rightarrow dm^3$
13) 275,37 $m^3 \rightarrow km^3$
14) 3.456,34 $dm^3 \rightarrow m^3$

Abaixo segue uma tabela com todas as respostas. Lembre-se, as duas colunas em cinza representam o local dos números que ficam fora da tabela.

	km^3	hm^3	dam^3	m^3	dm^3	cm^3	mm^3		Resposta
			123	000	000				123.000.000 dm^3
					122	560,			122.560 cm^3
			0,	000	042	3			0,0000423 cm^3
	0,	000	000	000	000	001	5		0,0000000000000015 km^3
				0,	000	000	015	8	0,0000000158 m^3
		63	450	000	000	000			63.450.000.000.000 cm^3
		0,	000	122	94				0,00012294 hm^3
			0,	010	000				0,01 dam^3
			23	820	000				23.820.000 dm^3
	50	000	000	000	000	000			50.000.000.000.000.000 cm^3
		0,	000	003	200				0,0000032 dm^3

	km³	hm³	dam³	m³	dm³	cm³	mm³		Resposta
			5	300	000				5.300.000 dm³
	0,	000	000	275	37				0,0000027537 km³
				3,	456	34			3,45634 m³

SUPERDICA

Você sabia que dm^3 equivale a 1 litro? Esta dica é muito top, porque permite a transformação de litros para metros cúbicos, por exemplo. Você pode relacionar qualquer unidade de volume com capacidade, é só converter para dm^3 e terá o valor em litros, ou passe para litros e terá o valor em dm^3, a partir daí basta fazer a conversão normal. Por exemplo: transforme 1 km^3 em litros. Basta converter para dm^3 e pronto. Vamos supor que você tenha o valor em mililitros e queira passar para m^3. Primeiro converta ml para litros. Você sabe que esse valor em litros é o mesmo que dm^3. Para finalizar, substitua na tabela de volume, a última que estudamos, e passe para m^3.

SIMPLIFICAÇÃO

Este é um dos assuntos mais importantes deste livro e a maioria das pessoas simplesmente despreza. Saber simplificar é a diferença de passar ou não. Simplificar faz você ganhar muito tempo, mas para isso precisa ter prática. Como adquiri-la? Simples, você sempre vai tentar simplificar. Para reforçar a importância deste assunto, lembre-se, as respostas da prova sempre estarão simplificadas ao máximo. No começo você vai achar que simplificar demora mais, mas quando tiver prática, você vai decolar nisso! Vou explicar muita coisa interessante de simplificação quando falarmos de frações, mas ainda tenho muito para explicar e vou fazer isso agora.

Quando simplificar? Todas as vezes que tiver uma fração, ou seja, uma divisão.

Simplificar, significa dividir pelo mesmo número a parte de cima (numerador) e a parte de baixo (denominador) da fração. O resultado desta divisão precisa ser exato, ou seja, aquelas regras de divisibilidade que ensinei neste livro serão suas parceiras para identificar qual número vai usar para dividir. Quero deixar claro que você pode usar qualquer número, desde que seja o mesmo em cima e embaixo. Não tem problema se você precisar simplificar a mesma conta várias vezes. Veja um exemplo:

$$\frac{40^{\div 2}}{80^{\div 2}} = \frac{20^{\div 2}}{40^{\div 2}} = \frac{10^{\div 2}}{20^{\div 2}} = \frac{5^{\div 5}}{10^{\div 5}} = \frac{1}{2}$$

Você só para de simplificar quando não é possível mais dividir, ou seja, quando você não achar nenhum número que dê para dividir a parte de cima e a de baixo e dê um resultado exato. Essa fração que não é possível mais simplificar é chamada de irredutível. Você acabou de aprender a base da simplificação e poderá praticá-la na matéria de frações. Agora vamos aprender algumas dicas fundamentais.

Você tem que tomar cuidado com situações que possuem uma conta no numerador ou denominador. Por exemplo:

$$\frac{14 + 12.3}{7}$$

Posso simplificar o **14** com o **7**? **NÃO!**

Esse erro é extremamente comum. Você jamais pode simplificar se houver uma conta de adição ou subtração. Aliás até pode, mas é um caso muito específico que falarei só no final para você. Se decorar que não pode, você nunca vai errar. Agora, se fosse apenas a operação de multiplicação:

$$\frac{14.12.3}{7}$$

Você poderia simplificar o **14** e o **7**. Outro caso que quero chamar atenção:

$$\frac{14.12.3.3.5.6.7.2.4.6 - 3}{7}$$

Posso simplificar o **14** com o **7**? Ou o **7** com o **7**? Não, porque existe uma conta de subtração! Outra dica importante, mesmo que só houvesse multiplicação, você não poderia simplificar o **14** e o **7** da parte de cima com o **7** de baixo, ou um ou outro, não é possível simplificar ambos. Veja o próximo exemplo:

$$\frac{20.24}{12}$$

Preciso simplificar um número em cima e um embaixo por vez. Você pode escolher qualquer um. Vou escolher o **20** e o **12** para começar.

$$\frac{20^{\div 2}.24}{12^{\div 2}} = \frac{10^{\div 2}.24}{6^{\div 2}} = \frac{5.24^{\div 3}}{3^{\div 3}} = \frac{5.8}{1} = 40$$

Posso simplificar vários números diferentes ao mesmo tempo? Sim! Só destaco mais uma vez que existem várias maneiras que você pode pensar para simplificar esta conta, isso não importa, o que importa é que o resultado final sempre será o mesmo. Vamos a mais um exemplo. Vou simplificar vários números ao mesmo tempo. Para saber quais são os pares que simplifiquei é só olhar para os números que estou usando para dividir.

$$\frac{250^{\div 10}.15^{\div 5}.25^{\div 25}}{25^{\div 25}.10^{\div 10}.5^{\div 5}.20} = \frac{25^{\div 5}.3.1}{1.1.1.20^{\div 5}} = \frac{5.3.1}{1.1.1.4} = \frac{15}{4}$$

Agora vamos aprender algo muito importante: simplificar letras. Para isso vamos relembrar duas regras de potenciação. Quando você tem bases iguais e está multiplicando, você soma os expoentes. A base é o número que fica embaixo e o expoente é o número pequeno que fica em cima. A outra regra é da divisão. Se a base for igual, você subtrai os expoentes. Veja esses exemplos:

$$2^4.2^6 = 2^{4+6} = 2^{10}$$

$$\frac{2^6}{2^4} = 2^{6-4} = 2^2$$

$$\frac{2^4}{2^6} = 2^{4-6} = 2^{-2}$$

Agora vamos às letras. As regras que mostrei acima serão fundamentais. Vou chamar sua atenção para o seguinte: você pode simplificar os números normalmente como já aprendeu, mas as letras só podem simplificar se forem iguais, ou seja, sempre a mesma letra. Vamos ao primeiro exemplo:

$$\frac{4x^2}{2x^4} = \frac{2x^2}{x^4} = 2x^{2-4} = 2x^{-2}$$

A primeira coisa que fiz foi simplificar os números. Depois apliquei a regra da divisão nessas letras, ou seja, subtraí os expoentes.

Atenção! Existe outra forma de simplificar e o resultado dá exatamente o mesmo, mas a forma como aparece pode fazer pensar que é diferente. Para explicar isso, quero que você se lembre do significado de potenciação. O que significa um número elevado à quarta potência? Significa que você vai pegar esse número e multiplicá-lo quatro vezes por ele mesmo. Sendo assim, vamos reescrever o exemplo acima.

$$\frac{4x^2}{2x^4} = \frac{4.x.x}{2.x.x.x.x} = \frac{2.\cancel{x}.\cancel{x}}{1.x.x.\cancel{x}.\cancel{x}} = \frac{2}{x.x} = \frac{2}{x^2}$$

DICA

Basta "cortar" um **x** em cima para cada **x** embaixo.

Só para reforçar, a resposta é exatamente a mesma, apenas está escrita de uma maneira diferente, ou seja, $2x^{-2}$ é exatamente igual a $\frac{2}{x^2}$. Se estudar as regras da potenciação, você vai entender. Há uma propriedade que fala exatamente sobre isso, a propriedade do expoente negativo. Em outras palavras, quando o expoente é negativo, você inverte o número, no caso a letra, e o expoente passa a ser positivo. Inverter significa, que se era $\frac{1}{x}$ vai ficar $\frac{x}{1}$, ou simplesmente **x**, vice-versa.

Em outras palavras:

$$2x^{-2} = 2.x^{-2} = 2.\left(\frac{1}{x}\right)^2 = 2.\frac{1}{x^2} = \frac{2}{x^2}$$

Quero ensinar uma técnica que vai usar bastante para simplificar, você vai colocar em evidência. Lembra de quando falei sobre existir um caso específico para colocar em evidência quando estivesse somando? Chegou a hora de aprender. Não é sempre que dá certo, mas se der, você precisa fazer. Como saber se vai dar certo ou não? Apenas tentando. Quero que você veja um exemplo de uma conta que já foi colocada em evidência.

Exemplo 1: $\frac{2(x + 4)}{4}$

Nesta conta você pode simplificar o número **2** e o número **4**. Mas e a soma, não era proibido simplificar? Veja a diferença na conta abaixo:

Exemplo 2: $\frac{2x + 4}{4}$

Não é possível simplificar neste caso, e vou explicar porque. Na primeira conta o número dois multiplica tudo que está dentro dos parênteses, na segunda conta tenho dois termos separados, um deles é o **2x** e o outro o número **4**. A diferença está nos parênteses? Sim. Pense nos parênteses como se fossem um bloco, e o número dois multiplica esse bloco. Você não pode mexer em nada dentro dele. Inclusive se simplificar o número quatro de dentro dos parênteses e o número **4** da parte de baixo, sinto lhe informar, mas você cometeu um crime! Lembre-se, nunca mexa dentro dos parênteses.

$$\frac{2(x + 4)}{4}$$

Agora quero ensinar como aplicar o método de colocar em evidência para que caso a conta não tenha parênteses, ela passe a ter. Vou usar o exemplo 2, mas deixo claro que quando terminar não vai ficar igual ao exemplo 1, apesar de serem parecidos, um não tem nada a ver com o outro.

Para colocar em evidência você primeiro precisa descobrir o que tem em comum. Observe com cuidado a parte de cima (numerador). O que tem igual nos dois termos?

$$\frac{2x + 4}{4}$$

Talvez você responda: "nada", mas na verdade tem. Pergunto: **4** não é igual a dois vezes dois? Vamos escrever isso lá.

$$\frac{2x + 2.2}{4}$$

Você provavelmente já percebeu que o que temos em comum é o número dois. Ótimo! Esse é o número que vai ficar do lado de fora dos parênteses. Detalhe importante: se você tiver letras em comum, coloque-a também para fora dos parênteses. Lembre-se, x^2 pode ser substituído por $x.x$. Voltando ao nosso exemplo, vou chamar "**2x**" de primeiro termo e "**2.2**" de segundo termo. Monte uma estrutura no mesmo formato que vou colocar aqui.

$$\frac{2(\_\_\_\_ + \_\_\_\_)}{4}$$

DICA1

O termo em comum sempre ficará do lado de fora dos parênteses.

DICA2

Se o termo em comum for positivo, basta copiar o sinal da conta dentro dos parênteses. Se for negativo, aplique as regras de sinais para divisão no decorrer da conta.

Para preencher os espaços que faltam vamos pegar o primeiro termo e dividir pelo número que colocamos em evidência.

$$\frac{2x}{2} = x$$

Vamos colocar o resultado dentro dos parênteses:

$$\frac{2(x + \_\_\_\_)}{4}$$

Faremos a mesma coisa com o segundo termo.

$$\frac{2.2}{2} = 2$$

Substituindo, você acabou!

$$\frac{2(x + 2)}{4}$$

Agora você pode simplificar, o dois e o quatro, o resultado final é:

$$\frac{(x + 2)}{2}$$

DICA

Eu dividi por dois em cima e embaixo.

Exemplo 3: Coloque em evidência a expressão $3x^2 - 21x$.

O que temos em comum nos dois termos? Vamos reescrevê-lo como $3.x.x - 3.7.x$

O termo em comum é $3x$, agora vamos montar.

$$3x(\_\_\_\_ - \_\_\_\_)$$

Vamos pegar cada um dos dois termos, dividir por $3x$, que colocamos em evidência. Para finalizar, vamos completar os espaços em branco. Veja:

$$3x(x - 7)$$

DICA

Se você fizer a distributiva (também conhecida como chuveirinho), sempre voltará ao resultado inicial.

Exemplo 4: Simplifique:

$$\frac{12x^4 + 8x^2 - 4x^3}{6x^2}$$

Não podemos simplificar como está porque os termos de cima estão somando, logo precisamos colocar em evidência. Reescreveremos para descobrir o que colocar em evidência.

SUPERDICA

Use a letra com menor expoente, no caso é x^2. Observe que o número 4 é comum em todos os termos.

$$\frac{4.3x^4 + 4.2x^2 - 4x^3}{6x^2}$$

Então colocaremos $4x^2$ em evidência.

$$\frac{4x^2(\_\_\_\_ + \_\_\_\_ - \_\_\_\_)}{6x^2}$$

Vamos dividir cada um dos termos por $4x^2$ e completar os espaços em branco.

$$\frac{4x^2(3x^2 + 2 - x)}{6x^2}$$

Agora podemos simplificar o $4x^2$ com o $6x^2$. Os números vou simplificar por **2** e o x^2 vou simplificar pelo próprio x^2, ou seja, um número dividido por ele mesmo sempre dará um como resposta. Não é certo falar assim, mas na prática "cortei" os x^2. Veja a resposta final:

$$\frac{2(3x^2 + 2 - x)}{3}$$

Para finalizar esta parte de simplificação, vou dar um exemplo bem esquisito, mas acho que você terá facilidade para resolver. Vou colocar a resposta ao lado do exemplo:

$$\frac{2xbtfd}{6xb^2} = \frac{tfd}{3b}$$

Como tudo está multiplicando, não precisa colocar em evidência.

DICA1

Comece "cortando" o que é igual.

DICA2

ORDEM DE IMPORTÂNCIA

Você precisa decorar esta ordem de importância: em primeiro lugar sempre resolva o que tiver dentro dos (parênteses), depois dos [colchetes] e por fim as {chaves}.

Você até deve se lembrar, mas e as operações? Abaixo segue uma tabela para você!

Ordem de importância	Operação	Exemplo		Operação	Exemplo
1º	Potenciação	x^3	ou	Radiciação	$\sqrt{4}$
2º	Multiplicação	4.3	ou	Divisão	$4 \div 2$
3º	Soma	8 + 3	ou	Subtração	7 − 2

Talvez você esteja se perguntando, em primeiro lugar tem um empate, potenciação e radiciação, se tiver os dois, qual resolvo primeiro? Simples, quem vier primeiro. Vamos resolver um superexemplo, que envolve todas as operações citadas.

$$40 + \{\sqrt{4} - [\,8.2 + 20/10 + (\,3^3.\sqrt{25})) - 5]\,\}$$

Seguirei a ordem que ensinei para você. Começarei pelos parênteses. Farei passo a passo.

DICA1

Faça uma conta por linha e copie o resto. A resolução fica maior, porém aumenta muito as chances de você acertar.

DICA2

Só tiro os parênteses, colchetes e chaves quando acabo de resolver todas as contas dentro deles.

$40 + \{\sqrt{4}+[\,8.2 + 20/10 + (3^3.\sqrt{25}) - 5]\,\}$

$40 + \{\sqrt{4}+[\,8.2 + 20/10 + (27.\sqrt{25}) - 5]\,\}$

$40 + \{\sqrt{4}+[\,8.2 + 20/10 + (27.\,5) - 5]\,\}$

$40 + \{\sqrt{4}+[\,8.2 + 20/10 + (135) - 5]\,\}$

$40 + \{\sqrt{4}+[\,8.2 + 20/10 + 135 - 5]\,\}$

$40 + \{\sqrt{4}+[\,16 + 20/10 + 135 - 5]\,\}$

$40 + \{\sqrt{4}+[\,16 + 2 + 135 - 5]\,\}$

$40 + \{\sqrt{4}+[\,18 + 135 - 5]\,\}$

$40 + \{\sqrt{4}+[\,153 - 5]\,\}$

$40 + \{\sqrt{4}+[\,148\,]\,\}$

$40 + \{\sqrt{4} +148\}$

$40 + \{\,2 + 148\}$

$40 + \{\,150\,\}$

$40 + 150$

190

SUPERDICA

É melhor fazer passo a passo do que errar por besteira.

JOGOS DE RACIOCÍNIO QUE AJUDAM A DESENVOLVER O CÉREBRO?

Este tópico é polêmico, porque não existe uma comprovação científica de que o jogo A ou B é melhor. O que falo é baseado na minha opinião e experiência. Qualquer jogo que faça você quebrar a cabeça para resolver e ficar concentrado vai ajudar. Quanto mais treinar a concentração, maiores são suas chances de passar, porque você vai se desgastar menos durante as provas. Leitura também é algo fundamental. Você não precisa abandonar uma hora de estudos para ir jogar. Estudar vai trazer mais resultados, mas naquele momento de descanso, em vez de só ficar assistindo TV, separe um tempo para ler, jogar xadrez, damas, fazer palavras-cruzadas, ***sudoku***, tangra, caça-palavras, pega-varetas, invente uma história, enfim, faça qualquer coisa que melhore sua concentração. Isso ajudará a desenvolver seu cérebro. Dentre estes, qual é o mais eficaz? Simples, aquele que você goste mais! Seria interessante variar, assim você treinará áreas diferentes do cérebro e diminuirá a chance de enjoar do que estiver fazendo.

CAPÍTULO 3

FRAÇÕES — NÚMEROS RACIONAIS

Preciso confessar: esse assunto dá fome! Não há como falar de frações sem falar de comida. Chocolates, pizzas, hambúrgueres, lasanhas, bolos e tantos outros! Mas afinal, o que são frações por que nos editais dos concursos normalmente são chamadas de números racionais?

Uma fração é uma simples divisão! Lembra quando a tia da escola passava aquelas divisões que você colocava um número, desenhava a "chave" e depois resolvia? Fração é exatamente isso! Apenas uma forma diferente de escrever uma divisão. Aliás, temos diversas formas de escrevê-la; por exemplo, posso escrever três dividido por dois:

$$3 : 2 \text{ ou } 3/2 \text{ ou } \frac{3}{2} \text{ ou } 3 \div 2$$

Muitos alunos me perguntam se podemos apenas dividir as frações (o número de cima pelo de baixo) ao invés de usar as técnicas de resolução. Você pode fazer isso, mas vai perder a coisa mais preciosa que tem: o tempo! Acredite em mim, não existe nada mais rápido do que trabalhar com frações. A falta de prática faz você demorar mais para resolver uma fração, mas garanto: saber resolver através de frações será um dos pontos decisivos para sua aprovação, sem contar que 99% das vezes, a alternativa da sua prova estará nesse formato.

Antes de ensinar como resolver aquelas famosas regrinhas, quero que você entenda e saiba interpretar o significado de uma fração. Você deve estar cansado de saber que a fração é composta do ***numerador*** (parte de cima) e do ***denominador*** (parte de baixo), mas você sabe me dizer o que representa cada um? O denominador representa o total e o numerador aquilo que você está usando ou quer. Vamos pensar em uma pizza. Quantos pedaços tem uma pizza? Depende, mas em geral uma pizza grande possui 8 pedaços. Esse é o total, ou seja, o número que você vai colocar na parte de baixo da fração. Na parte de cima você pode colocar quantas fatias comeu ou quantas sobraram. Por exemplo: você pode falar que comeu **2** pedaços de pizza ou **2/8** da pizza, o significado é o mesmo. Qual fração você pode usar para representar quanto sobrou de pizza? Observe a **Figura 3.1**:

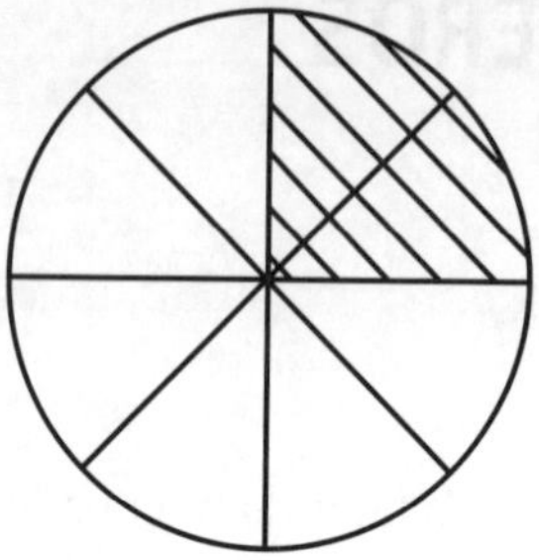

$$\frac{2}{8} = \frac{\textit{quantidade de pedações que você comeu}}{\textit{total de pedações}}$$

$$\frac{6}{8} = \frac{\textit{quantidade de pedações que sobraram}}{\textit{total de pedações}}$$

Figura 3.1

Aproveite e compre uma pizza para estudar!

MULTIPLICAÇÃO DE FRAÇÕES

Você só precisa saber uma coisa para fazer multiplicação: a tabuada! Espero que já tenha decorado! Você precisa saber responder em menos de **2** segundos a conta de qualquer tabuada do **1** ao **11**. Não basta contar nos dedos ou fazer contas para chegar no resultado, você precisa decorar. Se tem algo que faz a diferença entre passar e reprovar é saber a tabuada. Responda rápido: $9 \times 8 = ?$ $8 \times 7 = ?$ $6 \times 8 = ?$

A melhor forma de decorar a tabuada é treinando, fazendo contas. Vamos ao que interessa. Multiplicar duas ou mais frações é a coisa mais fácil do mundo, basta multiplicar os números de cima e depois multiplicar os números de baixo. Não se esqueça que existem dois sinais para representar a multiplicação: podemos usar a letra × ou simplesmente um ponto final ".". Veja:

$$\frac{2}{3} \cdot \frac{3}{4} = \frac{6}{12}$$

Observe que a única coisa que fiz foi multiplicar 2×3 na parte de cima e 3×4 na parte de baixo. Só isso? Sim! Se tiver que multiplicar mais do que duas frações, basta fazer exatamente a mesma coisa! Veja:

$$\frac{2}{3} \cdot \frac{3}{4} \cdot \frac{4}{3} \cdot \frac{2}{6} = \frac{48}{216}$$

Novamente a única coisa que fiz foi multiplicar $2 \times 3 \times 4 \times 2$ na parte de cima e $3 \times 4 \times 3 \times 6$ na parte de baixo.

CUIDADO

> Não é para multiplicar em "cruz", é para multiplicar "reto". No decorrer do livro vou falar sobre isso, mas não agora. Lembre-se: a multiplicação de frações só será feita multiplicando todos os números na parte de cima e depois todos os números na parte de baixo.

Agora pergunto, precisa simplificar? **SEMPRE!**

Não interessa se é multiplicação, divisão, soma, subtração ou qualquer outra operação, você SEMPRE precisará simplificar o resultado final. Nós já conversamos sobre a importância de simplificar neste livro, por isso, se precisar, volte ao capítulo anterior.

Vamos fazer alguns exercícios para fixar?

1) $\frac{2}{4} \cdot \frac{7}{4} =$

2) $\frac{2}{5} \cdot \frac{37}{4} =$

3) $\frac{12}{14} \cdot \frac{10}{4} =$

4) $\frac{2}{3} \cdot \frac{7}{6} \cdot \frac{3}{3} =$

5) $\frac{2}{4} \cdot \frac{4}{5} \cdot \frac{5}{3} =$

6) $\frac{7}{3} \cdot \frac{4}{5} \cdot \frac{3}{7} =$

7) $\frac{3}{2} \cdot \frac{5}{4} \cdot \frac{10}{6} \cdot \frac{4}{3} =$

8) $\frac{7}{4} \cdot \frac{3}{2} \cdot \frac{1}{5} \cdot \frac{3}{1} =$

9) $\frac{5}{3} \cdot \frac{4}{3} \cdot \frac{4}{7} \cdot \frac{3}{5} =$

Vamos ver se você acertou? Vou colocar duas respostas, uma sem simplificar e outra simplificada, assim facilita para você saber o que errou, se foi a multiplicação ou a simplificação, mas reforço que na sua prova as alternativas estarão com o resultado simplificado.

1) Sem simplificar $= \frac{14}{16}$ Simplificado $= \frac{7}{8}$

2) Sem simplificar $= \frac{74}{20}$ Simplificado $= \frac{37}{10}$

3) Sem simplificar $= \frac{120}{56}$ Simplificado $= \frac{15}{7}$

4) Sem simplificar $= \frac{42}{54}$ Simplificado $= \frac{7}{9}$

5) Sem simplificar = $\frac{40}{60}$ Simplificado = $\frac{2}{3}$

6) Sem simplificar = $\frac{84}{105}$ Simplificado = $\frac{7}{9}$

7) Sem simplificar = $\frac{600}{144}$ Simplificado = $\frac{25}{6}$

8) Sem simplificar = $\frac{63}{40}$ Não é possível simplificar

9) Sem simplificar = $\frac{240}{315}$ Simplificado = $\frac{16}{21}$

Para finalizar esse tópico, quero ensinar dois truques. O primeiro vale para multiplicação, divisão, soma e subtração e o segundo vale apenas para a multiplicação. Esse truque vai fazer com que ganhe muito tempo e você só precisa saber simplificar para brincar com qualquer um dos dois.

Você sabia que pode simplificar antes de fazer a operação com frações? A grande vantagem é que os números envolvidos nas operações ficam bem menores, o que facilita **MUITO**! Sem falar no tempo economizado.

O primeiro truque pode ser aplicado nas operações que acabei de falar, mas **CUIDADO**, você tem que tentar simplificar cada uma das frações. O que quero dizer é: não misture as frações na hora de simplificar. Você vai simplificar a parte de cima e de baixo da **mesma fração**.

Vou usar como exemplo o **Exercício 3** de multiplicação que nós já fizemos e você sabe a resposta:

$$\frac{12}{14} \cdot \frac{10}{4} =$$

Antes de ir multiplicando, vou analisar cada termo, cada fração. Pense comigo, $\frac{12}{14}$ é possível simplificar? Sim! Podemos simplificar em cima e embaixo por dois, ficaria $\frac{6}{7}$. Então vamos reescrever o exercício usando a fração simplificada.

$$\frac{6}{7} \cdot \frac{10}{4} =$$

Ótimo! Agora vamos olhar a segunda fração: $\frac{10}{4}$. É possível simplificar? Sim! Vamos novamente simplificar por dois, logo: $\frac{5}{2}$. Agora vamos reescrever o exercício com as duas frações simplificadas.

$$\frac{6}{7} \cdot \frac{5}{2} =$$

Basta resolver a multiplicação:

$$\frac{6}{7} \cdot \frac{5}{2} = \frac{30}{14}$$ Simplificando pela última vez: $\frac{15}{7}$

Você deve estar pensando: "Professor dá mais trabalho, não vou perder tempo?" Muito pelo contrário, quando você ganhar prática vai ser tão rápido fazer isso que vai ficar surpreso.

— Professor, se apenas uma das frações der para simplificar, posso fazer mesmo assim, ou só posso se as duas derem?

— Você pode sem problemas!

— Preciso sempre usar o mesmo número para simplificar as duas frações?

— Não. Cada fração é um caso diferente do outro, não se preocupe, apenas simplifique!

Abaixo segue mais um exemplo para você. Veja:

$$\frac{8}{4} \cdot \frac{10}{2} \cdot \frac{15}{12} \cdot \frac{4}{3} =$$

1) Vou simplificar a primeira fração pelo número dois. Veja:

$$\frac{4}{2} \cdot \frac{10}{2} \cdot \frac{15}{12} \cdot \frac{4}{3} =$$

2) Posso simplificar novamente por dois? Sem problemas, você pode simplificar todas as vezes que for possível.

$$\frac{2}{1} \cdot \frac{10}{2} \cdot \frac{15}{12} \cdot \frac{4}{3} =$$

3) Vamos simplificar agora a segunda fração por dois.

$$\frac{2}{1} \cdot \frac{5}{1} \cdot \frac{15}{12} \cdot \frac{4}{3} =$$

4) Para terminar, vamos simplificar a terceira fração por 3. Disse terminar, porque a última fração não é possível simplificar.

$$\frac{2}{1} \cdot \frac{5}{1} \cdot \frac{5}{4} \cdot \frac{4}{3} =$$

5) **Pronto!** Acabamos de simplificar, agora basta multiplicar.

PARA TUDO! Não sei se é você, mas tem alguém lendo o livro agora que está animado para me perguntar se posso simplificar esse número quatro que está em cima da fração com o que está embaixo (em frações diferentes)? A resposta é sim! Mas vou ensinar como fazer isso corretamente daqui a pouco. Agora vamos multiplicar reto, como ensinei.

$$\frac{2}{1} \cdot \frac{5}{1} \cdot \frac{5}{4} \cdot \frac{4}{3} = \frac{200}{12}$$

Acabou? O pior é que não, se você olhar é possível simplificar o resultado final. Posso simplificar por 4 direto? Pode! Posso simplificar por 2? Pode! Entenda, você pode simplificar por qualquer número que quiser, desde que use o mesmo número na parte de cima e de baixo da fração. Vou fazer passo a passo, por isso vou simplificar por dois e logo em seguida por dois novamente. Veja:

$$\frac{200}{12} = \frac{100}{6} = \frac{50}{3}$$

Achou demorado simplificar? Faça o teste, pegue um relógio e marque o tempo que você demora em resolver essa mesma expressão de frações sem simplificar antes, simplifique apenas no final. Depois marque o tempo que demora em resolver essa expressão simplificando como fiz. Provei para você que é melhor simplificar? Espero que sim!

Agora para fechar com chave de ouro, vou ensinar o segundo truque para simplificar. Não ensinei antes porque precisava que você ficasse craque em simplificar expressões com frações. **ATENÇÃO**: só pode usar quando as frações estiverem multiplicando, **APENAS** neste caso, fui claro? Outro ponto extremamente importante, você **NUNCA** corta os números quando está simplificando. Vou explicar com calma isso também. Vamos ao segundo truque!

Veja que legal, quando as frações estão **multiplicando**, você pode simplificar a parte de cima de uma fração com a parte de baixo de **outra** fração. Vou usar a mesma expressão que você resolveu agora pouco.

DICA

SEMPRE simplifique um número de baixo com outro de cima, **jamais** use dois números da parte de cima ou de baixo ao mesmo tempo.

Existem diversas formas de simplificar. **TODAS** darão o mesmo resultado no final, caso contrário você errou. Por exemplo: $\frac{8}{4} \cdot \frac{10}{2} \cdot \frac{15}{12} \cdot \frac{4}{3}$

1) Vou simplificar o número oito da primeira fração (parte de cima) com o número doze da terceira fração (parte de baixo). Vou simplificar ambos por dois, ou seja, 8 : 2 = 4 e 12 : 2 = 6.

$$\frac{4}{4} \cdot \frac{10}{2} \cdot \frac{15}{6} \cdot \frac{4}{3} =$$

2) Agora vou simplificar a primeira fração. Quanto é quatro dividido por quatro? Exatamente, um!

$$\frac{1}{1} \cdot \frac{10}{2} \cdot \frac{15}{6} \cdot \frac{4}{3} =$$

Posso reescrever assim:

$$1 \cdot \frac{10}{2} \cdot \frac{15}{6} \cdot \frac{4}{3} =$$

É possível melhorar mais ainda, observe que 1 × 10 = 10:

DICA

O número 1 não altera o resultado da multiplicação, logo posso apagá-lo.

$$\frac{10}{2} \cdot \frac{15}{6} \cdot \frac{4}{3} =$$

3) Agora vou simplificar o número quinze da segunda equação com o número três da última fração, vou dividir ambos por três, ou seja, 15 : 3 = 5 e 3 : 3 = 1.

$$\frac{10}{2} \cdot \frac{5}{6} \cdot \frac{4}{1} =$$

4) Agora o que você quer simplificar? Vou simplificar a primeira fração e dividir ambos os números por dois.

$$\frac{5}{1} \cdot \frac{5}{6} \cdot \frac{4}{1} =$$

5) Para finalizar as simplificações, vou simplificar o número quatro com o número seis, ambos por dois, ou seja, 4 : 2 = 2 e 6 : 2 = 3.

$$\frac{5}{1} \cdot \frac{5}{3} \cdot \frac{2}{1} =$$

6) **Ufa!** Falta pouco agora, basta multiplicar todos os números em cima e depois todos os números embaixo e a mágica acontece! Deu ou não deu o mesmo resultado?

$$\frac{5}{1} \cdot \frac{5}{3} \cdot \frac{2}{1} = \frac{50}{3}$$

SUPERDICA

Se algum exercício pedir para você multiplicar uma fração por um número qualquer, faça esse número virar uma fração. Como? É só colocar o número 1 embaixo do número.

DIVISÃO DE FRAÇÕES

Não existe nada mais fácil do que dividir uma fração. Sabe o por quê? Não é preciso fazer nenhuma divisão. Exatamente isso! Nós não vamos dividir. Pode começar a comemorar!

— Espere aí, vamos resolver uma divisão sem dividir?

— Exatamente!

Pode confessar, você amou essa ideia. Afinal, aposto que a divisão não é sua matéria favorita, acertei?

Como vamos fazer? A divisão vai virar uma multiplicação, apenas isso. Depois que você fizer essa transformação, basta aplicar qualquer técnica que aprendemos agora pouco.

Vamos parar de enrolar e ir direto ao ponto. Para dividir, basta copiar a primeira fração e multiplicar pelo inverso da segunda. Inverter significa virar de ponta cabeça, ou seja, pegar a parte de baixo, colocar em cima e pegar a parte de cima e colocar embaixo. Observe:

$$\frac{5}{1} \div \frac{5}{3} =$$

$$\frac{5}{1} \cdot \frac{3}{5} =$$

Perceberam que a única coisa que fiz foi inverter a segunda fração e colocar o sinal de vezes? Agora resolva como uma multiplicação qualquer. O resultado é igual a três, não se esqueça de simplificar!

Quero aproveitar o momento para tirar uma dúvida muito comum. Talvez você tenha chegado na seguinte resposta após a simplificação: $\frac{3}{1}$. Essa resposta está correta? Sim, mas não é comum escrever desta maneira. Responda: Quanto é três dividido por 1? Essa é fácil, o resultado é três! Por isso basta escrever o número três como resposta.

Veja o próximo caso:

$$\frac{5}{3} \div 2 =$$

Como resolver se só temos uma fração? Fácil! Vamos fazer o número dois virar uma fração. Basta colocar o número um embaixo dele.

$$\frac{5}{3} \div \frac{2}{1} =$$

Quero chamar atenção para o motivo de ter colocado o número um embaixo. Dois dividido por um continua sendo dois, mas ao colocar o número um na parte de baixo a forma de escrever muda, mas não altera seu valor. Chamo isso de "matemágica"! A arte de fazer aparecer e desaparecer com os números. Brincadeiras à parte, ficou superfácil resolver, então resolva! A resposta é igual a $\frac{5}{6}$.

Para finalizar o tópico de divisão vou propor um desafio! Resolva a expressão a baixo:

$$\frac{5}{3} \div \frac{2}{1} \div \frac{3}{4} =$$

— E agora?

— Basta resolver as duas primeiras frações, pegar o resultado e dividir pela última fração. Em casos assim, sempre faça na ordem em que as frações aparecem. Observe:

$$\frac{5}{3} \div \frac{2}{1} \div \frac{3}{4} =$$

Vou pegar as duas primeiras e resolver.

$$\frac{5}{3} \div \frac{2}{1} =$$

$$\frac{5}{3} \cdot \frac{1}{2} = \frac{5}{6}$$

Agora pegue o resultado que você achou e divida pela última fração, logo:

$$\frac{5}{6} : \frac{3}{4} =$$

$$\frac{5}{6} \cdot \frac{4}{3} = \frac{20}{18} = \frac{10}{9}$$

Observe que simplifiquei no final, mas poderia ter simplificado os números quatro e seis por dois antes de multiplicar, ou seja, estaria aplicando o segundo truque que ensinei na multiplicação de frações.

Dois pontos ":" significa divisão.

DICA

Caso você tivesse um número maior de frações para dividir, bastaria você resolver as duas primeiras, pegar o resultado e dividir pela terceira, depois pegaria novamente o resultado e dividiria pela quarta, e assim por diante até chegar na última fração.

Quero reforçar uma coisa. Lembra que ensinei dois truques de simplificação quando estava falando sobre multiplicação? Não se esqueça que o primeiro truque é coringa, vale para soma, subtração, multiplicação e divisão. Ou seja, é possível simplificar antes mesmo de inverter a fração, desde que você simplifique os números da **mesma fração**. Veja:

$$\frac{8}{6} : \frac{6}{5} =$$

Observe que posso simplificar os números oito (parte de cima) e seis (parte de baixo) da primeira fração por dois, mas **JAMAIS**, **NUNCA**, em hipótese alguma, posso simplificar os dois números seis. Lembra que esse truque que permitia simplificar números de frações diferente só servia na multiplicação? Cuidado! Veja como fica depois de simplificar:

$$\frac{4}{3} : \frac{6}{5} =$$

Agora vou aplicar a regra para resolver a divisão. Copie a primeira fração e multiplique pelo inverso da segunda.

$$\frac{4}{3} \cdot \frac{5}{6} =$$

Posso simplificar os números quatro e seis por dois? Sim, porque agora você está multiplicando. Veja:

$$\frac{2}{3} \cdot \frac{5}{3} = \frac{10}{9}$$

Vamos praticar?

1) $\frac{3}{6} : \frac{7}{6} =$

2) $\frac{2}{5} : \frac{10}{4} =$

3) $\frac{6}{12} : \frac{10}{4} =$

4) $\frac{12}{3} : \frac{15}{6} : \frac{3}{7} =$

5) $\frac{5}{2} : \frac{4}{3} : \frac{15}{3} =$

6) $\frac{7}{3} : \frac{4}{5} : \frac{3}{7} =$

7) $\frac{3}{2} : \frac{5}{4} : \frac{10}{6} : \frac{4}{3} =$

8) $\frac{7}{4} : \frac{3}{2} : \frac{1}{5} : \frac{3}{1} =$

9) $\frac{5}{3} : \frac{4}{3} : \frac{4}{7} : \frac{3}{5} =$

Vamos ver se você acertou? Vou colocar duas respostas: sem simplificar e simplificado, assim facilita para saber o que você errou, se foi a multiplicação ou a simplificação, mas reforço que na sua prova as alternativas estarão com o resultado simplificado.

1) Sem simplificar = $\frac{18}{42}$ Simplificado = $\frac{3}{7}$

2) Sem simplificar = $\frac{8}{50}$ Simplificado = $\frac{4}{25}$

3) Sem simplificar = $\frac{24}{120}$ Simplificado = $\frac{1}{5}$

4) Sem simplificar = $\frac{504}{135}$ Simplificado = $\frac{56}{15}$

5) Sem simplificar = $\frac{45}{120}$ Simplificado = $\frac{3}{8}$

6) Sem simplificar = $\frac{245}{36}$ Não é possível simplificar

7) Sem simplificar = $\frac{216}{400}$ Simplificado = $\frac{27}{50}$

8) Sem simplificar = $\frac{70}{36}$ Simplificado = $\frac{35}{18}$

9) Sem simplificar = $\frac{525}{144}$ Simplificado = $\frac{175}{48}$

Surpresa! Vou resolver alguns desses exercícios que pedi para você fazer. Farei isso para ajudar você a estudar. Todos os exercícios devem ser resolvidos desta maneira. Vamos começar pelo **Exercício 3**.

$$\frac{6}{12} : \frac{10}{4} =$$

Para resolver, vamos copiar a primeira fração e multiplicar pelo inverso da segunda. Lembre-se que o inverso nada mais é do que colocar a fração "de ponta cabeça", ou seja, a parte de cima vai para baixo e a parte de baixo vai para cima. Chamo atenção para o fato de que tiramos o sinal de dividir e colocamos o sinal de multiplicação no lugar. Veja:

$$\frac{6}{12} \cdot \frac{4}{10} =$$

Antes de sair multiplicando, preste atenção! É possível simplificar? **SIM!** Na verdade, não apenas é possível, mas também existem várias formas de pensar em como fazer. O importante é lembrar que não importa a forma, o resultado final será sempre o mesmo. Quero simplificar o quatro com o doze e o seis com o número dez. **Ok!** Mas espere, quer outra forma de fazer? Você poderia simplificar o seis com doze e o quatro com o dez. Não me interessa como vai fazer, já disse, o resultado final é o mesmo. Vou fazer da primeira forma que falei. Simplificarei os números quatro e doze por quatro. Quatro dividido por quatro é igual a um e doze dividido por quatro é igual a três. Veja como ficou:

Antes:

$$\frac{6}{12} \cdot \frac{4}{10} =$$

Depois de simplificar:

$$\frac{6}{3} \cdot \frac{1}{10} =$$

Para tudo! Olhe bem para a primeira fração, vamos simplificá-la? Vou simplificar o seis e o três por três. Seis dividido por três é igual a dois e três dividido por três é igual a um.

Antes:

$$\frac{6}{3} \cdot \frac{1}{10} =$$

Depois de simplificar:

$$\frac{2}{1} \cdot \frac{1}{10} =$$

Para terminar, simplificarei pela última vez. Vou dividir os números dois e dez por dois. Logo, dois dividido por dois é igual a um e dez dividido por dois é igual a cinco.

$$\frac{1}{1} \cdot \frac{1}{5} =$$

Finalmente, multiplique e a resposta final será:

$$\frac{1}{1} \cdot \frac{1}{5} = \frac{1}{5}$$

Agora me diga, é ou não é mais prático simplificar?

Vamos a mais um exemplo. Desta vez usarei o **Exercício 9**.

$$\frac{5}{3} : \frac{4}{3} : \frac{4}{7} : \frac{3}{5} =$$

$$\frac{5}{3} : \frac{4}{3} =$$

Copio a primeira fração, inverto a segunda e troco a operação para a multiplicação.

$$\frac{5}{3} \cdot \frac{3}{4} =$$

Vou aproveitar e simplificar os dois números três, dividindo ambos por 3. Logo:

$$\frac{5}{1} \cdot \frac{1}{4} =$$

Resolvendo:

$$\frac{5}{1} \cdot \frac{1}{4} = \frac{5}{4}$$

Agora vou pegar o resultado e substituir no exercício, no lugar das duas frações que resolvi.

Antes:

$$\frac{5}{3} : \frac{4}{3} : \frac{4}{7} : \frac{3}{5} =$$

Depois:

$$\frac{5}{4} : \frac{4}{7} : \frac{3}{5} =$$

Vamos novamente resolver as duas primeiras frações:

$$\frac{5}{4} : \frac{4}{7}$$

Copio a primeira, inverto a segunda e troco a operação para a multiplicação.

CUIDADO

Nem pense em simplificar os dois números quatro. Lembre-se, para simplificar números que não são da mesma fração elas precisam estar multiplicando. Por isso primeiro preciso resolver essa divisão.

$$\frac{5}{4} \cdot \frac{7}{4} =$$

Neste caso, não tem como simplificar, então vamos resolver logo isso, basta multiplicar.

$$\frac{5}{4} \cdot \frac{7}{4} = \frac{35}{16}$$

Agora vou pegar o resultado e substituir no exercício, no lugar das duas frações que resolvi.

Antes:

$$\frac{5}{4} : \frac{4}{7} : \frac{3}{5} =$$

Depois:

$$\frac{35}{16} : \frac{3}{5} =$$

UFA! Falta pouco agora, basta resolver esta divisão. Novamente, você vai copiar a primeira fração e multiplicar pelo inverso da segunda.

$$\frac{35}{16} \cdot \frac{5}{3} =$$

Agora é só multiplicar e correr para o abraço! Como não é possível simplificar a questão, ela termina aí!

$$\frac{35}{16} \cdot \frac{5}{3} = \frac{175}{48}$$

SOMA E SUBTRAÇÃO DE FRAÇÕES

Finalmente vamos brincar de somar e subtrair. Você já deve ter se perguntado:

— Por que o autor não começou logo com soma e subtração?

— Eu digo: O mais legal a gente deixa para o final!

Você está com fome? Vamos voltar a falar de comida! Desta vez usaremos a maçã, que é o símbolo do site Calcule Mais. Pegue uma na sua geladeira. É sério! Vá lá pegar e aproveite e traga uma faca. Se não tiver maçã, serve pera também. Na verdade, você pode usar qualquer fruta, mas a maçã e a pera são mais fáceis de cortar.

Pegue essa maçã e corte ela ao meio. Você terá duas metades, certo? Sou péssimo para desenhar, por isso preciso que você use a maçã, assim ficará muito mais fácil para seguir o raciocínio. Muito bem! Você tem agora duas metades, ou seja, tem duas frações. Cada metade pode ser representada por $\frac{1}{2}$. Você dividiu a maçã em duas partes e pegou uma parte, isso é o que significa esta fração. Se você fizer a divisão (um dividido por dois) você encontrará o famoso 0,5 (meio).

Vamos pensar de uma forma bem intuitiva. Somando essas duas metades, você encontrará uma maçã "inteira", certo? Vejamos ver isso usando a fração:

$$\frac{1}{2} + \frac{1}{2} =$$

Para somar frações com denominadores (parte de baixo) iguais, basta somar a parte de cima (numerador) e repetir a parte de baixo.

$$\frac{1}{2}+\frac{1}{2}=\frac{1+1}{2}=\frac{2}{2}$$

Agora é onde a mágica acontece. Quanto é dois dividido por dois? É igual a um, certo? Pois é, você não tem uma maçã na sua mão se juntar as duas partes?

Só não pode se esquecer de simplificar no final. A subtração é exatamente a mesma coisa, caso os denominadores sejam iguais. Vamos resolver um exercício bem caprichado?

$$\frac{15}{3}-\frac{4}{3}+\frac{10}{3}-\frac{3}{3}+\frac{2}{3}-\frac{8}{3}=\frac{15-4+10-3+2-8}{3}=\frac{12}{3}=4$$

DICA

Resolva na ordem para evitar erros com sinais, ou seja, 15 – 4 = 11; somei 11 + 10 = 21, depois 21 – 3 = 18, posteriormente 18 + 2 = 20, e faltou fazer 20 – 8 = 12. Para terminar apenas simplifiquei por 3.

Vamos praticar?

1) $\frac{3}{6}+\frac{7}{6}=$

2) $\frac{2}{5}+\frac{10}{5}=$

3) $\frac{6}{12}+\frac{10}{12}=$

4) $\frac{20}{6}-\frac{13}{6}=$

5) $\frac{5}{5}-\frac{15}{5}=$

6) $\frac{7}{5}+\frac{4}{5}+\frac{4}{5}=$

7) $\frac{3}{4}+\frac{5}{4}-\frac{10}{4}=$

8) $\frac{7}{2}-\frac{3}{2}-\frac{1}{2}=$

9) $\frac{5}{3}-\frac{4}{3}+\frac{4}{3}-\frac{3}{3}=$

Vamos ver se você acertou? Vou colocar duas respostas: sem simplificar e simplificado, assim facilita para saber o que você errou, se foi a soma, a subtração ou a simplificação, mas reforço que na sua prova as alternativas estarão com o resultado simplificado.

1) Sem simplificar = $\frac{10}{6}$ Simplificado = $\frac{5}{3}$

2) Sem simplificar = $\frac{12}{5}$ Não é possível simplificar

3) Sem simplificar = $\frac{16}{12}$ Simplificado = $\frac{4}{3}$

4) Sem simplificar = $\frac{7}{6}$ Não é possível simplificar

5) Sem simplificar = $-\frac{10}{5}$ Simplificado = $-\frac{2}{1}$ ou simplesmente −2

6) Sem simplificar = $\frac{15}{5}$ Simplificado = $\frac{3}{1}$ ou simplesmente 3

7) Sem simplificar = $-\frac{2}{4}$ Simplificado = $-\frac{1}{2}$

8) Sem simplificar = $\frac{3}{2}$ Não é possível simplificar

9) Sem simplificar = $\frac{2}{3}$ Não é possível simplificar

DENOMINADORES DIFERENTES

Vamos começar a brincar para valer! Lembra que seu professor falava para dividir pelo de baixo e multiplicar pelo de cima? Faremos isso agora. Mas antes vamos relembrar o famoso MMC.

MMC — MÍNIMO MÚLTIPLO COMUM

Lembra dele? Quase todo mundo lembra, pelo menos do nome. Vamos relembrar! A primeira coisa que você vai fazer são algumas perguntas-chaves.

- É possível dividir por 2?
- É possível dividir por 3?
- É possível dividir por 5?
- É possível dividir por 7?
- É possível dividir por 11?
- É possível dividir por 13?

Não sei se caiu sua ficha, mas em todas essas perguntas sempre usarei os números primos. Esse não é o ponto no momento. O que importa agora é resolver o MMC. Definida as perguntas-chaves, vamos pôr a mão na massa. Abaixo segue um exemplo para resolvermos:

$$\frac{3}{4} + \frac{5}{15} =$$

Apenas destaco que o procedimento para resolver casos de subtração é exatamente o mesmo. Os números que vamos usar no MMC estão na parte de baixo das frações, ou seja, são os denominadores. Você sempre vai montar esta estrutura

4, 15	

Os números sempre serão separados por vírgulas e do lado direito do traço você vai colocar os divisores, ou seja, os números que usa para dividir. Faça a primeira pergunta: é possível dividir por dois? Se a resposta for positiva coloque o número dois do lado direito do traço. Faça a divisão e coloque a resposta embaixo do número ou números que você dividiu e o que não der para dividir, basta copiar.

4, 15	2
2, 15	

Agora novamente você vai fazer as perguntas mágicas, desde a primeira. É possível dividir por **2**? Sim. Então vamos lá!

4, 15	2
2, 15	2
1, 15	

Acabou? Não, só acaba quando todos os números do lado esquerdo da linha chegarem ao número um. O que você faz agora? Novamente as perguntas. É possível dividir por dois? Não, então vamos para a segunda pergunta. É possível dividir por **3**? Sim. Então, vamos lá!

4, 15	2
2, 15	2
1, 15	3
1, 5	

O que tempos que fazer agora? As famosas perguntas! É possível dividir por dois? Não. É possível dividir por três? Não. É possível dividir por **5**? Sim. Vamos lá!

4, 15	2
2, 15	2
1, 15	3
1, 5	5
1	

Reparou que o desenho está um pouco diferente? Coloquei esse traço do lado direito porque agora vamos finalizar o MMC. Basta multiplicar todos os números do lado direto.

4, 15	2
2, 15	2
1, 15	3
1, 5	5
1	2.2.3.5 = 60

MMC é igual a **60**. Agora vamos começar a brincar com aquela famosa frase. Divide pelo de baixo e multiplica pelo de cima. Primeiro, faça o traço da fração e coloque o 60 no denominador (parte de baixo).

$$\frac{3}{4}+\frac{5}{15}=\frac{\quad}{60}$$

Não importa quantas frações está somando e/ou subtraindo, você sempre fará a mesma coisa com cada uma das frações. Você vai pegar o resultado do MMC, no caso 60, e dividir pela parte de baixo da primeira fração e depois multiplicar pela parte de cima. Feito isto é só colocar o resultado "em cima do **60**". Veja:

60 : 4 = 15

15.3 = 45

$$\frac{3}{4}+\frac{5}{15}=\frac{45}{60}$$

Agora copie o sinal de **+** e faça o mesmo processo com a segunda fração.

60 : 15 = 4

4.5 = 20

$$\frac{3}{4}+\frac{5}{15}=\frac{45+20}{60}$$

Para finalizar, basta somar:

$$\frac{3}{4}+\frac{5}{15}=\frac{45+20}{60}=\frac{65}{60}$$

Professor, precisa simplificar? **CLARO**. Você nem precisa mais me fazer essa pergunta, simplifique **SEMPRE!** Simplifiquei usando o número **5**.

$$\frac{3}{4}+\frac{5}{15}=\frac{45+20}{60}=\frac{65}{60}=\frac{13}{12}$$

Agora chega de conversa e vamos pôr a mão na massa. Vamos praticar. Depois vou resolver mais um exercício sobre esse assunto, mas antes quero que você treine. Ressalto que não importa quantas frações existam, sempre faça a mesma coisa e basta copiar os sinais de mais ou menos.

Divirta-se:

1) $\frac{4}{3} + \frac{3}{4} =$

2) $\frac{7}{4} + \frac{2}{8} =$

3) $\frac{3}{6} + \frac{4}{5} =$

4) $\frac{14}{7} + \frac{4}{3} + \frac{2}{4} =$

5) $\frac{16}{4} - \frac{2}{4} - \frac{3}{8} =$

6) $\frac{20}{4} + \frac{3}{8} - \frac{1}{6} =$

7) $\frac{10}{4} + \frac{7}{3} - \frac{3}{8} - \frac{2}{4} =$

8) $\frac{20}{10} + \frac{18}{9} - \frac{64}{32} + \frac{14}{3} =$

9) $\frac{16}{3} - \frac{2}{4} + \frac{7}{8} - \frac{3}{2} =$

Vamos ver se você acertou? Vou colocar duas respostas: sem simplificar e simplificado, assim facilita para saber o que você errou, se foi a soma, a subtração ou a simplificação. Reforço que na sua prova as alternativas estarão com o resultado simplificado.

1) Sem simplificar = $\frac{25}{12}$ Não é possível simplificar

2) Sem simplificar = $\frac{16}{8}$ Simplificado = $\frac{2}{1}$ ou simplesmente 2

3) Sem simplificar = $\frac{13}{10}$ Não é possível simplificar

4) Sem simplificar = $\frac{322}{84}$ Simplificado = $\frac{23}{6}$

5) Sem simplificar = $\frac{25}{8}$ Não é possível simplificar

6) Sem simplificar = $\frac{125}{24}$ Não é possível simplificar

7) Sem simplificar = $\frac{95}{24}$ Não é possível simplificar

8) Sem simplificar = $\frac{9600}{1440}$ Simplificado = $\frac{20}{3}$

9) Sem simplificar = $\frac{101}{24}$ Não é possível simplificar

Para finalizar esse assunto de frações, quero resolver uma questão muito especial. Espero que você tenha resolvido o **Exercício 8**, caso contrário, irá fazê-lo agora, certo?

Se seguiu meus conselhos, você deve ter simplificado antes de começar a resolver, se não, vou provar o quanto é vantajoso fazer isso. Lembra do primeiro truque que ensinei? Vou usá-lo agora. Nesse truque ensinei que posso simplificar cada uma das frações individualmente. Vamos pôr a mão na massa?

$$\frac{20}{10}+\frac{18}{9}-\frac{64}{32}+\frac{14}{3}=$$

Vou simplificar a primeira fração por dez e a segunda por nove. Você pode usar outros números sem problema, desde que sempre resulte em números exatos.

$$\frac{2}{1}+\frac{2}{1}-\frac{64}{32}+\frac{14}{3}=$$

A terceira fração vou simplificar várias vezes por 2, até chegar na resposta.

$$\frac{2}{1}+\frac{2}{1}-\frac{2}{1}+\frac{14}{3}=$$

Como não faz diferença dividir por um vou reescrever.

$$2+2-2+\frac{14}{3}=$$

Vou dar uma dica de mestre! Quando você for resolver alguma expressão que apenas tenha as operações de soma e subtração, resolva as duas primeiras contas e copie o resto. Depois, repita o procedimento: resolva as duas primeiras contas e copie o resto. Faça isso até terminar e você não errará.

$$2+2-2+\frac{14}{3}=$$

$$4-2+\frac{14}{3}=$$

$$2+\frac{14}{3}=\frac{20}{3}$$

Fala sério, ficou extremamente mais fácil e rápido resolver. Está provada a importância de simplificar? Como sou um cara que gosta de fazer surpresas, segue mais uma: vamos resolver agora muitos problemas que envolvem interpretação e frações. Vamos?

PROBLEMAS ENVOLVENDO NÚMEROS RACIONAIS – FRAÇÕES

Antes de começarmos a resolver destaco que é necessário um conhecimento prévio sobre equações. Por isso, se você quiser revisar ou aprender sobre esse assunto é só estudar o capítulo que falo sobre esse tema neste livro. O objetivo destas questões não é apenas aplicar o conceito de frações, mas desenvolver seu raciocínio matemático e, principalmente, ensinar como interpretar uma questão. Vou resolver vários exercícios e deixar outros para você fazer. Chamo atenção para uma coisa que vai ajudar: gravei vídeos com a resolução da maioria dessas questões. Basta entrar no site do **Calcule Mais** e assistir. Vamos lá!

1. (FCC–2011) Do total de pessoas que visitaram uma Unidade do Tribunal Regional do Trabalho de segunda a sexta-feira de certa semana, sabe-se que: 1/5 o fizeram na terça-feira e 1/6 na sexta-feira. Considerando que o número de visitantes da segunda-feira correspondia a 3/4 do de terça-feira e que na quarta-feira e a quinta-feira receberam, cada uma 58 pessoas, então o total de visitantes recebidos nessa Unidade ao longo de tal semana é um número:

a) Menor que 150
b) múltiplo de 7
c) quadrado perfeito
d) divisível por 48
e) maior que 250

RESOLUÇÃO:

O segredo para resolver qualquer questão está na organização. Como a questão fala de dias da semana, vamos montar uma tabela e colocar as informações que o enunciado fornece. Atenção, o enunciado fala, por exemplo: 1/5 o fizeram na terça-feira e 1/6 na sexta feira. A pergunta que fica é: 1/6 do quê? Saber responder essa questão é a diferença de acertar ou errar o exercício. Estas frações representam parte de um total, ou seja, parte do total de pessoas que visitaram uma unidade do tribunal. A questão pede que você responda exatamente isto, o total de visitantes recebidos. Como não sabemos o valor do total e por ser exatamente isso que queremos saber, vamos chamar esse total de x.

Então podemos dizer que na sexta-feira as pessoas que visitaram o tribunal representavam $\frac{1}{6}$ do total, ou seja, "$\frac{1}{6}$ de x". Em outras palavras, troquei a expressão "do total" por "de x". Agora vem o pulo do gato: você já ouviu falar em linguagem matemática? Existem algumas palavras que têm um significado especial. Por exemplo, "de", "do", "da" em matemática, significa multiplicação. Por isso quando falo "$\frac{1}{6}$ de x", significa "$\frac{1}{6}$ vezes x", ou seja, $\frac{1}{6} \cdot x$.

O principal você entendeu, agora vamos preencher a tabela.

Segunda	Terça	Quarta	Quinta	Sexta
	$\frac{1}{5} \cdot x$	58	58	$\frac{1}{6} \cdot x$

Deixei segunda em branco porque quero chamar atenção! Veja o enunciado do exercício: "o número de visitantes da segunda-feira correspondia a $\frac{3}{4}$ do de terça-feira." Esta é a única informação que não é referente ao total, mas é em relação à quantidade de terça-feira. O valor é $\frac{3}{4}$ do valor de terça, ou seja, $\frac{3}{4}$ de $\frac{1}{5} \cdot x$. Como ensinei, "de" significa multiplicação. Então podemos escrever o valor de segunda da seguinte maneira: $\frac{3}{4} \cdot \frac{1}{5} \cdot x$

Segunda	Terça	Quarta	Quinta	Sexta
$\frac{3}{4} \cdot \frac{1}{5} \cdot x$	$\frac{1}{5} \cdot x$	58	58	$\frac{1}{6} \cdot x$

Agora que você se organizou, antes de continuarmos, vamos resolver logo a multiplicação da segunda-feira.

Segunda	Terça	Quarta	Quinta	Sexta
$\frac{3}{20} \cdot x$	$\frac{1}{5} \cdot x$	58	58	$\frac{1}{6} \cdot x$

Muito bem, agora é a tacada final! Pense comigo: se somar a quantidade de visitantes de cada dia da semana encontro o valor total de visitas, certo? Então vamos escrever!

$$\frac{3}{20}.x + \frac{1}{5}.x + 58 + 58 + \frac{1}{6}.x = \text{total de visitas}$$

O total de visitas não é igual a x? Então em vez de escrever "total de visitas", vou escrever x:

$$\frac{3}{20}.x + \frac{1}{5}.x + 58 + 58 + \frac{1}{6}.x = x$$

Terminamos toda a parte de interpretação, agora vamos partir para a resolução desta equação. Primeiramente vou somar os dois números 58.

$$\frac{3}{20}.x + \frac{1}{5}.x + 116 + \frac{1}{6}.x = x$$

O próximo passo é tirar o MMC de tudo, ou seja, do lado esquerdo e do lado direito do sinal de igual. Toda vez que não tem nada embaixo de um número e/ou letra, colocamos o número um, porque qualquer número dividido por um não altera o valor. Observe que vou mudar o lugar do **x**, mas isso não altera a resposta e você poderá fazer isso todas as vezes.

$$\frac{3.x}{20} + \frac{1x}{5} + 116 + \frac{1.x}{6} = x$$

$$\frac{3x}{20} + \frac{1x}{5} + \frac{116}{1} + \frac{x}{6} = \frac{x}{1}$$

MMC (20, 5, 1, 6, 1) = 60

DICA

Tanto faz escrever 3.x ou 3x; um número grudado em uma letra ou duas letras grudadas, ou um número/letra grudado em parênteses, colchetes ou chaves sempre significará multiplicação.

Agora vamos aplicar os conhecimentos que aprendemos de soma de frações, ou seja, vamos usar aquela famosa regrinha "divide pelo de baixo e multiplica pelo de cima".

$$\frac{9x + 12x + 6960 + 10x}{60} = \frac{60x}{60}$$

Agora, um truque de mestre! Como tenho **60** do denominador (parte de baixo) dos dois lados da equação, podemos simplesmente fingir que ele não existe e cortá-lo fora. Existe toda uma demonstração matemática para isso, mas não esquente sua cabeça, confie em mim e corte eles fora. Veja:

$$9x + 12x + 6960 + 10x = 60x$$

Daqui para frente basta resolver esta equação de primeiro grau. Veja do lado esquerdo e agrupe tudo que é semelhante, ou seja, todos os números que têm o **x**.

$$31x + 6960 = 60x$$

DICA

Como a quantidade de **x** é maior do lado direito do que esquerdo, vou simplesmente "virar" a equação. Veja!

$60x = 31x + 6960$

Agora basta pegar o **31x** que está do lado direito e passar para o lado esquerdo.

$60x = 31x + 6960$

$60x - 31x = 6960$

$29x = 6960$

Basta pegar o **29** que está multiplicando o **x** e passar para o outro lado, fazendo a operação inversa que é a divisão.

$29x = 6960$

$$x = \frac{6960}{29}$$

$x = 240$

Essa questão é tão chata. Veja as alternativas. Qual é a correta?

a) menor que 150

b) múltiplo de 7

c) quadrado perfeito

d) divisível por 48

e) maior que 250

Tirando a letra "a" e a letra "e" que é possível descartar logo de cara, temos que testar uma por uma. Se ele quer saber se é múltiplo ou divisível, basta fazer a divisão para descobrir, se der um número exato ele é divisível ou múltiplo (esses nomes são sinônimos). Vamos lá:

Alternativa **A** → descartada

Alternativa **E** → descartada

Teste alternativa **B** → **240 : 7 = 34,28...** → falsa.

Teste alternativa **C** → quadrado perfeito significa tirar a raiz quadrada e o valor ser exato (não ser um número com vírgula). → Raiz quadrada de **240 = 15,59...** → falsa.

Teste alternativa **D** → **240 : 48 = 5** → verdade. *Uhul!*

Vamos resolver mais algumas?

2. (**CESGRANRIO–2011**) Um aluno precisa ler um livro para fazer um resumo. No 1º dia lê **1/5** do total. No 2º dia lê **1/3** do restante e ainda ficam faltando **240** páginas. Quantas páginas têm esse livro?

a) 300
b) 350
c) 400
d) 450
e) 320

RESOLUÇÃO:

O princípio de resolução é quase o mesmo da questão anterior, só que muito mais fácil por isso não serei tão detalhista. Qualquer dúvida estude novamente a questão número um. **MAS** temos uma pegadinha nessa questão.

Você concorda comigo que se somar a quantidade que ela leu no primeiro dia, com a quantidade que leu no segundo dia, com o total de páginas que faltam, encontro o total de páginas que ela precisa ler? Vou chamar o total de **x** e montar as tabelas.

1º Dia	2º Dia	Quantidade que falta	Total
1/5 do total	1/3 do total	240	x

Você acabou de cair na pegadinha!

CUIDADO

No segundo dia a questão não falou que era 1/3 do total, ela falou que era um terço do **RESTANTE** do total! Uma palavra pode quebrar suas pernas, por isso falo tanto para você prestar atenção no enunciado das questões. **FIQUE LIGADO!** Esta pegadinha é absurdamente comum.

1º Dia	2º Dia	Quantidade que falta	Total
1/5 do total	1/3 do que sobrou	240	x

Como o total é **x**, vou reescrever a tabela.

1º Dia	2º Dia	Quantidade que falta	Total
1/5 do x	1/3 do que sobrou	240	x

Como calculo o que sobrou? Basta pensar, para sobrar algo tenho que diminuir, logo vou fazer uma conta de subtração. Vamos fazer o total menos o que ela já leu no primeiro dia, ou seja, a conta será o total menos **1/5** do total. Veja:

$$\text{Total} - \frac{1}{5} \text{ do total} = \text{Sobra}$$

Como o total é **x**, vou reescrever:

$$x - \frac{1}{5} \text{ de } x = \text{Sobra}$$

Ou seja,

$$x - \frac{1}{5} \cdot x = \text{Sobra}$$

Como aprendemos,

$$x - \frac{1}{5} \cdot x = \text{Sobra}$$

Um vezes **x** é igual a **x**

$$x - \frac{x}{5} = \text{Sobra}$$

Vamos virar a equação: $\text{Sobra} = x - \dfrac{x}{5}$

Vamos tirar o MMC, dividir pelo de baixo e multiplicar pelo de cima

$$\text{Sobra} = \frac{5x - x}{5}$$

$$\text{Sobra} = \frac{4x}{5}$$

Agora que sabemos o quanto sobrou, vamos substituir na tabela. No lugar de "que sobrou" vou colocar o valor.

1° Dia	2° Dia	Quantidade que falta	Total
1/5 de x	1/3 do que sobrou	240	x

1° Dia	2° Dia	Quantidade que falta	Total
1/5 de x	1/3 de $\frac{4x}{5}$	240	x

Vou escrever em formato de frações:

1º Dia	2º Dia	Quantidade que falta	Total
$\frac{1}{5} \cdot x$	$\frac{1}{3} \cdot \frac{4x}{5}$	240	x

Quanto é um multiplicado por x? Qualquer número multiplicado por um é igual a ele mesmo, logo um multiplicado por x é igual a x. Vou reescrever e resolver a multiplicação do segundo dia.

1º Dia	2º Dia	Quantidade que falta	Total
$\frac{x}{5}$	$\frac{4x}{15}$	240	x

Agora é só montar a equação:

$$\frac{x}{5} + \frac{4x}{15} + 240 = x$$

Como já ensinei vou reescrever colocando o número um embaixo dos números que não possuem denominadores.

$$\frac{x}{5} + \frac{4x}{15} + \frac{240}{1} = \frac{x}{1}$$

Vamos tirar o MMC de tudo. **MMC (5,15,1,1) = 15**. Vamos resolver com a regra prática.

$$\frac{3x + 4x + 3600}{15} = \frac{15x}{15}$$

Vamos "cortar" os denominadores.

$3x + 4x + 3600 = 15x$

Vamos agrupar os termos semelhantes.

$3x + 4x + 3600 = 15x$

$7x + 3600 = 15x$

Como a quantidade de x é maior do lado direito, vamos novamente "virar" a equação.

$7x + 3600 = 15x$

$15x = 7x + 3600$

Agora é só resolver esta equação de primeiro grau.

$15x = 7x + 3600$

$15x - 7x = 3600$

$8x = 3600$

$x = \frac{3600}{8}$

$x = 450$

O total de páginas do livro é igual a **450**. Logo a alternativa correta é a letra **D**.

3. (**VUNESP—2011**). Um estagiário de um escritório de advocacia, aproveitou o mês de férias na faculdade para fazer horas extras. Do valor total líquido recebido nesse mês, **3/8** correspondem a seu salário fixo. Do valor restante, **3/5** correspondem às horas extras trabalhadas, e o saldo de **R$ 140,00**, corresponde a uma bonificação recebida. Pelas horas extras trabalhadas nesse mês, o estagiário recebeu:

a) R$ 560,00
b) R$ 210,00
c) R$ 360,00
d) R$ 310,00
e) R$ 350,00

RESOLUÇÃO:

O princípio de resolução é o mesmo que o da questão anterior. Vamos começar organizando essas informações. Novamente vamos chamar o total de **x**. Talvez você se pergunte: para que vou calcular o total se quero saber o valor das horas extras? Se você descobre o total, fica fácil descobrir a quantidade de horas.

Salário Fixo	Horas Extras	Bonificação	Total
3/8 do total	3/5 do restante	140	x

Como o total é **x**, vou reescrever a tabela.

Salário Fixo	Horas Extras	Bonificação	Total
3/8 de x	3/5 do restante	140	x

Vamos calcular o restante. O que resta é o que sobra certo?

$$\text{Total} - \frac{3}{8} \text{ do total} = \text{Sobra}$$

Como o total é x, vou reescrever:

$$x - \frac{3}{8} \text{ de } x = \text{Sobra}$$

Ou seja,

$$x - \frac{3}{8} \cdot x = \text{Sobra}$$

Como aprendemos,

$$x - \frac{3}{8} \cdot x = \text{Sobra}$$

$$x - \frac{3x}{8} = \text{Sobra}$$

Vamos virar a equação:

$$\text{Sobra} = x - \frac{3x}{8}$$

Só falta resolver a subtração das frações. Não se esqueça de tirar o MMC.

$$\text{Sobra} = \frac{8x - 3x}{8}$$

$$\text{Sobra} = \frac{5x}{8}$$

Agora que sabemos o quanto sobrou, vamos substituir na tabela. No lugar de "restante" vou colocar o valor.

Salário Fixo	Horas Extras	Bonificação	Total
3/8 de x	3/5 do restante	140	x

Salário Fixo	Horas Extras	Bonificação	Total
3/8 de x	3/5 de $\frac{5x}{8}$	140	x

Vou apenas reescrever:

Salário Fixo	Horas Extras	Bonificação	Total
$\frac{3}{8} \cdot x$	$\frac{3}{5} \cdot \frac{5x}{8}$	140	x

Vou resolver a multiplicação das horas extras.

Salário Fixo	Horas Extras	Bonificação	Total
$\frac{3x}{8}$	$\frac{15x}{40}$	140	x

Agora basta montar a equação e resolver.

$$\frac{3x}{8} + \frac{15x}{40} + 140 = x$$

$$\frac{3x}{8} + \frac{15x}{40} + \frac{140}{1} = \frac{x}{1}$$

MMC (8,40,1,1) = 40

$$\frac{15x + 15x + 5600}{40} = \frac{40x}{40}$$

$$15x + 15x + 5600 = 40x$$

$$30x + 5600 = 40x$$

Vamos virar a equação:

$$40x = 30x + 5600$$

$$40x - 30x = 5600$$

$$10x = 5600$$

$$x = \frac{5600}{10}$$

$$x = 560$$

Sabemos que o total que ele ganhou de salário foi de R$ **560**. Para calcular as horas extras é superfácil. Veja a última tabela. O valor encontrado para as horas extras era:

$$\frac{15x}{40}$$

Ou seja, é só substituir o valor de **x**. Lembre-se, quando um número está grudado em uma letra a operação envolvida é a multiplicação.

$$\frac{15 \cdot 560}{40}$$

Realizando a multiplicação.

$$\frac{8400}{40}$$

Para terminar, basta dividir! Você encontrará o valor de R$ **210**, alternativa **b**.

4. (**FCC–2010**) Em uma gaveta há certa quantidade de documentos que devem ser arquivados. Considere que dois Agentes Administrativos — Alceste e Djanira — trabalhando juntos arquivariam os **3/5** do total de documentos da gaveta em **8** horas de trabalho, enquanto que Alceste, sozinho, arquivaria **1/4** do mesmo total em **10** horas. Nessas condições o número de horas que, sozinha, Djanira levaria para arquivar a metade do total de documentos da gaveta é igual a:

a) 16
b) 15
c) 12
d) 11
e) 10

Selecionei essa questão porque ela é totalmente diferente do que estamos acostumados a resolver. Para começar, vamos ter que usar regra de três. Se você não lembra, não tem problema, escrevi um capítulo inteiro neste livro só sobre isso. Já dei a dica, se não conseguir resolver, acesse o site **www.calculemais.com.br**. e assista ao vídeo com a resolução. A maioria das questões seguintes possui vídeos com as resoluções.

5. (**FCC–2010**) Sobre um curso de treinamento para funcionários de uma empresa, que teve a duração de três meses, sabe-se que: **1/5** dos que participaram, desistiram ao longo do primeiro mês de curso; ao longo do segundo mês desistiram **1/8** dos remanescentes do mês anterior. Considerando que no terceiro mês não houve desistentes, então, se **21** pessoas concluíram o curso, a quantidade inicial de participantes era um número:

a) Maior que 32
b) Compreendido entre 22 e 29
c) Menor que 25
d) divisível por 7
e) par

6. (**CESGRANRIO-2010**) Ricardo passa **3/10** de seu dia dormindo, **1/4** dedica ao descanso e à família, já o restante, ao trabalho. Sendo assim, pode-se afirmar que, diariamente, ele trabalha durante:

a) 10 horas e 40 minutos
b) 10 horas e 48 minutos
c) 11 horas e 18 minutos
d) 11 horas e 20 minutos
e) 10 horas e 20 minutos

7. (**FCC-2010**) Um casal e seu filho foram a uma pizzaria jantar. O pai comeu **3/4** de uma pizza. A mãe comeu **2/5** da quantidade que o pai havia comido. Os três juntos comeram exatamente duas pizzas, que eram do mesmo tamanho. A fração de uma pizza que o filho comeu foi:

a) 3/5
b) 6/20
c) 7/10
d) 19/20
e) 21/15

8. (**Vunesp**) Para fazer o transporte de uma determinada carga, um caminhão teve que fazer quatro viagens, sendo que na 1º viagem foi transportado **1/3** do total da carga, e nas duas próximas viagens em cada foi transportado **1/3** do que restou da viagem anterior e por fim os últimos **8800 kg**, foi transportado na 4º viagem. Então pode se garantir que a quantidade total transportada é um valor:

a) entre 30.000 kg e 35.000 kg
b) entre 25.000 kg e 29.900 kg
c) menor que 15.000 kg
d) entre 35.000 kg e 39.900 kg
e) maior que 40.000 kg

9. (**FCC-2010**) Hoje, Filomena gastou 3 horas de trabalho ininterrupto para digitar 3/5 do total de páginas de um texto e, amanhã, Gertrudes deverá digitar as páginas restantes. Considerando que a capacidade operacional de Gertrudes é 80% da capacidade de Filomena, então, o esperado é que Gertrudes digite a sua parte em:

a) 2 horas
b) 2 horas e 30 minutos
c) 3 horas
d) 3 horas e 30 minutos
e) 4 horas

10. (**FCC–2010**) Sabe-se que uma única máquina foi usada para abrir uma vala. Se essa máquina gastou 2 horas e 45 minutos para remover 5/8 do volume de terra do terreno, então é esperado que o restante da terra tenha sido removido em:

a) 2 horas e 29 minutos
b) 2 horas e 17 minutos
c) 1 hora e 49 minutos
d) 1 hora e 47 minutos
e) 1 hora e 39 minutos

11. (**CESGRANRIO–2012**) Uma pesquisa sobre acesso à internet, três em cada quatro homens e duas em cada três mulheres responderam que acessam a rede diariamente. A razão entre o número de mulheres e de homens participantes dessa pesquisa é, nessa ordem, igual a 1/2. Que fração do total de entrevistados corresponde àqueles que responderam que acessam a rede todos os dias?

a) 5/7
b) 8/11
c) 13/18
d) 17/24
e) 25/36

12. (**FUVEST–2007**) Uma fazenda estende-se por dois municípios A e B. A parte da fazenda que está em A ocupa 8% da área desse município. A parte da fazenda que está em B ocupa 1% da área desse município. Sabendo-se que a área do município B é dez vezes a área do município A, a razão entre a área da parte da fazenda que está em A e a área total da fazenda é igual a:

a) 2/9
b) 3/9
c) 4/9
d) 5/9
e) 7/9

13. (**PACEP–UEMA–2012**) Um pai deixou um testamento no qual sua herança será dividida pelos três filhos da seguinte forma: o primeiro deverá receber 1/3 da herança; o segundo 2/5 e o restante ficará para o terceiro filho. Qual o percentual de herança que cabe ao terceiro filho?

a) 7/15 da herança
b) 11/15 da herança
c) 2/15 da herança
d) 8/15 da herança
e) 4/15 da herança

14. (**FCC-2010**) Em uma oficina autorizada, analisando o cadastro das instalações de GNV feitas em veículos automotivos no último trimestre de 2009, verificou-se que o número de instalações feitas em outubro correspondeu a 3/7 do total do trimestre e as feitas em novembro, a 2/3 do número restante. Se em dezembro foram feitas 16 instalações, o número das feitas em novembro foi igual a:

a) 3
b) 32
c) 34
d) 36
e) 38

15. (**FCC-2010/PMGRU**) Uma jarra está com refresco até 3/4 de sua capacidade máxima. Foram colocados 100 ml e ficou faltando 1/5 de refresco para completar a capacidade máxima da jarra. Pode-se concluir que essa jarra tem uma capacidade máxima, em litros, igual a:

a) 1
b) 2
c) 3
d) 4
e) 5

16. (**CMTC/2010**) Numa fiscalização noturna, 1/3 dos motoristas que sopraram o bafômetro foram multados por ter ingerido álcool. 2/5 dos motoristas parados negaram-se a soprar o bafômetro e também foram multados. Os motoristas fiscalizados que não foram multados representam, do total de fiscalizados:

a) 1/3
b) 2/3
c) 1/5
d) 2/5
e) 1/4

17. (**TEC-ADM/CESGRANRIO**) Um prêmio de R$ 4.200,00 será dividido entre 3 pessoas: A, B e C. Como resultado da divisão. A receberá 2/3 do total e C, R$ 320,00 a menos que B. Quanto receberá C?

a) R$ 540
b) R$ 1.400
c) R$ 860
d) R$ 2.480
e) R$ 2.800

18. (**TECNICO/ADM–CESGRANRIO 2004**) Carolina fez uma viagem de ônibus e na metade do caminho, em termos de distância, ela adormeceu. Ao acordar verificou que o ônibus tinha andado a metade da distância percorrida antes que ela pegasse no sono. A que fração do total corresponde o trecho durante o qual Carolina dormiu?

a) 1/5
b) 1/4
c) 1/3
d) 1/2
e) 3/4

19. (**AUX/ATV–PEDAGÓGICAS–IPAD–2010**) Danilo saiu do atacadista com o cesto de sua bicicleta cheio de laranjas. Ao subir uma ladeira inclinada, caiu metade das laranjas, mais uma. Pouco depois ele caiu em um buraco, e perdeu metade das laranjas que sobraram. Pare finalizar seu dia de azar, Danilo foi perseguido por um cachorro, perdendo metade das últimas laranjas. Finalmente ele chegou em casa, mas apenas com 23 laranjas. Com quantas laranjas Danilo saiu do atacadista?

a) 72
b) 98
c) 120
d) 144
e) 186

20. (**VUNESP–2009**) Somando-se o número X a cada um dos termos da fração 5/6 obtém-se uma nova fração cujo valor é 0,9. O valor de X é:

a) 1
b) 2
c) 3
d) 9
e) 4

21. (**FCC–2010**) Três caminhões foram usados para transportar alguns sacos de cimento de um depósito às obras de expansão de uma linha do Metrô de São Paulo. Sabe-se que cada caminhão fez uma única viagem e os três caminhões foram sucessivamente carregados de acordo com o seguinte critério: ao primeiro caminhão coube a sexta parte do total de sacos do depósito, ao segundo a quarta parte dos sacos restantes e, ao terceiro o dobro da quantidade levada pelo primeiro. Se, após as três viagens, sobraram no depósito 329 sacos de cimento, então, inicialmente, o número de sacos era:

a) 1.128
b) 1.224
c) 1.382
d) 1.448
e) 1.564

22. (**VUNESP-2010**) Certa quantidade de equipamentos deveria ser entregue em subestações das linhas do Metrô e para tal foi usado um mesmo caminhão. Sabe-se que, em sua primeira viagem, o caminhão entregou a quarta parte do total de equipamentos e, em cada uma das duas viagens subsequentes, a terça parte do número restante. Se, após essas três viagens, restaram 52 equipamentos a transportar, o total de equipamentos que deveriam ser entregues inicialmente era um número compreendido entre:

a) 100 e 130
b) 130 e 150
c) 150 e 180
d) 180 e 200
e) 200 e 230

23. (**VUNESP-2010**) J. B. reserva 3/10 do seu salário para pagar o aluguel e as despesas com o condomínio do apartamento onde mora, 2/5 do que resta, ele destina para as despesas com alimentação. Tirando-se as despesas com moradia e alimentação, aplica 2/10 do valor que sobra em um fundo de renda fixa. O restante, R$ 672,00, ele destina para outras despesas. O salário integral de J. B., é:

a) R$ 2.000,00
b) R$ 2.500,00
c) R$ 3.000,00
d) R$ 3.500,00
e) R$ 4.000,00

24. (**VUNESP-2009**) O combustível contido no tanque de uma "van" de transporte escolar ocupa 1/3 da sua capacidade total. Foram então colocados 20 litros de gasolina, e o combustível passou a ocupar ¾ da capacidade desse tanque. Em seguida, o proprietário completou o abastecimento, enchendo totalmente o tanque com álcool. Para tanto, foram colocados, de álcool.

a) 8 l
b) 10 l
c) 12 l
d) 16 l
e) 20 l

25. (**VUNESP-2009**) Uma nova penitenciária foi projetada para acomodar 400 detentos em duas alas, sendo que a capacidade da ala maior corresponde a 5/3 da capacidade da ala menor. A ala maior foi projetada para acomodar:

a) 150 detentos
b) 180 detentos
c) 240 detentos
d) 250 detentos
e) 280 detentos

26. (**VUNESP–2009**) Quatro agentes penitenciários fizeram um determinado número total de horas extras no último mês. Sabe-se que Luís fez 1/5 desse total, que Mário fez o triplo de Luís, que João fez 1/3 do que Luís fez e que Otávio fez 5 horas extras. Pode-se concluir, então, que o número de horas extras que Mário fez nesse mês foi:

a) 2,5
b) 7,5
c) 15,5
d) 22,5
e) 37,5

27. (**VUNESP–2011**) Uma pessoa percorreu 3/8 da medida de um trajeto de carro. Do restante do trajeto, ela percorreu 2/5 de ônibus e concluiu o resto a pé. Pode-se dizer que a distância percorrida de carro, em relação a distância percorrida a pé foi:

a) a mesma
b) 10% menor
c) 20% menor
d) 10% maior
e) 20% maior

28. (**IBGE**) A quinta parte da idade de minha mãe é 12, se minha mãe é 24 anos mais velha do que eu. Qual é a minha idade?

a) 24 anos
b) 12 anos
c) 36 anos
d) 60 anos
e) 16 anos

29. (**FCC**) Por falta de peças, uma montadora de automóveis produziu, neste mês, apenas 4200 veículos que representam 5/6 da produção normal. Quantos carros essa fábrica costuma produzir?

a) 5.000 carros
b) 5.340 carros
c) 8.920 carros
d) 5.040 carros
e) 7.340 carros

30. (**FCC**) O indicador de combustível do veículo de Janilson marcava 4/10 de sua capacidade total quando ele parou num posto. Ele abasteceu o veículo com 18 litros de óleo diesel e o indicador registrou 7/10. A capacidade total desse tanque, em litros é:

a) 60 litros
b) 65 litros
c) 70 litros
d) 75 litros
e) 80 litros

RESPOSTAS: 1.d) ■ 2.d) ■ 3.b) ■ 4.e) ■ 5.e) ■ 6.b) ■ 7.d) ■ 8.b) ■ 9.b) ■ 10.e) ■ 11.c) ■ 12.c) ■ 13.e) ■ 14.b) ■ 15.b) ■ 16.d) ■ 17.a) ■ 18.b) ■ 19.e) ■ 20.e) ■ 21.a) ■ 22.c) ■ 23.a) ■ 24.c) ■ 25.d) ■ 26.d) ■ 27.a) ■ 28.c) ■ 29.d) ■ 30.a)

MOMENTO ENEM — FRAÇÕES

1. **(ENEM-2016)** Cinco marcas de pão integral apresentam as seguintes concentrações de fibras (massa de fibra por massa de pão):

- Marca A: 2 g de fibras a cada 50 g de pão;
- Marca B: 5 g de fibras a cada 40 g de pão;
- Marca C: 5 g de fibras a cada 100 g de pão;
- Marca D: 6 g de fibras a cada 90 g de pão;
- Marca E: 7 g de fibras a cada 70 g de pão;
- Recomenda-se a ingestão do pão que possui a maior concentração de fibras.

Disponível em: www.blog.saude.gov.br. Acesso em: 25 fev. 2013.

A marca a ser escolhida é

a) A
b) B
c) C
d) D
e) E

RESOLUÇÃO:

Essa questão é bem simples de ser resolvida. A grande dica está no enunciado: "apresentam as seguintes concentrações de fibras (massa de fibra **por** massa de pão)." Você se lembra que "por" em matemática significa divisão? Logo, para descobrir a concentração basta dividir a massa de fibra pela massa de pão. Fazendo isso com todas as marcas encontraremos a qual possui a maior concentração.

- Marca A: 2 g de fibras a cada 50 g de pão – Concentração 2/50 = 0,04
- Marca B: 5 g de fibras a cada 40 g de pão – Concentração 5/40 = 0,125
- Marca C: 5 g de fibras a cada 100 g de pão – Concentração 5/100 = 0,05
- Marca D: 6 g de fibras a cada 90 g de pão – Concentração 6/90 = 0,066
- Marca E: 7 g de fibras a cada 70 g de pão – Concentração 7/70 = 0,1

A marca que possui a maior concentração é a marca B, logo ela deve ser a escolhida.

2. **(ENEM–2016)** Diante da hipótese do comprometimento da qualidade da água retirada do volume morto de alguns sistemas hídricos, os técnicos de um laboratório decidiram testar cinco tipos de filtros de água.

Dentre esses, os quatro com melhor desempenho serão escolhidos para futura comercialização. Nos testes, foram medidas as massas de agentes contaminantes, em miligrama, que não são capturados por cada filtro em diferentes períodos, em dia, como segue:

- Filtro 1 (F1): 18 mg em 6 dias;
- Filtro 2 (F2): 15 mg em 3 dias;
- Filtro 3 (F3): 18 mg em 4 dias;
- Filtro 4 (F4): 6 mg em 3 dias;
- Filtro 5 (F5): 3 mg em 2 dias.

Ao final, descarta-se o filtro com maior razão entre a medida da massa de contaminantes não capturados e o número de dias, o que corresponde ao de pior desempenho.

Disponível em: www.redebrasilatual.com.br. Acesso em: 12 jul. 2015 (adaptado).

O filtro descartado é o

a) F1
b) F2
c) F3
d) F4
e) F5

RESOLUÇÃO:

Novamente o próprio enunciado ensina como resolver a questão. Veja o que o enunciando fala: "descarta-se o filtro com a maior razão entre a medida da massa de contaminantes não capturados e o número de dias". Como já ensinei, a palavra razão significa divisão, em outras palavras, vamos descartar o filtro cujo resultado entre a divisão da massa de contaminantes não capturadas pelo número de dias for maior.

- Filtro 1 (F1): 18 mg em 6 dias — Razão = 18/6 = 3 mg/dia
- Filtro 2 (F2): 15 mg em 3 dias — Razão = 15/3 = 5 mg/dia
- Filtro 3 (F3): 18 mg em 4 dias — Razão = 18/4 = 4,5 mg/dia
- Filtro 4 (F4): 6 mg em 3 dias — Razão = 6/3 = 2 mg/dia
- Filtro 5 (F5): 3 mg em 2 dias — Razão = 3/2 = 1,5 mg/dia

O filtro como pior desempenho é o número **2**.

E agora deixo com você uma questão desafio. Vamos lá?

3. **(ENEM-2016)** Densidade absoluta (**d**) é a razão entre a massa de um corpo e o volume por ele ocupado. Um professor propôs à sua turma que os alunos analisassem a densidade de três corpos: **dA**, **dB**, **dC**. Os alunos verificaram que o corpo de **A** possuía **1,5** vez a massa do corpo **B** e esse, por sua vez, tinha **3/4** da massa do corpo **C**. Observaram, ainda, que o volume do corpo **A** era o mesmo do corpo **B** e **20%** maior do que o volume do corpo **C**. Após a análise, os alunos ordenaram corretamente as densidades desses corpos da seguinte maneira

a) dB < dA < dC

b) dB = dA < dC

c) dC < dB = dA

d) dB < dC < dA

e) dC < dB < dA

RESPOSTAS: 1. b) ■ 2. b) ■ 3. a)

CAPÍTULO 4

EQUAÇÃO DO 1º GRAU

Este assunto é tão importante que se eu fosse você, daria uma atenção superespecial a ele. Sabe por quê? Resolver equações do primeiro grau não significa apenas ver uma equação na sua frente e resolvê-la. A equação é a base de dezenas de outros assuntos, ou seja, se você não souber resolver uma equação, não vai conseguir resolver muitas questões, mesmo que tenha entendido o conteúdo e saiba na ponta da língua tudo sobre determinado assunto. Então vamos lá. A primeira coisa que você precisa entender parece muito óbvia, mas às vezes, passa despercebido pela maioria das pessoas. Sabe do que estou falando? Vou contar! É o sinal de igual. Parece algo tão simples, mas é a base e o fundamento de tudo. Essa informação é imprescindível para resolver problemas de equações. O sinal de igual representa que qualquer coisa que estiver do lado esquerdo dele é exatamente igual ao lado direito, como uma balança.

Vou ensinar você a resolver através da regra prática, mas antes, preciso falar uma coisa que talvez você tenha aprendido errado. Você já ouviu falar de algo assim: quando passa de um lado para o outro se é "mais vira menos" e se é "menos vira mais"? Ou então, já ouviu falar que quando muda de lado você troca o sinal? Pensar dessa forma é um grande erro; às vezes funciona, às vezes não. Isso pode atrapalhar muito. O segredo é, quando você passa algo para o outro lado, passa fazendo a operação inversa. Vou fazer uma tabela para você.

Operação	Operação Inversa
Potenciação (exemplo: 2^2)	Radiciação (exemplo: $\sqrt{4}$)
Radiciação	Potenciação
Multiplicação	Divisão
Divisão	Multiplicação
Soma	Subtração
Subtração	Soma

Você precisa ter em mente que, para resolver uma equação, é preciso deixar o **x** sozinho, ou seja, isolar o **x**. Vou resolver vários exercícios passo a passo. Mas não vou ficar falando o que fiz, você vai assumir o compromisso de sempre olhar nesta tabela anterior, para poder entender cada passo que der, combinado? Espero que sim...

SUPERDICA

Não custa reforçar, o sinal do número ou letra sempre estará do lado esquerdo e se não tiver nada escrito, significa que o número ou a letra são positivos.

DICA

Você pode assistir aulas com a resolução da maioria dessas questões no site **www.calculemais.com.br**

1. (**Calcule Mais–2012**) Resolva a equação: $x + 3 = 18$

a) –15
b) 16
c) 15
d) 17
e) 20

RESOLUÇÃO:

$x + 3 = 18$
$x = 18 - 3$
$x = 15$

2. (**Calcule Mais–2012**) Resolva a equação: $x - 3 = 18$

a) –21
b) 21
c) 15
d) 19
e) 20

RESOLUÇÃO:

$x - 3 = 18$
$x = 18 + 3$
$x = 21$

3. (**Calcule Mais–2012**) Resolva a equação: $3x + 3 = 18$

a) –2
b) 1
c) 5
d) 17
e) 21

RESOLUÇÃO:

$3x + 3 = 18$

$3x = 18 - 3$

$3x = 15$

$x = \frac{15}{3}$

$x = 5$

4. (**Calcule Mais–2012**) Resolva a equação: $3x - 3 = 18$

a) –1
b) –21
c) 5
d) 17
e) 7

RESOLUÇÃO:

$3x - 3 = 18$

$3x = 18 + 3$

$3x = 21$

$x = \frac{21}{3}$

$x = 7$

5. (**Calcule Mais–2012**) Resolva a equação: $\frac{x}{2} + 25 = 50$

a) –21
b) 50
c) 35
d) 49
e) 60

RESOLUÇÃO:

$\frac{x}{2} + 25 = 50$

$\frac{x}{2} = 50 - 25$

$$\frac{x}{2} = 25$$

$$x = 25.2$$

$$x = 50$$

6. (**Calcule Mais–2012**) Resolva a equação: $\frac{x}{2} - 25 = 50$

a) 200

b) 140

c) 150

d) 190

e) 230

RESOLUÇÃO:

$$\frac{x}{2} - 25 = 50$$

$$\frac{x}{2} = 50 + 25$$

$$\frac{x}{2} = 75$$

$$x = 75.2$$

$$x = 150$$

7. (**Calcule Mais–2012**) Resolva a equação: $\frac{5x}{2} - 25 + 10 + 5 = 50$

a) 24

b) 21

c) 18

d) 14

e) 29

RESOLUÇÃO:

$$\frac{5x}{2} - 25 + 10 + 5 = 50$$

$$\frac{5x}{2} - 25 + 15 = 50$$

$$\frac{5x}{2} - 25 = 50 - 15$$

$$\frac{5x}{2} - 25 = 35$$

$$\frac{5x}{2} = 35 + 25$$

$$\frac{5x}{2} = 60$$

$$5x = 60.2$$

$$5x = 120$$

$$x = \frac{120}{5}$$

$$x = 24$$

8. (**Calcule Mais–2012**) Resolva a equação:

$$\frac{2.5x}{2} - (-25 - 15) + 5 = 50$$

a) –1

b) 1

c) 5

d) 9

e) n.d.a (nenhuma das alternativas)

RESOLUÇÃO:

CUIDADO

Essa questão tem uma pegadinha. Você está vendo o sinal de menos antes do parêntese? Todas as vezes que tiver um sinal de menos grudado em um parêntese, você precisa trocar o sinal de tudo que está dentro, e já aproveite para tirar os números de dentro dos parênteses.

$$\frac{2.5x}{2} - (-25 - 15) + 5 = 50$$

Trocando o sinal de tudo dentro dos parênteses e tirando-os fora:

$$\frac{2.5x}{2} + 25 + 15 + 5 = 50$$

$$\frac{2.5x}{2} + 45 = 50$$

$$\frac{2.5x}{2} + 45 = 50$$

$$\frac{2.5x}{2} = 50 - 45$$

$$\frac{2.5x}{2} = 5$$

Simplificando a fração por dois:

$$\frac{2^{\div 2}.5x}{2^{\div 2}} = 5$$

$$\frac{1.5x}{1} = 5$$

$5x = 5$

$$x = \frac{5}{5}$$

$x = 1$

DICA

Se você quiser, em vez de simplificar, você pode resolver da mesma forma que na questão anterior.

10. (Calcule Mais–2012) Resolva a equação: $5.(-x + 2) = 100$

a) 19

b) 21

c) 13

d) -18

e) 20

RESOLUÇÃO:

Essa é uma questão muito bacana, porque vai fazer você lembrar de uma coisa que aprendeu há muito tempo O nome real é distributiva, mas muitas pessoas chamam carinhosamente de chuveirinho.

Esta técnica será aplicada, todas as vezes que você tiver um número ou uma letra grudada em um parêntese. Neste caso temos o número **5**, ele é positivo certo? Sim! Para resolver isto, você vai pegar o número "**+5**" e multiplicar pelo primeiro termo dentro dos parênteses que neste caso é o "**–x**"; depois você vai pegar o "**+5**" e multiplicar pelo "**+2**". Veja como vai ficar:

$5.(-x + 2) = 100$

$(+5.-x + 5.+2) = 100$

Lembre-se da regra de sinal que já ensinei neste livro:

$(-5x + 10) = 100$

Agora que já multiplicamos, podemos tirar os parênteses e resolver normalmente.

$-5x + 10 = 100$

$-5x = 100 - 10$

$-5x = 90$

$x = \frac{90}{-5}$

$x = -18$

SUPERDICA

Na multiplicação e na divisão, se os sinais forem diferentes, o resultado sempre será negativo. Se os sinais forem guais, o resultado será positivo.

DICA

Observe que não mudei o sinal de "–5", quando passei para o outro lado dividindo. Você nunca mudará esse sinal, cuidado!

11. (**Calcule Mais–2012**) Resolva a equação: $5.(\frac{-x}{3} + 2) = 100$

a) 40

b) -40

c) 54

d) 70

e) -54

RESOLUÇÃO:

Vamos aplicar a técnica da distributiva:

$5.(\frac{-x}{3} + 2) = 100$

$(\frac{+5.-x}{3} + 5.+2) = 100$

$(\frac{-5x}{3} + 10) = 100$

$\frac{-5x}{3} + 10 = 100$

$\frac{-5x}{3} = 100 - 10$

$\frac{-5x}{3} = 90$

$-5x = 90.3$

$-5x = 270$

$x = \frac{270}{-5}$

$x = -54$

12. (**Calcule Mais–2012**) Resolva a equação: $5.(\frac{x}{3} + \frac{5}{3}) = 100$

a) 20

b) 27

c) -55

d) 55

e) -54

RESOLUÇÃO:

Novamente vamos aplicar a distributiva:

$5.(\frac{x}{3} + \frac{5}{3}) = 100$

$(\frac{5.x}{3} + \frac{5.5}{3}) = 100$

$(\frac{5.x}{3} + \frac{25}{3}) = 100$

$\frac{5.x}{3} + \frac{25}{3} = 100$

Como os denominadores são iguais, basta somar as frações, como já expliquei no capítulo de frações, deste livro.

$\frac{5.x + 25}{3} = 100$

$5.x + 25 = 100.3$

$5x + 25 = 300$

$5x = 300 - 25$

$5x = 275$

$x = \frac{275}{5}$

$x = 55$

Estas próximas questões vou deixar para você resolver. Qualquer dúvida, acesse o site **www.calculemais.com.br**, lá você vai encontrar a maioria das resoluções.

13. (**Calcule Mais–2012**) Resolva a equação: $2x + 5 - 5x = -1$

a) 2
b) 7
c) –5
d) 5
e) –4

14. (**Calcule Mais–2012**) Resolva a equação: $-3x + 10 = 2x + 8 + 1$

a) 5/1
b) 1/5
c) 1/3
d) 1/4
e) –1/4

SUPERDICA

Deixe tudo que tem a letra **x** do lado esquerdo e os números do lado direito.

RESOLUÇÃO:

$-3x + 10 = 2x + 8 + 1$

$-3x + 10 = 2x + 9$

$-3x = 2x + 9 - 10$

$-3x - 2x = + 9 - 10$

$-5x = -1$

$x = \frac{-1}{-5}$

CUIDADO

COM O SINAL!

$x = \frac{1}{5}$, na divisão, sinais iguais sempre resultarão em uma resposta positiva.

15. (**Calcule Mais–2012**) Resolva a equação: $7(x - 5) = 3(x + 1)$

a) 15/11
b) 11/5
c) 19/3
d) 19/2
e) –1/9

16. (**Calcule Mais–2012**) Resolva a equação: $\frac{5x}{3} - \frac{2}{5} = 0$

a) 1/11

b) 11/25

c) 19/25

d) 6/25

e) 13/9

RESOLUÇÃO:

Para resolver questões que contenham soma ou subtração de frações, comece tirando o MMC de tudo (para realizar essa subtração, no caso, mas quando falo para tirar MMC de tudo é de tudo mesmo). Os números que não tiverem nada embaixo você deve colocar o número **1**. Lembre-se, já ensinei tirar MMC no capítulo sobre frações.

$$\frac{5x}{3} - \frac{2}{5} = 0$$

$$\frac{5x}{3} - \frac{2}{5} = \frac{0}{1}$$

MMC (3, 5, 1) = 15

Montando a nova fração:

$$\frac{\quad}{15} - \frac{\quad}{15} = \frac{\quad}{15}$$

Agora vamos dividir pelo de baixo e multiplicar pelo de cima:

$$\frac{5.5x}{15} - \frac{3.2}{15} = \frac{15.0}{15}$$

$$\frac{25x}{15} - \frac{6}{15} = \frac{0}{15}$$

Agora vem a **SUPERDICA!**

SUPERDICA

Depois que tirar o MMC de tudo, você vai ficar com o denominador (parte de baixo) com o mesmo número antes e depois do igual, por isso pode simplesmente cortar e jogar fora, neste caso o número 15.

$$\frac{25x}{\cancel{15}} - \frac{6}{\cancel{15}} = \frac{0}{\cancel{15}}$$

$25x - 6 = 0$

$25x = 0 + 6$

$25x = 6$

$x = \frac{6}{25}$

DICA

No site expliquei de outra forma, que também está perfeitamente correta. Como já disse, na matemática, algumas questões possuem diversas formas de resolução.

17. (**Calcule Mais–2012**) Resolva a equação: $\frac{x}{4} - \frac{x}{3} = 2x - 50$

a) 23
b) 24
c) 25
d) 26
e) 27

18. (**Calcule Mais–2012**) Resolva a equação: $\frac{x}{6} + \frac{x}{3} = 18 - \frac{x}{4}$

a) 23
b) 24
c) 25
d) 26
e) 27

19. (**Calcule Mais–2012**) Resolva a equação: $\frac{2x-3}{4} - \frac{2-3}{3} = \frac{x-1}{3}$

a) 2/3
b) 3/2
c) 2/5
d) 1/2
e) 2/7

20. (**Calcule Mais–2012**) Resolva a equação: $(4x + 6) - 2x = (x - 6) + 10 + 14$

a) 13
b) 24
c) 20
d) 16
e) 12

21. (**Calcule Mais–2012**) Resolva a equação: $(x - 2) - (x + 4) + 2(x - 3) - 6 = 0$

a) 9
b) 4
c) 7
d) 11
e) 3

22. **(Calcule Mais–2012)** Resolva a equação: $5(x - 3) - 4(x - 2) = 8 + 3(\frac{1}{3} - x)$

a) 3
b) 5
c) 7
d) 11
e) 4

23. **(Calcule Mais–2012)** Resolva a equação: $7(x - 1) - 2(x - 5) = x - 5$

a) 2
b) 4
c) 5
d) 6
e) –2

24. **(Calcule Mais–2012)** Resolva a equação: $3(2x - 1) = -2(x + 3)$

a) 2/3
b) –2/4
c) –3/8
d) 2/6
e) 2/7

RESPOSTAS: 1. c) ■ 2. b) ■ 3. c) ■ 4. e) ■ 5. b) ■ 6. c) ■ 7. a) ■ 8. b) ■ 9. d) ■ 10. e) ■ 11. d) ■ 12. a) ■ 13. b) ■ 14. d) ■ 15. d) ■ 16. b) ■ 17. b) ■ 18. d) ■ 19. e) ■ 20. a) ■ 21. e) ■ 22. e) ■ 23. c) ■ 24. c)

PROBLEMAS DE EQUAÇÃO DO 1º GRAU

Para resolver estes tipos de questões é fundamental que você tenha na ponta da língua o que ensinei sobre linguagem matemática.

1. **(VUNESP–2010/ADAP)** Três amigos, Almir, Bruno e Cesar, foram jantar em um restaurante e a conta total da janta foi de **R$ 100,00**. Sabe-se que Almir pagou 8 reais a mais que Bruno e este 4 a mais que Cesar, então pode se dizer que Bruno pagou:

a) R$ 40,00
b) R$ 34,00
c) R$ 28,00
d) R$ 32,00
e) R$ 44,00

RESOLUÇÃO:

Neste tipo de questão, você precisa escolher alguém para ser sua referência. Observe que o problema fala que Almir pagou **R$ 8** a mais que Bruno, ou seja, o Bruno é a referência para Almir. Se continuar lendo, você verá que o Bruno tem **4** a mais que o Cesar, ou seja, o Cesar é a referência para o Bruno. Você deve concordar comigo que se descobrirmos quanto Cesar ganhou descobriremos também quanto Bruno pagou, porque basta somar **R$ 4**. Se você pegar o valor que Bruno pagou e somar **R$ 8,** descobre-se o valor que o Almir pagou. Cesar é a base da resolução. Se nós descobrirmos o valor que Cesar pagou, descobrimos todos os outros com facilidade. Como ele é a nossa referência, vou chamá-lo de x.

Cesar = x

Bruno = $x + 4$ (pagou 4 reais a mais que Cesar)

Almir = **Bruno + 8 reais**

Almir = $x + 4 + 8$ → PS. $x + 4$, representa o quanto Bruno pagou.

Almir = $x + 12$

Você concorda que, se somarmos o que cada um pagou, vamos encontrar o valor total pago na conta que foi **R$ 100**? Vamos fazer isso!

$$x + x + 4 + x + 12 = 100$$
$$3x + 16 = 100$$
$$3x = 100 - 16$$
$$3x = 84$$
$$x = \frac{84}{3} = 28$$

Ou seja, $x = 28$. Como chamei César de x, ele pagou **R$ 28**. O Bruno pagou **R$ 4** a mais, ou seja, **R$ 32** e Almir pagou **R$ 8** a mais que Bruno, ou seja, ele pagou **R$ 40**.

Você poderia simplesmente ter substituído o valor no lugar do x. Veja:

Cesar = x = R$ 28

Bruno = $x + 4 = 28 + 4$ = R$ 32

Almir = $x + 12 = 28 + 12$ = R$ 40

2. **(VUNESP–2010)** A Prefeitura Municipal fez um levantamento do número de estátuas que sofrem vandalismo por ano, na cidade. Dividindo a cidade em três regiões, A, B, C, constatou-se que a região A é responsável pelo vandalismo do quádruplo de estátuas agredidas na região B. O total de estátuas que foram atacadas é 128, sendo que 48 estavam na região C. Quantas estátuas sofreram vandalismo na região A?

a) 64
b) 5
c) 40
d) 32
e) 16

RESOLUÇÃO:

O segredo deste tipo de questão é encontrar sua referência e organizar as informações dadas. Como o problema fala que a região A tem o quádruplo de vandalismo da região B, vou usar B como referência, e dizer que a quantidade de vandalismo na região B vale x. Logo na região A, vale **4x.**

Região A = 4x

Região B = x

Região C = 48

O problema fala que no total foram atacadas **128 estátuas**. Você concorda comigo que se somarmos as três regiões, vamos encontrar o total de 128?

Região A + Região B + Região C = 128

$$4x + x + 48 = 128$$
$$5x + 48 = 128$$
$$5x = 128 - 48$$
$$5x = 80$$
$$x = \frac{80}{5} = 16$$

Achamos o x, ou seja, achamos a região B, como a região teve o quádruplo (quatro vezes mais) ataques, basta multiplicar por 4.

Região A = **16.4 = 64 ataques**

3. **(FCC–2010)** Em quatro semanas do mês passado foram capturados **338 animais** ao todo. Na segunda semana, foi capturado o dobro de animais da primeira. Na terceira, a metade da primeira e, na última semana **30 animais**. Desse modo, pode-se concluir que na semana em que aconteceu a maior captura foram capturados:

a) 88
b) 103
c) 132
d) 176
e) 264

RESOLUÇÃO:

Essa questão segue o padrão das outras: qual é sua referência? Se você prestou bastante atenção, vai perceber que é a primeira semana, pois logo no começo o problema já fala que a segunda semana capturou o dobro que a primeira. Ele também relaciona a terceira semana com a primeira, ou seja, ele deu vários motivos para adotar a primeira semana como referência.

1º Semana = x

2º Semana = 2x

3º Semana = $\frac{x}{2}$

4º Semana = 30

Você concorda que se somar os valores de todas as semanas será igual aos **338 animais** capturados? Então vamos somar e resolver a equação. Veja:

$$x + 2x + \frac{x}{2} + 30 = 338$$

$$3x + \frac{x}{2} + 30 = 338$$

$$3x + \frac{x}{2} = 338 - 30$$

$$3x + \frac{x}{2} = 308$$

Vamos usar aquela técnica que ensinei no capítulo de equações. Vamos tirar o **MMC** de todos os termos e depois dividir pelo de baixo e multiplicar pelo de cima.

$$\frac{3x}{1} + \frac{x}{2} = \frac{308}{1}$$

MMC (1,2,1) = 2

$$\frac{\quad}{2} + \frac{\quad}{2} = \frac{\quad}{2}$$

$$\frac{6x}{2} + \frac{x}{2} = \frac{616}{2}$$

Vamos fazer aquele truque de cortar o denominador:

$$\frac{6x}{\cancel{2}} + \frac{x}{\cancel{2}} = \frac{616}{\cancel{2}}$$

$$6x + x = 616$$

$$7x = 616$$

$$x = \frac{616}{7} = 88$$

Para descobrir a semana que teve a maior captura, basta colocar o número 88 no lugar do x. Veja:

1° Semana = $x = 88$

2° Semana = $2x = 2.88 = 176$

3° Semana = $\frac{x}{2} = \frac{88}{2} = 44$

4° Semana = 30

A semana que teve a maior captura foi a segunda com **176 animais** capturados.

Agora é com você! Qualquer dúvida, acesse o site **www.calculemais.com.br**, para assistir à resolução de algumas das próximas questões.

4. **(CESGRANRIO/FGV–2000)** Um orfanato recebeu certa quantidade **x** de brinquedos para ser distribuída entre as crianças. Se cada criança receber: **3 brinquedos**, sobrarão **70 brinquedos** para serem distribuídos. Entretanto, para que cada criança possa receber **5 brinquedos**, serão necessários mais **40 brinquedos**. O número de crianças do orfanato e a quantidade **x** de brinquedos que o orfanato recebeu, são respectivamente:

a) 50 e 290
b) 55 e 235
c) 55 e 290
d) 60 e 250
e) 65 e 235

5. **(AGENTE/ADM–VUNESP–2010)** Um prêmio de R$ 12.000,00 foi oferecido aos 3 primeiros colocados num concurso de contos. O segundo colocado recebeu R$ 1.000,00 a mais que o terceiro e Pedro, primeiro colocado, recebeu o dobro do prêmio do segundo. O prêmio de Pedro, em reais foi:

a) R$ 6.500,00
b) R$ 5.250,00
c) R$ 4.500,00
d) R$ 3.250,00
e) R$ 2.250,00

6. **(VUNESP–2010)** Mariana gastou um total de R$ 125,00 na compra de um cartucho de tinta para sua impressora, um pen drive e um livro. Sabe-se que o cartucho de tinta custou R$ 12,00 a menos que o pen drive e R$ 19,00 a mais que o livro. Nesse caso, pode-se afirmar que o item mais caro custou.

a) R$ 56,00
b) R$ 52,00
c) R$ 46,00
d) R$ 44,00
e) R$ 42,00

7. **(IMPRENSA OFICIAL–2010)** Agenor comprou algumas lembrancinhas para presentear seus familiares. O presente de sua mãe custou o dobro do que custou o presente de seu pai, e o presente de seu irmão, R$ 12,00 a menos do que custou o presente de seu pai. Pagou a loja onde comprou esses presentes com três notas de R$ 50,00 e recebeu de troco três notas de R$ 10,00. Então, o presente de sua mãe custou, a mais do que custou o presente de seu irmão:

a) R$ 45,00
b) R$ 47,00
c) R$ 49,00
d) R$ 51,00
e) R$ 53,00

8. **(VUNESP–2010)** A soma das idades de 4 amigos é 116. Fabrício é 14 anos mais velho que Marcos e Douglas é 6 anos mais velho do que Samuel. Há quatro anos, a idade de Fabrício era o dobro da idade de Samuel. A diferença em módulo, entre as idades de Marcos e Douglas, é:

a) 10 anos
b) 8 anos
c) 6 anos
d) 4 anos
e) 2 anos

9. **(TECADM)** Perguntado sobre a idade de seu filho Júnior, José respondeu o seguinte: Minha idade quando somada à idade de Júnior é igual a **47 anos**: e quando somada a idade de Maria é igual a **78 anos**. As idades de Maria e Júnior somam **39 anos**. Qual a idade de Júnior?

a) 2 anos
b) 3 ano
c) 4 anos
d) 5 anos
e) 10 anos

10. **(VUNESP-2010)** Marisol, Elisandra e Daniele são três amigas. Elisandra tem **R$ 5,00** a mais que Marisol, que por sua vez possui o dobro do valor de Daniele. Somando o valor das três amigas temos **R$ 15.005,00**. Pode-se afirmar:

a) Elisandra tem R$ 6.005,00
b) Marisol tem R$ 2.000,05
c) Daniele tem R$ 1.510,00
d) Daniele tem R$ 4.005,00
e) Marisol tem R$ 4.005,00

11. **(VUNESP-2010)** Um casal tem **4 filhos**. A diferença entre o **1º** e o **2º** filho é de **3 anos**. Entre o **2** e **3** é de **2 anos** e a diferença entre o **3º** e o **4º** filhos é de **1 ano**. A soma das idades dos **4 filhos** é **46 anos**. A soma da idade do **1º** filho com a idade do **4º** filho é:

a) 24
b) 23
c) 22
d) 21
e) 20

12. **(VUNESP-2010)** André, Beto e Carlos trabalham juntos numa casa, como ajudantes de serviços gerais e no final do ano passado receberam um único bônus de **R$ 930,00** para ser repartido entre os três da seguinte forma: André recebeu **R$ 50,00** a mais que Beto, e este, **R$ 20,00** a mais que Carlos. Então, a parte que este último recebeu foi de

a) R$ 270,00
b) R$ 275,00
c) R$ 280,00
d) R$ 285,00
e) R$ 290,00

13. (**VUNESP-2009**) Um clube promoveu um show de música popular brasileira ao qual compareceram **200** pessoas entre sócios e não sócios. No total, o valor arrecadado foi de **R$ 1.400,00** e todas as pessoas pagaram ingresso. Sabendo-se que o preço do ingresso foi de **R$ 10,00** e que o sócio pagou metade desse valor, o número de sócios presentes ao show é:

a) 80
b) 100
c) 120
d) 140
e) 160

14. (**FCC**) Certa biblioteca tem **1560** livros distribuídos em 4 prateleiras de uma estante, de modo que a 1ª prateleira tem 80 livros a mais do que a 2ª esta, 30 livros a mais do que a 3ª, e esta, 60 livros a menos do que a 4ª. O número de livros da 1ª prateleira é igual a:

a) 400
b) 470
c) 450
d) 480
e) 420

15. (**VUNESP-2009**) Um relatório de **20** páginas foi fotocopiado na papelaria próxima da escola, onde fotocópias normais, em preto e branco, custam **R$ 0,30** cada uma, e as coloridas custam **R$ 1,50** cada. Foi feita uma cópia de cada página, sendo algumas delas coloridas, e o total gasto foi **R$ 15,60**. Assim pode-se concluir que só as cópias coloridas custaram

a) R$ 13,50
b) R$ 12,00
c) R$ 10,50
d) R$ 9,00
e) R$ 7,50

16. (**VUNESP-2009**) Uma escola recebeu uma verba para a compra de um computador. Fazendo as contas, O diretor concluiu que precisaria de mais **R$ 600,00** para comprar o computador desejado. Por outro lado, constatou que se a verba recebida fosse **50%** maior, ele compraria o computador e ainda sobrariam **R$ 300,00** para a compra de uma impressora. Desse modo, pode-se concluir que o computador desejado custa

a) R$ 2.400,00
b) R$ 2.100,00
c) R$ 2.000,00
d) R$ 1.900,00
e) R$ 1.800,00

17. **(VUNESP–2009)** Um professor distribuiu um certo número de folhas de papel sulfite entre 3 grupos, para apresentação de seus trabalhos. Para o grupo A, ele deu a terça parte do total, para o grupo B, entregou 3 folhas a menos do que para o grupo A, e para o grupo C, ele deu o dobro do que havia dado para o grupo B. Assim o grupo B recebeu

a) 6
b) 8
c) 12
d) 18
e) 27

18. **(VUNESP–2009)** Uma senhora tem **5 filhos**, sendo que cada filho é **4 anos** mais velho que seu irmão imediatamente mais novo. Sabendo-se que, o filho mais velho tem o triplo da idade do filho mais novo, pode-se afirmar que a idade do filho mais velho hoje é:

a) 15
b) 21
c) 24
d) 27

19. **(VUNESP–2009)** Para abastecer sua frota de veículos, uma empresa tem **2 tanques,** um com álcool e outro com óleo diesel, que juntos, contêm um total de **24.000** litros de combustível. O funcionário responsável pelos tanques constatou que, se fossem consumidos **9.600 litros** de álcool e **7.400 litros** de óleo diesel, os dois tanques ficariam com quantidades iguais de combustível. Desse modo, pode-se afirmar que o tanque com álcool contém

a) 13.400 l
b) 13.100 l
c) 12.600 l
d) 12.200 l
e) 10.900 l

20. **(VUNESP–2009)** Pedro tem **3 camisas** a mais do que João e este tem o dobro de camisas do que tem Antonio. Se Antonio comprar 6 camisas, ficará com 3 a menos do que Pedro. O número de camisa de João é

a) 10
b) 11
c) 12
d) 13
e) 14

21. **(VUNESP-2009)** Dobrando o que tenho, em R$, no bolso, fico com metade do que você tem. Se você me der **R$ 27,00** ficaremos com a mesma quantia de dinheiro. Logo, você tem a mais do que eu.

a) R$ 49,00
b) R$ 50,00
c) R$ 51,00
d) R$ 53,00
e) R$ 54,00

22. **(VUNESP)** A soma das idades de Paulo e Antonio é **64 anos**. A idade de Paulo é o triplo da idade de Antonio. Então qual a idade de Antonio?

a) 48
b) 16
c) 24
d) 18
e) 15

23. **(FCC-2010)** Certo dia, três ônibus foram usados para transportar simultaneamente **138 operários** que trabalham nas obras de uma Linha do Metrô de São Paulo, Sabe-se que no primeiro ônibus viajaram **9 operários** a mais do que no segundo e, neste, **3 operários** a menos que no terceiro. Nessas condições, é correto afirmar que o número de operários que foram transportados em um do ônibus é:

a) 53
b) 51
c) 48
d) 43
e) 39

24. **(VUNESP-2004)** Luiza e Alice tinham juntas, a quantia de **R$ 1.150,00**. Depois que Luiza gastou **R$ 150,00** e Alice **R$ 136,00** as duas ficaram com quantias iguais. Luiza tinha, antes:

a) R$ 587,00
b) R$ 582,00
c) R$ 568,00
d) R$ 532,00
e) R$ 432,00

25. **(VUNESP)** Hoje, um pai tem o dobro da idade de um filho. Dez anos atrás, o pai tinha o triplo da idade que o filho tinha. Hoje a idade do pai é.

a) 20
b) 25
c) 40
d) 25
e) 50

26. (**TRT**) Uma pessoa deseja dividir **R$ 270,00** entre três pessoas de modo que a 1ª receba o triplo da 2ª, e esta o dobro da 3ª. Assim recebeu:

a) R$ 30,00
b) R$ 60,00
c) R$ 180,00
d) R$ 120,00
e) R$ 90,00

27. (**FCC**) Numa festa beneficente, entre adultos e crianças, compareceram **55** pessoas. Cada adulto pagou **R$ 40,00** e cada criança **R$ 25,00**, ao todo foram arrecadados **R$ 1.750,00**. Então a diferença entre o total de crianças e adultos é de:

a) 25
b) 35
c) 5
d) 30
e) 20

28. (**VUNESP-2011**) A soma das idades de **4** irmãos é de **52 anos**. O caçula é dois anos mais novo que o 3º filho. O 3º filho é **3 anos** mais novo que o 2º. A idade do 1º filho é:

a) 17
b) 18
c) 19
d) 20
e) 21

29. (**FCC-2004**) No sábado uma lanchonete vendeu **500 unidades**, entre refrigerante e cervejas. Cada refrigerante custou **R$ 1,60** e o preço de cada cerveja foi **R$ 1,20**. Ao todo a lanchonete recebeu **R$ 744,00** o que significa que o número de cervejas vendidas no sábado por essa lanchonete foi:

a) R$ 220,00
b) R$ 180,00
c) R$ 160,00
d) R$ 140,00
e) R$ 120,00

30. (**FCC**) Em um restaurante há **12 mesas**, todas ocupadas, algumas por **4 pessoas** e outras por **2 pessoas**. Se **38 pessoas** estão sentadas, quantas são as mesas ocupadas por duas pessoas?

a) 4
b) 5
c) 7
d) 6
e) 8

31. **(VUNESP-2010)** Três latas de massa de tomate mais uma lata de atum custam **R$ 6,00**. Duas latas de massa de tomate mais duas latas de atum (todas iguais as anteriores) custam **R$ 6,80.** Então o preço de **4 latas** de massa de tomate mais uma de atum é:

a) R$ 3,40
b) R$ 4,80
c) R$ 5,20
d) R$ 6,20
e) R$ 7,30

32. **(VUNESP-2010)** Luiz cumpriu o seguinte plano de preparação para uma prova de matemática: no primeiro dia resolveu alguns exercícios; no segundo, tantos quantos resolveu no primeiro dia, mais dois; e, em cada um dos outros dias, tantos exercícios quantos os resolvidos nos dois dias anteriores. Luiz cumpriu seu plano, começando na segunda-feira e terminando no sábado, tendo resolvido **42** exercícios no último dia. Quantos exercícios resolveu na quinta-feira?

a) 32
b) 25
c) 20
d) 18
e) 16

RESPOSTAS: 1. d) ■ 2. a) ■ 3. d) ■ 4. b) ■ 5. a) ■ 6. a) ■ 7. a) ■ 8. e) ■ 9. c) ■ 10. a) ■ 11. a) ■ 12. c) ■ 13. c) ■ 14. c) ■ 15. b) ■ 16. e) ■ 17. a) ■ 18. c) ■ 19. b) ■ 20. c) ■ 21. e) ■ 22. b) ■ 23. b) ■ 24. b) ■ 25. c) ■ 26. c) ■ 27. c) ■ 28. b) ■ 29. d) ■ 30. b) ■ 31. e) ■ 32. e)

MOMENTO ENEM — EQUAÇÕES DO 1 GRAU

1. **(ENEM-2016)** O setor de recursos humanos de uma empresa pretende fazer contratações para adequar-se ao artigo 93 da Lei nº 8.213/91, que dispõe: *Art. 93. A empresa com 100 (cem) ou mais empregados está obrigada a preencher de 2% (dois por cento) a 5% (cinco por cento) dos seus cargos com beneficiários reabilitados ou pessoas com deficiência, habilitadas, na seguinte proporção:*

I. até **200** empregados....................................2%;
II. de **201** a **500** empregados............................3%;
III. de **501** a **1.000** empregados........................4%;
IV. de **1.001** em diante...5%.

Disponível em: www.planalto.gov.br. Acesso em: 3 fev. 2015.

Constatou-se que a empresa possui **1.200** funcionários, dos quais **10** são reabilitados ou com deficiência, habilitados.

Para adequar-se à referida lei, a empresa contratará apenas empregados que atendem ao perfil indicado no artigo 93.

O número mínimo de empregados reabilitados ou com deficiência, habilitados, que deverá ser contratado pela empresa é

a) 74
b) 70
c) 64
d) 60
e) 53

RESOLUÇÃO:

Essa questão envolve conceitos de porcentagem, mas o grande segredo para resolvê-la está relacionado a montar corretamente a equação. Observe que a empresa contratará mais empregados e é necessário que a quantidade total de deficientes seja correspondente a **5%** do total. Observe que não basta calcular **5%** de **1.200**, porque como a empresa fará novas contratações, o número total de funcionários mudará e a questão quer que você calcule o número mínimo de empregados que deverão ser contratados, vamos chamar este número de "**x**".

Em outras palavras, os **10** empregados mais a quantidade adicional de empregados tem que ser igual a **5%** do total.

$$10 + x = 5\% \text{ do total}$$

O total é composto pelas **1.200** pessoas + os funcionários que forem contratados.

$$\text{Total} = 1200 + x$$

Vamos fazer a substituição:

$$10 + x = 5\% \text{ do total}$$
$$10 + x = 5\% \text{ do } (1200 + x)$$

DICA

Lembre-se que **"do"** significa vezes.

$$10 + x = 5\% \text{ do } (1200 + x)$$
$$10 + x = 5\%.(1200 + x)$$
$$10 + x = \frac{5}{100}.(1200 + x)$$

Como o número **100** está dividindo do lado direito, posso passar ele multiplicando tudo do lado esquerdo. Veja:

$$10 + x = \frac{5}{100}.(1200 + x)$$

$$(10 + x) = \frac{5}{100}.(1200 + x)$$

$$100.(10 + x) = 5.(1200 + x)$$

Fazendo a distributiva de ambos os lados:

$$100.(10 + x) = 5.(1200 + x)$$
$$1000 + 100x = 6000 + 5x$$

Colocando o **x** do lado esquerdo e depois isolando-o:

$$1000 + 100x = 6000 + 5x$$
$$1000 + 100x - 5x = 6000$$
$$1000 + 95x = 6000$$
$$95x = 6000 - 1000$$
$$95x = 5000$$
$$x = \frac{5000}{95}$$
$$x = 52,6$$

O mínimo de pessoas contratadas será de **53**.

2. **(ENEM–2015)** A expressão "Fórmula de Young" é utilizada para calcular a dose infantil de um medicamento, dada a dose do adulto:

$$\text{dose de criança} = \left(\frac{\textit{idade da criança (em anos)}}{\textit{idade da criança (em anos)} + 12}\right) \cdot \textit{dose do adulto}$$

Uma enfermeira deve administrar um medicamento **X** a uma criança inconsciente, cuja dosagem de adulto é de **60 mg**. A enfermeira não consegue descobrir onde está registrada a idade da criança no prontuário, mas identifica que, algumas horas antes, foi administrada a ela uma dose de **14 mg** de um medicamento **Y**, cuja dosagem de adulto é **42 mg**. Sabe-se que a dose da medicação **Y** administrada à criança estava correta. Então, a enfermeira deverá ministrar uma dosagem do medicamento **X**, em miligramas, igual a

a) 15
b) 20
c) 30
d) 36
e) 40

RESOLUÇÃO:

Para resolvermos essa questão, vamos colocar a letra **x** no lugar da idade.

$$\text{dose de criança} = \left(\frac{\textit{idade da criança (em anos)}}{\textit{idade da criança (em anos)} + 12}\right) - \textit{dose do adulto}$$

Substituindo o **x**:

$$\text{dose de criança} = \frac{x}{x + 12} . \textit{dose do adulto}$$

$$14\text{mg} = \frac{x}{x + 12} .42$$

Para resolver, vou passar o que está dividindo do lado direito para o lado esquerdo.

$$14\text{mg} = \frac{x}{x + 12} .42$$

$$14\text{mg} = \frac{x}{(x + 12)} .42$$

$$14.(x + 12) = x.42$$

Aplicando a distributiva, encontramos:

$$14x + 168 = 42x$$

$$14x - 42x = -168$$

$$-28x = -168$$

$$x = \frac{-168}{-28}$$

$$x = 6 \text{ anos}$$

Agora que sabemos a idade, **6** anos, vamos substituir na fórmula para saber a dosagem do outro medicamento.

$$\text{dose de criança} = \frac{\textit{idade da criança (em anos)}}{\textit{idade da criança (em anos)} + 12} - \textit{dose do adulto}$$

$$\text{dose de crianças} = \frac{6}{6 + 12} .60$$

$$\text{dose de crianças} = \frac{6}{18} .60$$

Vamos agora a uma questão desafio?

3. (**ENEM–2015**) Para garantir a segurança de um grande evento público que terá início às **4h** da tarde, um organizador precisa monitorar a quantidade de pessoas presentes em cada instante. Para cada **2.000** pessoas se faz necessária a presença de um policial. Além disso, estima-se uma densidade de quatro pessoas por metro quadrado de área de terreno ocupado. Às **10h** da manhã, o organizador verifica que a área de terreno já ocupada equivale a um quadrado com lados medindo **500 m**. Porém, nas horas seguintes, espera-se que o público aumente a uma taxa de **120.000** pessoas por hora até o início do evento, quando não será mais permitida a entrada de público.

Quantos policiais serão necessários no início do evento para garantir a segurança?

a) 360
b) 485
c) 560
d) 740
e) 860

RESPOSTAS: 1. e) ■ 2. b) ■ 3. e)

CAPÍTULO 5

REGRA DE TRÊS

DIRETAMENTE OU INVERSAMENTE PROPORCIONAL?

O segredo para resolver questões de regra de três está diretamente ligado a saber se as grandezas são diretamente ou inversamente proporcionais. Mas o que é grandeza? Uma grandeza é tudo que você pode medir ou contar. Por exemplo: tempo, velocidade, massa, peso, número de bolinhas de gude, comprimento, custo de produção, custo de um produto, dentre outros. É supersimples identificar se a questão é diretamente ou inversamente proporcional, basta fazer duas perguntas; se a resposta de ambas forem sim, você já descobriu!

Perguntas para saber se é diretamente proporcional:

- Se o primeiro **aumenta**, o segundo **aumenta**?
- Se o primeiro **diminui**, o segundo **diminui**?

Perguntas para saber se é inversamente proporcional:

- Se o primeiro **aumenta**, o segundo **diminui**?
- Se o primeiro **diminui**, o segundo **aumenta**?

SUPERDICA

Tome muito cuidado com as unidades. É comum a questão misturá-las só para você errar, por exemplo: para resolver um problema, não pode uma informação estar em metros e outra em centímetros! Você precisa converter ou para metros ou para centímetros, mas as duas medidas precisam ser iguais. Isso vale para qualquer unidade de medida.

Gosto de falar que a melhor forma de aprender regra de três é na prática, então vamos resolver várias questões.

CUIDADO

Analise cada uma das questões que você for resolver. Preste atenção no contexto, imagine o que aconteceria na vida real, antes de responder as perguntas. Quero chamar atenção para a explicação do que significa ser diretamente e inversamente proporcional. Quando algo é diretamente proporcional, significa que possui o mesmo comportamento, ou seja, quando um aumenta o outro também aumenta, se um diminui o outro também diminui. Veja as palavras em negrito das perguntas.

Quando algo é inversamente proporcional, significa que os comportamentos são opostos, ou seja, quando um aumenta o outro diminui e vice-versa. Veja novamente as palavras em negrito na parte anterior.

REGRA DE TRÊS SIMPLES

1. (**Calcule Mais–2012**) Paguei **R$ 8,00** por **1,5 kg** de pão francês. Quanto pagaria por **500 g**?

a) R$ 2,67
b) R$ 3,00
c) R$ 2,50
d) R$ 3,25
e) R$ 2,25

RESOLUÇÃO:

A primeira coisa é observar que uma informação está em quilos e a outra em gramas. Você escolhe o que vai converter. Vou transformar quilos em gramas, e usar aquela técnica da tabela que já ensinei. **1,5 kg = 1.500 g**. Vou reescrever o enunciado da questão:

Paguei **R$ 8,00** por **1.500 g** de pão francês. Quanto pagaria por **500 g**?

Agora vamos montar duas colunas. Cuidado que **1.500 g** e **500 g** não é o peso do pão francês, o termo correto é massa, mas esta é uma explicação da física e vai ficar para outro dia. O que você precisa fazer agora é colocar as informações correspondentes, ou seja, **R$ 8,00** por **1.500 g**:

Reais	*Massa*
8	1500
x	500

Agora ele quer saber quanto pagaria por **500 g**. Como não sei o valor, vou colocar **x** em reais, afinal é exatamente isso que quero descobrir.

O próximo passo envolve fazer aquelas duas perguntas, mas antes disso vou ensinar o truque de colocar uma seta ao lado da coluna do **x**.

↑	*Reais*	*Massa*
	8	1500
	x	500

Essa seta vai ajudar muito em regra de três composta, por isso já vá se acostumando com ela na regra de três simples.

Perguntas para saber se é diretamente proporcional:

Se o primeiro **aumenta**, o segundo **aumenta**? Sim.

Se o primeiro **diminui**, o segundo **diminui**? Sim.

Você pode adaptar essa pergunta. Veja:

Se gasto **mais** dinheiro, **aumenta** a quantidade de pão que compro? Sim.

Se gasto **menos** dinheiro, **diminui** a quantidade de pão que compro? Sim.

Como a resposta foi sim — para as duas perguntas, é uma questão diretamente proporcional, por isso vou pôr uma seta para cima ao lado da coluna massa.

↑	*Reais*	*Massa*	↑
	8	1500	
	x	500	

Como ambos são diretamente proporcionais, basta multiplicar em cruz. Logo:

$$1500.x = 500.8$$

$$x = \frac{500.8}{1500}$$

Simplificando:

$$\frac{5\cancel{0}\cancel{0}.8}{15\cancel{0}\cancel{0}} = \frac{5.8^{\div 5}}{15^{\div 5}} = \frac{1.8}{3} = \frac{8}{3} = 2,67$$

2. (**Calcule Mais–2012**) Um bebedouro fornece **40 litros** de água em **5 minutos**. Quantos litros fornecerá em duas horas e meia?

a) 900 ml

b) 1,3 l

c) 1.200 dm^3

d) 1.500 ml

e) 1,200 l

RESOLUÇÃO:

Primeiramente você precisa deixar as unidades iguais. Não se pode trabalhar com horas e minutos, por isso vou converter 2h e meia em minutos. Meia hora tem 30min, uma hora tem 60min, logo duas horas têm 120min. Agora vamos somar 120 + 30 = 150min.

O próximo passo é montar a estrutura. E colocar a seta ao lado do **x** para cima.

↑ *Litros*	*Minutos*
40	5
x	150

Vamos fazer as perguntas. Vou adaptá-las:

Quanto **maior** a quantidade de litros, **mais** minutos precisa? Sim.

Quanto **menos** litros, **menos** tempo precisa? Sim.

Como a resposta das duas perguntas foi sim, isso significa que são grandezas diretamente proporcionais. Logo, vou por uma seta para cima ao lado dos minutos e multiplicar em cruz.

↑ *Litros*	*Minutos* ↑
40	5
x	150

$$5 \cdot x = 150 \cdot 40$$

$$x = \frac{150 \cdot 40}{5}$$

Simplificando:

$$\frac{150 \cdot 40^{\div 5}}{5^{\div 5}} = \frac{150 \cdot 8}{1} = 1200$$

Ou seja, fornecerá **1.200 l**. Cuidado porque nas alternativas não há essa opção, na verdade tem **1.200 dm³**, lembra que já ensinei no Capítulo 2, em sistema métrico decimal que são as mesmas coisas?

3. **(Calcule Mais–2012)** Uma moto gasta **25 litros** de álcool para percorrer **200 km**. Quantos litros de álcool gastará para percorrer 120 km?

a) 15 ml
b) 15 l
c) 1,5 dm³
d) 17 l
e) 10 l

RESOLUÇÃO:

Nessa questão as unidades estão iguais, então vamos montar a estrutura e coloca a seta.

Litros ↑	*Quilômetros*
25	200
x	120

Agora vamos analisar:

Quanto **mais** litros, **mais** quilômetros a moto roda? Sim.

Quanto **menos** litros, **menos** quilômetros a moto roda? Sim.

Como as duas respostas foram sim, eles são diretamente proporcionais, logo vou por a outra flecha para cima e depois multiplicar em cruz.

Litros ↑	*Quilômetros* ↑
25	200
x	120

$$200 \cdot x = 25 \cdot 120$$

$$x = \frac{25 \cdot 120}{200}$$

Simplificando:

$$\frac{25 \cdot 12\not{0}}{20\not{0}} = \frac{25^{\div 5} \cdot 12}{20^{\div 5}} = \frac{5 \cdot 12^{\div 4}}{4^{\div 4}} = \frac{5 \cdot 3}{1} = 15l$$

4. (**Calcule Mais–2012**) Um automóvel percorre **400 km** em **2 horas**. Quantos quilômetros percorrerá em **8 horas**, mantendo a mesma velocidade?

a) 16.000 hm
b) 1.200 km
c) 900 hm
d) 1.600 m
e) 16.000 km

RESOLUÇÃO:

Essa questão está com todas as unidades iguais, então vamos montar e analisar.

↑ *Quilometros*	*horas*
400	2
x	8

Quantos **mais** quilômetros o automóvel percorrer, **mais** horas gasto? Sim.

Quantos **menos** quilômetros o automóvel percorrer, **menos** horas gasto? Sim.

Como as duas respostas foram sim, sabemos que as grandezas são diretamente proporcionais. Talvez você esteja pensando: mas professor e se uma das respostas der diferente? Simples, não vai! As duas perguntas são para ajudar a decidir a resposta, porque nem sempre elas são tão simples, mas ambas sempre terão a mesma resposta. Vamos colocar a flecha e multiplicar em cruz, simplificando:

↑ *Quilometros*	*horas* ↑
400	2
x	8

$2.x = 400.8$

$$x = \frac{400.8}{2} = \frac{400^{\div 2}.8}{2^{\div 2}} = \frac{200.8}{1} = 1.600 \text{ km}$$

Você não encontrará a alternativa em quilômetros, mas se prestar atenção e fizer a conversão vai ver que **16.000 hm = 1.600 km**

5. (**Calcule Mais–2012**) Um corredor com velocidade média de **200 km/h**, faz o percurso em **10 segundos**. Se sua velocidade fosse de **250 km/h**, qual o tempo que ele teria gasto no percurso?

a) 7,5s
b) 8,5s
c) 7s
d) 6,5s
e) 8s

Como as unidades estão iguais vamos fazer as perguntas:

Quanto **maior** a velocidade, **mais** tempo demora? Não.

Quanto **menor** a velocidade, **menos** tempo demora? Não.

Como as duas respostas foram não, já sabemos que não é diretamente proporcional. Logo vamos fazer as perguntas para ver se é inversamente proporcional.

Quanto **maior** a velocidade, **menos** tempo demora? Sim.

Quanto **menor** a velocidade, **mais** tempo demora? Sim.

O próximo passo é montar a estrutura e pôr as setas, mas como é inversamente proporcional, a seta que **não está** do lado do **x** vai ficar de ponta-cabeça. Veja:

↑	*segundos*	*km/h*	↓
	10	200	
	x	250	

Agora você vai entender a importância das setas. Não é possível fazer nada com cada seta em uma posição, por isso vou deixar as duas para cima. Se viro a seta inverto os números que estão do lado dela, ou seja, o que está embaixo vai para cima e o que está em cima vai para baixo. Veja:

↑	*segundos*	*km/h*	↑
	10	**250**	
	x	**200**	

Agora é só resolver normalmente, multiplicando em cruz, simplificar e resolver.

$$250.x = 200.10$$

$$x = \frac{200.1\not{0}}{25\not{0}} = \frac{200.1}{25} = \frac{200}{25} = 8s$$

A partir de agora é com você!

Qualquer dúvida, acesse o site **www.calculemais.com.br**, onde encontrará a resolução da maioria dessas questões. Nos veremos na regra de três composta.

Até lá!

6. **(Calcule Mais–2012)** Quero ampliar uma foto 3 x 4 (3 cm de largura e 4 cm de altura) de forma que a nova foto tenha 20 cm de altura. Qual será a largura da foto ampliada?

a) 15 cm
b) 12 cm
c) 10 cm
d) 18 cm
e) 8 cm

7. **(Calcule Mais–2012)** Dez máquinas escavam um buraco em 2 dias. Quantas máquinas idênticas serão necessárias para escavar esse buraco em cinco dias?

a) 5
b) 4
c) 3
d) 6
e) 8

8. **(Calcule Mais–2012)** Uma torneira despeja 40 litros de água a cada 20 minutos. Quanto tempo levará para encher um reservatório de 50 dm^3 de volume?

a) 25min
b) 40min
c) 30min
d) 20min
e) 28min

9. **(Calcule Mais–2012)** Duas piscinas têm o mesmo comprimento e a mesma profundidade, com larguras diferentes. Na piscina que tem 10 m de largura, a quantidade de água que cabe na piscina é de 40 m^3. Quantos litros de água cabem na piscina que tem 150 dm de largura?

a) 60 l
b) 600 l
c) 6.000 l
d) 60.000 l
e) 600.000 l

10. **(CFO–1993)** Se uma vela de 360 mm de altura, diminui 1,8 mm por minuto, quanto tempo levará para se consumir?

a) 20min
b) 30min
c) 2h 36min
d) 3h 20min
e) 3h 18min

11. (**EPCAr**) Um trem com a velocidade de **45 km/h**, percorre certa distância em três horas e meia. Nas mesmas condições e com a velocidade de **60 km/h**, quanto tempo gastará para percorrer a mesma distância?

a) 2h 30min 18s
b) 2h 37min 8s
c) 2h 37min 30s
d) 2h 30min 30s
e) 2h 29min 28s

12. (**Calcule Mais–2012**) Em um mapa, a distância SP–RJ, é de **2.000 km**. Essa distância é representada por **30 cm**. A quantos centímetros corresponde, nesse mapa, a distância SC–RS, que é de **15.000 hm**?

a) 32 cm
b) 25 cm
c) 20 cm
d) 22,5 cm
e) 27 cm

13. (**UFMG**) Um relógio atrasa **1min e 15seg** a cada hora. No final de um dia ele atrasará:

a) 24min
b) 30min
c) 32min
d) 36min
e) 50min

14. (**Calcule Mais–2012**) Foram usados **16** caminhões com capacidade de **6 m^3** cada um. Se a capacidade de cada caminhão fosse **3.000.000 cm^3**, quantos caminhões seriam necessários?

a) 24
b) 30
c) 32
d) 36
e) 50

15. (**Calcule Mais–2012**) Dois carregadores levam caixas de um caminhão para uma fábrica. Um deles leva **5 caixas** por vez e demora **4 minutos** para ir e voltar. O outro leva **6 caixas** por vez e demora **5 minutos** para ir e voltar. Enquanto o mais lento leva **250 caixas**, quantas caixas leva o outro?

a) 260
b) 230
c) 240
d) 280
e) 300

16. (**Calcule Mais–2012**) Em uma prova de valor **7**, Daniel obteve a nota **5,6**. Se o valor da prova fosse **10**, qual seria a nota obtida por Daniel?

a) 7,5
b) 8
c) 8,4
d) 9
e) 9,25

17. (**Calcule Mais–2012**) Um livro de **200 páginas** com **30 linhas** em cada página foi escrito em **3 dias**. Se cada página tivesse **25 linhas** quantas páginas teria o livro?

a) 240
b) 250
c) 270
d) 260
e) 230

18. (**Calcule Mais–2012**) Um relógio adianta **50 segundos** em **5 dias**. Quanto tempo adiantará em um ano?

a) 60min e 83s
b) 60min e 10s
c) 50min e 83s
d) 1h e 50s
e) 1h e 50min

19. (**Calcule Mais–2012**) Com **20 kg** de trigo podemos fabricar **12 kg** de farinha. Quantas sacas de **50 kg** de farinha é obtida com **1.500 kg** de trigo?

a) 20
b) 18
c) 25
d) 30
e) 23

20. (**Calcule Mais–2012**) Seis pintores pintam uma casa em **48 horas**. Quanto tempo levarão **8** pintores para realizar o mesmo serviço?

a) 36 horas
b) 3 dias
c) 2 dias
d) 40 horas
e) 30 horas

21. (**SP-TRANS**) Três torneiras idênticas abertas completamente enchem um tanque com água em **2h e 24min**. Se em vez de **3**, fossem **5** dessas torneiras, quanto tempo levaria para encher o mesmo tanque?

a) 1h 16min e 16s
b) 1h 19min e 24s
c) 2h
d) 1h 26min e 24s
e) 56min

22. (**IBGE-2010**) Uma montadora de automóveis produz mensalmente **1200** veículos de um certo modelo, se a linha de montagem operar **9h** por dia. Quantos veículo produzirá diariamente durante **6** horas?

a) 26,7 veículos
b) 800 veículos
c) 200 veículos
d) 30 veículos
e) 500 veículos

RESPOSTAS: 1.a) ■ 2.c) ■ 3.b) ■ 4.a) ■ 5.e) ■ 6.a) ■ 7.b) ■ 8.a) ■ 9.d) ■ 10.d) ■ 11.c) ■ 12.d) ■ 13.b) ■ 14.c) ■ 15.a) ■ 16.b) ■ 17.a) ■ 18.d) ■ 19.b) ■ 20.a) ■ 21.d) ■ 22.a)

REGRA DE TRÊS COMPOSTA

Se você já está resolvendo todos os problemas de regra de três simples, está na hora de se divertir com a regra de três composta. As flechas e as perguntas para saber se são diretamente ou inversamente proporcionais são a chave para resolver esse tipo de questão. Farei assim: vou explicar resolvendo os exercícios. Então vamos lá!

SUPERDICA

Se tiver alguma informação que não muda o valor, ou seja, permanece igual na questão inteira, você pode ignorar.

1. (**FCC-2011**) Uma gráfica possui **7** máquinas iguais, que produzem juntas **5000** cartelas de adesivos em **três** horas. Essa gráfica recebeu uma encomenda de **8000** cartelas desse adesivo, porém, **2** dessas máquinas não poderão ser utilizadas por estarem em manutenção. Portanto, o tempo necessário para produzir essa encomenda será de:

a) 6h 43min e 12s
b) 6h 53min e 10s
c) 6h 7min e 2s
d) 7h 10 min e 12s
e) 7h 12min e 12s

RESOLUÇÃO:

Primeiro, as unidades são todas iguais. Então, ok!

Agora vamos montar a regra de três composta. Duas das máquinas não poderão ser utilizadas, ou seja, se tinha 7 máquinas ele vai usar apenas 5.

Máquinas	*Produção*	*Horas*
7	5000	3
5	8000	x

SUPERDICA

Deixe a coluna que tem o **x** do lado esquerdo. Troque só a ordem. Veja:

Horas	*Produção*	*Máquinas*
3	5000	7
x	8000	5

Agora vamos pôr a flecha no **x** e analisar as outras colunas. Você precisa fazer as perguntas para cada uma das colunas.

↑ *Horas*	*Produção*	*Máquinas*
3	5000	7
x	8000	5

Quanto **maior** a produção, **mais** horas vou gastar? Sim.

Quanto **menor** a produção, **menos** horas vou gastar? Sim.

Como as respostas foram sim, sabemos que são diretamente proporcionais, vamos pôr a seta e analisar a outra coluna.

↑ *Horas*	↑ *Produção*	*Máquinas*
3	5000	7
x	8000	5

Vamos analisar a última coluna, começando com as perguntas para ver se é diretamente proporcional.

Quanto **mais** máquinas, **mais** tempo preciso? Não.

Quanto **menos** máquinas, **menos** tempo preciso? Não.

Como ambas foram não, vamos fazer as perguntas para saber se são inversamente proporcionais.

Quanto **mais** máquinas, **menos** tempo preciso? Sim.

Quanto **menos** máquinas, **mais** tempo preciso? Sim.

Logo sabemos que são inversamente proporcionais, vamos pôr a seta.

↑ *Horas*	↑ *Produção*	↓ *Máquinas*
3	5000	7
x	8000	5

O que temos que fazer quando temos uma seta virada para baixo? Se você disse que temos que inverter os números e a seta, parabéns! Vamos lá!

↑ *Horas*	↑ *Produção*	↑ *Máquinas*
3	5000	5
x	8000	7

Agora que todas as setas estão viradas para cima, podemos multiplicar. As duas colunas vou multiplicar em cruz, depois vou multiplicar reto, se tivesse, quatro, cinco, seis, dez colunas, continuaria multiplicando reto. Vou apagar essas flechas e mostrar como vamos multiplicar. Veja:

Horas	Produção	Máquinas
3 ↘↗	5000 →	5
x ↗↘	8000 →	7

x.5000.5 = 3.8000.7

5000.5.x = 3.8000.7

Observe que do lado esquerdo da equação apenas mudei a ordem, não comentei nada até agora, mas você deve ter percebido que não saio multiplicando, simplifico antes. Faça isso! Você vai ganhar tempo.

$$x = \frac{3.8\not{0}\not{0}\not{0}.7}{5\not{0}\not{0}\not{0}.5} = \frac{3.8.7}{5.5} = \frac{168}{25} = 6{,}72h$$

Depois de todo esse trabalho, você olha a alternativa e vê que ela detalha em horas, minutos e segundos. Então se você descobrir os minutos é possível desvendar qual é a alternativa correta. Sabemos que são 6h, como transformar **0,72h** em minutos? Basta fazer uma regra de três simples! Se você fizer as perguntas verá que as duas são diretamente proporcionais (horas e minutos). Veja:

↑ *Minutos*	*Horas* ↑
60	1
x	0,72

1.x = 60.0,72

x = 43,2 minutos

Se você quisesse calcular os segundos, bastaria fazer mais uma regra de três, mas não é necessário, vou fazer aqui só para você aprender.

↑ *Segundos*	*Minutos* ↑
60	1
x	0,2

1.x = 60.0,2

x = 12 segundos

SUPERDICA

A conversão de horas, minutos e segundos sempre será diretamente proporcional.

2. (**Vunesp–2011**) Uma gráfica possui **5** máquinas iguais que produziram juntas uma encomenda de **1.200** cartelas de adesivos em **4** horas. Essa gráfica recebeu uma encomenda de **1.300** cartelas desse adesivo, porém, **3** dessas máquinas não poderão ser utilizadas por estarem em manutenção. Portanto, o tempo necessário para produzir essa nova encomenda será maior do que as anteriores em:

a) 7h 40min e 15s

b) 10h e 50min

c) 6h e 50min

d) 4h 10min e 12s

e) 4h e 30min

RESOLUÇÃO:

Todas as unidades são iguais, então não precisamos mexer. Preste atenção que se 3 máquinas não poderão ser usadas e eles tinham **5**, vão utilizar apenas **2** máquinas.

Vamos montar a questão:

Máquinas	*Cartelas*	*Horas*
5	1200	4
2	1300	x

Como sempre falo, a coluna do **x** precisa ser a primeira, por isso vou inverter a ordem das colunas e colocar a seta:

↑ *Horas*	*Cartelas*	*Máquinas*
4	1200	5
x	1300	2

Agora vamos fazer as perguntas para saber se são inversamente ou diretamente proporcionais. Vou começar analisando horas e cartelas.

Quanto **mais** horas de trabalho, **mais** cartelas são produzidas? Sim.

Quanto **menos** horas de trabalho, **menos** cartelas são produzidas? Sim.

Como as duas respostas foram sim, significa que são diretamente proporcionais. Vamos pôr a seta para cima.

↑ *Horas*	↑ *Cartelas*	*Máquinas*
4	1200	5
x	1300	2

Agora vamos analisar a coluna de máquinas com as horas.

Quanto **mais** máquinas, **mais** horas preciso trabalhar? Não.

Quanto **menos** máquinas, **menos** horas preciso trabalhar? Não.

Como as respostas foram "não", sabemos que não são diretamente proporcionais, então vamos fazer as duas outras perguntas.

Quanto **mais** máquinas, **menos** horas preciso trabalhar? Sim.

Quanto **menos** máquinas, **mais** horas preciso trabalhar? Sim.

Como são inversamente proporcionais, vamos colocar a seta.

↑ *Horas*	↑ *Cartelas*	↓ *Máquinas*
4	1200	5
x	1300	2

Agora que já terminamos de analisar, precisamos deixar todas as flechas para cima, por isso vamos inverter os números da coluna das máquinas, ou seja, o que está embaixo vai para cima, vice-versa.

↑ *Horas*	↑ *Cartelas*	↑ *Máquinas*
4	1200	2
x	1300	5

Antes de tirar a seta e multiplicar, vou ensinar um truque que vale para qualquer questão de regra de três simples e composta. Você pode simplificar os números de uma coluna, mas não pode simplificar números de colunas diferentes. Simplificando os números da coluna do meio, vou cortar dois zeros de cada número dessa coluna. Veja:

↑ *Horas*	↑ *Cartelas*	↑ *Máquinas*
4	**12**	2
x	**13**	5

Voltarei a resolver normalmente, vou tirar as setas e multiplicar.

Horas	*Cartelas*	*Máquinas*
4	**12** →	**2**
x	**13** →	**5**

$$12.2.x = 4.13.5$$

$$x = \frac{4.13.5}{12.2} = \frac{4^{\div 4}.13.5}{12^{\div 4}.2} = \frac{1.13.5}{3.2} = \frac{13.5}{3.2} = \frac{65}{6} = 10{,}83$$

Você vai olhar e não vai achar nenhuma alternativa. Sabe por quê? A pergunta quer saber quantas horas a mais vai gastar. No total ele gastará aproximadamente 10,83 horas, se antes ele gastava 4 horas, basta subtrair e encontrar 6,83 horas.

Como só tem uma alternativa com 6 horas, nem precisa converter para minutos. Mas se fizer a conversão encontrará 49,8 minutos e na alternativa está 50 minutos, não se preocupe, às vezes as questões fazem pequenos arredondamentos.

3. **(CEFETQ–1980)** Em um laboratório de Química, trabalham 16 químicos e produzem em 8 horas de trabalho diário, 240 frascos de uma certa substância. Quantos químicos são necessários para produzir 600 frascos da mesma substância, com 10 horas de trabalho por dia?

a) 30
b) 40
c) 45
d) 32
e) 44

Como todas as unidades estão iguais, vamos montar a situação. LEMBRE-SE, a coluna que tiver o **x** sempre deve ficar do lado esquerdo, ou seja, sempre será a primeira coluna:

↑ *Químicos*	*Horas*	*Frascos*
16	8	240
x	10	600

Vamos analisar caso a caso. Sempre faça a pergunta baseada na coluna que estiver o x. Vamos analisar horas e químicos e ver se são diretamente ou inversamente proporcionais.

Quanto **mais** químicos, **mais** horas preciso? Não.

Quanto **menos** químicos, **menos** horas preciso? Não.

Como não são diretamente proporcionais, vamos fazer as perguntas para saber se são inversamente proporcionais.

Quanto **mais** químicos, **menos** horas preciso? Sim.

Quanto **menos** químicos, **mais** horas preciso? Sim.

Vamos colocar a flecha indicando que são grandezas inversamente proporcionais.

↑ *Químicos*	↓ *Horas*	*Frascos*
16	8	240
x	10	600

Agora vamos analisar a relação de frascos e químicos, se são ou não diretamente proporcionais.

Quanto **mais** químicos trabalham, **mais** frascos são produzidos? Sim.

Quanto **menos** químicos trabalham, **menos** frascos são produzidos? Sim.

Pelas respostas você já sabe que são diretamente proporcionais, por isso basta colocar a flecha para cima.

↑ *Químicos*	↓ *Horas*	↑ *Frascos*
16	8	240
x	10	600

Agora você precisa colocar essas flechas para cima, por isso vamos inverter a coluna das horas. Veja:

↑ *Químicos*	↑ *Horas*	↑ *Frascos*
16	**10**	240
x	**8**	600

Você pode simplificar as colunas aqui? Sim, na questão anterior falei que você pode fazer isso sim, por exemplo, pode simplificar os números 10 e 8 da coluna das horas e depois simplificar os números 240 e 600 dos frascos. Faça isso e depois compare com a minha resolução. Farei sem simplificar, você verá que chegaremos ao mesmo resultado.

Como todas as setas já estão na posição correta, vamos apagar as flechas para fazer a multiplicação. Lembre-se, você vai multiplicar em cruz as duas primeiras colunas e depois multiplicar reto.

Químicos	*Horas*	*Frascos*
16	**10** →	240
x	**8** →	600

$240.10.x = 16.8.600$

$$x = \frac{16.8.00}{240.10}$$

$$x = \frac{16.8.6\cancel{0}\cancel{0}}{24\cancel{0}.1\cancel{0}} = \frac{16.8.6}{24.1} = \frac{16.8^{\div 8}.6}{24^{\div 8}.1} = \frac{16.1.6}{3} = \frac{16.6^{\div 3}}{3^{\div 3}} = \frac{16.2}{1} = 16.2$$

x = 32

4. (**VUNESP–2011**) Em uma fábrica de cerveja, **34** funcionários trabalhando **7** horas por dia carregando **20** vans de transporte cada uma com **300** caixas de leite em pó. Para carregar **3/5** dessas mesmas vans com **400** caixas do mesmo leite, **28** funcionários precisarão trabalhar durante:

a) 7h

b) 6h e 48min

c) 5h

d) 12h

e) 9h

DICAS PARA RESOLVER

Você vai precisar de quatro colunas, sempre deixe a coluna do x do lado esquerdo, ou seja, a primeira coluna, que neste caso será a de horas. Sobre a questão do número de vans, você já aprendeu sobre isso na parte de frações deste livro, mas vou revisar para você. 3/5 do número de vans, significa: $\frac{3}{5}$ multiplicado por 20, ou seja, $\frac{3.20}{5} = \frac{60}{5} = 12.$

Agora é com você! A maioria das questões estão resolvidas gratuitamente no site: www.calculemais.com.br

5. (**CEFET–1990**) Uma fazenda tem **30** cavalos e ração estocada para alimentá-los durante **2** meses. Se forem vendidos **10** cavalos e a ração for reduzida à metade. Os cavalos restantes poderão ser alimentados durante:

a) 10 dias

b) 15 dias

c) 30 dias

d) 45 dias

e) 180 dias

6. **(VUNESP-2009)** Foi previsto que 6 alunos voluntários, trabalhando 8 horas diárias durante 5 dias, montariam a feira de ciências. Entretanto, só apareceram 4 alunos que, trabalhando 10 horas por dia, com a mesma produtividade montaram a feira em:

a) 10 dias
b) 9 dias
c) 8 dias
d) 7 dias
e) 6 dias

7. **(FESP)** Dez operários constroem um muro de 18 metros em 8 dias trabalhando 9 horas por dia, então quantos dias demoram 8 operários para fazer 20 metros de muro trabalhando 10 horas por dia?

a) 12
b) 10
c) 20
d) 15
e) 8

8. **(FCC-2010)** Suponha que 8 máquinas de terraplanagem, todas com a mesma capacidade operacional, sejam capazes de nivelar uma superfície de 8.000 metros quadrados em 8 dias, se funcionarem ininterruptamente 8 horas por dia. Nas mesmas condições quantos metros quadrados poderiam ser nivelados por 16 daquelas máquinas, em 16 dias de trabalho e 16 horas por dia de funcionamento ininterrupto?

a) 16.000
b) 20.000
c) 64.000
d) 78.000
e) 84.000

9. **(VUNESP-2010)** Uma determinada peça apresentou problemas nos testes efetuados e uma nova peça, mais reforçada, teve de ser projetada para substituí-la. Para tanto, 6 técnicos trabalharam 8 horas por dia e em 9 dias fizeram 3/5 do projeto. Para a continuidade e finalização do projeto, restaram apenas 4 técnicos, que passaram a trabalhar 9 horas por dia. Dessa maneira, o projeto da nova peça ficou totalmente pronto em:

a) 20 dias
b) 17 dias
c) 16 dias
d) 14 dias
e) 12 dias

10. **(ESAF–2010)** 12 operários fizeram 5 barracões em 30 dias, trabalhando 6 horas por dia. O número de horas por dia, que deverão trabalhar 18 pedreiros para fazerem 10 barracões em 20 dias é:

a) 8h
b) 9h
c) 10h
d) 11h
e) 12h

11. **(VUNESP–2010)** Numa fábrica de calçados, trabalham 16 operários que produzem, em 8 horas de serviço diário, 240 pares de calçados. Quantos operários são necessários para produzir 600 pares de calçados por dia, com 10 horas de trabalho diário?

a) 10
b) 11
c) 12
d) 32
e) 15

12. **(Técnico Segurança–2009)** Na construção de um grande conjunto habitacional, trabalhando 8 horas por dia, trinta operários constroem 36 casas, em 6 meses. Para manter o mesmo ritmo (mesma produtividade) ao construir 25 casas, em 5 meses, vinte operários precisariam trabalhar, por dia:

a) 6 horas
b) 8 horas
c) 9 horas
d) 10 horas
e) 11 horas

13. **(Colégio Naval–1995)** Se K abelhas, trabalhando K meses do ano, durante K dias do mês, durante K horas por dia, produzem K litros de mel; então, o número de litros de mel produzidos por W abelhas, trabalhando W horas por dia, em W dias e em W meses do ano será:

a) $\frac{k^3}{w^2}$
b) $\frac{w^5}{k^3}$
c) $\frac{k^4}{w^5}$
d) $\frac{w^3}{k^4}$
e) $\frac{w^4}{k^3}$

14. **(UNICAMP-2001)** Uma obra será executada por **13** operários (de mesma capacidade de trabalho) trabalhando durante **11** dias com jornada de trabalho de **6** horas por dia. Decorridos **8** dias do início da obra **3** operários adoeceram e a obra deverá ser concluída pelos operários restantes no prazo estabelecido anteriormente. Qual deverá ser a jornada diária de trabalho dos operários restantes nos dias que faltam para a conclusão da obra no prazo previsto?

a) 7h 42min
b) 7h 44min
c) 7h 46min
d) 7h 48min
e) 7h 50min

15. **(VUNESP)** Um ônibus à velocidade de **80 km/h** percorre **400 km** em **5** horas. Se o ônibus rodar a **100 km/h** durante **7** horas, que distância percorrerá?

a) 500 km
b) 600 km
c) 700 km
d) 900 km
e) 1.000 km

16. **(VUNESP-2010)** Uma apostila de **60** páginas com **25** linhas por página é impressa, em uma determinada gráfica, em três horas. Com o mesmo tipo de papel pretende-se imprimir outra apostila com **40** páginas e **30** linhas por página. Supondo, que a máquina mantenha o mesmo ritmo no novo tipo de impressão, em quantas horas a apostila será impressa?

a) 4 horas e 48min
b) 2 horas e 40min
c) 2 horas e 24min
d) 2 horas
e) 1 hora e 48min

17. **(PM-GRU-VUNESP)** Uma montadora de automóveis demora **8** dias para produzir **200** veículos, trabalhando **9** horas por dia. Quantos veículos montará em **15** dias, funcionando **12** horas por dia?

a) 300 veículos
b) 350 veículos
c) 400 veículos
d) 450 veículos
e) 500 veículos

18. (**VUNESP**) Para produzir 1.000 livros de 240 páginas, uma editora consome 360 kg de papel. Quantos livros de 320 páginas é possível fazer com 120 kg de papel?

a) 2.000 livros
b) 1.800 livros
c) 1.500 livros
d) 1.750 livros
e) 250 livros

19. (**SEPRO**) Uma impressora a laser, funcionando 6 horas por dia, durante 30 dias, produz 150.000 impressões. Em quantos dias 3 dessas impressoras, funcionando 8 horas por dia, produzirão 100.000 impressões.

a) 20
b) 15
c) 12
d) 10
e) 5

20. (**ESAF–2010**) Com 50 trabalhadores, com a mesma produtividade, trabalhando 8 horas por dia, uma obra ficaria pronta em 24 dias. Com 40 trabalhadores, trabalhando 10 horas por dia, com uma produtividade 20% menor que os primeiros, em quantos dias a mesma obra ficaria pronta?

a) 30
b) 16
c) 24
d) 20
e) 15

RESPOSTAS: 1.a) ■ 2.c) ■ 3.d) ■ 4.b) ■ 5.d) ■ 6.e) ■ 7.b) ■ 8.c) ■ 9.b) ■ 10.e) ■ 11.d) ■ 12.d) ■ 13.e) ■ 14.d) ■ 15.c) ■ 16.c). ■ 17.e) ■ 18.e) ■ 19.e) ■ 20.a)

MOMENTO ENEM – REGRA DE TRÊS

1. (**ENEM–2016**) No tanque de um certo carro de passeio cabem até 50 l de combustível, e o rendimento médio desse carro na estrada é de 15 km/l de combustível. Ao sair para uma viagem de 600 km o motorista observou que o marcador de combustível estava exatamente sobre uma das marcas da escala divisória do medidor, conforme figura a seguir.

Como o motorista conhece o percurso, sabe que existem, até a chegada a seu destino, cinco postos de abastecimento de combustível, localizados a **150 km**, **187 km**, **450 km**, **500 km** e **570 km** do ponto de partida.

Qual a máxima distância, em quilômetro, que poderá percorrer até ser necessário reabastecer o veículo, de modo a não ficar sem combustível na estrada?

a) 570

b) 500

c) 450

d) 187

e) 150

RESOLUÇÃO:

A primeira coisa que precisamos fazer para resolver essa questão é descobrir qual é a quantidade de gasolina no tanque. Para isso, vamos descobrir qual fração o ponteiro está marcando. O primeiro traço do lado esquerdo da foto significa que o carro estaria totalmente sem gasolina, ou seja, no zero. A partir daí podemos ver que o tanque foi dividido em **8** traços (conte a quantidade de traços para a direita), ou seja, esse é o valor do denominador (parte de baixo) da nossa fração, o local onde o ponteiro parou, representa o numerador (parte de cima), ou seja, representa a quantidade de combustível que temos no tanque. De um tanque que foi divido em **8** partes, **6** partes ainda estão cheias. Veja a fração:

$$\frac{6}{8}$$

Talvez você me pergunte, posso simplificar? Sempre! Vamos simplificar por dois:

$$\frac{6^{\div 2}}{8^{\div 2}} = \frac{3}{4}$$

Em outras palavras, **3/4** do tanque ainda estão cheios. O enunciado informa que o tanque possui capacidade de **50 l** no total, logo:

$$\frac{3}{4} \cdot 50 = 37{,}5\ l$$

Para calcular a distância que ele pode percorrer, basta fazermos uma simples regra de três.

Litros	*Km percorridos*
1	15
37,5	x

Quanto mais litros, mais quilômetros ele percorre, quantos menos litros, menos quilômetros, como já estudamos. Ficou fácil ver que é um caso em que ambos são diretamente proporcionais, logo apenas precisamos "multiplicar em cruz".

$$1.x = 15.37,5$$
$$x = 15.37,5$$
$$x = 562,5 \text{ km}$$

2. Para não ficar sem gasolina, ele precisará parar no posto que fica a 500 km de distância.

3. (**ENEM–2015**) Alguns medicamentos para felinos são administrados com base na superfície corporal do animal. Foi receitado a um felino pesando **3,0 kg** um medicamento na dosagem diária de **250 mg** por metro quadrado de superfície corporal. O quadro apresenta a relação entre a massa do felino, em quilogramas, e a área de sua superfície corporal, em metros quadrados.

Relação entre a massa de um felino e a área de sua superfície corporal	
Massa (kg)	**Área (m^2)**
1,0	0,100
2,0	0,159
3,0	0,208
4,0	0,252
5,0	0,292
	NORSWORTHY, G. D. O paciente felino. São Paulo: Roca, 2000.

A dose diária, em miligramas, que esse felino deverá receber é de

a) 0,624
b) 52,0
c) 156,0
d) 750,0
e) 1.201,9

RESOLUÇÃO:

Para resolver essa questão, precisamos observar a tabela e ver que quando o animal tem **3 kg** de massa sua área corporal é de **0,208 m^2**. Agora que temos essa informação, basta montarmos uma simples regra de três.

Dose [mg]	*Superfície cormporal* [m²]
250	1
x	0,208

Se você fizer as perguntas para analisar, verá que são diretamente proporcionais, logo basta "multiplicar em cruz".

$$1.x = 250.0,208$$

$$x = 52 \text{ mg}$$

E a seguir deixo uma questão desafio para você!

4. (**ENEM–2014**) A taxa de fecundidade é um indicador que expressa a condição reprodutiva média das mulheres de uma região, e é importante para uma análise demográfica dessa região. A tabela apresenta os dados obtidos pelos Censos de **2000** e **2010**, feitos pelo IBGE, com relação à taxa de fecundidade no Brasil.

Ano	Taxa de Fecundidade no Brasil
2000	2,38
2010	1,90

Disponível em: www.saladeimpresa.ibge.gov.br. Acesso em 31 jul. 2013.

Suponha que a variação percentual relativa na taxa de fecundidade no período de **2000** a **2010** se repita no período de **2010** a **2020**. Nesse caso, em **2020** a taxa de fecundidade no Brasil estará mais próxima de

a) 1,14

b) 1,42

c) 1,52

d) 1,70

e) 1,80

RESPOSTAS: 1.b) ■ 2.b) ■ 3.c)

CAPÍTULO 6

PORCENTAGEM

A primeira coisa que você precisa ter em mente é que quando se fala de porcentagem, se fala de fração.

Confie em mim, esta é a maneira mais fácil de resolver! A maioria das pessoas detesta usar fração, mas depois que você pegar prática, nunca mais fará de outra maneira. Ao usar porcentagem em formato de fração, você pode simplificar a conta, e assim ganha muito tempo. Nunca se esqueça que porcentagem lembra "por cento". A palavra por em matemática significa divisão e cento se refere a **100**. Logo porcentagem nada mais é que uma divisão por **100**. Em outras palavras **20%** pode ser escrito como **20** dividido por **100**, ou seja, **20/100**.

Agora vem a parte mais legal, vamos fazer contas! Suponha que queira calcular **20%** de **500**. A palavra "de" em matemática significa multiplicação, logo a única coisa que você precisa fazer é simplificar a fração **20/100** e multiplicar por **500**. Veja:

$$\frac{20}{100} \cdot 500 =$$

Aplicando as técnicas de simplificação que aprendemos no capítulo de frações, vou simplificar os números **20** e **100** por **10**. Observe:

$$\frac{2}{10} \cdot 500 =$$

Agora vou simplificar os números **500** e **10** por **10** também. Veja:

$$\frac{2}{1} \cdot 50 = 100$$

Ou seja, **20%** de **500** = **100**

Viu como é fácil resolver usando frações? Vamos fazer mais um exemplo. Calcule **45%** de **350**. Primeiro vamos montar a fração:

$$\frac{45}{100} \cdot 350 =$$

Simplificando por 10 os números 350 e 100:

$$\frac{45}{10} \cdot 35 =$$

Agora vamos resolver essa fração:

$$\frac{45 \cdot 35}{10} = \frac{1575}{10} = 157{,}5$$

Agora é a sua vez! Vamos praticar.

1) 25% de 200 =
2) 30% de 450 =
3) 17% de 140 =
4) 23% de 195 =
5) 10% de 256 =
6) 65% de 400 =
7) 50% de 360 =
8) 60% de 1.000 =

SUPERDICA1

Todas as vezes que você for calcular 50% de algo, basta dividir por 2. Refaça o Exercício 7 e veja a mágica acontecer!

SUPERDICA2

Todas as vezes que você for calcular 10% de algo, basta pegar o valor e dividir por 10. Refaça o Exercício 5.

Vamos ver se você acertou os exercícios. Respostas:

1) 50
2) 135
3) 23,8
4) 44,85
5) 25,6
6) 260
7) 180
8) 600

Agora que você já sabe calcular, vamos fazer algo que todo mundo gosta, descontos! Quem não gosta de uma liquidação? Mas como vamos calcular os descontos que ganhamos? É muito fácil! Primeiro vamos calcular a porcentagem e depois fazer uma conta de subtração. Não disse que era fácil? Vou explicar em detalhes. Veja o exemplo:

A loja da esquina está fazendo uma promoção, quem pagar em dinheiro vai ganhar **20%** de desconto. Se uma camiseta custa **R$ 40**, qual será o valor pago caso o cliente compre em dinheiro?

A primeira coisa que você vai fazer é calcular a porcentagem.

20% de 40 = 8

Agora você só precisa pegar o preço original e diminuir o desconto. Veja:

40 – 8 = 32

Acabei de lembrar de algo importante, que você não pode esquecer! Você sabe como calcular acréscimo? Sabe quando atrasa o pagamento daquela conta e você tem que pagar uma multa? Em geral essa multa vem em porcentagem. Para fazer esse calculo é muito simples, basta calcular a porcentagem e depois somar o valor. É muito parecido com o desconto. Vamos fazer um exemplo:

A conta de luz venceu e você teve que pagar uma multa de **15%**. Se o valor da conta era de **R$ 200**, quanto que você pagou após a multa?

Primeiro vamos calcular a porcentagem.

15% de 200 = 30

Agora você vai pegar o preço original e somar.

200 + 30 = 230

Vamos fazer alguns exercícios. Calcule o valor final:

Valor **R$ 200,00**

1) 15% de desconto
2) 15% de acréscimo
3) 25% de desconto
4) 25% de acréscimo
5) 35% de desconto
6) 35% de acréscimo
7) 40% de desconto
8) 40% de acréscimo
9) 10% de desconto
10) 10% de acréscimo
11) 50% de desconto
12) 50% de acréscimo
13) 60% de desconto
14) 60% de acréscimo
15) 75% de desconto
16) 75% de acréscimo

Confira as respostas:

1) Cálculo apenas da porcentagem = R$ 30
Valor com desconto R$ 170,00
2) Cálculo apenas da porcentagem = R$ 30
Valor com acréscimo R$ 230,00
3) Cálculo apenas da porcentagem = R$ 50
Valor com desconto R$ 150,00
4) Cálculo apenas da porcentagem = R$ 50
Valor com acréscimo R$ 250,00
5) Cálculo apenas da porcentagem = R$ 70
Valor com desconto R$ 130,00
6) Cálculo apenas da porcentagem = R$ 70
Valor com acréscimo R$ 270,00
7) Cálculo apenas da porcentagem = R$ 80
Valor com desconto R$ 120,00
8) Cálculo apenas da porcentagem = R$ 80
Valor com acréscimo R$ 280,00
9) Cálculo apenas da porcentagem = R$ 20
Valor com desconto R$ 180,00
10) Cálculo apenas da porcentagem = R$ 20
Valor com acréscimo R$ 220,00
11) Cálculo apenas da porcentagem = R$ 100
Valor com desconto R$ 100,00
12) Cálculo apenas da porcentagem = R$ 100
Valor com acréscimo R$ 300,00
13) Cálculo apenas da porcentagem = R$ 120
Valor com desconto R$ 80,00
14) Cálculo apenas da porcentagem = R$ 120
Valor com acréscimo R$ 320,00
15) Cálculo apenas da porcentagem = R$ 150
Valor com desconto R$ 50,00
16) Cálculo apenas da porcentagem = R$ 150
Valor com acréscimo R$ 350,00

COMO DESCOBRIR A PORCENTAGEM DE ALGO?

Até agora está fácil, não é verdade? Vamos nos divertir mais um pouco? Você já parou para pensar em como transformar um valor em porcentagem. Por exemplo, se falasse que ganhei **R$ 10,00** de desconto em uma blusa que custava **R$ 90,00**, qual foi a porcentagem de desconto? Você vai usar uma fórmula muito simples para isso. Veja:

$$\frac{\textit{Número que eu quero descobrir a porcentagem}}{\textit{Número total}} \cdot 100 =$$

Vamos descobrir a porcentagem do exemplo que dei? Os **R$ 10,00** de desconto que ganhei representam o número que quero descobrir a porcentagem e os **R$ 90,00** que custava a blusa representa o número total.

$$\frac{10}{90} \cdot 100 =$$

Simplificando:

$$\frac{1}{9} \cdot 100 =$$

$$\frac{100}{9} = 11{,}11\%$$

Vou chamar sua atenção para um tipo de questão que cai muito em provas e se não prestar atenção você pode cair na pegadinha. Leia com atenção.

Aproveitei uma promoção e comprei uma camiseta por **R$ 100,00**. Sabendo que o meu desconto foi de **15%** por ter pago a vista, quanto custava cada camiseta?

Preste atenção neste tipo de questão porque o valor dado já está com o desconto e você precisa descobrir o valor original. Para fazer isso, a maneira mais fácil é através de uma regra de três. Se você não lembra como resolve a regra de três, não se preocupe, relembre esse assunto no capítulo anterior.

Quero chamar atenção para uma coisa: o valor total de algo é igual a **100%**, se o valor dado já está com o desconto significa que ele representa o valor total menos o desconto, ou seja, **100% – 15% = 85%**.

Em outras palavras os 100 reais que foram pagos na camiseta representam 85% do valor total. Esse conceito é muito importante, vale a pena você focar nisso. Agora vamos montar a regra de três!

Valor em reais	*Porcentagem %*
100	85
x	100

Para montar a regra de três, você precisa pensar assim: Se **100** reais representam **85%**, quantos reais (**x**) representam **100%**. Para resolver, basta "multiplicar em cruz".

$$85 \cdot x = 100.100$$
$$85x = 10000$$
$$x = \frac{10000}{85}$$
$$x = R\$\ 117{,}65$$

Logo o valor original, antes do desconto era **R$ 117,65**.

Vamos praticar?

1. A quantia de **R$ 100,00** representa qual porcentagem de **R$ 3.000,00**?

2. A quantia de **R$ 200,00** representa qual porcentagem de **R$ 2.500,00**?

3. A quantia de **R$ 300,00** representa qual porcentagem de **R$ 4.000,00**?

4. A quantia de **R$ 450,00** representa qual porcentagem de **R$ 7.000,00**?

5. A quantia de **R$ 80,00** representa qual porcentagem de **R$ 100,00**?

6. Uma loja dá **20%** de desconto para pagamentos à vista. Sabendo que você pagou à vista **R$ 50,00** em um produto, qual era o preço original?

7. Uma loja dá **25%** de desconto para pagamentos à vista. Sabendo que você pagou à vista **R$ 150,00** em um produto, qual era o preço original?

8. Uma loja dá **30%** de desconto para pagamentos à vista. Sabendo que você pagou à vista **R$ 450,00** em um produto, qual era o preço original?

9. Uma loja dá **35%** de desconto para pagamentos à vista. Sabendo que você pagou à vista **R$ 1.250,00**em um produto, qual era o preço original?

10. Uma loja dá **45%** de desconto para pagamentos à vista. Sabendo que você pagou à vista **R$ 4.550,00** em um produto, qual era o preço original?

Vamos resolver um exercício de cada, depois você confere as outras respostas no gabarito. Para resolver o primeiro exercício, você apenas precisa usar aquela fórmula que ensinei para calcular a porcentagem.

$$\frac{\textit{Número que eu quero descobrir a porcentagem}}{\textit{Número total}} \cdot 100 =$$

O número **100** é o número que você quer descobrir a porcentagem e o número **3000** é o total, agora basta substituir. Veja:

$$\frac{100}{3000} \cdot 100 =$$

Simplificando por **100** os números **100** e **3.000**:

$$\frac{1}{30} \cdot 100 =$$

$$\frac{1}{3} \cdot 10 =$$

$$\frac{10}{3} = 3.33\%$$

O outro exercício também é fácil, mas é preciso prestar bastante atenção. Ele pede para você calcular o preço original de um produto que custou **R$ 50** e teve **20%** de desconto. Vamos usar aquela regra de três. Pense comigo, se ele teve **20%** de desconto **100% – 20% = 80%**, ou seja, o valor que ele pagou equivale a **80%** do total. Se **R$ 50** equivalem a **80%**, **100%** equivale a quanto?

Valor em reais	*Porcentagem %*
50	80
x	100

Multiplicando em "cruz":

$$80.x = 50.100$$
$$80x = 5000$$
$$x = \frac{5000}{80}$$

Simplificando por **10**:

$$x = \frac{500}{8}$$
$$x = R\$\ 62{,}5$$

Ou seja, o preço original do produto é **R$ 62,50**.

SUPERDICA

> 62,5 é a mesma coisa que 62,50, que é a mesma coisa de 62,5000000000, ou seja, após a vírgula, os zeros no final do número são inúteis.

Não importa quantos zeros você vai colocar, o valor não muda. Coloquei **R$ 62,50** porque é comum usarmos duas casas depois da vírgula quando nos referirmos a dinheiro.

1) 3,33%
2) 8%
3) 7,5%
4) 6,4%
5) 80%
6) R$ 62,50
7) R$ 200,00
8) R$ 642,86
9) R$ 1.923,08
10) R$ 8.272,72

Agora que já aprendeu e praticou bastante vou ensinar um segredo que vai fazer você acertar dezenas de questões. Você sabia que pode calcular uma porcentagem de outra porcentagem, ou seja, em vez de calcular a porcentagem de um número, você vai calcular a porcentagem de outra porcentagem. Como fazer isso? É muito fácil, vou ensinar o truque. Veja este exemplo:

Calcule **20%** de **80%**.

Para fazer isso, basta fingir que a segunda porcentagem (**80%**) é apenas um simples número. Faça o cálculo normalmente e depois coloque o símbolo de % no final. Veja:

$$20\%\ \text{de}\ 80\% = 20\%\ \text{de}\ \text{“}80\text{”} = \frac{20}{100} \cdot 80 = 16$$

Agora basta colocar o símbolo de % no final, logo **16%**.

Isso é muito importante, porque a maioria das questões de porcentagem cobra esse conceito. Vamos resolver alguns problemas?

1. **(CESGRANRIO-2011)** Rômulo tem **R$ 220,00**, Natanael tem **R$ 350,00** e Vitor nada tem. Rômulo e Natanael dão parte de seu dinheiro a Vitor, de forma que todos acabam ficando com a mesma quantia. O dinheiro dado por Natanael representa, aproximadamente, quantos por certo do que ele possuía?

a) 19,5%
b) 21,1%
c) 33,4%
d) 45,7%

RESOLUÇÃO:

Essa questão não é difícil, mas vai dar um pouco de trabalho. Para resolver você precisa prestar atenção em alguns pontos chaves. Primeiro a questão pede para você dividir o dinheiro de forma que todos fiquem com a mesma quantia. Para fazer isso, basta somar os valores e depois dividir por três.

R$ 220,00 + R$ 350,00 = R$ 570,00 Dividido por três é igual a **R$ 190,00** para cada.

Agora você já sabe quanto cada um tem, logo fica fácil saber quanto que Natanael deu para o Vitor que não tinha nada. Basta diminuir, se Natanael tinha **R$ 350,00** e ficou com **R$ 190,00**, significa que ele deu **(350 - 190 = 160)** cento e sessenta reais. Foque nessa informação porque o problema pede para você calcular a porcentagem que representa a quantidade de dinheiro dado por Natanael. Para isso basta transformar esse número em porcentagem. Você já sabe o número que quer descobrir a porcentagem e sabe o número total (o quanto ele tinha). Vamos só aplicar aquela fórmula que expliquei agora pouco.

$$\frac{\textit{Número que eu quero descobrir a porcentagem}}{\textit{Número total}} \cdot 100 =$$

$$\frac{160}{350} \cdot 100 =$$

Simplificando:

$$\frac{16}{35} \cdot 100 =$$

$$\frac{1600}{35} = 45{,}71\%$$

2. **(VUNESP–2011)** Do preço de venda de um artigo de informática, **30%** correspondem a impostos e comissões pagos pelo lojista. Do restante, **60%** correspondem ao preço de custo desse produto. Se o restante representa o lucro, então pode-se afirmar que esse lucro representa:

a) 28%
b) 40%
c) 50%
d) 20%
e) 25%

RESOLUÇÃO:

Essa questão é fácil de resolver, mas é difícil de interpretar corretamente. A melhor dica que posso dar é: faça passo a passo, ou seja, divida o problema em partes antes de resolver. Veja como vou dividir:

Do preço de venda **30%** são impostos.

Do **RESTANTE 60%** são os custos.

A **SOBRA** é o lucro.

Divida essa questão em três partes e vamos calcular cada uma delas. Mas você deve estar se perguntando: como vou calcular se não tenho o valor total? É muito fácil! Podemos usar como valor total a porcentagem de **100%**.

Você precisa ter em mente que sempre pode representar o total por 100%.

Então vamos lá: Se o total é **100%** e **30%** foram impostos, quanto sobrou? Basta subtrair **100% – 30% = 70%**.

O problema fala que do restante (**70%**) a parte que representa o custo é **60%**.

CUIDADO

Não vá subtrair! A questão fala **60%** do restante e a palavra **"do"** em matemática significa multiplicação.

Para calcular o custo você vai ter que calcular a porcentagem de outra porcentagem, lembra que eu ensinei? Basta fingir que **70%** é apenas um número e depois que resolver, você coloca o sinal da porcentagem.

$60\%.70\% =$

$\frac{60}{100}.70 =$

Simplificando:

$$\frac{6}{1} \cdot 7 = 42$$

Agora é só colocar o símbolo de **%**, logo **42%**, ou seja, **42%** representam o custo.

Para finalizar, o que sobra é o lucro, então basta fazer uma conta de subtração. 70% – 42% = 28%

Lembre-se, 70% representa o valor que o comerciante recebe sem os impostos, 42% representam o custo. O que sobra (**70% – 42%**) é igual ao lucro (**28%**).

3. **(VUNESP–2011)** Numa certa cidade, das pessoas que frequentam o estádio de futebol, **50%** torcem pelo Barra Mansa, **30%** pelo Fênix e **20%** pelo Várzea. Dos torcedores do Barra Mansa, **40%** são mulheres. Já as porcentagens de mulheres entre os torcedores do Fênix e do Várzea são respectivamente **20%** e **10%**. Nesse caso, a porcentagem total de mulheres entre os torcedores que frequentam o estádio nessa cidade é igual a:

a) 24%
b) 26%
c) 28%
d) 30%
e) 32%

RESOLUÇÃO:

Lembra que falei que você ia usar muito aquela técnica de calcular a porcentagem da porcentagem?

Para resolver esse tipo de questão é mais fácil se você montar uma tabela para se organizar. Veja:

	Barra Mansa	Fênix	Várzea
Total de torcedores	50%	30%	20%
Porcentagem de mulheres	40%	20%	10%

Observe que a porcentagem de mulheres não está em relação ao total de torcedores. Ela está em relação aos torcedores de cada time. Como a porcentagem de torcedores de cada time está relacionada com o total, podemos usar aquele truque de calcular a porcentagem da porcentagem. Observe que se somar a porcentagem de torcedores (**50% + 30% + 20%**) encontro **100%**, por isso posso falar que está representando o total. Se essas porcentagens representam o total, vou usá-las como base para descobrir a quantidade de mulheres em relação ao total. Veja:

- 50% do total torcem para o Barra Mansa, desses torcedores 40% são mulheres.
- 40% de 50% = 20%, ou seja, em relação ao total 20% são mulheres e torcem para o Barra Mansa.
- 30% do total torcem para o Fênix, destes torcedores 20% são mulheres.
- 20% de 30% = 6%, ou seja, em relação ao total 6% são mulheres e torcem para o Fênix.
- 20% do total torcem para o Várzea, destes torcedores 10% são mulheres.
- 10% de 20% = 2%, ou seja, em relação ao total 2% são mulheres e torcem para o Várzea.

Para saber o total de mulheres, basta somar 20% + 6% + 2% = 28%.

4. (**FCC–2011**) No mês de outubro paguei 20% de uma dívida. Em novembro paguei 30% do saldo restante de outubro e, em dezembro, paguei 25% do saldo restante de novembro. Qual o percentual da dívida que ainda tenho a pagar?

a) 38%
b) 36%
c) 42%
d) 40%
e) 25%

RESOLUÇÃO:

Novamente temos aquele caso de calcular a porcentagem de outra porcentagem. Para resolver esse tipo de questão você deve separar em partes.

Outubro paguei 20% de uma dívida.

Novembro paguei 30% do **RESTANTE** de outubro.

Dezembro paguei 25% do **RESTANTE** de novembro.

Se ele pagou 20% em outubro, resta ele pagar 80% (100% – 20%).

Em novembro ele pagou 30% do **RESTANTE**, logo:

Pagou 30% de 80% = 24% logo resta pagar 80% – 24% = 56%.

Em dezembro pagou 25% do restante de novembro, ou seja, 25% de 56% = 14%.

Logo resta pagar 56% – 14% = 42%.

Daqui para frente é com você, mas a boa notícia é que a maioria dessas questões possuem um vídeo com a resolução passo a passo no site do Calcule Mais, www.calculemais.com.br.

5. (**FCC-2010**) Numa barraca de feira, uma pessoa comprou maçãs, bananas, laranjas e peras. Pelo preço normal da barraca, o valor pago pelas maçãs, bananas, laranjas e peras corresponderia a **25%**, **10%**, **15%** e **50%** do preço total, respectivamente. Em virtude de uma promoção, essa pessoa ganhou um desconto de 10% no preço das maçãs e de 20% no preço das peras. O desconto assim obtido no valor total de sua compra foi de:

a) 7,5%
b) 10%
c) 12,5%
d) 15%
e) 17,5%

6. (**FCC-2009**) Um comerciante que não possuía conhecimento de matemática, comprou uma mercadoria por **R$ 200,00**. Acresceu a esse valor **50%** de lucro. Certo dia, um freguês pediu um desconto, e o comerciante deu um desconto de **40%** sobre o novo preço, pensando que, assim teria um lucro de **10%**. O comerciante teve:

a) lucro de 20%
b) prejuízo de 20%
c) lucro de 20,00
d) prejuízo de 10%
e) nem lucro nem prejuízo.

7. (**FCC**) A Secretaria de Saúde de uma cidade verificou que **10%** da população estava com dengue e os restantes **90%** estavam saudáveis. Hoje, verificou que **10%** das pessoas que estavam enfermas se recuperaram e **10%** das pessoas que estavam com saúde contraíram dengue. A porcentagem da população que, hoje, goza de boa saúde é:

a) 83%
b) 84%
c) 82%
d) 81%
e) 38%

8. (**Vunesp-2009**) O preço da mercadoria **A** é igual a **40%** do preço da mercadoria **B**, e o preço da mercadoria **B** é igual a **30%** do preço da mercadoria **C**. Assim, a diferença entre os preços das mercadorias **B** e **A**, nessa ordem, é igual a:

a) 12% do preço de C
b) 13% do preço de C
c) 18% do preço de C
d) 25% do preço de C
e) 27% do preço de C

9. (**FCC-2010**) Numa pesquisa respondida por todos os funcionários de uma empresa, **75%** declararam praticar exercícios físicos regularmente, **68%** disseram que fazem todos os exames de rotina recomendados pelos médicos e **17%** informaram que não possuem nenhum dos dois hábitos. Em relação ao total, os funcionários desta empresa que afirmaram que praticam exercícios físicos regularmente e fazem todos os exames de rotina recomendados pelos médicos representam:

a) 43%
b) 60%
c) 68%
d) 83%
e) 100%

10. (**FCC-2010**) Em um grupo há **40** homens e **40** mulheres. **30%** dos homens fumam e **6** mulheres fumam. A porcentagem de fumantes no grupo é:

a) 20%
b) 24%
c) 26,5%
d) 22,5%
e) 28,5%

11. (**FCC-ADP-2010**) Um estudante universitário gasta **30%** de seu salário para pagar a mensalidade de seu curso. Se a mensalidade do curso for reajustada em **20%** e o seu salário em **44%**, que porcentagem do salário aproximadamente, passará a ser utilizada para pagar a faculdade após os reajustes?

a) 30%
b) 40%
c) 32,6%
d) 38%
e) 25%

12. (**VUNESP-2010**) Das **96** pessoas que participaram de uma festa de confraternização dos funcionários do Departamento Nacional de Obras Contra as Secas, sabe-se que **75%** eram do sexo masculino. Se, num dado momento antes do término da festa, foi constatado que a porcentagem dos homens havia sido reduzida a **60%** do total das pessoas presentes, enquanto que o número de mulheres permaneceu inalterado, até o final da festa, então a quantidade de homens que haviam se retirado era.

a) 36
b) 38
c) 40
d) 42
e) 44

13. (**FCC**) O Sr. Eduardo gasta integralmente seu salário em **4** despesas: moradia, alimentação, vestuário e transporte. Ele gasta **1/4** do salário com moradia, **35%** do salário com alimentação, **R$ 400,00** com vestuário e **R$ 200,00** com transporte. Sua despesa com moradia é igual a:

a) R$ 430,00
b) R$ 350,00
c) R$ 270,00
d) R$ 290,00
e) R$ 375,00

14. (**MPU-2004**) Um clube está fazendo uma campanha, entre seus associados, para arrecadar fundos destinados a uma nova pintura na sede social. Contatados **60%** dos associados verificou-se que havia atingido **75%** da quantia necessária para a pintura, e que a contribuição média correspondia a **R$ 60,00** por associado contatado. Então, para completar exatamente a quantia necessária para a pintura, a contribuição média por associado, entre os restantes associados ainda não contatados, deve ser igual a:

a) R$ 25,00
b) R$ 30,00
c) R$ 40,00
d) R$ 50,00
e) R$ 60,00

15. (**FCC**) João saiu de casa para fazer compras. Ao entrar em uma loja de eletrônicos, comprou uma câmera digital por **R$ 700,00**, depois de um mês João resolveu vender a câmera digital, só que na venda ele teve um lucro de **30%** sobre a compra. Assim, por quanto João vendeu a câmera digital?

a) R$ 910,00
b) R$ 780,00
c) R$ 890,00
d) R$ 1.000,00
e) R$ 980,00

16. (**MPU**) Num grupo de **2000** adultos, apenas **20%** são portadores do vírus da hepatite B. Os homens desse grupo são exatamente **30%** do total e apenas **10%** das mulheres apresentam o vírus. O número total de homens desse grupo que não apresenta o vírus, é exatamente:

a) 140
b) 260
c) 340
d) 400
e) 600

17. (**Vunesp-2010**) Uma determinada cidade coleta **75%** do esgoto gerado, e trata apenas **18%** do esgoto coletado. Pode-se concluir, então, que do total de esgoto gerado nessa cidade são tratados apenas:

a) 12%
b) 13,5%
c) 18%
d) 33,5%
e) 57%

18. (**FCC-2008**) Sobre o total de **45** técnicos judiciários e auxiliares que trabalham em uma Unidade de um tribunal, sabe-se que:

I. **60%** do número de técnicos praticam esporte

II. **40%** do número de auxiliares não praticam esporte

III. **10** técnicos não praticam esporte

Nessas condições, o total de

a) Técnicos que praticam esporte são 10

b) Auxiliares que não praticam esporte são 12 pessoas

c) Pessoas que praticam esporte são 30

d) Técnicos são 28

e) Auxiliares são 20

19. (**PM-Louveira-Vunesp-2007**) Em um programa social desenvolvido pela prefeitura de um município, inscreveram-se **900** famílias carentes. A prefeitura começou a implantar esse programa atendendo, no 1º mês, **15%** dessas famílias e, em cada mês seguinte, até o 3º mês, **30** famílias a mais que o mês imediatamente anterior. Após esses três meses, o programa já havia atendido, do total de famílias inscritas.

a) 21%
b) 40%
c) 45%
d) 52%
e) 55%

20. (**FCC**) Numa determinada Empresa, **46%** dos Empregados são homens. Sabe-se também que **60%** dos empregados estão filiados a algum sindicato e que destes **70%** são homens. Que percentual dos empregados não sindicalizados são mulheres?

a) 36%
b) 87,5%
c) 66,7%
d) 50%
e) 90%

21. (**FCC**) Um lojista prepara a tabela de preço de venda em dezembro de 2007, acrescentando **25%** ao preço de venda porque sabe que, em janeiro de 2008, deverá fazer uma liquidação dando um desconto. O desconto que o lojista poderá dar para conseguir os mesmos preços de venda anteriores ao preço do aumento de dezembro é de:

a) 10%
b) 15%
c) 20%
d) 25%
e) 36%

22. (**ESAF**) Numa cidade, **40%** da população é composta por obesos. Além disso, da população de obesos, **40%** são mulheres. A porcentagem das mulheres obesas, em relação ao total da população é:

a) 15%
b) 16%
c) 20%
d) 40%
e) 60%

23. (**VUNESP-2010**) Um investidor aplicou certa quantia em um fundo de ações. Nesse fundo, **1/3** das ações eram da empresa **A**, **1/2** eram da empresa **B** e as restantes, da empresa **C**. Em um ano, o valor das ações da empresa **A** aumentou **20%**, o das ações da empresa **B** diminuiu **30%** e o das ações da empresa **C** aumentou **17%**. Em relação à quantia total aplicada, ao final desse ano, este investidor obteve:

a) lucro de 10,3%
b) lucro de 7,0%
c) prejuízo de 5,5%
d) prejuízo de 12,4%
e) prejuízo de 16,5%

24. (**FCC-2010**) Apenas para decolar e pousar, um certo tipo de avião consome, em média, **1.920** litros de combustível. Sabendo-se que isso representa **80%** de todo combustível que ele gasta em uma viagem entre as cidades **A** e **B**, é correto afirmar que o número de litros consumidos numa dessas viagens é:

a) 2.100 l
b) 2.150 l
c) 2.200 l
d) 2.350 l
e) 2.400 l

25. (**FCC-2003**) Com a redução dos custos de produção, uma empresa diminuiu o preço de venda de seu produto em **20%**. Algum tempo depois, satisfeita com o aumento das vendas, passou a oferecer um desconto de **10%** sobre o seu preço de venda. Assim, para quem comprar esse produto, a redução total do preço que pagará por ele, em relação ao que pagava antes dessas reduções, será de:

a) 30%
b) 29%
c) 27%
d) 28%
e) 26%

26. **(FCC)** A água contida em um recipiente ocupa apenas 3/5 de sua capacidade total. Se metade dessa água for utilizada, a porcentagem da água restante, em relação à capacidade total do recipiente será de:

a) 45%
b) 40%
c) 35%
d) 30%
e) 25%

27. **(FCC)** Foi informado no jornal que 2/3 dos 750 deputados da câmara votariam favoravelmente a certa lei. Na votação, a lei foi aprovada com 530 votos a favor. Deve-se concluir que a informação não era totalmente correta, pois, a mais que o esperado votaram na lei

a) 6% dos deputados
b) 5% dos deputados
c) 4% dos deputados
d) 3% dos deputados
e) 30% dos deputados

28. **(FCC)** Uma pesquisa sobre o mercado mundial de jogos pela internet revelou que 80% das pessoas que jogam online são mulheres e apenas 20% são homens. A mesma pesquisa constatou que, do total de jogadores, 60% das mulheres que jogam online são casadas, sabendo que 60% do total de pessoas são casados, conclui-se que o percentual do total dse jogadores do sexo masculino que são casados é:

a) 12%
b) 48%
c) 80%
d) 18%
e) 52%

29. **(VUNESP–1991)** Em um grupo de 400 pessoas 70% são do sexo masculino. Se nesse grupo 10% dos homens são casados e 20% das mulheres são casadas, qual o numero de pessoas casadas.

a) 280
b) 120
c) 140
d) 40
e) 52

30. (**ESAF**) Em um concurso havia **5.000** homens e **10.000** mulheres. Sabe-se que **60%** dos homens e **30%** das mulheres foram reprovados. Do total, quantos por cento foram aprovados?

a) 40%
b) 60%
c) 45%
d) 70%
e) 50%

31. (**VUNESP**) Eliza comprou um computador por **R$ 1.200,00** e depois de um mês, vendeu com o lucro de **20%** sobre a venda. Sendo assim, por quanto Eliza vendeu o computador?

a) R$ 1.440,00
b) R$ 1.800,00
c) R$ 1.880,00
d) R$ 1.500,00
e) R$ 1.920,00

32. (**FCC–2007**) Em um relatório sobre as atividades desenvolvidas em um dado mês pelos funcionários lotados em certa estação do Metrô, foi registrado que:

- **25%** do total de funcionários eram do sexo feminino e que, destes, **45%** haviam cumprido horas extras;
- **60%** do número de funcionários do sexo masculino cumpriram horas extras;
- **70** funcionários não cumpriram horas extras.

Com base nessas informações, nesse mês, o total de funcionários lotados em tal estação era:

a) 120
b) 150
c) 160
d) 180
e) 190

33. (**VUNESP**) Ana resolveu **75%** do total de questões de uma prova de múltipla escolha, errando **20%** das questões resolvidas. Nessa mesma prova, Paula deixou de resolver **30%** do total de questões, acertando **80%** das questões resolvidas. Pode se afirmar que então o total das questões da prova.

a) Paula errou 20%
b) Paula acertou 56%
c) Ana acertou 10%
d) Ana acertou 80%
e) Paula acertou 54%

34. (**CESGRANRIO**) Duas irmãs, Ana e Lucia, têm uma conta de poupança conjunta. Do total do saldo, Ana tem **70%**. Tendo recebido um dinheiro extra, o pai das meninas resolveu fazer um depósito exatamente igual ao saldo da caderneta. Por uma questão de justiça, ele disse as meninas que o depósito deverá ser dividido igualmente entre as duas. Nessas condições a participação de Ana no novo saldo:

a) diminui para 60%
b) diminuiu para 65%
c) permaneceu 70%
d) aumentou para 80%
e) aumentou para 75%

35. (**ESAF**) Uma fábrica de sapatos produz certo tipo de sapato por **R$ 18,00** o par, vendendo por **R$ 25,00** o par. Com este preço tem havido uma demanda de **2000** pares mensais. A fabricante pensa em elevar o preço em **R$ 2,10**. Com isso as vendas sofrerão uma queda de **200** pares. Com esse aumento no preço de venda seu lucro mensal:

a) cairá 10%
b) aumentará 17%
c) aumentará 20%
d) cairá 17%
e) cairá 20%

36. (**CMS-2008**) Marivaldo, ao receber seu salário, usou **20%** para pagar o aluguel. Do que sobrou, ele usou **10%** para pagar o condomínio. Se ainda restaram **R$ 864,00**, o salário recebido por Marivaldo foi:

a) R$ 1.000,00
b) R$ 1.100,00
c) R$ 1.123,20
d) R$ 1.200,00
e) R$ 1.400,00

37. (**ANA-2009**) Um rio principal tem, ao passar em determinado ponto, **20%** de águas turvas e **80%** de águas claras, que não se misturam. Logo abaixo desse ponto desemboca um afluente, que tem um volume d'água **30%** menor que o rio principal e que, por sua vez, tem **70%** de águas turvas e **30%** de águas claras, que não se misturam nem entre si nem com as do rio principal. Obtenha o valor mais próximo da porcentagem de águas turvas que os dois rios terão logo após se encontrarem.

a) 41%
b) 35%
c) 45%
d) 49%
e) 55%

38. (**VUNESP**) Em uma turma tem 40 alunos. Destes, 60% são moças e 40% são rapazes. Em um determinado dia, compareceram às aulas 75% das moças e 50% dos rapazes. Qual a porcentagem de alunos que compareceu as aulas nesse dia?

a) 24%
b) 18%
c) 16%
d) 65%
e) 40%

39. (**VUNESP**) Quando o preço da unidade de um determinado produto diminuiu 10%, o consumo aumentou 20% durante certo período. No mesmo período, de que percentual aumentou o faturamento da venda deste produto?

a) 8%
b) 10%
c) 12%
d) 15%
e) 30%

40. (**VUNESP–2009**) Do total de funcionários de certa empresa, sabe-se que:

- 60% são do sexo masculino e que, destes, 30% usam óculos;
- Das mulheres, 20% usam óculos;
- Os que não usam óculos totalizam 333 unidades.

Nessas condições, o total de pessoas que trabalham nessa empresa é:

a) 32
b) 350
c) 400
d) 420
e) 450

41. (**FCC**) De um lote de 1.500 aparelhos telefônicos comprados por uma loja, 8% não funcionavam (não podendo ser comercializados) e 15% dos restantes apresentavam algum tipo de defeito também não podendo ser comercializado. Em relação ao lote todo, a porcentagem de aparelhos que não puderam ser comercializados foi de, aproximadamente:

a) 22%
b) 23%
c) 24%
d) 25%
e) 26%

42. (VUNESP-2009) Um comerciante colocou à venda uma mercadoria por um valor calculado em **40%** acima do preço de custo. Percebendo que não havia procura por aquele produto, ele decidiu anunciar um desconto de **50%** sobre o valor da etiqueta. Nesse caso, se um produto vendido, com desconto, por **R$ 84,00**, pode-se concluir que o preço de custo foi:

a) R$ 168,00
b) R$ 154,00
c) R$ 136,20
d) R$ 120,00
e) R$ 88,20

43. (FCC) Paula reservou **14%** do seu salário líquido mensal durante **4** meses, e utilizou o total da quantia reservada para dar como entrada na compra de um computador. Sabendo-se que ela financiou os restantes **R$ 1.260,00**, correspondentes a **60%** do preço total do computador, pode-se afirmar que o salário líquido mensal de Paula, que permaneceu constante, é igual a:

a) R$ 1.250,00
b) R$ 1.300,00
c) R$ 1.380,00
d) R$ 1.500,00
e) R$ 1.600,00

44. (TEC-ADM 2010) Um lojista, na tentativa de iludir sua freguesia, deu um aumento de **25%** nas suas mercadorias e depois anunciou **20%** de desconto. Podemos disso concluir que:

a) A mercadoria subiu 5%
b) A mercadoria diminuiu 5%
c) Aumentou em média 2,5%
d) Diminuiu em média 2,5%
e) Manteve o preço

45. (TEC/PORT/ADM 2010-FCC) O preço de certo componente eletrônico diminui **30%** um ano após seu lançamento e, após mais um ano, caiu mais **40%** em relação ao preço anterior. Em relação ao preço de lançamento, o preço de hoje desse produto é menor em:

a) 65%
b) 70%
c) 58%
d) 54%
e) 50%

46. **(TEC/PORT/ADM 2010–FCC)** Num colégio com **1000** alunos, **65%** dos quais são do sexo masculino, todos os estudantes foram convidados a opinar sobre o novo plano econômico do governo. Apurados os resultados, verificou-se que **40%** dos homens e **50%** das mulheres manifestaram-se favoravelmente ao plano. A porcentagem de estudantes favoráveis ao plano vale:

a) 43,5%
b) 45%
c) 90%
d) 17,5%
e) 26%

47. **(VUNESP–2010)** Do tanque cheio de combustível de um automóvel, **25%** foi consumido para entregar uma mercadoria. Do restante, **30%** foi consumido num passeio no fim de semana. Da capacidade total do tanque, ainda restam, de combustível:

a) 51,3%
b) 52,5%
c) 53,2%
d) 54,5%
e) 55,5%

48. **(IPAD–Caruaru/PE–2012)** Uma grande empresa de alimentos pretende, nos próximos **4** anos, elevar seu faturamento dos atuais **30** bilhões de reais para **51** bilhões de reais. Isso Significa um percentual de crescimento de:

a) 51%
b) 60%
c) 70%
d) 75%
e) 81%

RESPOSTAS: 1.d) ■ 2.a) ■ 3.c) ■ 4.c) ■ 5.c) ■ 6.d) ■ 7.c) ■ 8.c) ■ 9.b) ■ 10.d) ■ 11.e) ■ 12.a) ■ 13.e) ■ 14.b) ■ 15.a) ■ 16.c) ■ 17.b) ■ 18.e) ■ 19.e) ■ 20.a) ■ 21.c) ■ 22.b) ■ 23.c) ■ 24.e) ■ 25.d) ■ 26.d) ■ 27.a) ■ 28.a) ■ 29.e) ■ 30.b) ■ 31.a) ■ 32.c) ■ 33.b) ■ 34.a) ■ 35.b) ■ 36.d) ■ 37.a) ■ 38.d) ■ 39.a) ■ 40.e) ■ 41.a) ■ 42.d) ■ 43.d) ■ 44.e) ■ 45.c) ■ 46.a) ■ 47.b) ■ 48.c)

MOMENTO ENEM – PORCENTAGEM

1. (ENEM–2016) O censo demográfico é um levantamento estatístico que permite a coleta de várias informações. A tabela apresenta os dados obtidos pelo censo demográfico brasileiro nos anos de 1940 e 2000, referentes à concentração da população total, na capital e no interior, nas cinco grandes regiões.

População residente, na capital e interior segundo as Grandes Regiões 1940/2000

Grandes regiões	População residente					
	Total		Capital		Interior	
	1940	2000	1940	2000	1940	2000
Norte	1 632 917	12 900 704	368 528	3 895 400	1 264 389	9 005 304
Nordeste	14 434 080	47 741 711	1 270 729	10 162 346	13 163 351	37 579 365
Sudeste	18 278 837	72 412 411	3 346 991	18 822 986	14 931 846	53 589 425
Sul	5 735 305	25 107 616	459 659	3 290 220	5 725 646	21 817 396
Centro-Oeste	1 088 182	11 636 728	152 189	4 291 120	935 993	7 345 608

Fonte: IBGE, Censo Demográfico 1940/2000.

O valor mais próximo do percentual que descreve o aumento da população nas capitais da Região Nordeste é

a) 125%
b) 231%
c) 331%
d) 700%
e) 800%

RESOLUÇÃO:

Para resolver essa questão, você vai precisar utilizar um conceito muito simples. Vamos relembrar como calculamos a porcentagem?

$$\frac{\textit{Número que eu quero descobrir a porcentagem}}{\textit{Número Total}} .100 =$$

O segredo dessa questão é você pegar as informações corretamente. Observe que ele quer saber o aumento da capital do nordeste, logo vamos utilizar a coluna do meio na tabela. Se ele quer saber o aumento, vamos descobrir o quanto aumentou, para isso vamos subtrair os valores de **2000** e **1994**. Veja:

$$10162346 - 1270729 = 8891617$$

Agora é um momento que pode gerar dúvida. Esse é o número total que usamos na fórmula? **NÃO**, esse é o valor do aumento, logo é o valor que queremos descobrir a porcentagem (parte de cima da fórmula). O número total, neste caso, é o que vou usar de referência, como estamos calculando um aumento, estamos usando como referência o valor de **1940**, logo esse será nosso valor total.

Vamos montar a fórmula:

$$\frac{\textit{Número que eu quero descobrir a porcentagem}}{\textit{Número Total}}.100 =$$

$$\frac{8891617}{1270728}.100 = 699\%$$

Como o valor da questão é aproximado, logo sabemos que a alternativa correta é a letra **d**.

2. **(ENEM–2016)** Uma pessoa comercializa picolés. No segundo dia de certo evento ela comprou **4** caixas de picolés, pagando **R$ 16,00** a caixa com **20** picolés para revendê-los no evento. No dia anterior, ela havia comprado a mesma quantidade de picolés, pagando a mesma quantia, e obtendo um lucro de **R$ 40,00** (obtido exclusivamente pela diferença entre o valor de venda e o de compra dos picolés) com a venda de todos os picolés que possuía.

Pesquisando o perfil do público que estará presente no evento, a pessoa avalia que será possível obter um lucro **20%** maior do que o obtido com a venda no primeiro dia do evento.

Para atingir seu objetivo, e supondo que todos os picolés disponíveis foram vendidos no segundo dia, o valor de venda de cada picolé, no segundo dia, deve ser

a) R$ 0,96
b) R$ 1,00
c) R$ 1,40
d) R$ 1,50
e) R$ 1,56

RESOLUÇÃO:

Para resolver essa questão, vamos usar novamente conceitos básicos de porcentagem, mas se você observar com calma, verá que nessa questão envolve outras situações, como o conceito de juros e um pouco de raciocínio lógico.

A primeira coisa que temos que fazer para resolver essa questão é descobrir o lucro atual, uma vez que ele quer ter um aumento de **20%** no valor do lucro.

Se você simplesmente considerar um aumento de **20%** no valor do produto achando que isso vai resultar em um lucro **20%** maior, você já errou, inclusive existe uma alternativa que possui exatamente a resposta. A questão já fala o lucro que ele obteve, logo só falta calcularmos o quanto ele gastou na compra da matéria-prima (picolé), sabe por quê? O custo da compra da matéria-prima não mudou no segundo dia, logo o novo valor de venda é igual ao custo do picolé mais o novo lucro. Para calcular o quanto ele gastou vamos separar as informações que o problema fornece sobre o primeiro dia.

- Quantidade de caixas vendidas = **4** caixas
- Custo de cada caixa = **R$ 16,00** reais
- Gastou **4·16,00** = **R$ 64** reais
- Lucro = **R$ 40** reais

Como ele quer um lucro **20%** maior, basta calcularmos usando a técnica do acréscimo que já ensinei para você. Vamos calcular quanto é **20%** de **40** e depois somar ao próprio **40**.

- **20% de 40 = 8**
- Novo lucro = **40 + 8 = 48**

Agora só falta descobrir quanto custará o picolé. Para isso, basta pegarmos o novo valor arrecadado com as vendas e dividir pela quantidade total de picolés vendidos.

- Gasto com a matéria prima = **R$ 64** reais
- Novo lucro = **R$ 48** reais
- Novo valor arrecadado com as vendas **64 + 48 = R$ 112** reais
- Quantidade de picolés vendidos = **4** caixas com **20** cada = **80** picolés.
- Novo valor = **112** dividido por **80 = 1,4**

DICA

Como costumamos usar duas casas decimais para representar dinheiro, você pode simplesmente acrescentar um zero no final do número, uma vez que zeros após a vírgula e no final do número não alteram o valor da resposta.

Logo, 1,4 = 1,40

O novo valor do picolé é **R$ 1,40**.

Separei para você uma questão para que seja praticada. Vamos lá?

3. (ENEM–2016) Um paciente necessita de reidratação endovenosa feita por meio de cinco frascos de soro durante **24h**. Cada frasco tem um volume de **800 ml** de soro. Nas primeiras quatro horas, deverá receber **40%** do total a ser aplicado. Cada mililitro de soro corresponde a **12** gotas.

O número de gotas por minuto que o paciente deverá receber após as quatro primeiras horas será

a) 16
b) 20
c) 24
d) 34
e) 40

RESPOSTAS: 1.d) ▪ 2.c) ▪ 3.c)

CAPÍTULO 7

MATEMÁTICA FINANCEIRA

Vamos falar agora sobre um assunto que além de cair em quase todas as provas, usamos muito no nosso dia a dia. Quando pensamos em matemática financeira logo vem à cabeça aquelas temidas questões. Você finalmente vai tirar suas dúvidas e começar a gabaritar as listas de exercícios desse assunto. Existem alguns termos importantes na matemática financeira e você precisa saber:

CAPITAL: É o dinheiro que você investe e aplica em uma operação financeira. Também pode ser o valor que você pegou emprestado ou está devendo. **IMPORTANTE:** esse valor não inclui nenhum tipo de juros, ele é o valor "puro". Esse termo possui muitos sinônimos e pode ser chamado de Principal, Valor Atual, Valor Presente ou Valor Aplicado. Se você for muito chique também pode usar o termo em inglês ***Present Value***; se tiver uma calculadora financeira, vai ver que na tecla está escrito PV.

JUROS: Pode ser algo bom ou ruim. Se você está ganhando, por exemplo, aplicou o dinheiro na poupança, quanto maior for os juros, mais você ganha, ou seja, é algo muito bom. Mas se você estiver devendo, quanto mais alto forem os juros, mais você se prejudica. Não vou definir juros com as palavras que os matemáticos usam, vamos simplificar. Não quero que você decore uma frase, quero que entenda. Se prestar atenção nos exemplos que dei, você vai perceber que juros está relacionado ao rendimento ou a uma "punição". Não importa qual dos dois casos é a situação, o que você precisa entender é que quem empresta o dinheiro fica sem ele e o juros é uma forma de compensar o tempo que a pessoa ou empresa ficou sem esse dinheiro. Quando você atrasa o pagamento do cartão de crédito, significa que o dinheiro da empresa está com você, logo ela não pode usar, por isso são cobrados os juros para compensar isso, apesar de ser óbvio que as taxas aplicadas pelos cartões de crédito são abusivas.

TAXA DE JUROS: é o valor dos juros que você vai pagar. Normalmente esse valor está em porcentagem. Veja alguns exemplos:

- 10% a.m. (a.m. significa ao mês)
- 15% a.b. (a.b. significa ao bimestre)
- 20% a.t. (a.t. significa ao trimestre)
- 10% a.q. (a.q. significa ao quadrimestre)
- 30% a.s. (a.s. significa ao semestre)
- 40% a.a. (a.a. significa ao ano)

MONTANTE: nada mais é do que o valor do capital que você investiu ou pegou emprestado somado ao valor dos juros.

Existem dois tipos de regime de juros: os simples e os compostos.

JUROS SIMPLES

Este regime de juros é pouco usado, mas é muito comum cair esse tema em provas. A ideia é bem simples. Os juros apenas são cobrados sobre o capital inicial, não importa quanto tempo tem de aplicação. Vamos supor que você tenha feito um empréstimo a juros simples de 1000 reais a uma taxa de 1% ao mês. Se você calcular, vai descobrir que a pessoa vai pagar 10 reais de juros por mês. Por ser juros simples esse valor nunca vai mudar, ou seja, daqui a dez anos o valor continuará sendo 10 reais por mês. Agora pense no seu cartão de crédito, a situação é bem diferente quando você fica devendo, não é? Isso ocorre porque o regime de juros do cartão de crédito são os juros compostos, ou seja, juros sobre juros. Para entender melhor, vamos fazer um exercício, mas antes vou apresentar a fórmula. Provavelmente você vai ver por aí uma fórmula um pouco diferente, mas confie em mim, a minha é muito mais fácil. Você deve estar pensando: "Professor, você inventou uma nova fórmula?" Claro que não! Apenas fiz um arranjo matemático para ficar mais fácil de resolver sem calculadora. A fórmula é bem simples. Veja:

$$J = \frac{c.i.t}{100}$$

J = Juros (valor dos juros)

c = Capital

i = Taxa de juros (quase sempre está em porcentagem %)

t = Tempo

IMPORTANTÍSSIMO!!! A **taxa de juros** e o **tempo** precisam obrigatoriamente estar na mesma unidade. Por exemplo: se a taxa estiver ao mês, o tempo precisa estar em meses. Se a taxa estiver ao trimestre, o tempo obrigatoriamente precisa estar ao trimestre também, ou seja, se a questão falar que o tempo é 6 meses, você precisa converter para trimestre, ou seja, dois trimestres.

Vamos fazer um exemplo? Você vai ver que as questões são simples de resolver, basta substituir as informações na fórmula.

Fulaninho fez uma aplicação a juros simples de R$ 1.000,00. Ele vai aplicar por **1** ano a uma taxa de juros de **3%** ao mês. Qual é o montante que ele terá no final?

RESOLUÇÃO:

Lembra o que é o montante? Basta somar o capital aplicado, neste caso os R$ 1000,00 com os juros. O capital nós já temos, vamos agora descobrir os juros. Basta aplicarmos a fórmula.

$$J = \frac{c.i.t}{100}$$

c = Capital = **R$ 1.000** reais

i = Taxa de juros = **3%** ao mês

t = Tempo = 1 ano = **12** meses

CUIDADO

Você precisa converter o tempo de 1 ano para 12 meses porque a taxa está ao mês. Você não vai mudar a taxa, e sim o tempo! A taxa é quem manda no pedaço.

SUPERDICA

Com essa fórmula que uso não é preciso colocar a taxa de juros em decimal. Você vai usar o número 3 mesmo. Não é bem mais fácil e rápido?

Substituindo:

$$J = \frac{c.i.t}{100}$$

$$J = \frac{1000.3.12}{100}$$

Simplificando:

$$J = \frac{10.3.12}{1} = 360$$

Ou seja, os juros (também chamados de rendimento) obtido foi de **R$ 360**. O montante é igual a **1000 + 360 = R$ 1.360,00**.

Agora vamos resolver alguns exercícios de concurso!

1. **(AGDC II)** Uma pessoa tomou um empréstimo de **R$ 1.200,00** no sistema de capitalização simples, quitando-o em uma única parcela, após 4 meses, no valor de **R$ 1.260,00**. A que taxa anual de correção este empréstimo foi concedido?

a) 5% a.a.

b) 9% a.a.

c) 12% a.a.

d) 15% a.a.

e) 18% a.a.

RESOLUÇÃO:

A primeira coisa que vamos fazer é separar as informações. Essa questão é muito bacana porque ele quer que você calcule a taxa e para isso deu todas as outras informações, inclusive qual foi o valor dos juros, aliás para descobrir esse valor, basta fazer uma subtração!

Capital = **R$ 1.200**

i = ?

t = **4 meses**

J = Valor final (montante) – Capital = **1260 – 1200 = 60**

J = 60

Agora vamos substituir os valores na fórmula:

$$J = \frac{c.i.t}{100}$$

$$60 = \frac{1200.i.4}{100}$$

Simplificando por 100 os números 1200 e 100:

$$60 = \frac{12.i.4}{1}$$

Em outras palavras:

$60 = 12.i.4$

A partir de agora, basta resolver esta equação de primeiro grau. Vou apenas inverter os lados.

$12.i.4 = 60$

A ordem dos fatores não altera o produto. Você se lembra dessa frase? Sua professora do quinto ano deve ter dito isso. Como a ordem não importa, vou mudá-la:

$12.4.i = 60$

$48i = 60$

$$i = \frac{60}{48}$$

i = 1,35% ao mês (porque o tempo está em meses)

Como ele quer ao ano **1,25 x 12 = 15%**.

CUIDADO

> Em juros composto, que você vai aprender no próximo capítulo, você jamais poderia multiplicar a taxa por 12 para achar o valor anual. Só funciona em juros simples.

2. **(CMG/TÉCADM)** Uma quantia de **R$ 8.000,00** aplicada durante um ano e meio, a uma taxa de juros simples de **2,5%** a.m. renderá no final da aplicação um montante de:

a) R$ 3.600
b) R$ 10.400
c) R$ 12.900
d) R$ 10.700
e) R$ 11.600

RESOLUÇÃO:

Basta aplicar a fórmula para resolver essa questão. Ele quer que descubra o montante, para isto você precisa achar o valor dos juros para somar ao capital. Para isso, vamos separar as informações.

c = R$ 8.000

i = 2,5% ao mês

t = 1 ano e meio = 18 meses

$J = ?$

$$J = \frac{c.i.t}{100}$$

$$J = \frac{8000.2,5.18}{100}$$

Simplificando por 100 os números 8000 e 100:

$$J = \frac{80.2,5.18}{1}$$

Logo:

$J = 80.2,5.18$

$J = R\$\ 3600$

Montante = 8000 + 3600 = R$ 11.600,00

DICA

Simplificar por 100 significa cortar dois zeros do número.

3. (**FGV–2010**) Um investidor aplicou **R$ 56.000,00** em um fundo de investimento a juros simples. Depois de **4** meses resgatou todo o montante de **R$ 67.200,00** e reaplicou em outro fundo de investimento por mais **2** meses com a taxa igual ao da primeira. Qual o valor dos juros recebidos na segunda aplicação?

a) R$ 6.320,00

b) R$ 6.720,00

c) R$ 7.000,00

d) R$ 6.800,00

e) R$ 4.236,00

RESOLUÇÃO:

Este problema não é difícil, apenas trabalhoso. Essa questão é muito divertida porque na verdade são duas questões em uma só. Isso mesmo! O segredo para resolver é separar o texto como se fossem duas perguntas. Se você observar, ele não fala o valor da taxa da segunda aplicação, mas fala que é igual a da primeira, ou seja, seu primeiro objetivo é descobrir qual é a taxa da primeira aplicação. Então, mãos à obra!

$$J = \frac{c.i.t}{100}$$

1° Parte

c = R$ 56.000

i = ?

t = **4 meses**

J = Valor final menos o valor aplicado 67200 – 56000 = 11200

Substituindo na fórmula:

$$J = \frac{c.i.t}{100}$$

$$11200 = \frac{56000.i.4}{100}$$

$$11200 = \frac{560.i.4}{1}$$

Logo:

11200 = 560.i.4

Vou apenas inverter a ordem:

560.i.4 = 11200

560.4.i = 11200

2240i = 11200

$$i = \frac{11200}{2240}$$

Simplificando:

$$i = \frac{11200}{2240} = 5\% \text{ ao mês}$$

Agora que já sabemos o valor da taxa do primeiro caso, vamos resolver a segunda parte da questão.

Observe que ele pegou o valor da primeira aplicação e reaplicou, ou seja, o que ele resgatou da primeira aplicação é o capital da segunda:

$$J = \frac{c.i.t}{100}$$

c = R$ 67.200

i = **5% ao mês**

t = 2 meses

$$J = \frac{67200.5.2}{100}$$

Simplificando por 100:

$$J = \frac{672.5.2}{1}$$

$J = 672.5.2 = $ R\$ 6.720

Agora é com você! Mas não se preocupe, se não conseguir resolver, acesse o site do Calcule Mais, **www.calculemais.com.br**. Lá você pode assistir vídeos com as resoluções passo a passo da maioria dessas questões. Boa sorte!

4. (**PMG–AUX**) Qual é o juro produzido pelo capital de **R$ 5.600,00** quando empregados à taxa de **12%** a.a. durante **5** anos?

a) R$ 3.300,00
b) R$ 3.400,00
c) R$ 3.360,00
d) R$ 2.600,00
e) R$ 3.250,00

5. (**VUNESP**) Fernando fez um empréstimo de **R$ 19.200,00** em um banco pelo prazo fixo de **7** meses, a taxa de **24%** ao ano. Quanto Fernando vai devolver para o banco no fim do prazo?

a) R$ 22.000,00
b) R$ 21.888,00
c) R$ 2.688,00
d) R$ 2.890,00
e) R$ 22.818,00

6. (**VUNESP**) Arthur aplica em um determinado banco **R$ 23.000,00** a juros simples. Após **5** meses resgata totalmente o montante de **R$ 25.300,00**, referente a esta operação, o aplica em outro banco, durante **4** meses a uma taxa correspondente ao dobro da **1ª**. O montante no final do segundo período é igual a:

a) R$ 28.650,00
b) R$ 4.048,00
c) R$ 23.546,00
d) R$ 25.300,00
e) R$ 29.348,00

7. **(AUX ADM)** Júlia aplicou **R$ 20.000,00** em um determinado banco, por um período de **10** meses. Passados os dez meses, Jú retirou o montante de **R$ 22.000,00** e reaplicou em uma outra financeira por mais **10** meses, com a taxa correspondente a metade da primeira aplicação. Assim o montante da segunda aplicação foi de:

a) R$ 23.100,00
b) R$ 24.000,00
c) R$ 24.200,00
d) R$ 23.400,00
e) R$ 25.000,00

8. **(TRT–5º R–CG1)** Um capital de **R$ 750,00** esteve aplicado a juros simples, produzindo ao final de um trimestre, o montante de **R$ 851,25**. A taxa anual de juro dessa aplicação foi:

a) 4,5%
b) 48%
c) 54%
d) 60%
e) 65%

9. **(AUX–GERALGRU)** Pedro aplicou uma quantia de **R$ 5.200,00** em um fundo de investimento que paga **3%** ao mês e deixou aplicado por um período de um ano e 8 meses. Passado o período, Pedro retirou todo o dinheiro do fundo, completou com mais **R$ 5.000,00** e comprou um automóvel à vista. Assim podemos afirmar que o automóvel que o Pedro comprou foi:

a) R$ 3.200,00
b) R$ 13.120,00
c) R$ 13.320,00
d) R$ 8.120,00
e) R$ 8.320,00

10. **(Vunesp)** Um capital **R$ 8.000,00** aplicado à taxa de **30%** ao ano, depois de **x** meses, foi resgatado a quantia de **R$ 10.000,00**. Por quanto tempo o capital ficou aplicado?

a) 8 meses
b) 6 meses
c) 9 meses
d) 7 meses
e) 10 meses

11. **(Vunesp)** Qual o montante que uma pessoa pode resgatar, depois de ter aplicado um capital de **R$ 15.000,00**, por um período de **1** ano, se a taxa da aplicação foi de **1,5%** ao mês?

a) R$ 2.700
b) R$ 15.700
c) R$ 17.700
d) R$ 17.000
e) R$ 16.700

12. **(Vunesp-2010)** João contou a Pedro que havia aplicado **R$ 3.200,00** pelo prazo de **6** meses, a juro simples, a uma taxa **i**, e havia conseguido **R$ 960,00** de lucro. Pedro então aplicou suas economias pela mesma taxa **i** e juros simples por **1** ano e dois meses, e aumentou suas economias em **R$ 3.500,00**. Pode-se concluir que as economias de Pedro eram de:

a) R$ 3.000,00
b) R$ 3.500,00
c) R$ 4.000,00
d) R$ 4.500,00
e) R$ 5.000,00

13. **(TER 2ºR-2004)** Uma pessoa tem **R$ 20.000,00** para aplicar a juros simples. Se aplica **R$ 5.000,00** a taxa mensal de **2,5%** e **R$ 7.000** a taxa de **1,8%** mensal, então para obter um juro anual de **R$ 4.932,00** deve aplicar o restante por uma taxa mensal de:

a) 2%
b) 2,5%
c) 3%
d) 2,8%
e) 3,5%

14. **(TRT 22R)** Um capital de **R$ 1.500,00** aplicado à taxa de **8%** ao trimestre, produzirá juros simples no valor de **R$ 1.200,00** se a aplicação for feita por um período de:

a) 2 anos
b) 2 anos e 3 meses
c) 2 anos e 6 meses
d) 2 anos e 8 meses
e) 3 anos

15. (**CMG/TÉCADM**) Uma quantia de **R$ 8.000,00** aplicada durante um ano e meio, a uma taxa de juros simples de **2,5%** a.m. renderá no final da aplicação um montante de:

a) R$ 3.600,00
b) R$ 10.400,00
c) R$ 12.900,00
d) R$ 10.700,00
e) R$ 11.600,00

16. (**TCE-AUX ADM**) Um investidor aplica **R$ 30.000,00** a juros simples. Após **5** meses, resgata totalmente o montante de **R$ 36.000,00**, referente a esta aplicação, e o aplica em outro banco, durante **3** meses, a uma taxa correspondente ao dobro da primeira aplicação. O montante final do segundo período é igual a:

a) R$ 44.136,00
b) R$ 44.640,00
c) R$ 44.560,00
d) R$ 44.860,00
e) R$ 36.000,00

17. (**VUNESP-2010**) Após alguns meses de uma aplicação financeira, Roberto verificou um rendimento de **R$ 4.125,00**. Se a aplicação era regulamentada pelo regime de juros simples de **0,5%** ao mês e a aplicação inicial foi de **R$ 75.000,00**, o número de meses da aplicação foi igual a:

a) 9
b) 10
c) 11
d) 12
e) 13

18. (**TRT-5o R-CG1-2003**) Um capital de **R$ 750,00** esteve aplicado a juros simples, produzindo ao final de um trimestre, o montante de **R$ 851,25**. A taxa anual de juros dessa aplicação foi:

a) 45%
b) 48%
c) 54%
d) 60%
e) 65%

19. (**SPTRANS-SP**) Um investidor aplica em um determinado banco R$ 10.000,00 a juros simples. Após 6 meses resgata totalmente o montante de R$ 10.900,00, referente a esta operação, e o aplica em outro banco, durante 4 meses, a uma taxa correspondente ao triplo da 1ª. O montante no final do segundo período é igual a:

a) R$ 11.135,00
b) R$ 12.235,00
c) R$ 12.335,00
d) R$ 12.862,00
e) R$ 12.535,00

20. (**CESCRANRIO-2011**) Aplicando R$ 1.200,00, à taxa de 2,5% ao mês, sob regime de juro simples, posso obter um montante de R$ 1.740,00 no prazo de quantos meses?

a) 12
b) 15
c) 18
d) 20
e) 24

21. (**TRT 22 R**) Se, ao final de um prazo de 8 anos, um capital teve seu valor duplicado, então a taxa anual de juros simples da aplicação era de:

a) 12%
b) 12,5%
c) 12,75%
d) 13%
e) 13,5%

22. (**VUNESP**) Um investidor aplicou R$ 25.000,00 no sistema de juro simples durante 8 meses e recebeu, ao final da aplicação, um montante de R$ 27.500,00. A taxa anual de juros simples dessa aplicação foi igual a:

a) 22%
b) 20%
c) 18%
d) 16%
e) 15%

23. (**ESPM-SP**) Numa loja um objeto custa R$ 1.200,00 à vista. Uma pessoa compra esse objeto em duas parcelas iguais de R$ 840,00, pagando a primeira no ato da compra e a segunda 30 dias depois. Os juros cobrados por essa loja foram a uma taxa de:

a) 50%
b) 40%
c) 30%
d) 20%
e) 10%

24. **(VUNESP-2009)** Um capital de R$ 4.200,00 foi aplicado durante 6 meses a uma determinada taxa de juros simples, e rendeu R$ 630,00 de juros. Aplicado à mesma taxa de juros simples, um capital de R$ 3.000,00 renderá R$ 750,00 de juros no prazo de:

a) 9 meses
b) 10 meses
c) 12 meses
d) 13 meses
e) 18 meses

25. **(VUNESP-2009)** Um capital é aplicado a juros simples à taxa de 4% ao mês por quarenta e cinco dias. Calcule os juros como porcentagem do capital aplicado.

a) 4%
b) 4,5%
c) 5%
d) 6%
e) 6,12%

26. **(VUNESP-2009)** Para que ao final de 25 meses da aplicação de um capital produza juros simples iguais a 4/5 de seu valor, ele deve ser investido a taxa mensal de:

a) 2,6%
b) 2,8%
c) 3,2%
d) 3,6%
e) 3,8%

27. **(ESAF-SEFAZ-2009)** Um capital aplicado a juros simples gerou um montante de 1,1x ao fim de 2 meses e 15 dias. Qual a taxa de juros simples anual de aplicação deste capital:

a) 48%
b) 10%
c) 4%
d) 54%
e) 60%

28. **(AUX-FCC-2009)** Um capital x, aplicado no sistema simples de juros, produziu um montante igual a 1,08x após 4 meses de aplicação. A taxa mensal de juros simples dessa aplicação foi:

a) 3%
b) 2,5%
c) 2,0%
d) 2,8%
e) 4%

29. **(FGV–2010)** Leandro aplicou a quantia de **R$ 200,00**. Ao final do período, seu montante era de **R$ 288,00**. Se a aplicação foi em juros simples durante **8** meses, qual a taxa mensal de juros?

a) 5%
b) 5,5%
c) 6,5%
d) 7%
e) 6%

30. **(Calcule Mais–2012)** Qual o valor a ser pago, no final de doze meses, correspondente a um empréstimo de **250.000,00** sabendo-se que a taxa de juros é de **12%** ao semestre?

a) R$ 256.000,00
b) R$ 351.000,00
c) R$ 345.000,00
d) R$ 310.000,00
e) R$ 257.000,00

31. **(Calcule Mais–2012)** Vandeir quer ter um montante de **R$ 20.250,00** no final de dois anos. Se ele tem um capital de **R$ 15.000,00** para ser aplicado hoje, qual deverá ser a taxa semestral de aplicação para que ele venha receber a quantidade desejada no final do período:

a) 9%
b) 7,5%
c) 6,3%
d) 8,75%
e) 4%

32. **(FAUEL–Paranaguá–PR–2012)** Duarte aplicou um capital de **R$ 1.120,00** à taxa de **9,6%** a.a. por um período de **15** meses. O montante retirado por ele foi:

a) R$ 1.254,40
b) R$ 1.345,20
c) R$ 1.452,40
d) R$ 1.542,20
e) R$ 1.600,00

33. **(Cesgranrio–2012)** Uma empresa de eletrodomésticos anuncia um forno de micro-ondas ao preço de **R$ 250,00** à vista ou com parcelamento a juros simples de **3,5%**. Se o produto for pago em três vezes, qual será, em reais, o valor pago?

a) R$ 26,25
b) R$ 77,18
c) R$ 276,25
d) R$ 261,80
e) R$ 277,18

RESPOSTAS: 1. d) ■ 2. e) ■ 3. b) ■ 4. c) ■ 5. b) ■ 6. e) ■ 7. a) ■ 8. c) ■ 9. c) ■ 10. e) ■ 11. c) ■ 12. e) ■ 13. a) ■ 14. c) ■ 15. e) ■ 16. b) ■ 17. c) ■ 18. c) ■ 19. d) ■ 20. c) ■ 21. b) ■ 22. e) ■ 23. b) ■ 24. b) ■ 25. d) ■ 26. c) ■ 27. a) ■ 28. c) ■ 29. b) ■ 30. d) ■ 31. d) ■ 32. a) ■ 33. c)

JUROS COMPOSTOS

O regime de juros compostos é muito usado no nosso cotidiano além de cair com frequência em provas. Esse sistema usa o famoso "juros sobre juros", ou seja, é o regime que usam a poupança, seu cartão de crédito, o cheque especial, dentre outros. Juros sobre juros significa que você vai aplicar a taxa de juros em cima do último valor que você tiver. A melhor forma de compreender isso é comparando os juros compostos com os juros simples. Vamos supor que você aplique **R$ 1.000** reais a uma taxa de **10%** ao mês. Vou aplicar os dois regimes para você ver a diferença.

Tabela 1. Juros Compostos

Meses	1º mês	2º mês	3º mês	4º mês	5º mês	6º mês
Montante	1.000	1.100	1.210	1.331	1.464,1	1.610,51
Juros	100	110	121	133,1	146,41	161,05

Tabela 2. Juros Simples

Meses	1º mês	2º mês	3º mês	4º mês	5º mês	6º mês
Montante	1.000	1.100	1.200	1.300	1.400	1.500
Juros	100	100	100	100	100	100

Percebeu a diferença? O juro do regime de juros simples sempre é aplicado em cima do valor do capital, por isso ele nunca muda o valor, já os juros compostos sempre mudam, porque os juros são cobrados sempre em cima do último valor, por isso são chamados de juros sobre juros.

Agora que você já sabe o que são juros compostos, vamos logo para a fórmula.

$$M = C.(1 + i)^t$$

M = Montante

c = Capital

i = Taxa

t = Tempo

CUIDADO

O tempo e a taxa precisam estar na mesma unidade. **NUNCA** se esqueça que a taxa precisa ser colocada em decimal! Ok, sei que não tinha falado isso antes. Você deve estar pensando, "como não vou esquecer de algo que não havia sido dito?" Falha minha, mas agora não venha dizer que não sabe. Brincadeiras à parte, é muito sério isso, não esqueça, ok?

Você deve ter reparado que vai achar sempre o valor do montante e se a questão quiser saber os juros? É simples, é só pegar o valor do montante e fazer menos o valor do capital. Vamos ver um exemplo?

Calcule os juros de uma aplicação financeira no regime de juros compostos, sabendo que o capital aplicado foi de mil reais por três meses a uma taxa de juros de 2% ao mês.

Primeiro vamos separar as informações.

c = R$ 1.000

i = 2% = 0,02 (não se esqueça de dividir por 100)

t = 3 meses

Vamos substituir na fórmula:

$M = C.(1 + i)^t$

$M = 1000.(1 + 0,02)^3$

Agora basta resolver esta equação. Mas cuidado, o primeiro passo é resolver dentro dos parênteses.

$M = 1000.(1 + 0,02)^3$

$M = 1000.(1,02)^3$

O próximo passo é realizar a potenciação. 1,02 x 1,02 x 1,02 = 1,0612

SUPERDICA

Quatro casas depois da vírgula são mais do que suficientes! Se a questão tiver alternativas com valores muito diferentes, duas casas depois da vírgula são mais do que o suficiente.

Vamos substituir o resultado da potenciação.

$M = 1000.(1,02)^3$

M = 1000.1,0612

M = 1062,3

Para saber os juros basta fazer 1062,3 – 1000 = R$ 62,3

Vamos praticar?

DICA

No começo do livro ensino um truque para multiplicar por 1000.

1. (**FCC/FGV**) A empresa **x** garante rendimento de **20%** ao ano sobre o capital investido. Se Augusto investiu **R$ 500.000** na empresa **x** ele terá após três anos:

a) R$ 842.000
b) R$ 868.000
c) R$ 864.000
d) R$ 876.000
e) R$ 800.000

RESOLUÇÃO:

Para resolver essa questão basta aplicar a fórmula. Vamos separar as informações.

c = R$ 500.000

i = 20% = 0,2 ao ano

t = 3 anos

$$M = C.(1 + i)^t$$
$$M = 500000.(1 + 0,2)^3$$

Primeiro você resolve dentro dos parênteses.

$$M = 500000.(1,2)^3$$

Agora você vai resolver a potenciação, ou seja, vai fazer 1,2.1,2.1,2 = 1,728. Substituindo o resultado da potenciação, temos:

M = 500000.1,728

M = R$ 864.000

2. (**CESCRANRIO**) No mercado imobiliário, um imóvel no valor de **R$ 50.000,00** valoriza-se **5%** ao ano. Qual seu valor daqui a quatro anos?

a) R$ 60.000,00
b) R$ 66.345,68
c) R$ 70.000,00
d) R$ 55.387,84
e) R$ 60.775,31

RESOLUÇÃO:

Para resolver essa questão basta aplicar a fórmula. Vamos separar as informações:

c = R$ 50.000

i = 5% = 0,05 ao ano

t = 4 anos

$M = C.(1 + i)^t$

$M = 50000.(1 + 0,05)^4$

Primeiro você resolve dentro dos parênteses.

$M = 50000.(1,05)^4$

Agora você vai resolver a potenciação, ou seja, vai fazer **1,05 . 1,05 . 1,05 . 1,05 = 1,2155**. Substituindo o resultado da potenciação, temos:

M = 50000.1,2155

M = R$ 60.775,00

DICA

Os 31 centavos que têm na alternativa aparecem se você usar 8 casas depois da vírgula, ou seja, se usar o número 1,21550625 para multiplicar.

3. (**TECNICO BANCÁRIO—FCC**) Um capital de **R$ 2.500,00** esteve aplicado a taxa mensal de **2%** num regime de capitalização composta. Após um período de **2** meses, os juros resultantes dessa aplicação serão:

a) R$ 98,00

b) R$ 101,00

c) R$ 110,00

d) R$ 114,00

e) R$ 121,00

RESOLUÇÃO:

Para resolver essa questão, basta aplicar a fórmula e no final fazer uma conta de subtração para encontrar o valor dos juros. Vamos separar as informações.

c = R$ 2.500

i = 2% = 0,02 ao mês

t = 2 meses

$M = C.(1 + i)^t$

$M = 2500.(1 + 0{,}02)^2$

Primeiro você resolve dentro dos parênteses.

$M = 2500.(1{,}02)^2$

Agora você vai resolver a potenciação, ou seja, vai fazer **1,02.1,02 = 1,0404**. Substituindo o resultado da potenciação, temos:

M = 2500.1,0404

M = R$ 2.601

O valor total que ele resgatou foi **R$ 2.601** reais. Se ele aplicou **R$ 2.500**, sabemos que o juro é igual a **R$ 101** reais.

Agora é com você. Mas não se preocupe; se não conseguir resolver, acesse o site do Calcule Mais, **www.calculemais.com.br**.

4. (**TEC–ADM**) Certo investimento rende **1%** ao mês. Aplicando **R$ 100** hoje, em um ano essa quantia será igual a:

a) R$ $100.(1{,}12)^{12}$

b) R$ $100.(0{,}2)^{12}$

c) R$ $100.(1{,}01)^{12}$

d) R$ $100.(1{,}1)^{12}$

e) R$ $100.(0{,}01)^{12}$

5. (**TEC–CONTABILIDADES**) Um investidor aplicou a quantia de **R$ 20.000,00** à taxa de juros compostos de **10%** a.m. Que montante esse capital vai gerar após **3** meses?

a) R$ 26.420,00

b) R$ 26.520,00

c) R$ 26.620,00

d) R$ 26.720,00

e) R$ 26.820,00

6. (**FCC–adaptado**) O valor de um certo automóvel, em reais, daqui até **x** anos é dado pela função **V(t) = 20.000(0,8)t**. Daqui a dois anos, esse automóvel sofrerá, em relação ao valor atual uma desvalorização de:

a) R$ 6.800,00

b) R$ 7.512,00

c) R$ 7.200,00

d) R$ 8.200,00

e) R$ 9.360,00

7. **(Calcule Mais–2012)** Vandeir pegou um empréstimo de 15.000,00 com um amigo e combinou pagá-lo com uma taxa de juros (compostos) de 2% ao mês. Se ele quitar o empréstimo, decorrido três meses, deverá pagar a seguinte quantia:

a) R$ 15.300,00
b) R$ 15.918,12
c) R$ 15.312,50
d) R$ 15.320,00
e) R$ 15.322,20

8. **(FCC)** A função que representa o valor a ser pago após um desconto de 3% sobre o valor x de uma mercadoria é:

a) $f(x) = x - 3$
b) $f(x)= 0,97x$
c) $f(x) = 1,3x$
d) $f(x) = -3x$
e) $f(x) = 1,03x$

9. **(FCC/FGV)** Aplica-se um capital de R$ 50.000 a juros compostos com a taxa de 4% ao mês. Qual será aproximadamente o montante acumulado em 3 anos?

Dado: $(1,04)^{36} = 4,10$

a) R$ 20.266,66
b) R$ 225.080,30
c) R$ 205.000,00
d) R$ 220.956,27
e) R$ 222.459,25

10. **(Calcule Mais–2012)** Um capital de R$ 10.000,00 esteve aplicado à taxa anual de 10% num regime de capitalização composta. Calcule o tempo necessário para que possa ser obtido um montante de R$ 15.000,00. (Dados: log 1,5 = 0,18 e log 1,1 = 0,04)

a) 4 anos e 1 mês
b) 4 anos e 5 meses
c) 4 anos e 6 meses
d) 4 anos e 7 meses
e) 4 anos e 7 meses

11. (**Calcule Mais–2012**) Um capital de R$ 10.000,00 esteve aplicado à taxa anual de **10%** num regime de capitalização composta. Calcule o tempo necessário para que possa ser obtido um montante de R$ 20.000,00. (Dados: ln 2 = 0,7 e ln 1,1 = 0,1)

a) 7 anos
b) 8 anos
c) 4 anos
d) 5 anos
e) 4,5 anos

12. (**Calcule Mais–2012**) Um capital esteve aplicado à taxa anual de **10%** num regime de capitalização composta. Calcule o tempo necessário para dobrar o valor do capital. Dados: ln 2 = 0,7; ln 1,1 = 0,1)

a) 10 anos
b) 15 anos
c) 20 anos
d) 19 anos
e) 7 anos

13. (**Calcule Mais–2012**) Um capital de R$ 2.000,00 esteve aplicado durante 2 anos num regime de capitalização composta. Calcule a taxa necessária para que possa ser obtido um montante de R$ 8.000,00.

a) 1% a.m.
b) 1% a.a.
c) 10% a.m.
d) 100% a.a.
e) 10% a.a.

14. (**Cesgranrio–Petrobras–2012**) Foi contratado um empréstimo no valor de R$ 10.000,00, a ser pago em 3 parcelas, incidindo juros compostos. O valor total pago foi de R$ 10.385,00. A taxa mensal de juros foi de:

a) 1,3%
b) 1,32%
c) 3%
d) 3,9%
e) 3,95%

RESPOSTAS: 1.c) ▪ 2.e) ▪ 3.b) ▪ 4.b) ▪ 5.c) ▪ 6.c) ▪ 7.b) ▪ 8.b) ▪ 9.c) ▪ 10.c) ▪ 11.a) ▪ 12.e) ▪ 13.d) ▪ 14.a)

CAPÍTULO 8

RAZÃO E PROPORÇÃO

Razão e proporção é um assunto que sempre cai em provas e muitas pessoas têm dificuldade; mas agora você não vai ter mais dúvidas para resolver essas questões! A primeira coisa que você precisa entender é o significado desses termos. Razão é uma divisão que compara duas coisas (duas grandezas). Por ser uma divisão, vamos representá-la em forma de fração. Proporção significa igualdade de duas razões, em outras palavras, igualdade de duas frações. Vejamos um exemplo:

$$\frac{4}{2} = \frac{x}{6}$$

Uma característica importante é uma forma que você tem para resolver isso, ou seja, achar o valor do **x**. Basta fazer a famosa multiplicação em "cruz". Veja:

$$2.x = 4.6$$

$$2x = 24$$

$$x = \frac{24}{2}$$

$$x = 12$$

Outra coisa importante que você precisa aprender é como interpretar o enunciado das questões. Na maioria das questões aparecerão frases do tipo:

- Relação de **3** homens para **2** mulheres.
- Razão de **3** para **2**, nessa ordem.
- Para cada **3** torcedores do time **A**, há **2** torcedores do time **B**.
- O número de moças para o de rapazes é de **3** para **2**, nesta ordem.
- O número de mulheres estava para o de homens na razão de **3** para **2**, respectivamente
- A idade da minha mãe está para a de meu pai, assim como **3** está para **2**.

Todas essas frases significam uma simples fração. Veja:

$$\frac{3}{2}$$

Mas se você for parar para pensar, cada frase conta uma história. Umas falam da razão de homens para mulheres, outras de torcedores e outras de rapazes e moças. Como representar isso no problema? Vou mostrar... Vou usar a primeira frase como exemplo:

Relação de 3 homens para 2 mulheres.

$$\frac{Homens}{Mulheres} = \frac{3}{2}$$

Observe sempre a ordem, o que falar primeiro, coloca em cima (numerador), o que falar depois embaixo (denominador). Mas o que significa isso? Significa que você vai dividir o total em partes. Vamos supor que tenham 5 pessoas no total, dessas cinco, 3 serão homens e 2 mulheres, se tivesse 10 pessoas a proporção continuaria. Teriam 6 homens e 4 mulheres, ou seja, dobrei o número total, logo dobrei a quantidade de homens e mulheres também. Tenho uma técnica bem fácil para resolver isso, que vou ensinar direto nos exercícios.

1. **(VUNESP)** Em uma empresa, o atendimento ao público é feito por 45 funcionários que se revezam, mantendo a relação de 3 homens para 2 mulheres. É correto afirmar que, nessa empresa, dão atendimento:

   a) 18 homens
   b) 16 mulheres
   c) 25 homens
   d) 27 mulheres
   e) 18 mulheres

RESOLUÇÃO:

Primeiro vamos separar as informações.

Total de funcionários = 45

$$\text{Relação} = \frac{Homens}{Mulheres} = \frac{3}{2}$$

Em outras palavras, se no total existissem **5** pessoas, **3** seriam homens e 2 mulheres. Mas como sabemos, existem **45** pessoas. Vou ensinar um truque para você que usa uma técnica de divisão proporcional para resolver. Nós vamos achar primeiro uma constante de proporcionalidade, que vou chamar de **x**. Essa constante nada mais é do que um valor que quando multiplicar por três. Vamos achar a quantidade de homens e quando multiplicá-la por dois, vamos achar a quantidade de mulheres. Para usar essa constante com nome difícil, você apenas precisa saber resolver uma equação de primeiro grau. Para montar essa equação é absurdamente simples. Você só precisa separar a informação da seguinte maneira:

Homens = **3**

Mulheres = **2**

Agora você vai colocar a letra **x** depois. Espera aí, vamos usar aquele nome chique para a letra … Como era mesmo? Lembrei! Constante de proporcionalidade.

Homens = **3x**

Mulheres = **2x**

Agora basta somar. O total não é **45**? Se somar a quantidade de homens e mulheres não vamos encontrar o número **45**? Vamos fazer isso:

$$3x + 2x = 45$$

Basta resolver:

$$3x + 2x = 45$$

$$5x = 45$$

$$x = \frac{45}{5}$$

$$x = 9$$

Agora fica muito fácil descobrir o total, basta substituir o **9** no lugar do **x** e fazer a multiplicação. Veja:

Homens = **3x**

Mulheres = **2x**

Vamos substituir:

Homens = **3.9 = 27**

Mulheres = **2.9 = 18**

Ou seja, dos **45** funcionários, **27** são homens e **18** são mulheres.

2. (TJ–2010) As 360 páginas de um processo estão acondicionadas nas pastas A e B, na razão de 2 para 3, nessa ordem. O número de páginas que devem ser retiradas de B e colocadas em A, para que ambas fiquem com o mesmo número de páginas, representa, do total das páginas desse processo:

a) 1/4
b) 1/5
c) 1/6
d) 1/8
e) 1/10

RESOLUÇÃO:

O primeiro passo é descobrir qual a quantidade de documentos que cada pasta possui. Para isso vamos usar o mesmo processo de resolução, idêntico ao da questão anterior; ou seja, vamos usar a constante de proporcionalidade e separar as informações.

Total = 360

$$\text{Razão} = \frac{\textit{Pasta A}}{\textit{Pasta B}} = \frac{2}{3}$$

Aplicando a ideia da constante, logo:

Total = 360

Pasta A = 2x

Pasta B = 3x

Você concorda comigo que se somarmos a quantidade de processos das duas pastas vamos encontrar o valor total, que é 360, certo? Vamos lá!

$2x + 3x = 360$

$5x = 360$

$x = \frac{360}{5}$

$x = 72$

Agora vamos ver quantos documentos cada pasta tem:

Pasta A = 2x

Pasta B = 3x

Vamos substituir o x pelo número 72, que representa seu valor.

Pasta A = 2.72 = 144

Pasta B = 3.72 = 216

CUIDADO

O problema não acaba aqui. Ele quer saber: "O número de páginas que devem ser retiradas de B e colocadas em A, para que ambas fiquem com o mesmo número de páginas, representa, do total das páginas desse processo."

Talvez você tenha achado um pouco confuso esse enunciado, vou ajudar. Ele quer que você calcule uma razão, ou seja, escreva uma fração que represente o número de páginas retiradas da pasta **B** em relação ao número total. O número total nós já sabemos, é igual a **360**. Qual é o número de páginas que devem ser retiradas? Esse número nós precisamos descobrir! A primeira coisa a fazer é saber quantas páginas a pasta B tem a mais que a pasta **A**. Basta fazermos uma subtração, **216 – 144= 72**. Logo se tirar essa quantidade de páginas ambas terão a mesma quantidade. Veja:

Pasta **A** = 144

Pasta **B** = 144

Sobra: 72

CUIDADO

O que sobra **não** é a quantidade que tenho que tirar de B e pôr em A. Preciso distribuir essas sobras nas duas pastas, visto que não tenho lugar para guardar as sobras. Como tenho duas pastas, vou dividir 72 por 2 = 36.

Vamos ver com quantas páginas cada pasta ficou:

Pasta **A** = 144 + 36 = 180

Pasta **B** = 144 + 36 = 180

Agora, para descobrirmos quantas páginas tive que tirar de **B** e passar para o **A**, vou olhar a quantidade inicial de páginas e subtrair com o que ficou após ter organizado as pastas.

Pasta **B** = quantidade inicial = **216**

Pasta **B** = após tirar as páginas = **180**

Fazendo a subtração, logo: **216 – 180 = 36** páginas. Ou seja, precisamos tirar **36** páginas da pasta **B** e passar para a pasta **A**. Agora para finalizar a questão, vamos escrever a fração que representa essa quantidade de páginas tiradas. Lembre-se, a quantidade total de páginas é **360**.

$$\frac{36}{360}$$

DICA

Na parte de baixo da fração fica o total e na parte de cima, a quantidade de páginas tiradas. O total sempre ficará embaixo.

Talvez você já tenha ido correndo olhar qual era a alternativa correta e viu que nenhuma delas passa nem perto do que encontramos. Sabe por quê? Falta simplificar! Lembra quando falei sobre como era importante fazer isso?

$$\frac{36^{\div 2}}{360^{\div 2}} = \frac{18^{\div 2}}{180^{\div 2}} = \frac{9^{\div 3}}{90^{\div 3}} = \frac{3^{\div 3}}{30^{\div 3}} = \frac{1}{10}$$

Finalmente achamos a resposta correta!

3. **(VUNESP)** Em um determinado colégio, para cada 10 torcedores do time A, há 8 torcedores do time B. Somando os torcedores do time A com os torcedores do time B tem-se 360 torcedores. O total de torcedores do time A é

a) 160

b) 180

c) 200

d) 220

e) 240

RESOLUÇÃO:

Vamos usar o mesmo princípio das duas últimas questões para resolver esta daqui, vamos usar a constante de proporcionalidade. Mas antes vamos separar as informações.

Total = 360 torcedores.

$$\text{Razão} = \frac{\textit{Time A}}{\textit{Time B}} = \frac{10}{8}$$

Vamos aplicar a ideia da constante de proporcionalidade, mas conhecido como o nosso querido x.

Total = 360

Time A = 10x

Time B = 8x

Você concorda comigo que se somarmos a quantidade total de torcedores vamos encontrar o valor total que é 360 torcedores? Vamos lá!

$10x + 8x = 360$

$18x = 360$

$x = \frac{360}{18}$

$x = 20$

Agora vamos ver quantos torcedores tem cada time:

Time **A** = $10x = 10.20 = 200$

Time **B** = $8x = 8.20 = 160$

O total de torcedores do time **A** é igual a **200**.

4. (**VUNESP**) A razão entre a idade de dois técnicos é igual a **5/9**. Se a soma dessas idades é igual a **70** anos, quantos anos o mais jovem tem a menos do que o mais velho?

a) 15
b) 18
c) 20
d) 22
e) 25

RESOLUÇÃO:

Vamos aplicar a mesma técnica das questões anteriores. Como não sabemos qual técnico é mais novo e qual é mais velho, vou chamá-los de **Técnico 1** e **Técnico 2**. Observe que após achar a idade dos dois, basta que façamos uma simples conta de subtração para descobrir o que se pede, ou seja, a diferença de idade entre eles. Vamos separar as informações:

Total = **70** anos

$$\text{Relação} = \frac{\textit{Técnico 1}}{\textit{Técnico 2}} = \frac{5}{9}$$

Utilizando a constante de proporcionalidade:

Total = **70** anos

Técnico **1** = $5x$

Técnico **2** = $9x$

Aplicando a mesma ideia de resolução das questões anteriores, se somarmos a idade dos dois técnicos encontramos o mesmo valor que o total.

$5x + 9x = 70$

$14x = 70$

$x = \frac{70}{14}$

$x = 5$

Agora vamos ver qual técnico é mais velho:

Técnico 1 = 5x = 5.5 = 25 anos

Técnico 2 = 9x = 9.5 = 45 anos

Para finalizar, vamos subtrair a idade de ambos para descobrir a diferença:

45 – 25 = 20 anos de diferença, ou seja, o mais jovem tem **20** anos a menos.

5. (AGENTE ADM–2011–FCC) De um curso sobre Legislação Trabalhista, sabe-se que participaram menos de **250** pessoas e que, destas, o número de mulheres estava para o de homens na razão de **3** para **5**, respectivamente. Considerando que a quantidade de participantes foi a maior possível, de quantas unidades o número de homens excedia o de mulheres?

a) 50

b) 55

c) 57

d) 60

e) 62

RESOLUÇÃO:

Separei essa questão para resolver para você porque tem uma pegadinha. A técnica de resolução é a mesma, mas a questão não informa exatamente qual é o valor total. Ela apenas informa que participaram **menos de 250** pessoas. E a outra informação, também importante, é saber que a quantidade de participantes foi a maior possível. Mas como precisar quantas pessoas estavam lá? Vou ensinar um truque. Para começar, monte a questão da forma que estamos acostumados. Veja:

Total: Vou descobrir daqui a pouco, mas o valor é menor que **250**.

$$\text{Razão} = \frac{\textit{Mulheres}}{\textit{Homens}} = \frac{3}{5}$$

Vamos utilizar aquela técnica que usamos em todas as questões anteriores.

Total: No máximo **250**

Mulheres = **3x**

Homens = **5x**

Agora vamos fingir que sabemos o valor total e montar a conta:

$3x + 5x = \text{Total}$

$8x = \text{Total}$

Esse é o segredo. Agora sabemos que temos que dividir o número total por 8 e como se trata de pessoas o número não pode ter vírgula, afinal não existe meia pessoa, ou seja, o número precisa ser exato. Como sabemos que o valor total é menor que 250, não podemos usar o número 250, precisa ser um número menor e divisível por 8. Vamos tentar descobrir qual é.

249 dividido por 8 = 31,13

248 dividido por 8 = 31

Acabamos de achar o número exato! Vamos substituir.

$8x = 248$

$x = \frac{248}{8}$

$x = 31$

O próximo passo é descobrir a quantidade de homens e de mulheres.

Mulheres = 3x = 3.31 = 93

Homens = 5x = 5.31 = 155

Para descobrir em quantas unidades o número de homens excedia o de mulheres, basta subtrair a quantidade de homens da quantidade de mulheres.

$155 - 93 = 62$

Agora é com você! A maioria das próximas questões utilizam a mesma técnica de resolução que já aprendemos aqui.

6. **(VUNESP-2010)** Em um escritório, a razão entre relatórios e memorandos é de 1 para 3 (isto é, 1 relatório para cada 3 memorandos). Se no final de um mês, entre relatórios e memorandos forem feitos um total de 300 documentos, então a quantidade de memorandos feitos foi:

a) 225

b) 200

c) 175

d) 150

e) 125

7. **(VUNESP-2010)** Uma máquina fotográfica digital tem espaço para **500** fotos. Em uma viagem, dona Júlia tirou **200** fotos, das quais escolheu **50** para revelar. A razão entre as fotos não reveladas e o total de fotos que máquina pode tirar é de:

a) 3/10
b) 3/8
c) 3/7
d) 3/5
e) 3/4

DICA

Descubra a quantidade de fotos não reveladas, depois monte a fração (razão). Na parte de cima coloque o número de páginas não reveladas e na parte de baixo o número total. Para finalizar, simplifique ao máximo.

8. **(VUNESP)** Um recipiente, cuja capacidade total é de **2,8** litros, foi preenchido com um refresco feito com uma mistura de suco e água na razão de **2** para **5**. Para preparar o refresco foram usados, como medida, copos completamente cheios com capacidade total de **¼** de litro. O número de copos totalmente cheios de água que foram utilizados nessa mistura foi:

a) 12
b) 11
c) 10
d) 9
e) 8

DICA

1/4 de litro possui 250 ml, ou seja, 0,25 l. Como todos os dados da questão estão em litros, utilize 0,25 l.

9. **(VUNESP)** Em um colégio com **800** alunos, o número de moças para o de rapazes é de **2** para **3**, nesta ordem. Assim a diferença positiva entre o número de homens e o de mulheres é:

a) 320
b) 480
c) 40
d) 160
e) 240

DICA

Diferença positiva significa pegar o maior número e subtrair pelo menor.

10. (**PMG**) Numa prova com 50 questões, acertei 35, deixei 5 em branco e errei as demais. Qual a razão entre o número de questões certas para o de erradas?

a) 5/2
b) 7/3
c) 2/5
d) 2/7
e) 3/2

DICA

Quando um exercício pede para calcular a razão, ele quer que você descubra qual é a fração que representa o que ele pede e depois simplifique ao máximo.

11. (**FCC**) Meu pai e minha mãe têm juntos 96 anos. Sabe-se que a idade da minha mãe está para a do meu pai assim como 7 está para 9. Qual a diferença positiva entre a idade do meu pai e da minha mãe?

a) 10 anos
b) 11 anos
c) 12 anos
d) 14 anos
e) 16 anos

12. (**VUNESP**) A soma de dois números é 240. O maior deles está para 8 assim como o menor está para 4. Assim a diferença positiva entre os dois números é:

a) 78
b) 80
c) 90
d) 160
e) 60

DICA

Utilize a mesma técnica da primeira questão, ou seja, use a constante de proporcionalidade. Depois que você descobriu cada um dos números faça a diferença positiva, ou seja, o número maior menos o menor.

13. (**VUNESP**) Uma solução química é composta de ouro e ferro, na proporção de 2 para 3, respectivamente. Para fabricar 30 g dessa substância, quantos gramas de ferro serão necessários?

a) 18
b) 20
c) 12
d) 14
e) 16

14. **(SP-TRANS-2004)** Das pessoas atendidas em um ambulatório certo dia, sabe-se que 12 foram encaminhadas a um clínico geral e as demais a um tratamento odontológico. Se a razão entre os que foram ao clínico geral e o restante, nessa ordem, é de 3 para 5, o total de pessoas atendidas foi:

a) 44
b) 38
c) 40
d) 32
e) 36

RESOLUÇÃO:

Essa questão parece difícil de ser resolvida, mas, na verdade, ela é uma das mais fáceis. Vou mostrar qual é o truque. Vamos usar a mesma técnica da constante de proporcionalidade.

Total = vou descobrir!

$$\text{Razão} = \frac{\textit{Clínico Geral}}{\textit{Dentista}} = \frac{3}{5}$$

O próximo passo não seria aplicar a constante? Vamos fazer isso!

Total = vou descobrir!

Clínico Geral = 3x

Dentista = 5x

Agora pense. Se somar a quantidade de pacientes que passaram no médico e no dentista encontraríamos o total de pacientes.

$3x + 5x = \text{Total}$

Se pensou "não é possível resolver!", você está correto. Precisamos buscar mais informações no enunciado. Veja o que está escrito lá:

"Sabe-se que 12 foram encaminhadas a um clínico geral"

No total, 12 pessoas foram ao clínico, essa informação é a chance para resolver. Veja o por quê:

Clínico Geral = 12 pessoas

Mas sabemos que,

Clínico Geral = 3x

Então:

Clínico Geral = 3x = 12 pessoas

Veja a mágica que vai acontecer:

Clínico Geral = 3x = 12 pessoas

3x = 12 pessoas

$3x = 12$

$$x = \frac{12}{3}$$

$x = 4$

Através do total de médicos, descobrimos o valor de **x**. Vamos descobrir quantas pessoas passaram no médico e no dentista?

Clínico Geral = $3x = 3.4 = 12$

Dentista = $5x = 5.4 = 20$

Para saber o total de pacientes, basta somar: $12 + 20 = 32$.

15. **(VUNESP–2009)** Paulo acertou 75 questões da prova objetiva do último simulado. Sabendo-se que a razão entre o número de questões que Paulo acertou e o número de questões que ele responde de forma incorreta é de 15 para 2, e que 5 questões não foram respondidas por falta de tempo, pode-se afirmar que o número total de questões desse teste era:

a) 110
b) 105
c) 100
d) 95
e) 90

DICA

A resolução dessa questão é igual à da questão anterior.

CUIDADO

Não esqueça de incluir no total o número de questões que não foram respondidas.

RESPOSTAS: 1.e) ■ 2.e) ■ 3.c) ■ 4.c) ■ 5.e) ■ 6.e) ■ 7.a) ■ 8.e) ■ 9.d) ■ 10.d) ■ 11.c) ■ 12.b) ■ 13.a) ■ 14.d) ■ 15.e)

CAPÍTULO 9

TEOREMA DE PITÁGORAS

Este teorema é o mais famoso de todos. Talvez você não se lembre de absolutamente nada a respeito, mas já deve ter ouvido falar dele, pelo menos do nome. Vou dar a definição a seguir, depois vou explicar passo a passo como funciona. Veja:

"O quadrado da hipotenusa é igual à soma dos quadrados dos catetos"

Talvez você não tenha entendido e até dito que parece grego, mas vou resolver isso para você. Acompanhe a explicação.

A primeira coisa que você precisa saber é que o Teorema de Pitágoras não pode ser aplicado a qualquer triângulo, apenas no triângulo retângulo. Um triângulo retângulo, sempre terá um ângulo de 90 graus (**90°**) dentro dele. Nós usamos um quadrado com uma bolinha dentro para mostrar a localização desse ângulo. Veja a figura:

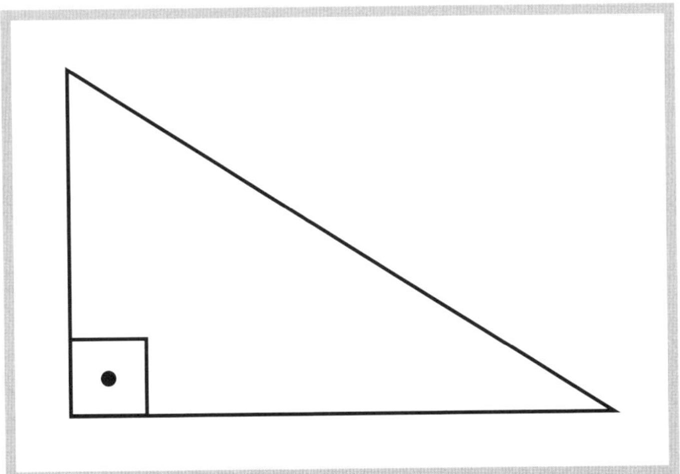

Figura 9.1

Chamo a atenção para o fato de o triângulo poder estar em várias posições. Observe:

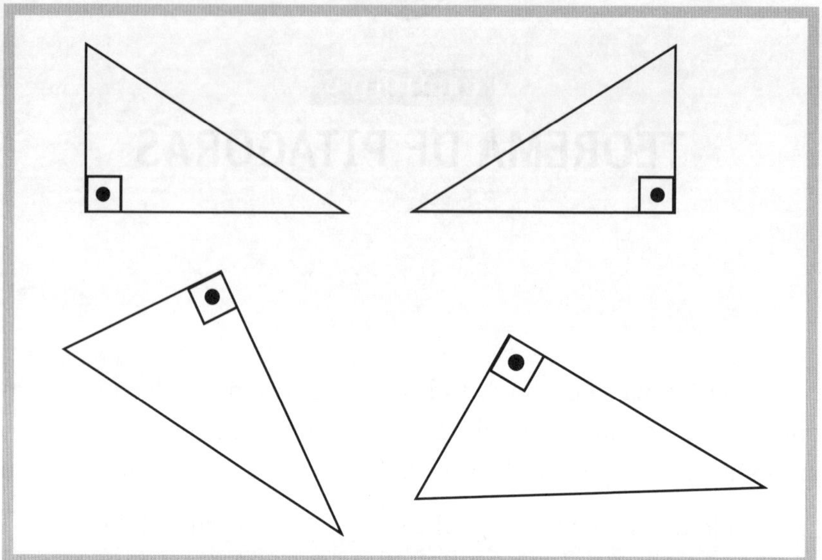

Figura 9.2

Outra coisa muito legal sobre esse triângulo retângulo, é que seus lados têm alguns nomes muito esquisitos. Veja:

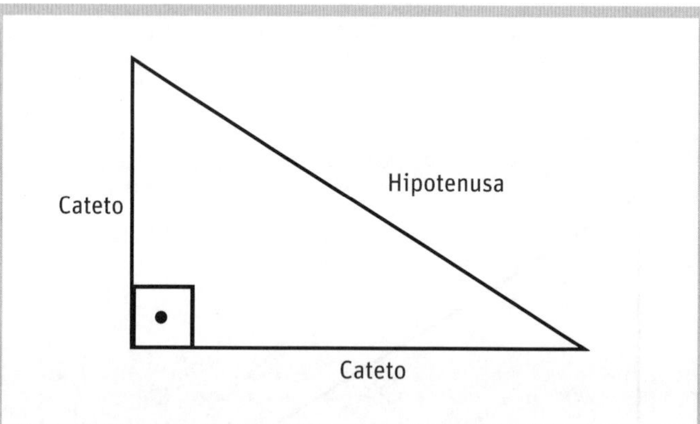

Figura 9.3

Não errei não! Os dois lados têm o mesmo nome. Tão importante quanto saber os nomes é saber colocar o nome no local correto. A hipotenusa sempre é o maior lado e ela sempre está de frente para o ângulo de **90°**. Os outros dois lados são os catetos. Gosto de brincar e falar que se você der um tiro a partir do ângulo de **90°**, você mata a hipotenusa. Veja:

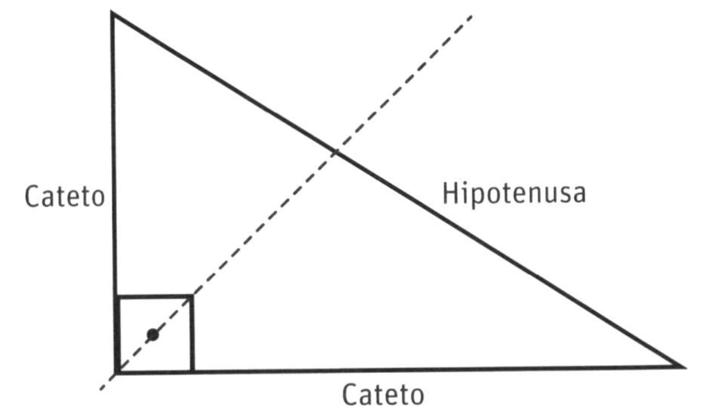

Figura 9.4

Agora vamos falar desse teorema. Ele não é difícil, pelo contrário é bem fácil, mas para não ter que ficar usando esses nomes esquisitos, vamos trocá-los por letras. Vou chamar a hipotenusa de "**a**" e os catetos de "**b**" e "**c**". Não importa qual dos dois catetos você vai chamar de "**b**" ou "**c**". Veja como vai ficar a figura:

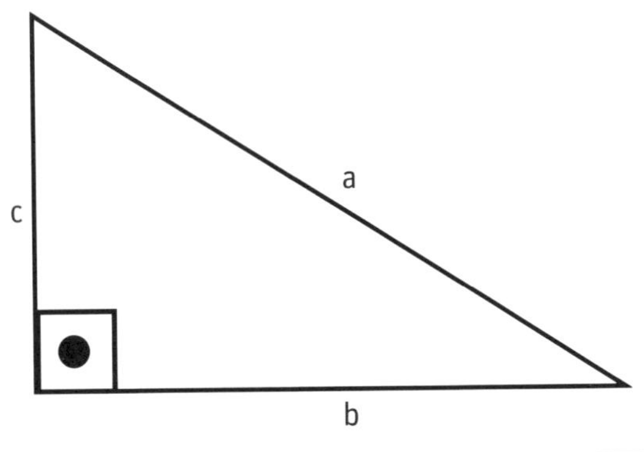

Figura 9.5

Vou escrever agora o Teorema de Pitágoras:

$$a^2 = b^2 + c^2$$

Aquela frase horrível que era a definição do teorema significa exatamente essa equação acima. Para resolver qualquer coisa envolvendo o Teorema de Pitágoras, basta substituir os valores. Volto a repetir que não importa qual cateto você vai chamar de "**b**" e de "**c**", a equação é a mesma. Vamos fazer alguns exemplos?

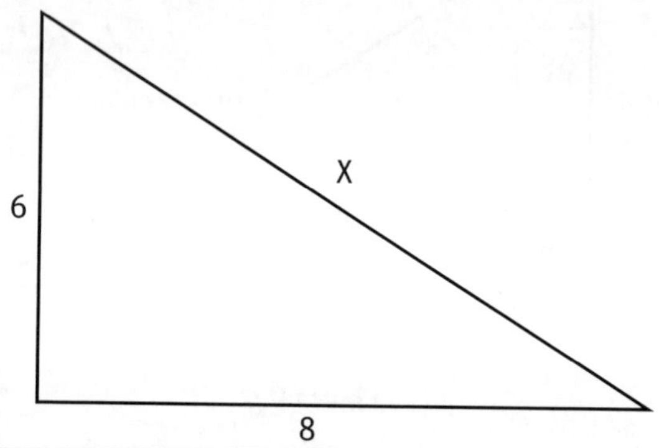

Figura 9.6

Em primeiro lugar, é preciso descobrir qual é a hipotenusa e quais são os catetos. Primeiro ache o ângulo de **90°**. Lembre-se, você consegue desenhar um quadradinho nesse ângulo. Veja:

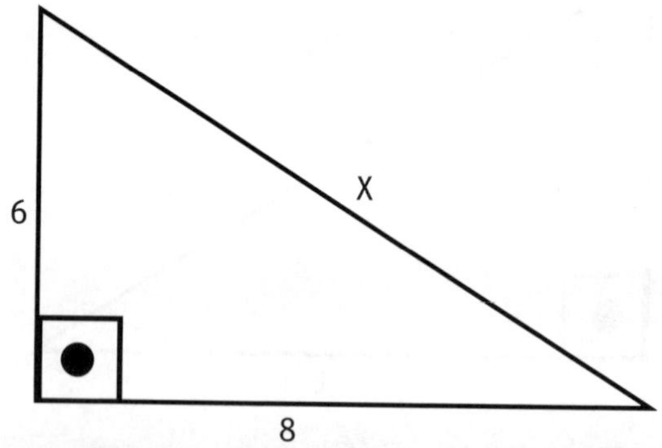

Figura 9.7

Vamos fazer um traço para achar a hipotenusa

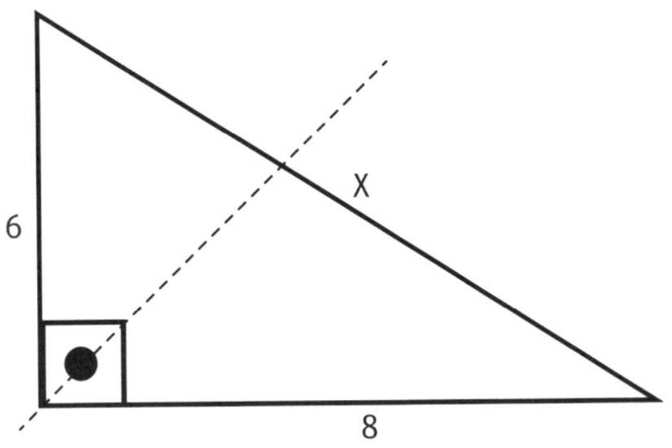

Figura 9.8

Então sabemos que a hipotenusa mede **x** e os catetos **6** e **8**.

Agora vamos substituir na fórmula e resolver. Veja:

$$a^2 = b^2 + c^2$$
$$x^2 = 6^2 + 8^2$$
$$x^2 = 36 + 64$$
$$x^2 = 100$$

DICA

Se você inverter a posição dos números 6 e 8, o resultado será o mesmo, logo não se preocupe com isso.

Quando ensinei a resolver equações do primeiro grau montei uma tabela que indicava a operação inversa. Qual era a operação inversa da potenciação? Se você disse radiciação, acertou. Como o **x** está elevado ao quadrado, vou "tirar esse quadrado do **x**", mas para isso vou tirar a raiz quadrada de **100**.

$$x^2 = 100$$
$$x = \sqrt{100}$$
$$x = 10$$

Você acabou de achar o valor da hipotenusa. Parabéns!

Vamos fazer mais um exemplo:

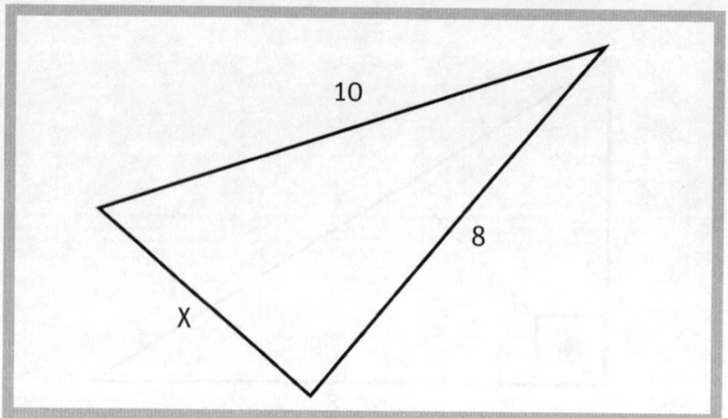

Figura 9.9

Primeiro vamos achar o ângulo de **90°** e depois marcar quais são os valores dos catetos e da hipotenusa.

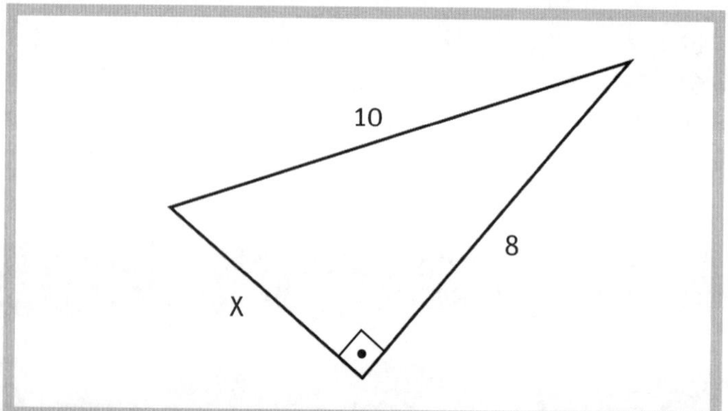

Figura 9.10

Hipotenusa = 10

Cateto = x

Cateto = 8

Nessa questão vamos achar o valor de um dos catetos. Vou usar a fórmula do teorema para calcular.

$$a^2 = b^2 + c^2$$

$$10^2 = x^2 + 8^2$$

$$10^2 - 8^2 = x^2$$

DICA

Você pode falar que o cateto **b** é igual a **x** ou, se preferir, pode falar que é o cateto **c**, tanto faz, a resposta será igual.

Vou inverter a equação:

$x^2 = 10^2 - 8^2$

$x^2 = 100 - 64$

$x^2 = 36$

$x^2 = \sqrt{36}$

$x = 6$

DICA

Você sempre vai tirar a raiz quadrada para terminar de resolver.

Agora é com você! Vou deixar alguns exercícios para você fazer, mas caso não consiga, tem aulas lá no site do Calcule Mais para você!

1.

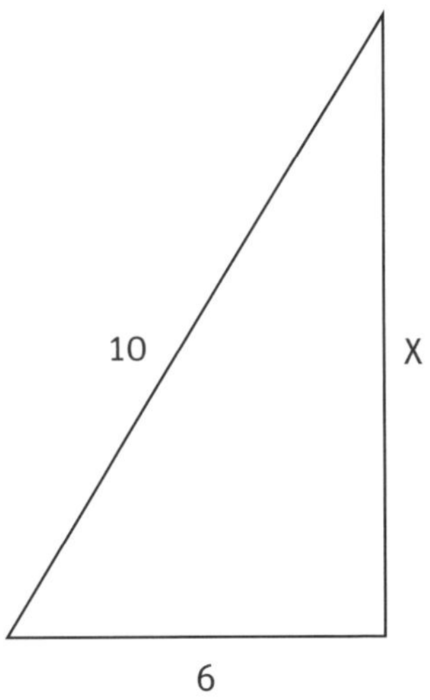

Figura 9.11

2.

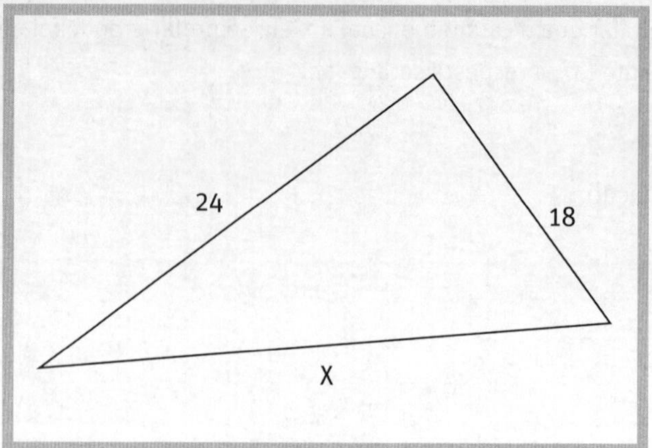

Figura 9.12

3.

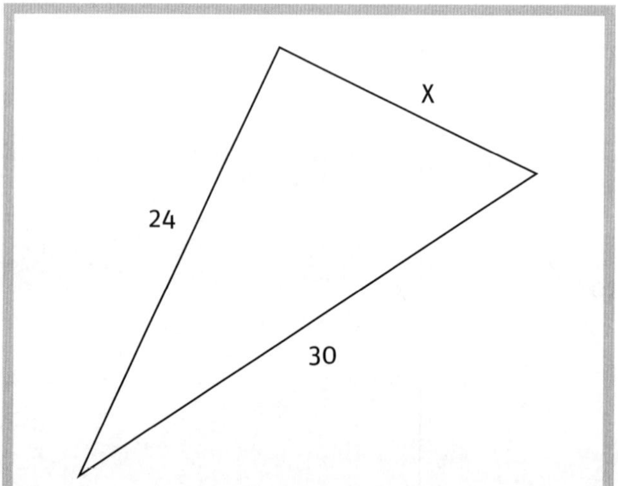

Figura 9.13

4.

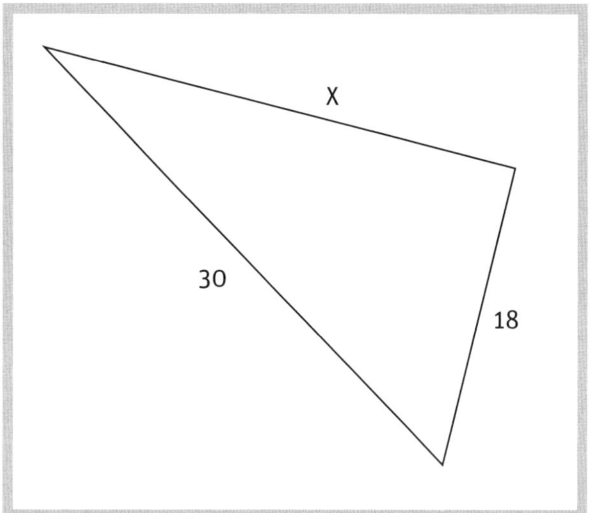

Figura 9.14

5.

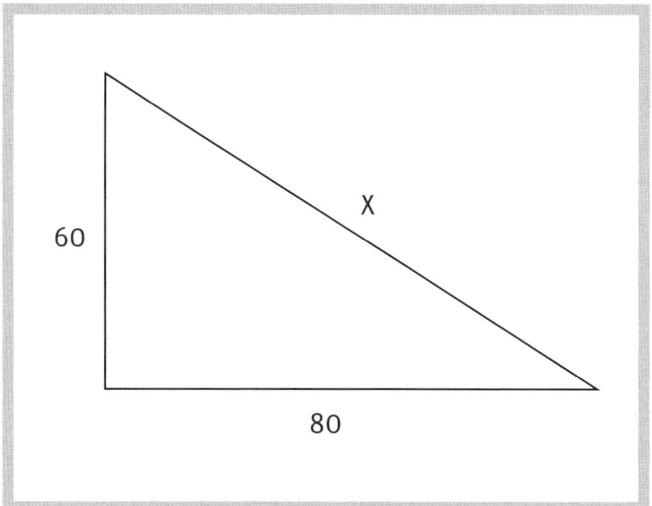

Figura 9.15

6.

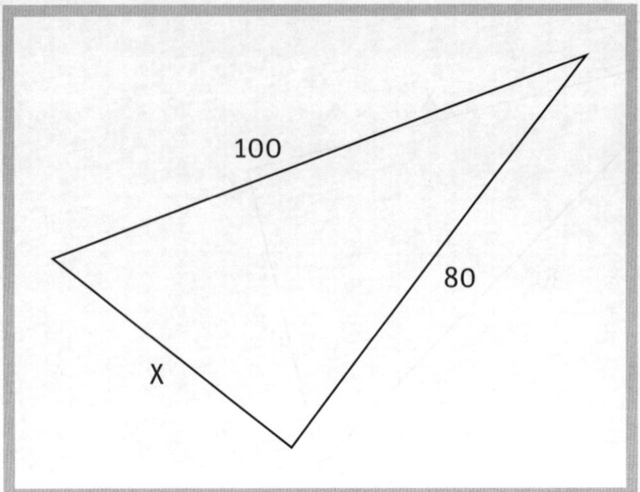

Figura 9.16

7.

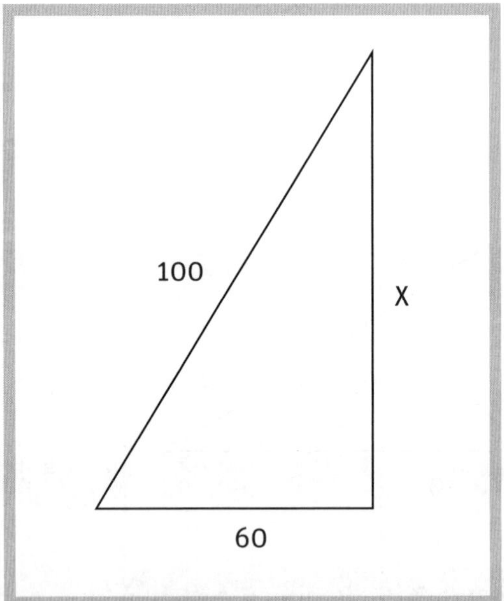

Figura 9.17

8.

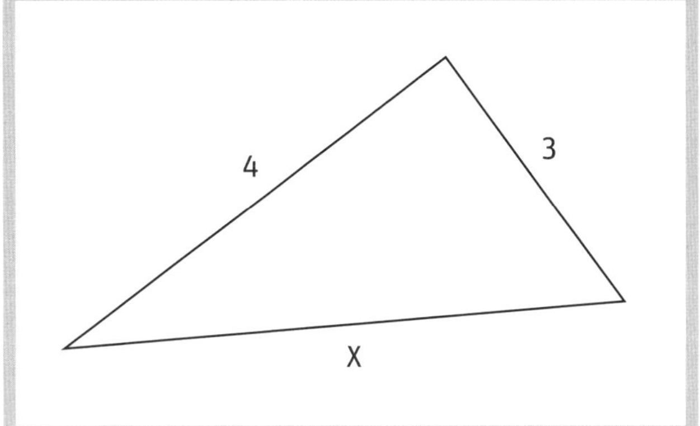

Figura 9.18

9.

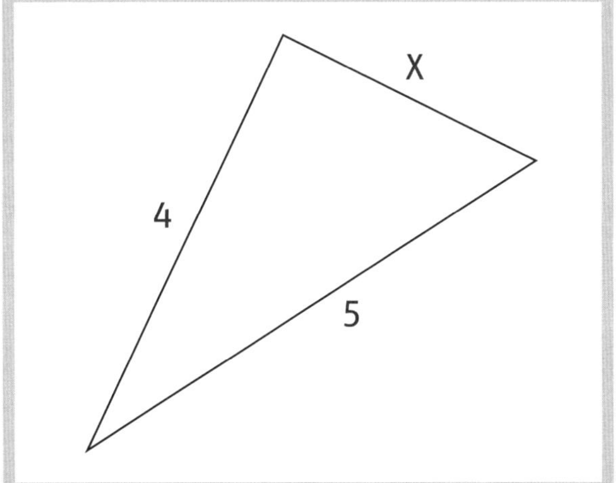

Figura 9.19

10.

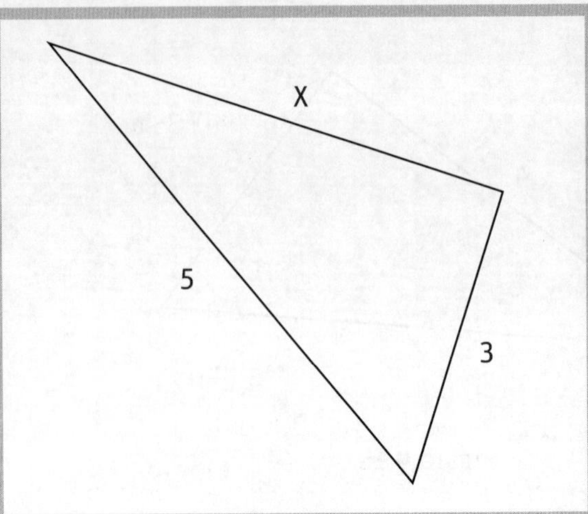

Figura 9.20

Agora vamos aplicar esse teorema em algumas questões bem legais!

11. **(CFT–PR–adaptado)** Pedrinho não sabia nadar e queria descobrir a medida da parte mais extensa (**AC**) da "Lagoa Funda". Depois de muito pensar, colocou **3** estacas nas margens da lagoa, esticou cordas de **A** até **B** e de **B** até **C**, conforme figura abaixo. Medindo essas cordas, obteve: med (**AB**) = **24** m e med (**BC**) = **18** m.

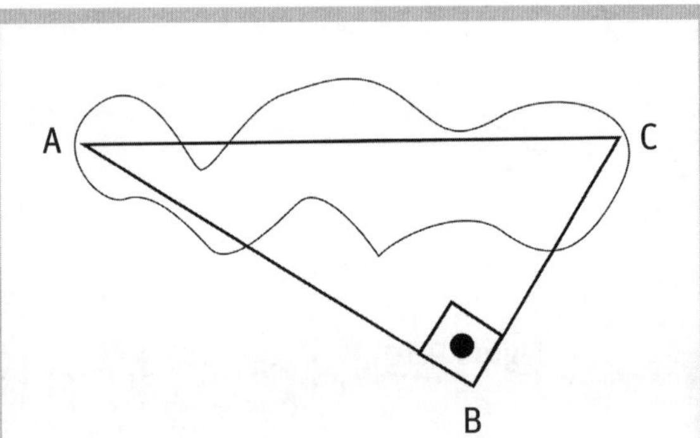

Figura 9.21

Usando seus conhecimentos matemáticos, Pedrinho concluiu que a parte mais extensa da lagoa mede:

a) 30 m
b) 28 m
c) 26 m
d) 35 m
e) 42 m

RESOLUÇÃO:

Para resolver essa questão, vamos desenhar um triângulo bem parecido e colocar as medidas. Vou colocar a letra x no local que queremos descobrir o valor. Depois de resolver tantos exercícios você deve ter descoberto que o x representa a hipotenusa. Vamos calcular.

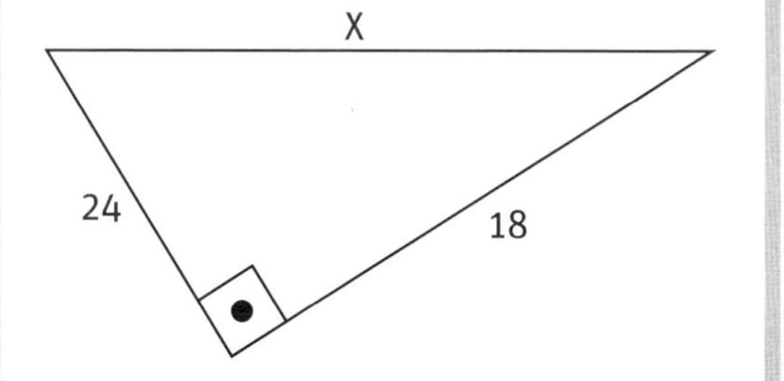

Figura 9.22

$a^2 = b^2 + c^2$

$x^2 = 24^2 + 18^2$

$x^2 = 576 + 324$

$x^2 = 900$

$x = \sqrt{900}$

$x = 30$

12. **(CFT-MG)** As extremidades de um fio de antena totalmente esticado estão presas no topo de um prédio e no topo de um poste, respectivamente, de **16** e **4** metros de altura. Considerando-se o terreno horizontal e sabendo-se que a distância entre o prédio e o poste é de **9** m, o comprimento do fio, em metros, é

a) 30 m
b) 15 m
c) 26 m
d) 35 m
e) 42 m

RESOLUÇÃO:

O segredo para resolver esse tipo de questão está em fazer o desenho para entender a situação. Veja o desenho que vou fazer:

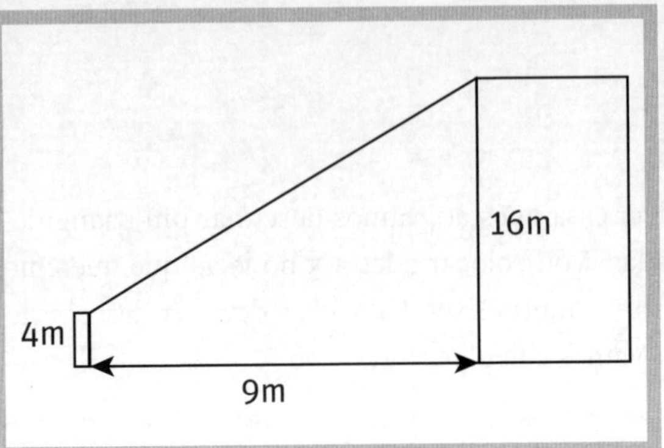

Figura 9.23

Depois de fazer o desenho, observe e veja as informações que ele deu que podem ajudar. Você pode, por exemplo, fazer pequenas modificações no desenho. Veja:

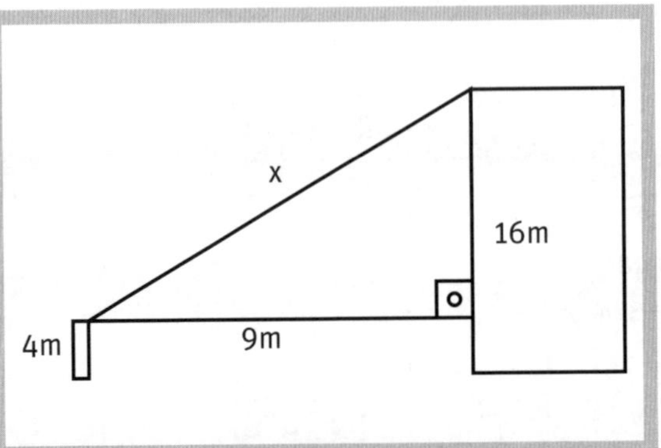

Figura 9.24

Com uma simples modificação, temos um triângulo retângulo. Só toma cuidado que o cateto do lado direito não mede 16 m, e sim **16 − 4 = 12 m**. Você precisa descontar a altura do poste. Agora que você tem todas as informações e medidas, fica fácil não é mesmo?

$a^2 = b^2 + c^2$

$x^2 = 9^2 + 12^2$

$x^2 = 81 + 144$

$x^2 = 225$

$x = \sqrt{225}$

$x = 15$

Agora é com você! Boa sorte com os próximos desenhos, se não conseguir resolver, acesse o site do Calcule Mais, **www.calculemais.com.br**, porque fiz algumas animações para explicar essas questões. Boa sorte!

13. **(Calcule Mais–2015)** Um avião decolou com um ângulo x do solo e percorreu a distância de 5 km na posição inclinada, e em relação ao solo, percorreu 3 km. Determine a altura do avião.

a) 4 m
b) 6.200 m
c) 11.200 m
d) 4 km
e) 5 km

14. **(Calcule Mais–2015)** Calcule a metragem de arame farpado utilizado para cercar um terreno triangular com as medidas perpendiculares de 60 e 80 metros, considerando que a cerca de arame terá 2 fios.

a) 480 m
b) 620 m
c) 112 m
d) 400 m
e) n.d.a.

15. **(Calcule Mais–2015)** Um ladrão precisa calcular o tamanho de uma escada para poder pular um muro de 8 m de altura. A base da escada ficará distante 6 m do muro. Qual o tamanho da escada?

a) 10
b) 15
c) 8
d) 6
e) n.d.a.

16. (**Calcule Mais–2015**) Do topo de uma torre, três cabos de aço estão ligados à superfície por meio de ganchos, dando sustentabilidade à torre. Sabendo que a altura da torre é de **30** metros e que a distância dos ganchos até a base da torre é de **40** metros, determine quantos metros de cabo precisa ser comprado.

a) 100 m
b) 150 m
c) 80 m
d) 50 m
e) n.d.a

17. (**Calcule Mais–2015**) Uma escada de **10** metros de comprimento está apoiada sob um muro. A base da escada está distante do muro cerca de **8** metros. Determine a altura do muro.

a) 10 m
b) 15 m
c) 8 m
d) 6 m
e) n.d.a

RESPOSTAS: 1. x = 8 ■ 2. x = 30 ■ 3. x = 18 ■ 4. x = 24 ■ 5. x = 100 ■ 6. x = 60 ■ 7. x = 80 ■ 8. x = 5 ■ 9. x = 3 ■ 10. x = 4 ■ 11. a) ■ 12. b) ■ 13. d) ■ 14. a) ■ 15. a) ■ 16. b) ■ 17. d)

CAPÍTULO 10

ANÁLISE COMBINATÓRIA

Vamos falar de uma das matérias que caem muito em concursos públicos, vestibulares e no ENEM: a análise combinatória. Vamos começar a falar sobre o princípio fundamental da contagem. O legal de estudar isso é que podemos aplicar esse assunto no nosso dia a dia. Por exemplo, a senha do banco. Você já parou para pensar quantas combinações de senhas existem? Em geral a senha do banco tem seis dígitos. Vou representá-la com seis traços.

$$\underline{\hspace{1.5em}}\quad \underline{\hspace{1.5em}}\quad \underline{\hspace{1.5em}}\quad \underline{\hspace{1.5em}}\quad \underline{\hspace{1.5em}}\quad \underline{\hspace{1.5em}}$$

Vou fazer uma pergunta: pode pôr número repetido? Poder pode, apesar de não ser aconselhável. Vamos calcular a quantidade de combinações que existem. Para isso, pense comigo. No primeiro dígito da sua senha, quais números você pode pôr? Qualquer número de **0** até **9**, (**0**, **1**, **2**, **3**, **4**, **5**, **6**, **7**, **8**, **9**), ou seja, tenho **10** opções para escolher. Então vou colocar em cima do primeiro traço o número **10**, para representar a quantidade de opções que tenho.

$$\underline{10}\quad \underline{\hspace{1.5em}}\quad \underline{\hspace{1.5em}}\quad \underline{\hspace{1.5em}}\quad \underline{\hspace{1.5em}}\quad \underline{\hspace{1.5em}}$$

No segundo dígito, nós podemos repetir o número anterior, por isso existem também **10** opções de números para colocar.

$$\underline{10}\quad \underline{10}\quad \underline{\hspace{1.5em}}\quad \underline{\hspace{1.5em}}\quad \underline{\hspace{1.5em}}\quad \underline{\hspace{1.5em}}$$

Apesar de ser loucura, você pode repetir os seis números. Por exemplo, sua senha poderia ser **1 1 1 1 1 1**, em outras palavras, você sempre terá dez opções de números para colocar. Nunca use uma senha como essa!

$$\underline{10}\quad \underline{10}\quad \underline{10}\quad \underline{10}\quad \underline{10}\quad \underline{10}$$

Para calcular a quantidade de combinações é bem simples, basta multiplicar cada um desses números. Esse é o princípio multiplicativo.

$$10.10.10.10.10.10 = 1000000$$

Ou seja, existem um milhão de combinações de senhas diferentes.

O que aconteceria se você não pudesse repetir os números? Cada vez que você colocasse um número, diminuiria a quantidade de opções para completar. Veja:

10 __ __ __ __ __

O primeiro número continua com 10 opções! Na segunda casa que ocorre a mudança, como não pode repetir e você já usou um número na primeira casa, sobraram nove opções para a segunda casa.

10 9 __ __ __ __

Na terceira casa você terá apenas oito opções, porque você já utilizou dois números anteriormente.

10 9 8 __ __ __

O mesmo ocorre nas próximas casas. Veja:

10 9 8 7 6 5

Para calcular a quantidade de combinações, basta multiplicar cada um desses números.

10.9.8.7.6.5 = 151200 combinações

Ou seja, existem cento e cinquenta e um mil e duzentas combinações. A diferença é muito grande, basta comparar com o caso anterior no qual podíamos repetir os números.

Vamos para outro exemplo? Considerando que o alfabeto possui **26** letras, calcule a quantidade de combinações que existe para formar placas de carros, sabendo-se que pode-se repetir os números e as letras. Para começar, você precisa lembrar que uma placa de carro contém **3** letras e **4** números. Vamos desenhar os traços.

__ __ __ __ __ __ __

Para destacar, separei as letras dos números. O princípio de resolução é o mesmo, na primeira casa temos a opção de colocar qualquer uma das **26** letras. Na segunda casa também, uma vez que podemos repetir e na terceira casa não é diferente.

26 26 26 __ __ __ __

Agora vamos pensar nos números. Na primeira casa podemos colocar qualquer um dos **10** números (de **0** até **9**), logo temos **10** opções. Como podemos repetir, também temos **10** opções na segunda, terceira e quarta casa. Veja:

26 26 26 10 10 10 10

Para descobrir a quantidade basta multiplicar:

$$26.26.26.10.10.10.10 = 175760000$$

Ou seja, existem mais de **175** milhões de combinações. Agora vamos supor que seja proibido repetir letras, apenas os números. Como posso repetir os números, não vou me preocupar com essa parte porque já fizemos no exemplo anterior. Vamos focar nas letras! Na primeira casa posso pôr qualquer letra, por isso tenho **26** opções. Veja:

26 __ __ 10 10 10 10

Na segunda casa tenho apenas **25** opções porque já utilizei uma letra. Na terceira casa, terei apenas **24** opções porque já usei duas letras. O princípio é o mesmo que usei naquele exemplo dos números que não podiam se repetir.

26 25 24 10 10 10 10

Agora basta multiplicar para encontrar a resposta.

$$26.25.24.10.10.10.10 = 156000000$$

Ou seja, existiriam mais de **156** milhões de combinações. Agora, como ficaria caso não pudessem repetir nem as letras, e nem os números? Simples; nós já vimos como ficam as letras, vamos focar nos números! Se você pensou que ocorre o mesmo que os exemplos anteriores, seu raciocínio está completamente certo! Veja:

26 25 24 10 9 8 7

Multiplicando esses valores encontramos:

$$26.25.24.10.9.8.7 = 78624000$$

Ou seja, existem mais de **78** milhões de combinações. O princípio fundamental da contagem, como você pode ver, é algo bem simples, mas você precisa tomar muito cuidado com a interpretação da questão. Vamos supor que você tenha uma senha de 4 dígitos. Nessa senha só pode usar números pares, mas um outro exercício pode dizer que essa senha é um número par. Qual é a diferença?

Só posso usar números pares = cada um dos quatro números é par.

É um número par = significa que o número precisa terminar em um número par. Por exemplo: **9.998**.

Vamos calcular a quantidade de combinações de cada caso. No primeiro caso só vamos usar os números pares, ou seja, só podemos usar os números **0**, **2**, **4**, **6** e **8**; temos então apenas cinco opções de números para usar. Lembre-se que na análise combinatória o que interessa é descobrirmos a quantidade de opções que temos para colocar em cada casa.

__ __ __ __

Primeira casa: Podemos usar qualquer um dos números pares, ou seja, temos **5** opções.

$\underline{5}$ __ __ __

O problema informa que não pode repetir? Não, logo você pode repetir! Se você pode repetir o mesmo algarismo em todas as casas você terá **5** opções de números para colocar.

$\underline{5}$ $\underline{5}$ $\underline{5}$ $\underline{5}$

Multiplicando: **5.5.5.5 = 625** opções.

Agora vamos analisar o outro caso, aquele que o número é par. Lembra que falei que para ser par o número apenas precisa terminar em um número par? Então vamos começar por essa informação! Por isso vou começar pela última casa, uma vez que temos apenas **5** opções de números para colocar lá (**0**, **2**, **4**, **6** ou **8**).

__ __ __ $\underline{5}$

Nas outras casas, você pode colocar qualquer número, ou seja, **10** opções e como você pode repetir você terá **10** opções nas três casas. Todas as vezes que não puder repetir, o problema vai dizer, se ele não disser nada, você pode repetir.

$\underline{10}$ $\underline{10}$ $\underline{10}$ $\underline{5}$

Multiplicando: **10.10.10.5 = 5000**

Mas e se não pudesse repetir? Começaríamos colocando que no final, temos **5** opções.

__ __ __ 5

Mas agora vem a pegadinha, você já usou um número, como não pode repetir, só sobraram **9** opções para colocar na primeira casa.

9 __ __ 5

Na segunda casa temos apenas **8** opções porque já usamos dois números.

9 8 __ 5

Na terceira casa tempos apenas 7 opções porque já usamos três números.

9 8 7 5

Multiplicando: **9.8.7.5 = 2520** opções.

Outra pegadinha muito comum ocorre nas questões do tipo: Quantos números de três algarismos distintos podemos formar com os números **0**, **3**, **4**, **6**, **7** e **9**.

__ __ __

DICA

Distintos significa diferentes.

A primeira coisa que você faz é ver quantos números temos para usar. No caso temos 6 opções.

CUIDADO

O número precisa ter três dígitos, logo não pode começar com zero, porque se o primeiro número for zero, tenho na verdade um número de apenas dois dígitos. Você já deve ter ouvido a frase: "fulano é um zero à esquerda", em outras palavras, não presta para nada. Logo para a primeira casa temos apenas cinco opções.

5 __ __

Agora vem outra pegadinha!

CUIDADO

Nós tínhamos **6** opções, usamos uma na primeira casa logo sobraram cinco para serem colocadas na segunda casa também.

$\underline{5}$ $\underline{5}$ __

Na última casa temos quatro opções, visto que tínhamos seis opções e usamos duas, sobraram quatro.

$\underline{5}$ $\underline{5}$ $\underline{4}$

Multiplicando: **5.5.4 = 100** opções.

SUPERDICA

Não faça nada sem pensar duas vezes na situação. Nesta matéria qualquer detalhe faz a diferença. Quando falo para pensar duas vezes não é exagero e nem força de expressão, faça isso! Você vai evitar vários erros. Sempre leia com muita calma o enunciado dessas questões!

Uma curiosidade: você já parou para calcular a quantidade de combinações diferentes que tem no seu guarda-roupa?

Vamos supor que você tenha **10** camisas, **5** calças e **3** pares de sapatos. Quantas combinações diferentes você consegue fazer? Basta multiplicar todos os valores.

10.5.3 = 150

EXERCÍCIOS – PRINCÍPIO FUNDAMENTAL DA CONTAGEM

Se quiser, você pode assistir algumas resoluções no site **www.calculemais.com.br**.

1. (**Fatec-SP**) Para mostrar aos seus clientes alguns dos produtos que vende, um comerciante reservou um espaço em uma vitrine, para colocar exatamente **3** latas de refrigerante, lado a lado. Se ele vende **6** tipos diferentes de refrigerante, de quantas maneiras distintas pode expô-los na vitrine?

a) 144
b) 132
c) 120
d) 72
e) 20

RESOLUÇÃO:

Vamos colocar os três traços para representar os **3** lugares da vitrine.

__ __ __

Agora é só preencher os traços, no total temos 6 refrigerantes, logo para o primeiro lugar na vitrine temos 6 opções para escolher.

$\underline{6}$ __ __

Não faz sentido repetir produtos na vitrine, então para o segundo lugar sobraram 5 opções para colocarmos

$\underline{6}$ $\underline{5}$ __

Por fim, podemos colocar qualquer um dos **4** tipos refrigerantes que ainda restam.

$\underline{6}$ $\underline{5}$ $\underline{4}$

6.5.4 = 120, ou seja, existem **120** maneiras diferentes de montar a vitrine.

2. (**UFSM-RS-2005**) Para efetuar suas compras, o usuário que necessita sacar dinheiro no caixa eletrônico, realiza duas operações: digitar uma senha composta por **6** algarismos distintos e outra composta por **3** letras, escolhidas num alfabeto de **26** letras. Se essas pessoas esqueceram a senha, mas lembram que **8**, **6** e **4** fazem parte dos três primeiros algarismos e que as letras são todas vogais distintas, sendo **E** a primeira delas, o número máximo de tentativas necessárias para acessar sua conta será:

a) 210
b) 230
c) 2.520
d) 3.360
e) 15.120

RESOLUÇÃO:

Primeiro vamos colocar os traços para facilitar a interpretação:

Senha numérica __ __ __ __ __ __

Senha de letras __ __ __

A questão informa que os três primeiros números são **8**, **6** e **4**. Não sei qual é a ordem que eles são usados, mas sabemos que são eles. Então sabemos que no primeiro dígito da senha pode ser qualquer um desses **3**.

Senha numérica 3 __ __ __ __ __

No segundo dígito pode ser qualquer um dos dois que sobraram para usar.

Senha numérica 3 2 __ __ __ __

Logo, restou apenas uma opção para o terceiro dígito da senha.

Senha numérica 3 2 1 __ __ __

A questão fala que são **6** algarismos distintos, logo para completar os espaços que faltam, sobram **7** opções, uma vez que usamos **3** números. Então no quarto dígito da senha posso colocar qualquer um dos **7** números que restam.

Senha numérica 3 2 1 7 __ __

Para o quinto dígito sobram 6 opções e para o último dígito, sobram 5 opções.

Senha numérica 3 2 1 7 6 5

Agora basta multiplicar e você saberá a quantidade de possibilidades que tem para descobrir a senha numérica

$$3.2.1.7.6.5 = 1260$$

Agora vamos descobrir quantas combinações de letras nós temos. A questão informa que a senha começa com a letra "**E**" e que só podemos usar vogais. Vamos montar os traços.

Senha de letras E __ __

Ao todo temos cinco vogais (**A**, **E**, **I**, **O**, **U**) como já usamos uma, sobraram **4** opções para o segundo dígito, e **3** para o último dígito. Veja:

Senha de letras E 4 3

Multiplicando **4.3 = 12** combinações de letras nesta senha.

Mas a questão quer saber no total, ou seja, considerando a senha numérica e a senha de letras. Destaquei este "e" por um motivo especial. Na análise combinatória e na probabilidade (próximo capítulo) o "e" significa multiplicação e o "ou" soma.

Então, neste caso, temos que multiplicar os valores encontrados referente à senha numérica com a senha de letras:

1260.12 = 15120 combinações ao total.

3. (**UEL-PR-2003**) Sejam os conjuntos A= {1,2,3} e B = {0,1,2,3,4}. O total de funções injetoras de A para B é:

a) 10
b) 15
c) 60
d) 120
e) 125

RESOLUÇÃO:

A "grosso modo", falar que uma função é injetora significa que cada elemento de "A" se conecta a um único elemento de "B" sem repetir. Ou seja, como "A" só tem 3 elementos, ele só pode se conectar a outros 3 elementos. Observe que temos 5 elementos que podemos utilizar (do conjunto B). Como só precisamos de três números, vamos colocar três traços.

__ __ __

No primeiro traço temos 5 opções, no segundo sobram 4 e no último sobram 3.

$\underline{5}\ \underline{4}\ \underline{3}$

5.4.3 = 60 funções injetoras podem ser criadas

4. (**PUC-MG**) Um bufê produz 6 tipos de salgadinhos e 3 tipos de doces para oferecer em festas de aniversário. Se em certa festa devem ser servidos 3 tipos desses salgados e 2 tipos desses doces, o bufê tem x maneiras diferentes de organizar esse serviço. O valor de x é:

a) 180
b) 360
c) 440
d) 720

DICA

Essa questão utiliza o mesmo princípio da questão da senha.

RESPOSTAS: 1.c) ▪ 2.e) ▪ 3.c) ▪ 4.d)

AGRUPAMENTO SIMPLES

Quando vamos agrupar algo, significa que vamos unir coisas. Por mais simples que possa parecer esse assunto, ele é a base para assuntos muito importantes que veremos à frente. Na análise combinatória agrupamento simples significa que vamos unir coisas sem repetir. Vamos imaginar que temos um conjunto A = { a, b, c, d}.

Nós podemos agrupar de várias formas diferentes, por exemplo:

Vamos agrupar de dois em dois: {ab, ac, ad, bc, bd, cd}. Existe uma forma chique de falar que vamos agrupar de dois em dois; podemos dizer: Agrupamento Simples de 4 elementos tomados de 2 a 2. Os quatro elementos representam a quantidade total de elementos do conjunto A.

Vamos fazer um agrupamento simples de 4 elementos tomados de 3 a 3, ou seja, vamos agrupar de três em três. Veja: {abc, acd, abd, bcd}. Observe que **abc** é algo diferente de **acb**, apesar de ser composto pelas mesmas letras. O agrupamento é simples porque você não pode repetir os elementos, por exemplo: aab.

Para finalizar vamos fazer um agrupamento simples de 4 elementos tomados de 4 a 4. Veja: {abcd}.

FATORIAL

Esse assunto é muito divertido e extremamente importante para análise combinatória. Você vai usá-lo muito.

Veja que divertido: se colocar um ponto de exclamação ao lado de um número, por exemplo 4! ele passa a ser chamado de 4 fatorial. A parte mais legal é que seu valor muda e passa a ser 24. Isso vale para qualquer número. Veja:

4! = 24
5! = 120
6! = 720
1! = 1

O zero é o mais legal de todos.

0! = 1 (sim, é isso mesmo que você leu! Zero fatorial é igual a 1.)

Quer saber qual é a mágica? Preste atenção na lógica.

4! = 4.3.2.1 = 24
5! = 5.4.3.2.1 = 120
6! = 6.5.4.3.2.1 = 720
7! = 7.6.5.4.3.2.1 = 5040

O fatorial nada mais é do que uma série de multiplicações consecutivas que possui uma grande característica: você vai multiplicar todos os números anteriores a ele até chegar no número **1**. Veja mais um exemplo:

$$10! = 10.9.8.7.6.5.4.3.2.1 = 3628800$$

Agora o que acontece com o zero fatorial? Por que o resultado é sempre 1? Simples, é a regra, memorize isso e fim, não tem explicação lógica para isso. O que ocorre é que os matemáticos inventaram isso para poder resolver as contas, mas não me pergunte quando, onde ou como isso foi inventado porque não faço ideia.

Essa história do fatorial vai quebrar um galho tão grande que você vai me agradecer depois. Mas para isso acontecer preciso ensinar você a simplificar o fatorial. Se eu quisesse fazer:

$$\frac{10!}{8!}$$

$$10! = 10.9.8.7.6.5.4.3.2.1$$

$$8! = 8.7.6.5.4.3.2.1$$

Em vez de escrever o **10!**, como fiz acima, posso escrever:

$$10! = \mathbf{10.9.8!}$$

Esse é o grande segredo para simplificar o fatorial, basta abrir o maior fatorial até chegar no valor do menor e parar. Observe que é apenas uma maneira diferente de resolver, porque se você parar para analisar, se fosse abrir **10.9.8!**, ficaria:

10.9.8! = 10.9.8.7.6.5.4.3.2.1, ou seja, fica idêntico a quando abri o **10!** Então para simplificar, basta fazer:

$$\frac{10!}{8!} = \frac{10.9.8!}{8!}$$

Para finalizar, vamos "cortar" o "**8!**" da parte de cima e de baixo. Veja:

$$\frac{10!}{8!} = \frac{10.9.\cancel{8!}}{\cancel{8!}} = 10.9 = 90$$

Vamos fazer mais um exemplo!

$$\frac{12!}{9!} = \frac{12.11.10.9!}{9!} = \frac{12.11.10.\cancel{9!}}{\cancel{9!}} = 12.11.10 = 1320$$

Vou deixar a situação mais divertida. Veja:

$$\frac{(n+1)!}{n!} =$$

Calma! Não é nada impossível não, pelo contrário é bem fácil, você só precisa tomar cuidado na hora de resolver. Já reparou que para resolver o fatorial você vai sempre multiplicar pelo número antecessor, ou seja, que vem imediatamente antes. Mas qual é o antecessor de **(n + 1)**? Para achar o antecessor basta subtrair um.

Então vamos lá, vamos descobrir o antecessor de **(n + 1)**.

$(n + 1) \mathbf{- 1} =$

$n + 1 \mathbf{- 1} = n$

Vamos logo simplificar!

$$\frac{(n+1)!}{n!} = \frac{(n+1).n!}{n!} = \frac{(n+1).\cancel{n!}}{\cancel{n!}} = (n+1) = n+1$$

Vamos fazer mais um exemplo? Simplifique:

$$\frac{(v+1)!}{(v-1)!} =$$

Lembre-se, não importa qual é a letra se está usando, nada muda. Neste exercício usei a letra v porque meu nome começa com **v**. O segredo é sempre abrir o maior número até chegar no menor. O número **(v + 1)** é maior do que **(v – 1)** certo? Então vamos abrir o **(v + 1)**. Vamos usar a mesma técnica que no exemplo anterior.

$(v + 1) \mathbf{- 1} =$

$v + 1 \mathbf{- 1} = v$

Substituindo:

$$\frac{(v+1).v!}{(v-1)!} =$$

Ainda não foi suficiente, já que o número de cima precisa ficar igual ao de baixo para simplificar, então vou subtrair 1 mais uma vez.

v menos **1** = **(v – 1)**

Substituindo:

$$\frac{(v+1).v.(v-1)!}{(v-1)!} =$$

Agora podemos "cortar":

$$\frac{(v+1).v.\cancel{(v-1)!}}{\cancel{(v-1)!}} = (v+1).v$$

Para finalizar, você pode aplicar a distributiva, também conhecida como chuveirinho. Veja:

$(v + 1).v$

Vou apenas mudar a ordem:

$v.(v + 1)$

Vamos resolver a distributiva:

$v.(v + 1) = v^2 + v$

Vamos fazer mais um exemplo:

$$\frac{(x-2)!}{(x-1)!} =$$

A técnica para resolver é exatamente a mesma. Primeiro vamos pensar, qual é maior? **(x − 2)** ou **(x − 1)**? Vamos pensar assim, tenho um número **x** se tirar "um" ele vai ser maior do que se tirar "dois". Por isso **(x − 1)** é maior. Mas o que acontece se você se enganar e escolher o número errado para abrir? Simples, não vai conseguir resolver, você vai perceber rapidamente que tem algo errado, então basta fazer usando o outro número. Vamos subtrair 1 para achar o antecessor.

$(x - 1) - \mathbf{1}$

$x - 1 - \mathbf{1} = x - 2 = \mathbf{(x - 2)}$

Vamos substituir:

$$\frac{(x-2)!}{(x-1)(x-2)!} =$$

Agora vamos "cortar":

$$\frac{\cancel{(x-2)!}}{(x-1)\cancel{(x-2)!}} =$$

Se cortei tudo que estava em cima o que coloco no lugar? Vou colocar o número um. Talvez você tenha reparado que na maioria das vezes escrevi a palavra cortar entre aspas. O importante é que você saiba que "cortar" significa dividir um número pelo mesmo número. Todas as vezes que dividimos um número por ele mesmo encontramos como resposta o número um. Por exemplo, quanto é dez dividido por dez? Quanto é cem dividido por cem?

$$\frac{\cancel{(x-2)!}}{(x-1)\cancel{(x-2)!}}=\frac{1}{(x-1)}$$

EXERCÍCIOS DE FATORIAL

1. **(PUC–SP)** Se $(n-6)! = 720$, então:

a) n = 10
b) n = 11
c) n = 12
d) n = 13
e) n = 14

RESOLUÇÃO:

Esse exercício é bem simples, mas tem um truque para você resolver. O segredo está em você prestar atenção no lado direito da equação. Temos apenas o número 720, ou seja, não temos variáveis (letras). Então para resolver essa equação, você precisa pensar assim, 720 é resultado do fatorial de qual número? A única forma de descobrir é por tentativa e erro:

$2! = 2.1 = 2$
$3! = 3.2.1 = 6$
$4! = 4.3.2.1 = 24$
$5! = 5.4.3.2.1 = 120$
$6! = 6.5.4.3.2.1 = 720$

Já descobrimos que 720 é igual a 6! Então vamos substituir essa informação na equação:

$(n-6)! = 720$
$(n-6)! = 6!$

Como o lado esquerdo está entre parênteses e tenho apenas um número como fatorial do lado direito, vou simplificar de uma maneira que você provavelmente nunca viu: vou "cortar" o símbolo dos fatoriais (o ponto de exclamação). Observe:

$(n-6)! = 6!$
$(n-6)\cancel{!} = 6\cancel{!}$
$(n-6) = 6$

Agora basta resolver esta simples equação:

$(n - 6) = 6$

$n - 6 = 6$

$n = 6 + 6 = 12$

2. (**UFRN**) Se $(x + 1)! = 3.(x!)$, então x é igual a:

a) 1

b) 2

c) 3

d) 4

e) 5

RESOLUÇÃO:

Essa questão é fácil de ser resolvida; vou ensinar um truque. Você vai usar a mesma técnica de simplificação da questão anterior, mas como temos variáveis (letras) dos dois lados da equação, não podemos simplesmente cortar o fatorial (ponto de exclamação). Vamos aplicar aquela técnica de simplificação que ensinei ainda há pouco, que é abrir o maior fatorial até chegar no menor fatorial. Assim teremos em ambos os lados o mesmo termo. Vamos abrir o $(x + 1)!$ Logo: $(x + 1).x!$

Substituindo na equação temos:

$(x + 1)! = 3.(x!)$

$(x + 1).x! = 3.(x!)$

Observe que agora, tenho $x!$ em ambos os lados, ou seja, vou simplificar e resolver:

$(x + 1).\cancel{x!} = 3.(\cancel{x!})$

$(x + 1) = 3$

$x + 1 = 3$

$x = 3 - 1 = 2$

3. (**PUC-RJ**) O produto $n(n - 1)$ pode ser escrito, em termos de fatoriais, como:

a) $n! - (n - 2)!$

b) $n!/(n - 2)!$

c) $n! - (n - 1)!$

d) $n!/[2(n - 1)!]$

e) $(2n)!/[n!(n - 1)!]$

DICA

Para resolver essa questão, você precisa imaginar uma conta que depois que for simplificada resultará no valor de n (n – 1). Vou deixar como desafio para você!

4. (UEPG-PR) Calcule a soma das raízes da equação $(5x - 7)! = 1$.

a) 5

b) 7

c) 12

d) 3

e) 4

RESOLUÇÃO:

A técnica para resolver essa equação é a mesma da primeira questão, mas a diferença é que temos uma pegadinha aqui. Você deve pensar, **1** é o resultado do fatorial de qual número, fácil, do **1!**, mas lembre-se que **0!** também é igual a um. Veja:

$0! = 1$

$1! = 1$

Como existem dois fatoriais cujos resultados são iguais a **1**, temos que fazer duas contas, por isso a questão pede a soma das raízes (respostas).

Para o primeiro caso:

$(5x - 7)! = 1$

$(5x - 7)! = 0!$

$(5x - 7)\cancel{!} = 0\cancel{!}$

$(5x - 7) = 0$

$5x - 7 = 0$

$5x = 0 + 7$

$5x = 7$

$$x = \frac{7}{5}$$

Achamos a primeira raiz (resposta), vamos calcular a segunda.

$(5x - 7)! = 1$

$(5x - 7)! = 1!$

$(5x - 7) = 1$

$5x - 7 = 1$

$5x = 1 + 7$

$5x = 8$

$$x = \frac{8}{5}$$

Para finalizar, basta fazer o que o enunciado pede, ou seja, somar as duas respostas:

$$\frac{7}{5} + \frac{8}{5} = \frac{15}{5} = 3$$

5. **(UFPR)** Com base nos estudos de fatorial, calcule a soma das afirmações corretas.

(01) $0! = 1$
(02) $1! + 2! = 3!$
(04) $(3!).(3!) = 36$
(08) $(3!)\,! = 720$

RESPOSTAS: 1. c) ■ 2. b) ■ 3. b) ■ 4. d) ■ 5. Soma = 13 (01 + 04 + 08)

ARRANJO SIMPLES E COMBINAÇÃO SIMPLES

Esses dois temas fazem parte da análise combinatória e não são assuntos difíceis, mas se você não prestar atenção, você pode facilmente errar. Por isso sempre leia no mínimo duas vezes o enunciado porque é muito comum ter alguma pegadinha. A grande diferença entre esses dois temas é:

Arranjo Simples: A ordem **IMPORTA!**

Combinação Simples: A ordem **NÃO importa.**

Mas que história é essa da ordem importar ou não? Vamos ver um exemplo: será feito um sorteio e o primeiro lugar ganhará um carro, o segundo lugar, uma bicicleta. Faz diferença você ser o primeiro ou o segundo? Claro que faz! Afinal, todos querem o carro. Agora se fossem sorteados dois carros exatamente iguais, faz diferença você ser o primeiro ou o segundo sorteado? Não, por isso a ordem não importa.

ARRANJO SIMPLES

O arranjo simples é interessante porque permite calcular a quantidade de combinações, por exemplo, de uma dupla de ganhadores. Sabendo que existem 10 pessoas em uma casa e será realizado um sorteio no qual uma delas ganhará uma batedeira e a outra um liquidificador, usaremos o arranjo simples para calcular quantas combinações diferentes de ganhadores teremos.

Vamos ver e entender a fórmula.

$$A_m^p = \frac{m!}{(m-p)!}$$

Quando você olha essa fórmula pela primeira vez, pode até assustar, mas ela é bem simples de ser usada. Não se preocupe, vou ajudar você a entender.

m = representa o total de elementos. No exemplo que dei agora pouco, seriam as 10 pessoas da casa. Digo total de elementos, porque não sabemos do que se trata a questão, por exemplo, pessoas, carros, cachorros, gatos, etc. Neste exemplo que dei, posso simplesmente falar que o m representa o total de pessoas.

p = representa o agrupamento que estou fazendo, ou seja, quantos elementos vou usar. No exemplo acima seria o **2**, porque teremos dois ganhadores.

Vamos calcular a quantidade de duplas de ganhadores que teremos.

$$A_m^p = \frac{m!}{(m-p)!}$$

m = total de pessoas = **10**

p = quantidade de ganhadores = **2**

Vamos substituir os valores:

$$A_{10}^2 = \frac{10!}{(10-2)!}$$

O próximo passo sempre será resolver a subtração que está na parte de baixo e depois simplificar. Depois que você subtrair, os parênteses não terão mais função, por isso você pode retirá-los. Veja:

$$A_{10}^2 = \frac{10!}{(10-2)!} = \frac{10!}{(8)!} = \frac{10!}{8!}$$

Vamos simplificar:

$$A_{10}^2 = \frac{10!}{8!} = \frac{10.9.8!}{8!} = \frac{10.9.\cancel{8!}}{\cancel{8!}} = 10.9 = 90$$

Ou seja, existem **90** possíveis duplas de ganhadores.

SUPERDICA

Preste muito atenção no enunciado. Se a ordem importar, use arranjo simples!

ARRANJO COM REPETIÇÃO

Esse tópico é bem simples. Você vai usar a técnica que aprendeu no princípio fundamental da contagem. Inclusive você pode resolver questões desse assunto utilizando o princípio fundamental da contagem. Imagine a seguinte situação: você vai criar uma senha de 3 dígitos e os números podem ser repetidos. Quantas combinações de senhas são possíveis? Vamos fazer os nossos famosos traços para resolver.

$\underline{10}$ $\underline{10}$ $\underline{10}$

Como os números podem se repetir, temos **10** opções para serem colocadas em cada dígito.

Agora para finalizar, basta multiplicar **10.10.10 = 1000**.

A única diferença para o arranjo com repetição é que ao observar uma situação como essa. Basta pegar o número de possibilidades, no caso **10** e elevar ao número de vezes que essa possibilidade se repete, no caso **3**, ou seja:

$10^3 = 1000$

DICA

Talvez você encontre por aí algo escrito assim: $\mathbf{A_{(n,p)} = n^p}$. Não se assuste, é apenas uma nomenclatura. O "n" representa o número que você vai repetir e o "p", a quantidade de vezes que repetiu. Veja: $\mathbf{A_{(10,3)} = 10^3 = 1000}$

EXERCÍCIOS DE ARRANJO

1. (**Unaerp-SP-1996**) Uma fechadura de segredo possui 4 contadores que podem assumir valores de **0** a **9** cada um, de tal sorte que, ao girar os contadores, esses números podem ser combinados para formar o segredo e abrir a fechadura. De quantos modos esses números podem ser combinados para se tentar encontrar o segredo?

a) 10.000
b) 64.400
c) 83.200
d) 126
e) 720

DICA

Essa é uma questão de arranjo com repetição, ou seja, você pode aplicar a técnica do princípio fundamental da contagem para resolver.

2. **(UFC-CE-2001)** Assinale a alternativa na qual consta a quantidade de números inteiros formados por três algarismos distintos, escolhidos entre 1, 3, 5, 7, 9, e que são maiores que 200 e menores que 800.

a) 30
b) 36
c) 4
d) 48
e) 54

RESOLUÇÃO:

A primeira coisa que você precisa observar é que a ordem importa. O número 375 é diferente do número 537, apesar de termos usados os mesmos números para formar ambos. Ou seja, vamos usar arranjo para resolver. Como eles querem números maiores que 200 e menores que 800, vamos ter que dividir a resolução em partes. Para estar entre 200 e 800 os números precisam começar com 3, 5, ou 7.

Vamos calcular a quantidade de números que começam com 3.

3 __ __

DICA1

Não vamos usar o valor do número 3. Apenas coloquei aqui para representar que a primeira posição já tem dono, por isso sobraram apenas 2 espaços para usarmos no cálculo.

DICA2

Se você for usar o princípio fundamental da contagem, lembre-se que no primeiro espaço temos apenas **uma** opção (que é o número 3), mas usamos o **1** para multiplicar.

Como você pode ver, sobram 4 números para serem usados, mas só temos dois lugares. Como a ordem importa, vamos aplicar arranjo. O total de números que temos para usar o m é igual a 4 e o p é igual a 2, que representa a quantidade de lugares.

$$A_m^p = \frac{m!}{(m-p)!}$$

$$A_4^2 = \frac{4!}{(4-2)!}$$

Resolvendo:

$$A_4^2 = \frac{4!}{(4-2)!} = \frac{4!}{(2)!} = \frac{4!}{2!} = \frac{4.3.2!}{2!} = \frac{4.3.\cancel{2!}}{\cancel{2!}} = 4.3 = 12$$

Ou seja, existem 12 números que começam com 3.

Vamos calcular a quantidade de números que começam com **5**.

5 __ __

Como você pode ver, ocorre exatamente a mesma coisa de quando o número começa por **3**, ou seja, já sabemos que também temos **12** opções.

Consecutivamente, também temos **12** opções quando o número começar por **7**.

Nós dividimos a questão em três partes, agora como vamos calcular a quantidade total? Basta somar **12 + 12 + 12 = 36** números que são maiores que 200 e menores que **800**. Talvez você se pergunte: porque nós somamos e não multiplicamos? Algumas questões atrás dei essa dica; quando você usar "ou", você soma. Neste caso o número vai começar por **3** ou por **5** ou por **7**.

3. (**Cesgranrio–RJ–1995**) Durante a Copa do Mundo, que foi disputada por **24** países, as tampinhas de Coca-Cola traziam palpites sobre os países que se classificariam nos três primeiros lugares (por exemplo: 1° lugar, Brasil; 2° lugar, Nigéria; 3° lugar, Holanda).

Se, em cada tampinha, os três países são distintos, quantas tampinhas diferentes poderiam existir?

a) 69

b) 2.024

c) 9.562

d) 12.144

e) 13.824

RESOLUÇÃO:

Como a ordem importa, basta aplicar a técnica do arranjo.

$$A_m^p = \frac{m!}{(m-p)!}$$

O "**m**" representa a quantidade total de países = **24**

O "**p**" representa os três primeiros lugares, ou seja, **p = 3**

$$A_{24}^3 = \frac{24!}{(24-3)!}$$

$$A_{24}^3 = \frac{24!}{(21)!}$$

$$A_{24}^3 = \frac{24.23.22.21!}{21!}$$

$$A_{24}^{3} = \frac{24.23.22.\cancel{21!}}{\cancel{21!}}$$

$$A_{24}^{3} = 24.23.22 = 12144$$

4. (**Faap–1997**) Quantas motos podem ser licenciadas, se cada placa tiver 2 vogais (podendo haver vogais repetidas) e 3 algarismos distintos?

a) 25.000
b) 120
c) 120.000
d) 18.000
e) 32.000

DICA

Divida essa questão em duas partes. A parte das letras é um arranjo com repetição que você pode, se quiser, aplicar o princípio fundamental da contagem. A parte dos números você pode resolver por arranjo, ou através do princípio fundamental da contagem. Depois que você encontrou a quantidade de combinações de letras e de números, basta multiplicar os dois valores. Lembre-se da dica do "e" / "ou". Neste caso você vai usar na placa as vogais **e** os números.

5. (**Mack–SP**) Com os algarismos 1, 2, 3, 4, 5, 6 são formados números de quatro elementos distintos. Dentre eles, quantos são divisíveis por 5?

a) 20 números
b) 30 números
c) 60 números
d) 120 números
e) 180 números

RESOLUÇÃO:

Para resolver essa questão, você pode usar arranjo simples ou o princípio fundamental da contagem. Vou usar a segunda opção por ser mais fácil. Lembre-se que para um número ser divisível por 5 ele precisa terminar em 0 ou 5. Como não temos o número 0 como opção para usar, sabemos que o número obrigatoriamente terminará com 5, ou seja, temos apenas uma única opção para colocar no lugar do último dígito.

__ __ __ 1

Para o primeiro dígito sobraram 5 opções, para o segundo dígito temos 4 opções e para o penúltimo dígito temos 3 opções.

5 4 3 1

5.4.3.1 = 60 combinações diferentes

6. (**UFRGS-RS-1998**) Quantos números inteiros positivos, com 3 algarismos distintos, são múltiplos de 5?

a) 12
b) 136
c) 144
d) 162
e) 648

DICA1

Não se preocupe com a expressão "inteiros positivos", ela apenas significa que o número não tem vírgula, e não é negativo.

DICA2

Divida a questão em duas partes. Os números terminados em **zero** e os números terminados em **5**.

DICA3

Como o número **ou** termina em 5 **ou** termina em 0, logo você somará os valores no final.

DICA4

Use o princípio fundamental da contagem.

RESPOSTAS: 1.a) ■ 2.b) ■ 3.d) ■ 4.d) ■ 5.c) ■ 6.b)

PERMUTAÇÃO SIMPLES E COM REPETIÇÃO

Vou abrir esse texto com uma curiosidade que você nem precisa se lembrar: a permutação é um caso especial de arranjo simples. Permutar significa mudar os elementos de lugar. Todas as vezes que perceber que existe uma troca de lugares entre os elementos, você usará permutação. Por exemplo: em um automóvel existem 5 lugares, e 5 pessoas estão ocupando esse automóvel. De quantas formas diferentes essas pessoas podem sentar? Como temos cinco lugares e cinco pessoas, a única coisa que vai ocorrer é que elas vão trocar de lugar, por isso usamos a permutação simples.

Apenas por curiosidade, vou explicar porque a permutação simples é um caso especial de arranjo simples. A ordem dos lugares importa? Claro! Quem vai ser o motorista? Ele pode ser aquele seu amigo "barbeiro" ou uma amiga que dirige muito bem! Esse é um caso especial de arranjo porque a quantidade total de elementos, representados pelas letras "m" e o "n", possuem o mesmo valor, ou seja, tenho cinco lugares e cinco pessoas. Em vez de usar a fórmula do arranjo, vamos fazer algo muito mais simples. Como são 5 pessoas e 5 lugares, basta fazer o fatorial do número 5.

$$5! = 5.4.3.2.1 = 120$$

Ou seja, existem 120 combinações diferentes das pessoas sentarem.

Um caso muito comum, que cai em provas com enorme frequência, é calcular a quantidade de anagramas. Anagrama nada mais é do que misturar as letras de uma palavra, mesmo que a nova palavra não faça sentido. Por exemplo: Iracema é um anagrama da palavra América.

SUPERDICA

Não se preocupe com os acentos. Você não os usa quando vai montar um anagrama. Outro anagrama da palavra América é AMCAERI. Lembra que falei que não precisava fazer nenhum sentido?

Quando a palavra não têm letras repetidas, basta contar quantas letras tem e fazer o fatorial. Por exemplo, vamos calcular a quantidade de anagramas do meu nome: VANDEIR. Observe que não tem letras repetidas. Como temos 7 letras, basta fazer 7!

$$7! = 7.6.5.4.3.2.1 = 5040$$

Ou seja, o nome Vandeir possui 5.040 anagramas.

Divertido fica quando temos letras repetidas. Nós vamos precisar "descontar" essa repetição, mas não se assuste, pois é bem fácil. Vamos voltar a palavra AMÉRICA. Quantas letras repetidas tenho? Apenas duas vogais A, nesses casos, basta fazer o fatorial normalmente, mas depois precisamos dividir o resultado pelo fatorial do número de letras repetidas. Como assim? Vamos ver na prática.

Total de letras = 7, então temos 7!

Quantidade de letras repetidas = 2, logo temos 2!

$$\text{Quantidade de anagramas} = \frac{\textit{o fatorial do total de letras}}{\textit{o fatorial das letras repetidas}}$$

$$\text{Quantidade de anagramas} = \frac{7!}{2!}$$

Simplificando:

$$\text{Quantidade de anagramas} = \frac{7.6.5.4.3.2!}{2!}$$

$$\text{Quantidade de anagramas} = \frac{7.6.5.4.3.\cancel{2!}}{\cancel{2!}}$$

$$\text{Quantidade de anagramas} = 7.6.5.4.3 = 2520 \text{ anagramas}$$

Vamos fazer outro exemplo. Agora calcularemos a quantidade de anagramas que existem na palavra **matemática**.

Total de letras = 10 letras, ou seja, 10!

Agora vamos ver a quantidade de letras repetidas:

Letra m = 2 vezes, logo temos 2!

Letra t = 2 vezes, temos novamente 2!

Letra a = 3 vezes, temos 3!

$$\text{Quantidade de anagramas} = \frac{\textit{o fatorial do total de letras}}{\textit{o fatorial das letras repetidas}}$$

$$\text{Quantidade de anagramas} = \frac{10!}{2!.2!.3!}$$

CUIDADO

No denominador (parte de baixo da fração) os fatoriais estão multiplicando entre si. Observe que não é necessário colocar o sinal que indica multiplicação. Agora vamos simplificar:

$$\text{Quantidade de anagramas} = \frac{10.9.8.7.6.5.4.3!}{2!.2!.3!}$$

$$\text{Quantidade de anagramas} = \frac{10.9.8.7.6.5.4.\cancel{3!}}{2!.2!.\cancel{3!}}$$

$$\text{Quantidade de anagramas} = \frac{10.9.8.7.6.5.4}{2!.2!}$$

Agora precisamos resolver:

$$2! = 2.1 = 2$$

$$\text{Quantidade de anagramas} = \frac{10.9.8.7.6.5.4}{2.2}$$

$$\text{Resolvendo a multiplicação} = \frac{10.9.8.7.6.5.4}{4}$$

Podemos simplificar os números **4**. Veja:

$$\text{Resolvendo a multiplicação} = \frac{10.9.8.7.6.5.4}{4}$$

$$\text{Resolvendo a multiplicação} = \frac{10.9.8.7.6.5}{1}$$

Resolvendo a multiplicação = 10.9.8.7.6.5 = 151200 anagramas

EXERCÍCIOS DE PERMUTAÇÃO

1. (**Unitau-SP-1995**) O número de anagramas da palavra BIOCIÊNCIAS que terminam com as letras **AS**, nessa ordem, é:

a) 9!

b) 11!

c) 9!/(3! 2!)

d) 11!/2!

e) 11!/3!

RESOLUÇÃO:

A grande dica é, no caso de anagramas, se as letras ficarem fixas e em uma ordem fixa simplesmente apague-as, esqueça que elas existem. Mas atenção: as letras precisam estar em uma ordem fixa, no nosso caso **AS**.

Como vamos descartar as letras **AS**, sobraram **9** letras. Vamos ver as repetições:

Letra **c** = **2** vezes, logo temos **2!**

Letra **i** = **3** vezes, temos novamente **3!**

Agora basta montar a conta:

$$\text{Quantidade de anagramas} = \frac{\textit{o fatorial do total de letras}}{\textit{o fatorial das letras repetidas}}$$

$$\text{Quantidade de anagramas} = \frac{9!}{2!.3!}$$

Simplificando:

$$\frac{9!}{2!.3!}$$

Outra forma de escrever isso é: 9!/(3! 2!)

2. **(Fuvest-1991)** Num programa transmitido diariamente, uma emissora de rádio toca sempre as mesmas **10** músicas, mas nunca na mesma ordem. Para esgotar todas as possíveis sequências dessas músicas serão necessários aproximadamente:

a) 100 dias
b) 10 anos
c) 1 século
d) 10 séculos
e) 100 séculos

DICA1

Use arranjo com repetição ou o princípio fundamental da contagem para descobrir a quantidade de combinações de músicas.

DICA2

Cada combinação representa um dia. Divida o número que você encontrar por 365 para descobrir a quantidade de anos.

3. **(Fatec-SP-1995)** Seis pessoas, entre elas João e Pedro, vão ao cinema. Existem seis lugares vagos, alinhados e consecutivos. O número de maneiras distintas como as seis pessoas podem sentar-se sem que João e Pedro fiquem juntos é:

a) 720
b) 600
c) 480
d) 240
e) 120

RESOLUÇÃO:

O grande truque dessa questão é você calcular a quantidade total de maneiras que todos podem sentar, incluindo João e Pedro juntos. Depois você calcula apenas a quantidade de maneiras que os dois podem sentar juntos e para finalizar basta subtrair.

Como temos 6 lugares, para saber o número total de maneiras que eles podem sentar, basta fazer o 6!

6! = 6.5.4.3.2.1 = 720

Agora, para descobrir a quantidade de maneiras que João e Pedro podem sentar juntos, vamos imaginar que eles sentam nos dois primeiros lugares. Qual é o total de maneiras que as outras pessoas podem sentar?

J P ___ ___ ___ ___

J P 4 3 2 1 ou seja, 4.3.2.1 = 24 maneiras

E se eles sentam no segundo e terceiro lugar, qual é o total de maneiras que as outras pessoas podem sentar?

___ J P ___ ___ ___

4 J P 3 2 1 ou seja, 4.3.2.1 = 24 maneiras

E se sentarem no terceiro e quarto lugares?

___ ___ J P ___ ___

4 3 J P 2 1 ou seja, 4.3.2.1 = 24 maneiras

Nos quarto e quinto lugares?

___ ___ ___ J P ___

4 3 2 J P 1 ou seja, 4.3.2.1 = 24 maneiras

E nos dois últimos lugares?

___ ___ ___ ___ J P

4 3 2 1 J P ou seja, 4.3.2.1 = 24 maneiras

Acabamos de calcular todas as possibilidades de João e Pedro sentarem juntos (nessa ordem).

No total, de quantas maneiras diferentes eles sentaram?

24 maneiras vezes 5 casos = 24.5 = 120

720 – 120 = 600 maneiras diferentes

ERRADO!

Ainda falta um detalhe, em todos os casos acima, o João "sentava primeiro", não podemos esquecer que Pedro pode trocar de lugar com João e "sentar primeiro", logo teríamos que ver a combinação de cada um desses casos, mas se você parar para pensar, vai perceber que vai ser exatamente igual ao caso de cima, logo também existirá 120 maneiras que Pedro e João podem sentar.

Logo existe **120 + 120 = 240** maneiras diferentes que ambos poderiam sentar juntos, logo:

720 – 240 = 480 maneiras distintas deles sentarem.

4. **(Mack-SP-1996)** Os anagramas distintos da palavra MACKENZIE que têm a forma E...............E são em número de:

a) 9!

b) 8!

c) 2.7!

d) 9! – 7!

e) 7!

RESOLUÇÃO:

Primeiro vamos montar os traços.

E __ __ __ __ __ __ __ E

Como já usamos duas letras, sobraram 7.

E 7 6 5 4 3 2 1 E

Para descobrirmos a quantidade de anagramas, basta multiplicar:

7.6.5.4.3.2.1, ou seja, **7!**

5. **(UFRGS-RS-1997)** Um trem de passageiros é constituído de uma locomotiva e 6 vagões distintos, sendo um deles restaurante. Sabendo-se que a locomotiva deve ir à frente e que o vagão-restaurante não pode ser colocado imediatamente após a locomotiva, o número de modos diferentes de montar a composição é:

a) 120

b) 230

c) 500

d) 600

e) 720

6. **(Cesgranrio-RJ-1997s)** Um fiscal do Ministério do Trabalho faz uma visita mensal a cada uma das cinco empresas de construção civil existentes no município. Para evitar que os donos dessas empresas saibam quando o fiscal as inspecionará, ele varia a ordem de suas visitas. De quantas formas diferentes esse fiscal pode organizar o calendário de visita mensal a essas empresas?

a) 180
b) 120
c) 100
d) 8
e) 24

7. **(PUCCamp-SP-1998)** O número de anagramas da palavra EXPLODIR, nos quais as vogais aparecem juntas, é:

a) 360
b) 720
c) 1.440
d) 2.160
e) 4.320

DICA

O princípio de resolução é parecido com o da questão 3.

RESPOSTAS: 1.c) ■ 2.e) ■ 3.c) ■ 4.e) ■ 5.d) ■ 6.b) ■ 7.e)

COMBINAÇÃO

A primeira coisa que você precisa saber é que **A ORDEM NÃO IMPORTA!** É assim que você vai saber quando usar arranjo ou combinação. Vamos imaginar que ocorrerá um sorteio. Os prêmios serão duas bicicletas iguais, logo não importa a ordem dos ganhadores, ou seja, tanto faz ser o primeiro ou o segundo, o prêmio é o mesmo. Considerando que existem 10 pessoas, quantas combinações de ganhadores tenho. Para saber isso, basta aplicar a fórmula que é parecida com a de arranjo, inclusive a forma de resolução também é muito parecida. Veja:

$$C_m^p = \frac{m!}{(m-p)!\,p!}$$

m = total de pessoas = 10

p = quantidade de ganhadores = 2

Vamos substituir os valores:

$$C_{10}^{2}=\frac{10!}{(10-2)!\,2!}$$

Primeiro resolvemos dentro dos parênteses:

$$C_{10}^{2}=\frac{10!}{(8)!\,10!}=\frac{10!}{8!\,2!}$$

Vamos simplificar:

$$C_{10}^{2}=\frac{10.9.8!}{8!2!}=\frac{10.9.\cancel{8!}}{\cancel{8!}\,2!}=\frac{10.9}{2!}$$

Como **2! = 2.1 = 2** logo:

$$C_{10}^{2}=\frac{10.9}{2}=\frac{90}{2}=45$$ possíveis duplas de ganhadores

EXERCÍCIOS DE COMBINAÇÃO

1. (**UNIFESP-SP**) Quatro pessoas vão participar de um torneio em que os jogos são disputados entre duplas. O número de grupos com duas duplas, que podem ser formados com essas 4 pessoas, é:

a) 3
b) 4
c) 6
d) 8
e) 12

RESOLUÇÃO:

Vamos substituir na fórmula

$$C_{m}^{p}=\frac{m!}{(m-p)!\,p!}$$

m = total de pessoas = 4

p = quantidade de pessoas no time = duplas = 2

Vamos substituir os valores:

$$C_{4}^{2}=\frac{4!}{(4-2)!\,2!}$$

Resolvendo e simplificando:

$$C_4^2 = \frac{4!}{(2)!\,2!}$$

$$C_4^2 = \frac{4!}{2!2!}$$

$$C_4^2 = \frac{4.3.2!}{2!2!}$$

$$C_4^2 = \frac{4.3.\cancel{2!}}{\cancel{2!}\,2!}$$

$$C_4^2 = \frac{4.3}{2!}$$

Como 2! = 2.1 = 2

$$C_4^2 = \frac{4.3}{2} = \frac{12}{2} = 6$$

CUIDADO

A questão não quer saber a quantidade de duplas, ela quer saber a quantidade de grupos com 2 duplas. Logo, é só fazer 6 dividido por 2, que é igual a 3.

2. **(UECE)** Assinale a alternativa na qual se encontra a quantidade de modos distintos em que podemos dividir **15** jogadores em **3** times de basquetebol, denominados Vencedor, Vitória e Confiança, com **5** jogadores cada.

a) 3.003
b) 9.009
c) 252.252
d) 756.756

DICA1

Divida a questão em três partes, time vencedor, time vitória e time confiança.

DICA2

Para formar o primeiro time você tem no total 15 jogadores, para formar o segundo time sobraram apenas 10, porque você já usou cinco e para formar o último time, você terá disponível no total apenas 5 jogadores.

DICA3

Para saber a resposta final, basta multiplicar o resultado das três combinações que você fez. Por que multiplicar? Lembre-se da regra do **"e"**. Você quer saber a quantidade de maneiras de formar o time Vencedor **"E"** o time vitória **"E"** o time confiança.

3. **(UECE)** Participei de um sorteio de oito livros e quatro DVDs, todos distintos, e ganhei o direito de escolher dentre esses, três dos livros e dois dos DVDs. O número de maneiras distintas em que posso fazer essa escolha é:

a) 32
b) 192
c) 242
d) 336

DICA1
Separe a questão em duas partes, livros e DVDs.

DICA2
Como você vai escolher DVDs **"E"** livros. No final basta multiplicar os valores encontrados.

4. **(PUC-RJ-2008)** O número total de maneiras de escolher 5 dos números 1, 2, 3,..., 52 sem repetição é:

a) Entre 1 e 2 milhões
b) Entre 2 e 3 milhões
c) Entre 3 e 4 milhões
d) Menos de 1 milhão
e) Mais de 10 milhões

DICA
No total são 52 números e você vai usar 5.

5. **(UFU-MG-2007)** Para participar de um campeonato de Futsal, um técnico dispõe de 3 goleiros, 3 defensores, 6 alas e 4 atacantes. Sabendo-se que sua equipe sempre jogará com 1 goleiro, 1 defensor, 2 alas e 1 atacante, quantos times diferentes o técnico poderá montar?

a) 216
b) 432
c) 480
d) 540

DICA1
Divida o problema em quatro partes: goleiro, defensor, alas e atacante. Calcule a combinação de cada uma delas.

DICA2

Como o time é composto por goleiro **"E"** defensor **"E"** alas **"E"** atacante, basta multiplicar os valores que você encontrar.

6. **(FGV)** Três números inteiros distintos de **–20** a **20** foram escolhidos de forma que seu produto seja um número negativo. O número de maneiras diferentes de se fazer essa escolha é:

a) 4.940
b) 4.250
c) 3.820
d) 3.640
e) 3.280

DICA1

Como a multiplicação terá que dar um número negativo, precisamos multiplicar um número negativo com outro positivo, por isso divida a questão em duas partes, os números negativos e positivos.

DICA2

Você tem no total 20 números negativos e 20 positivos.

DICA3

Como você vai usar números positivos **"E"** negativos, basta multiplicar os resultados no final.

7. **(FGV–2007)** Uma empresa tem **n** vendedores que, com exceção de dois deles, podem ser promovidos a duas vagas de gerente de vendas. Se há **105** possibilidades de se efetuar essa promoção, então o número **n** é igual a:

a) 10
b) 11
c) 13
d) 15
e) 17

RESPOSTAS: 1.a) ■ 2.d) ■ 3.d) ■ 4.b) ■ 5.d) ■ 6.a) ■ 7.e)

MOMENTO ENEM — ANÁLISE COMBINATÓRIA

1. **(ENEM–2016)** Para cadastrar-se em um site, uma pessoa precisa escolher uma senha composta por quatro caracteres, sendo dois algarismos e duas letras (maiúsculas ou minúsculas). As letras e os algarismos podem estar em qualquer posição. Essa pessoa sabe que o alfabeto é composto por vinte e seis letras e que uma letra maiúscula difere da minúscula em uma senha.

Disponível em: www.infowester.com. Acesso em: 14 dez. 2012.

O número total de senhas possíveis para o cadastramento nesse site é dado por:

a) $10^2.26^2$

b) $10^2.52^2$

c) $10^2.52^2.\frac{4!}{2!}$

d) $10^2.26^2.\frac{4!}{2!.2!}$

e) $10^2.52^2.\frac{4!}{2!.2!}$

RESOLUÇÃO:

Essa questão é muito interessante porque vamos trabalhar com letras maiúsculas e minúsculas, ou seja, é como se dobrasse a quantidade de opções. Logo, em um alfabeto de vinte e seis letras, teremos 52 opções (26 letras maiúsculas e 26 letras minúsculas). Dois dígitos são letras do alfabeto, os outros dois são números. Logo, para cada dígito referente ao número, nós teremos 10 opções. Observe que a questão não fala nada sobre os dígitos serem distintos, então eles podem ser repetidos. Imagine que vamos começar pelas letras e depois os números:

$$\underline{52}\quad \underline{52}\quad \underline{10}\quad \underline{10}$$

Mas se formos parar para pensar, também poderia começar pelos números, ou poderia ser um número e uma letra, ou uma letra e um número. Você percebeu que existem várias possibilidades? Para calcular a quantidade total de combinações de senhas, você precisa levar isso em consideração. Esse é um caso de permutação, como se fossemos calcular o anagrama de uma palavra, ou seja, é uma permutação de 4 elementos, com dois pares de elementos repetidos:

$$\frac{4!}{2!.2!}$$

Em outras palavras, para descobrir a quantidade de combinações finais, basta multiplicar tudo (lembre-se da regra do "**e**"). Veja:

$$52.52.10.10.\frac{4!}{2!.2!}$$

Vamos reescrever, mas lembre-se, um número vezes ele mesmo é a mesma coisa que se você pegar um número e elevá-lo ao quadrado.

$$52^2.10^2.\frac{4!}{2!.2!}$$

Apenas mudando a ordem:

$$10^2.52^2.\frac{4!}{2!.2!}$$

2. **(ENEM–2016)** O tênis é um esporte em que a estratégia de jogo a ser adotada depende, entre outros fatores, de o adversário ser canhoto ou destro. Um clube tem um grupo de **10** tenistas, sendo que **4** são canhotos e **6** são destros. O técnico do clube deseja realizar uma partida de exibição entre dois desses jogadores, porém, não poderão ser ambos canhotos. Qual o número de possibilidades de escolha dos tenistas para a partida de exibição?

a) $\frac{10!}{2! \times 8!} - \frac{4!}{2! \times 2!}$

b) $\frac{10!}{8!} - \frac{4!}{2!}$

c) $\frac{10!}{2! \times 8!} - 2!$

d) $\frac{6!}{4!} + 4 \times 4$

e) $\frac{6!}{4!} + 6 \times 4$

RESOLUÇÃO:

Como a ordem não importa, vamos utilizar a combinação. Essa é uma questão bem simples de ser resolvida, basta calcularmos o total de possibilidades que existem e subtrair do total de combinações de dois canhotos jogarem juntos. Vamos começar calculando o total de possibilidades.

$$C_m^p = \frac{m!}{(m-p)!\,p!}$$

$$C_{10}^2 = \frac{10!}{(10-2)!\,2!}$$

$$C_{10}^{2} = \frac{10!}{(8)!\,2!}$$

$$C_{10}^{2} = \frac{10!}{8!\,2!}$$

Como as alternativas não possuem o resultado final e apenas a fórmula, não vamos descobrir o valor. Agora vamos calcular a quantidade de combinações que existem dos dois jogadores que jogarão serem canhotos.

$$C_{m}^{p} = \frac{m!}{(m-p)!\,p!}$$

$$C_{4}^{2} = \frac{4!}{(4-2)!\,2!}$$

$$C_{4}^{2} = \frac{4!}{(2)!\,2!}$$

$$C_{4}^{2} = \frac{10!}{2!\,2!}$$

A quantidade de combinações total seria:

$$\frac{10!}{8!\,2!} - \frac{4!}{2!\,2!}$$

Observe que no enunciado a alternativa foi escrita de uma forma um pouco diferente, vamos reescrever a nossa para ficar igual. Veja:

$$\frac{10!}{8! \times 2!} - \frac{4!}{2! \times 2!}$$

Como na multiplicação a ordem não importa, vamos inverter a ordem dos números.

$$\frac{10!}{2! \times 8!} - \frac{4!}{2! \times 2!}$$

3. **(ENEM-2014)** Um cliente de uma videolocadora tem o hábito de alugar dois filmes por vez. Quando os devolve, sempre pega outros dois filmes, e assim sucessivamente. Ele soube que a videolocadora recebeu alguns lançamentos, sendo **8** filmes de ação, **5** de comédia e **3** de drama e, por isso, estabeleceu uma estratégia para ver todos esses **16** lançamentos. Inicialmente alugará, em cada vez, um filme de ação e um de comédia.

Quando se esgotarem as possibilidades de comédia, o cliente alugará um filme de ação e um de drama, até que todos os lançamentos sejam vistos e sem que nenhum filme seja repetido. De quantas formas distintas a estratégia desse cliente poderá ser posta em prática?

a) $20 \times 8! + (3!)^2$

b) $8! \times 5! \times 3!$

c) $\frac{8! \times 5! \times 3!}{2^8}$

d) $\frac{8! \times 5! \times 3!}{2^2}$

e) $\frac{16!}{2^8}$

RESPOSTAS: 1. e) ▪ 2. a) ▪ 3. b)

CAPÍTULO 11

PROBABILIDADE

A principal função da probabilidade é estudar as chances de algo ocorrer. Esta matéria é muito importante, e em muitos exercícios precisamos usar conceitos que aprendemos lá na análise combinatória. Por isso, estude muito bem o capítulo de análise combinatória antes de começar a estudar probabilidade. Antes de partirmos para as contas, precisamos aprender alguns termos específicos.

- **Experimentos aleatórios:** São experimentos que você pode fazer e nunca saberá a resposta que ele dará antes do acontecido. Por exemplo, ao jogar um dado honesto, pode cair qualquer número, não importa a quantidade de vezes que o joga.
- **Dado honesto:** É um dado comum, sem nenhum tipo de trapaça. Existem dados em que um dos lados é mais "pesado" para que saiam sempre os mesmos números.
- **Espaço amostral:** São todas as respostas (acontecimentos) possíveis. Se você jogar um dado, as respostas possíveis são: 1, 2, 3, 4, 5 e 6. Se jogar uma moeda: **cara** e **coroa**. Se você vai sortear uma bola de uma caixa que tem 20 bolas, o espaço amostral é o total de bolas, ou seja, 20. Na probabilidade o espaço amostral é representado pela letra S. Quando queremos falar o número de elementos desse espaço, escrevemos $n(S)$. Por exemplo, o número de bolas dessa caixa $n(S) = 20$. Cada bola é um elemento.
- **Evento:** Vou trazer a definição matemática e depois explicar com outras palavras. Matematicamente falando, evento seria qualquer subconjunto do espaço amostral. Na prática, evento é aquilo que você quer. Por exemplo: Ao jogar um dado, pode sair qualquer um dos números de 1 até 6 (espaço

amostral). Quero que saia o número 5; esse é meu evento. Outro exemplo de evento: posso querer que saiam números pares. O evento é representado por qualquer letra maiúscula, por exemplo A, B, C, D, E etc. O número de elementos do evento é representado por n(A), n(B), n(C), n(D), dependendo da letra que você escolher.

Exemplos:

Evento: Sair o número 5. Só tem uma possibilidade, logo $n(A) = 1$

Evento: Sair números pares. Existem 3 possibilidades, ou seja, os números 2, 4 e 6. Logo $n(B) = 3$

- **Evento certo:** É um evento impossível de dar errado. Por exemplo, você vai jogar um dado e aposta que vai sair qualquer número de 1 a 6. Tem como perder essa aposta? Impossível, por isso é um evento certo. Em outras palavras, isso sempre vai ocorrer quando seu evento (o que você quer que aconteça) tenha os mesmos elementos que o espaço amostral (total de possibilidades).

- **Evento impossível:** Como o próprio nome diz, é impossível acontecer. Por exemplo, você joga um dado e quer que saia o número 500. Simplesmente impossível.

- **União de eventos:** Você tem dois eventos separados e une ambos. Por exemplo: o açougue e o mercado estão fazendo um sorteio cada, mas os donos resolveram unir os dois eventos. Logo, se você estava concorrendo apenas ao prêmio do açougue, você passa a concorrer também ao prêmio do mercado, ou seja, você uniu os dois eventos, e pode ganhar o prêmio do açougue "**OU**" do mercado. Outro exemplo: Pense que você vai jogar o dado. O evento A seria sair o número 1 e o evento B seria sair qualquer número par. Vamos escrever esses eventos:

  $A = \{1\}$

  $B = \{2, 4, 6\}$

  A união é representada pelo símbolo $\cup$, logo a união de A e B seria:

  $A \cup B: \{1, 2, 4, 6\}$

- **Intersecção de eventos:** Ocorre quando dois eventos acontecem ao mesmo tempo. Por exemplo: você vai jogar um dado e quer que o número que saia seja ímpar e primo ao mesmo tempo. Isso é uma interseção, ou seja, tem que satisfazer as duas condições ao mesmo tempo, ou seja, precisa ser ímpar "E" primo. Vamos escrever agora em linguagem matemática. Vou chamar de evento **A** os números ímpares e de evento **B** os números primos.

$A = \{1, 3, 5\}$
$B = \{2, 3, 5\}$

A interseção é representada pelo símbolo $\cap$.

$A \cap B = \{3, 5\}$

Observe que só peguei os números que são ímpares e primos ao mesmo tempo.

- **Eventos complementares:** Em outras palavras, é o resultado sair ao contrário do que você queria. Por exemplo, se você queria que saísse um número par, sai um número ímpar. Se você queria que saísse o número **2**, saem todos os outros números menos o dois. Em outras palavras é sempre o oposto. Veja como representamos isso matematicamente.

Em um lançamento de dados, o espaço amostral (todas as possibilidades) são:

$S = \{1, 2, 3, 4, 5, 6\}$

O evento **A** é sair números pares:

$A = \{2, 4, 6\}$

O evento complementar de **A** é o oposto, ou seja, só números ímpares. O símbolo que representa o evento complementar é um traço em cima da letra que representa o evento, no caso a letra **A**.

$\bar{A} = \{1, 3, 5\}$

Vamos supor que o evento **B** seja sair o número **2**, o complementar é não sair o número dois.

$B = \{2\}$
$\bar{B} = \{1, 3, 4, 5, 6\}$

CÁLCULO DA PROBABILIDADE

Quando calculamos a probabilidade podemos deixar a resposta final em fração, em número decimal ("com vírgula") ou em porcentagem. Mas para fazer tudo isso vamos usar a mesma fórmula. Matematicamente falando, para calcular a porcentagem basta você fazer:

$$\frac{\textit{Número de elementos do evento}}{\textit{Número de elementos do espaço amostral}}$$

Para facilitar sua vida, você pode pensar assim:

$$\frac{\textit{Quantidade daquilo que interessa descobrir a probabilidade}}{\textit{Número total de possibilidades}}$$

Ao apenas substituir os valores você terá a resposta em fração. Ao dividir o número de cima pelo de baixo você achará o valor em decimal. Ao pegar o resultado dessa divisão e multiplicar por 100, você achará o número em porcentagem. Vamos fazer um exemplo:

Qual a probabilidade de sair cara, quando você joga uma moeda?

Quantidade daquilo que interessa descobrir a probabilidade = **1** (cara)

Número total de possibilidades = **2** (cara ou coroa)

Substituindo na fórmula:

$$\frac{\textit{Quantidade daquilo que interessa descobrir a probabilidade}}{\textit{Número total de possibilidades}} = \frac{1}{2}$$

Vou escrever a resposta nas três formas possíveis:

Fração	Número decimal (Basta dividir)	Porcentagem — Resultado da divisão vezes 100
$\frac{1}{2}$	0,5	50%

Vamos fazer outro exemplo: Qual a probabilidade de sair um número par quando jogo um dado?

Quantidade daquilo que interessa descobrir = **3** (existem **3** números pares)

Número total de possibilidades = **6** (um dado tem 6 números)

Substituindo na fórmula e simplificando o valor no final:

$$\frac{\textit{Quantidade daquilo que interessa descobrir a probabilidade}}{\textit{Número total de possibilidades}} = \frac{3}{6} = \frac{1}{2}$$

Vou escrever a resposta nas três formas possíveis:

Fração	Número decimal (Basta dividir)	Porcentagem — Resultado da divisão vezes 100
$\frac{1}{2}$	0,5	50%

Vamos fazer mais um exemplo: Qual é a probabilidade de sair o número 4 quando jogo um dado?

Quantidade daquilo que interessa descobrir = 1 (existe apenas um número 4)

Número total de possibilidades = 6 (um dado tem 6 números)

Substituindo na fórmula:

$$\frac{\textit{Quantidade daquilo que interessa descobrir a probabilidade}}{\textit{Número total de possibilidades}} = \frac{1}{6}$$

DICA

Sempre será obrigatório simplificar o resultado.

Vou escrever a resposta nas três formas possíveis:

Fração	Número decimal (Basta dividir)	Porcentagem — Resultado da divisão vezes 100
$\frac{1}{6}$	0,1666...	16,67%

SUPERDICA

Não interessa como é a questão ou sobre o que se trata, o resultado da probabilidade sempre será um número entre 0 e 1. Se for zero significa que o evento é impossível e se for 1 é o que chamamos de evento certo. Já expliquei o que são esses eventos anteriormente neste capítulo.

CURIOSIDADE

Lembra do evento complementar que expliquei? Então, se você calcular a probabilidade do evento e depois calcular a probabilidade do evento complementar e somar, o resultado será um. Vou retomar um exemplo que já dei para calcular a probabilidade com o objetivo de demonstrar que o que acabei de falar é verdade.

Vamos supor que o evento B seja sair o número 2, o complementar é não sair o número dois.

$B = \{2\}$

$\overline{B} = \{1, 3, 4, 5, 6\}$

Vamos calcular a probabilidade do evento B.

Quantidade daquilo que interessa descobrir = 1 (existe apenas um número 2)

Número total de possibilidades = 6 (um dado tem 6 números)

Substituindo na fórmula:

$$\frac{\textit{Quantidade daquilo que interessa descobrir a probabilidade}}{\textit{Número total de possibilidades}} = \frac{1}{6}$$

Vamos calcular a probabilidade do evento complementar.

Quantidade daquilo que interessa descobrir = 5 (são os números 1, 3, 4, 5, 6)

Número total de possibilidades = 6 (um dado tem 6 números)

Substituindo na fórmula:

$$\frac{\textit{Quantidade daquilo que interessa descobrir a probabilidade}}{\textit{Número total de possibilidades}} = \frac{5}{6}$$

Somando as duas probabilidades e simplificando $\frac{1}{6} + \frac{5}{6} = \frac{6}{6} = \frac{1}{1} = 1$

UNIÃO DE EVENTOS

Você deve ter reparado que quando falei sobre a união de eventos destaquei o "**OU**". Este é o grande truque para você identificar se uma questão trata sobre a união de eventos ou não. Existe uma fórmula para calcular a união de eventos.

> União de eventos = Probabilidade do primeiro evento (A) **mais** a probabilidade do segundo evento (B) **menos** a probabilidade da intersecção (o que se repete).

Vou escrever exatamente o que escrevi acima, mas usando linguagem matemática.

$P(A \cup B) = P(A) + P(B) - P(A \cap B)$

$P(A \cup B)$ = Probabilidade da união dos eventos A e B

$P(A)$ = Probabilidade do evento A

$P(B)$ = Probabilidade do evento B

$P(A \cap B)$ = Probabilidade da intersecção dos eventos A e B

Nada melhor do que um exemplo para entender isso melhor: Qual é a probabilidade de sair um número ímpar **ou** primo no lançamento de um dado?

Observe que o "**ou**" é o elemento-chave para você saber que tem que unir os eventos. Para começar, vamos chamar de evento **A** os números ímpares e de evento **B** os números primos.

A = {1, 3, 5}
B = {2, 3, 5}

Vamos observar a fórmula:

$$P(A \cup B) = P(A) + P(B) - P(A \cap B)$$

Para descobrir a probabilidade da união dos números ímpares e primos no lançamento de um dado, vamos dividir a resolução em três partes.

1) Vamos começar calculando a **probabilidade do evento A**.

A = {1, 3, 5}

Quantidade daquilo que interessa descobrir = **3** (números ímpares)

Número total de possibilidades = **6** (total de números em um dado)

Substituindo na fórmula:

$$\frac{\textit{Quantidade daquilo que interessa descobrir a probabilidade}}{\textit{Número total de possibilidades}} = \frac{3}{6}$$

2) Vamos calcular a **probabilidade do evento B**.

B = {2, 3, 5}

Quantidade daquilo que interessa descobrir = **3** (números primos)

Número total de possibilidades = **6** (total de números em um dado)

Substituindo na fórmula:

$$\frac{\textit{Quantidade daquilo que interessa descobrir a probabilidade}}{\textit{Número total de possibilidades}} = \frac{3}{6}$$

3) Vamos calcular a probabilidade dos números que se repetem, para isso vamos descobrir a **interseção dos dois eventos**.

A = {1, 3, 5}
B = {2, 3, 5}

A interseção é representada pelo símbolo ∩.

A∩B = {3, 5} Só peguei os números que são ímpares e primos ao mesmo tempo.

Agora vamos calcular a probabilidade.

Quantidade daquilo que interessa descobrir = 2 (resultado da intersecção)

Número total de possibilidades = 6 (total de números em um dado)

Substituindo na fórmula:

$$\frac{\textit{Quantidade daquilo que interessa descobrir a probabilidade}}{\textit{Número total de possibilidades}} = \frac{2}{6}$$

Para finalizar vamos substituir as informações na fórmula:

$P(A \cup B) = P(A) + P(B) - P(A \cap B)$

$P(A \cup B) = \frac{3}{6} + \frac{3}{6} - \frac{2}{6} = \frac{4}{6}$, simplificando $= \frac{2}{3}$

Como você pode reparar, não é difícil, apenas trabalhoso. Mas com a prática você fará isso rapidamente.

DICA

Às vezes o resultado da interseção é zero porque não existem elementos repetidos. Nesse caso, não se preocupe, basta resolver o problema normalmente.

EVENTOS MUTUAMENTE EXCLUSIVOS

Ocorre quando não existe nada em comum entre dois eventos e principalmente, quando um evento ocorre é impossível que o outro também ocorra. Por exemplo, qual é a probabilidade de sair um número par ou ímpar? Observe que é impossível que os dois ocorram ao mesmo tempo. Neste caso para calcular a probabilidade, basta somar a probabilidade de cada evento.

Vamos calcular a **probabilidade do evento A** (números pares).

$A = \{2, 4, 6\}$

Quantidade daquilo que interessa descobrir = 3 (números pares)

Número total de possibilidades = 6 (total de números em um dado)

Substituindo na fórmula e substituindo:

$$\frac{\textit{Quantidade daquilo que interessa descobrir a probabilidade}}{\textit{Número total de possibilidades}} = \frac{3}{6}$$

Vamos calcular a **probabilidade do evento B** (números ímpares).

A = {1, 3, 5}

Quantidade daquilo que interessa descobrir = 3 (números ímpares)

Número total de possibilidades = 6 (total de números em um dado)

Substituindo na fórmula:

$$\frac{\textit{Quantidade daquilo que interessa descobrir a probabilidade}}{\textit{Número total de possibilidades}} = \frac{3}{6}$$

Somando as duas probabilidades, encontramos o resultado final.

$$\frac{3}{6} + \frac{3}{6} = \frac{6}{6} = 1$$

Quando o resultado da probabilidade é igual a 1, significa que é um evento certo, ou seja, é certo que vai acontecer. Se você parar para pensar, faz todo o sentido, porque quando jogamos um dado e apostamos que o resultado vai ser par ou ímpar nunca perderemos, posto que o dado é composto apenas por números pares e ímpares e não existe "uma terceira categoria de números".

PROBABILIDADE CONDICIONAL

A probabilidade condicional é um caso muito específico que será usado quando houver uma informação privilegiada, ou seja, calcular a probabilidade de algo, tendo em mente que alguma coisa ocorreu. Matematicamente falando, a probabilidade condicional é definida como a probabilidade de acontecer o evento B, dado que já ocorreu o evento A. Veja que diferente é a fórmula:

$$P(B|A) = \frac{P(B \cap A)}{P(A)}$$

Em outras palavras, primeiro você calcula a probabilidade da intersecção dos dois eventos e depois divide pela probabilidade do evento que já ocorreu. Achou difícil? Não se preocupe, daqui a pouco vou resolver uma questão que esclarecerá tudo para você!

Essa fórmula representa a probabilidade de acontecer o evento B, dado que já ocorreu o evento A. Talvez você pergunte: e se fosse ao contrário? Para saber a probabilidade de ocorrer o evento **A**, dado que o evento **B** já ocorreu, temos uma pequena mudança na fórmula. Veja:

$$P(A|B) = \frac{P(A \cap B)}{P(B)}$$

É necessário decorar as duas fórmulas? Claro que não, apenas memorize uma delas e entenda o funcionamento. Vamos resolver uma questão para facilitar nosso entendimento.

Exemplo: Em uma sala de aula há **50 alunos**. Dentre esses alunos há **30 meninos**, dos quais **20** usam óculos. Entre as meninas, existem **10** que usam óculos. Se for realizado um sorteio, qual é a probabilidade de se escolher uma menina, sabendo que ela usa óculos?

DICA

Observe que você já sabe que ela usa óculos, ou seja, o evento já ocorreu. Você não vai sortear uma menina ao acaso. Vai sortear uma menina que usa óculos, logo trata-se de uma questão de probabilidade condicional.

Para facilitar o entendimento dessa questão, vamos montar uma tabela:

	Usam óculos	Não usam óculos	Total
Meninos	20	10	30
Meninas	10	10	20
Total	30	20	50

Agora vamos dar uma olhada na fórmula:

$$P(A|B) = \frac{P(A \cap B)}{P(B)}$$

DICA

Não importa qual das duas fórmulas você escolher.

Vou chamar o evento **A** de meninas e o evento **B** de alunos que usam óculos. Agora segundo a fórmula, na parte de cima precisamos da probabilidade da intersecção dos dois eventos, ou seja, a probabilidade de ser sorteada uma menina e ela usar óculos.

Olhando na tabela, vemos que o total de meninas que usam óculos é igual a **10** e o total de alunos **50**, logo a probabilidade de meninas que usam óculos é igual a:

$$P = \frac{10}{50} = \frac{1}{5}$$

Na parte de baixo da fórmula, precisamos saber a probabilidade do evento **B** ocorrer, ou seja, a probabilidade de ser sorteado um aluno que usa óculos. O total de alunos que usam óculos é igual a **30** e o total de alunos **50**, logo:

$$P = \frac{30}{50} = \frac{3}{5}$$

Para finalizar, basta dividir as duas frações. Lembre-se que o traço de fração significa divisão. Você poderia colocar a fração na parte de cima da fórmula e outra na parte de baixo. Veja:

$$P(A|B) = \frac{\frac{1}{5}}{\frac{3}{5}}$$

Talvez você tenha até se assustado, mas tem uma forma bem mais fácil de escrever. Como disse anteriormente, fração significa divisão, por isso vamos escrever assim:

$$P(A|B) = \frac{1}{5} : \frac{3}{5}$$

Bem melhor, não é verdade?

DICA

Apenas destaco que são duas formas diferentes de escrever a mesma coisa, ou seja, sempre que tiver uma fração sobre outra fração, você pode fazer isso.

Para finalizar, vamos resolver essa divisão. Para dividir frações. Você deve copiar a primeira e multiplicar pelo inverso da segunda. Veja:

$$P(A|B) = \frac{1}{5} : \frac{3}{5}$$

$$P(A|B) = \frac{1}{5} \cdot \frac{5}{3}$$

Agora basta multiplicar, em linha reta:

$$P(A|B) = \frac{1}{5} \cdot \frac{5}{3} = \frac{5}{15}$$

$$P(A|B) = \frac{5}{15}$$

Simplificando:

$$P(A|B) = \frac{1}{3}$$

Descobrimos a porcentagem em forma de fração. Se você quiser passar para decimal, basta fazer 1 dividido por **3** que é igual a **0,3333...**

Para descobrir a porcentagem, pegue o valor em decimal e multiplique por **100**. O resultado será **33,33%**.

TEOREMA DA MULTIPLICAÇÃO

Um exemplo muito interessante para explicar esse teorema é simular um sorteio. Imagine que você tenha uma caixa com **3** bolas de futebol azuis, **2** bolas amarelas e **3** vermelhas. Qual é a probabilidade de você tirar uma bola azul e uma bola vermelha? Uma informação importante: depois de sorteada uma bola eles não colocam outra no lugar para repor. Na probabilidade isso é chamado de sorteio sem reposição. Observe a fórmula de cálculo da porcentagem.

$$\frac{\textit{Quantidade daquilo que interessa descobrir a probabilidade}}{\textit{Número total de possibilidades}}$$

Na parte de baixo da fórmula informamos o número total. Quando retiramos uma bola de futebol, o número total diminui. O segundo sorteio sofre interferência do primeiro, porque a bola que saiu não vai mais participar. Por isso falamos que esse teorema é um caso especial de probabilidade condicional. Se houver um terceiro sorteio, ocorrerá a mesma coisa. A diferença é que teremos duas bolas a menos no número total.

Vamos calcular, baseado no exemplo que dei, a probabilidade de você tirar uma bola azul e uma bola vermelha. Primeiro vamos calcular a probabilidade de sair uma bola azul. Para isso, precisamos descobrir o número total de bolas. A questão informa que a caixa tem 3 bolas de futebol azuis, 2 bolas amarelas e 3 bolas vermelhas, ou seja, temos 8 bolas no total e apenas 3 bolas azuis. Veja:

$$\frac{\textit{Quantidade daquilo que interessa descobrir a probabilidade}}{\textit{Número total de possibilidades}} = \frac{3}{8}$$

Agora vamos calcular a probabilidade de sair a bola vermelha, para isso preste muito atenção, não temos mais 8 bolas, sobraram apenas 7, visto que uma foi sorteada. Como temos 3 bolas vermelhas a probabilidade é:

$$\frac{\textit{Quantidade daquilo que interessa descobrir a probabilidade}}{\textit{Número total de possibilidades}} = \frac{3}{7}$$

Nós não queremos saber a probabilidade de cada evento separadamente, queremos saber a probabilidade de sair uma bola azul "E" uma bola vermelha. O que temos que fazer quando temos o "E"? Se disse multiplicar, parabéns! Você acertou. Vamos multiplicar as duas probabilidades que achamos.

$$\frac{3}{8} \cdot \frac{3}{7} = \frac{9}{56}$$

Neste caso não é possível simplificar, então paramos por aqui. Logo a probabilidade de sair uma bola azul e uma bola vermelha é de $\frac{9}{56}$.

EVENTOS INDEPENDENTES

Este caso ocorre quando um evento não interfere absolutamente em nada no outro. Por exemplo: vou lançar um dado e quero saber qual é a probabilidade de sair o número 2 na primeira vez que jogar o dado "E" o número 6 na segunda vez que jogar. Observe que um caso não tem nada a ver com o outro. Para calcular a probabilidade disso ocorrer, basta calcular a probabilidade de cada evento e depois multiplicar.

Probabilidade de sair o número 2 (apenas uma chance disso acontecer).

$$\frac{\textit{Quantidade daquilo que interessa descobrir a probabilidade}}{\textit{Número total de possibilidades}} = \frac{1}{6}$$

Probabilidade de sair o número 6 (apenas uma chance disso acontecer).

$$\frac{\textit{Quantidade daquilo que interessa descobrir a probabilidade}}{\textit{Número total de possibilidades}} = \frac{1}{6}$$

Vamos calcular a probabilidade de sair o número 2 na primeira vez que jogar o dado "E" o número 6 na segunda vez que jogar. Para tanto, basta multiplicar. Neste caso não é possível simplificar.

$$\frac{1}{6} \cdot \frac{1}{6} = \frac{1}{36}$$

EXERCÍCIOS DE PROBABILIDADE

1. (**Unemat-MT-2007**) Numa agência de empregos haviam 15 candidatos pleiteando 6 vagas de vendedor. A probabilidade de cada um conseguir a vaga será de:

a) 20%
b) 50%
c) 30%
d) 60%
e) 40%

RESOLUÇÃO:

Basta aplicar o conceito de probabilidade. Temos o número total e o número de vagas, no qual quero descobrir a probabilidade.

$$\frac{\textit{Quantidade daquilo que interessa descobrir a probabilidade}}{\textit{Número total de possibilidades}} = \frac{6}{15}$$

Para descobrir o valor em porcentagem basta dividir 6 por 15 e depois multiplicar por 100. Você encontrará o valor de 40%.

2. (**UFPA-2007**) De um refrigerador que tem em seu interior 3 refrigerantes da marca A, 4 refrigerantes da marca B e 5 refrigerantes da marca C, retiram-se dois refrigerantes sem observar a marca. A probabilidade de que os dois retirados sejam da mesma marca é:

a) 1/6
b) 5/33
c) 19/66
d) 7/22
e) 3/11

RESOLUÇÃO:

Essa questão não é difícil, mas é bem trabalhosa. Como estamos procurando por dois refrigerantes da mesma marca e temos três marcas, a primeira coisa que você tem a fazer é dividir essa questão em três partes: Marca A, Marca B, Marca C.

Para começar, vamos calcular imaginando que sairiam dois refrigerantes da marca A. No total existem 12 refrigerantes (soma de todas as marcas), e desses 3 são da marca A. A melhor forma para resolver essa questão é imaginar essa situação na vida real. Ao pegar um refrigerante, você tem 3 chances em 12 de pegar um refrigerante da marca A, ou seja, a probabilidade é $\frac{3}{12}$. Imagine que você bebeu e continuou com sede, logo decide pegar uma segunda bebida. Se você já tirou um refrigerante da marca A, sobraram dois dentro da geladeira. Não se esqueça que agora no total temos apenas 11 refrigerantes, porque você já tirou um, ou seja, a probabilidade é igual a $\frac{2}{11}$. Em outras palavras estamos lidando com um caso de probabilidade condicional. Já expliquei o que é isso no começo do capítulo, lembra?

As informações mais importantes estão nos detalhes. Veja: Na primeira vez você vai retirar um refrigerante da marca A **"E"** na segunda vez, também será da marca A. Quando temos o **"E"** o que fazemos? Se você disse "multiplicamos", acertou!

Probabilidade na primeira vez $\frac{3}{12}$.

Probabilidade na segunda vez $\frac{2}{11}$.

Probabilidade da Marca $A = \frac{3}{12} \cdot \frac{2}{11} = \frac{6}{132}$, simplificando: $\frac{3}{66}$.

Você deve seguir o mesmo raciocínio no caso das marcas B e C. Imagine que a história vá começar de novo, mas agora você vai tirar o refrigerante da marca B:

Probabilidade na primeira vez $\frac{4}{12}$.

Probabilidade na segunda vez $\frac{3}{11}$.

Probabilidade da Marca $B = \frac{4}{12} \cdot \frac{3}{11} = \frac{12}{132}$, simplificando: $\frac{6}{66}$.

Agora vamos calcular da marca C.

Probabilidade na primeira vez $\frac{5}{12}$.

Probabilidade na segunda vez $\frac{4}{11}$.

Probabilidade da Marca $C = \frac{5}{12} \cdot \frac{4}{11} = \frac{20}{132}$, simplificando: $\frac{10}{66}$.

Para finalizar a questão, vamos analisar o que o enunciado pede. Na questão está escrito: "A probabilidade de que os dois retirados sejam da mesma marca é:"

O que isso significa? Em outras palavras, vai sair a marca A "**OU**" a marca B "**OU**" a marca C, certo? Logo, para finalizar essa questão, basta somar a probabilidade de cada marca. Veja:

Probabilidade da Marca A = $\frac{3}{66}$

Probabilidade da Marca B = $\frac{6}{66}$

Probabilidade da Marca C = $\frac{10}{66}$

$$\frac{3}{66} + \frac{6}{66} + \frac{10}{66} = \frac{19}{66}$$

3. (**Unemat-MT-2007**) Em uma fábrica de calçados constata-se que:

A: **4%** dos pares de sapatos apresentam defeito de colagem.

B: **3%** dos pares de sapatos apresentam defeito no couro.

Decide-se vender, em liquidação, os sapatos que apresentarem pelo menos um dos defeitos. Admitindo-se que os acontecimentos **A** e **B** são independentes, determine a probabilidade de um par de sapatos apresentar os dois defeitos.

a) 0,12%

b) 0,7%

c) 0,9%

d) 1,2%

e) 7%

RESOLUÇÃO:

A própria questão dá a dica do que você tem que fazer ao informar que **A** e **B** são eventos independentes. Se você não se lembra o que isso significa, relembre o que expliquei no começo desse capítulo. A questão solicita: "determine a probabilidade de um par de sapatos apresentar os dois defeitos." Em outras palavras, o sapato apresentará o defeito **A** "E" o defeito **B**.

Como são eventos independentes, sabemos que basta multiplicarmos as probabilidades de sair o erro **A** com a probabilidade de sair o erro **B**. Veja:

A: 4% dos pares de sapatos apresentam defeito de colagem (já é a probabilidade).

$4\% = \frac{4}{100}$ Em outras palavras, a cada 100 pares (total) 4 possuem esse defeito.

Ou seja, essa porcentagem representa a probabilidade de sair sapatos com defeitos A.

B: 3% dos pares de sapatos apresentam defeito no couro (já é a probabilidade, ocorre o mesmo que o anterior).

Para calcular a probabilidade de apresentar o defeito **A** "E" o defeito **B**, basta realizar a multiplicação.

$$\frac{3}{100} \cdot \frac{4}{100} = \frac{12}{10000}$$

Se dividirmos **12** por **10.000** e depois multiplicarmos por **100**, encontramos a porcentagem que representa a probabilidade de ocorrer essa situação.

Vamos simplificar antes de multiplicar para nos facilitar.

$$\frac{12}{10000} \cdot 100 =$$

$$\frac{12}{100\cancel{00}} \cdot 1\cancel{00} =$$

$$\frac{12}{100} = 0{,}12\%$$

4. (**Cescem-SP**) A probabilidade de ocorrer pelo menos **2** caras num lançamento de **3** moedas é:

a) 3/8
b) 1/2
c) 1/4
d) 1/3
e) 1/6

RESOLUÇÃO:

Para calcularmos a probabilidade precisamos saber:

$$\frac{\textit{Quantidade daquilo que interessa descobrir a probabilidade}}{\textit{Número total de possibilidades}}$$

Para saber o número total e o número que nos interessa, vamos escrever todas as combinações que existem quando lançamos três moedas. Observe:

Cara	Cara	Cara
Cara	Cara	Coroa
Cara	Coroa	Cara
Cara	Coroa	Coroa
Coroa	Cara	Cara
Coroa	Cara	Coroa
Coroa	Coroa	Cara
Coroa	Coroa	Coroa

Acabamos de escrever todas as possibilidades cabíveis. Dessa forma, já sabemos que o número total de possibilidades são 8. Agora vamos olhar em cada uma das combinações que escrevemos para ver quais possuem pelo menos duas caras, ou seja, no mínimo duas caras. Em outras palavras, só vou usar a combinação que possuir duas ou três caras.

Cara	Cara	Cara
Cara	Cara	Coroa
Cara	Coroa	Cara
Cara	Coroa	Coroa
Coroa	Cara	Cara
Coroa	Cara	Coroa
Coroa	Coroa	Cara
Coroa	Coroa	Coroa

Acabamos de ver que existem quatro casos que nos interessam. Como já sabemos a quantidade total, basta substituir na fórmula.

$$\frac{\textit{Quantidade daquilo que interessa descobrir a probabilidade}}{\textit{Número total de possibilidades}} = \frac{4}{8} = \frac{1}{2}$$

5. (**Cesgranrio–RJ**) Um prédio de **3** andares, com dois apartamentos por andar, tem apenas três apartamentos ocupados. A probabilidade de que cada um dos três andares tenha exatamente um apartamento ocupado é:

a) 1/2
b) 2/5
c) 4/5
d) 1/5
e) 3/5

DICA1

Como a ordem em que os apartamentos são ocupados não importa, utilize a técnica de combinação, que você aprendeu na análise combinatória, para calcular a quantidade total de formas diferentes que esse prédio pode ser ocupado.

DICA2

Para calcular a quantidade de possibilidades que existem para termos ocupado um apartamento por andar, faça três traços, cada um representando um andar. Lembre-se, você tem 2 apartamentos por andar, logo tem duas formas de ocupar cada andar.

6. (OSEC–SP) Se um casal tem 3 filhos, então a probabilidade de os três serem do mesmo sexo, dado que o primeiro filho é homem, vale:

a) 1/3
b) 1/2
c) 1/ 5
d) 1/4
e) 1/6

RESOLUÇÃO:

Como o primeiro filho é homem e o casal quer ter todos os filhos do mesmo sexo, obrigatoriamente os outros dois filhos são homens.

Todas as vezes que falamos sobre a probabilidade de nascer homem ou mulher, falamos de uma probabilidade de 50%, ou seja, $\frac{1}{2}$.

A probabilidade do segundo filho ser homem é $\frac{1}{2}$.

A probabilidade do terceiro filho ser homem também é $\frac{1}{2}$.

Para calcularmos a probabilidade do segundo "E" do terceiro filho serem homens, basta multiplicar cada uma das probabilidades: $\frac{1}{2} \cdot \frac{1}{2} = \frac{1}{4}$.

7. (**Unemat-MT-2007**) No almoxarifado de uma oficina de conserto de eletrodomésticos, existe um estoque de **50** peças novas e **10** usadas. Uma peça é retirada ao acaso e, em seguida, sem a reposição da primeira, outra é retirada. A probabilidade das duas peças serem usadas nas duas retiradas é:

a) 1/60
b) 3/118
c) 9/60
d) 6/68
e) n.d.a.

DICA

Para calcularmos a probabilidade precisamos saber o número total e o número do qual nos interessa saber a porcentagem. O próprio enunciado dessa questão dá uma dica muito importante, ela informa que o processo ocorre sem reposição, ou seja, trata-se de um caso de probabilidade condicional.

8. (**PUC-MG-2006**) Numa disputa de robótica, estão participando os quatro estados da Região Sudeste, cada um deles representado por uma única equipe. No final, serão premiadas apenas as equipes classificadas em primeiro ou em segundo lugar. Supondo-se que as equipes estejam, igualmente preparadas, a probabilidade de Minas Gerais ser premiada é:

a) 0,3
b) 0,5
c) 0,6
d) 0,8

RESOLUÇÃO:

Primeira coisa que vamos fazer é calcular o total de possibilidades que existem. Vamos colocar os traços para representar o primeiro e o segundo lugar.

__ __

Para o primeiro lugar existem 4 opções, logo sobram 3 opções para o segundo lugar.

$\underline{4}$ $\underline{3}$

Logo existem **4 . 3 = 12** possibilidades no total do primeiro e do segundo lugar ser ocupado.

Agora precisamos calcular o número de possibilidades de Minas Gerais ficar em primeiro lugar ou em segundo lugar.

Minas em primeiro lugar:

Minas Gerais 3

Quando Minas Gerais fica em primeiro lugar, sobram três opções para o segundo lugar, logo existem **3** opções quando Minas está em primeiro lugar.

Minas em segundo lugar:

3 Minas Gerais

Quando Minas Gerais fica em segundo lugar, sobram três opções para o primeiro lugar, logo existem **3** opções quando Minas está em segundo lugar.

Como queremos saber o número de possibilidades de Minas estar em primeiro "OU" segundo lugar, vamos somar os dois casos, **3 + 3 = 6**.

Para calcular a probabilidade:

$$\frac{\textit{Quantidade daquilo que interessa descobrir a probabilidade}}{\textit{Número total de possibilidades}} = \frac{6}{12} = \frac{1}{2}$$

Para transformar em número decimal, basta dividirmos o **1** pelo **2** que é igual a **0,5**.

9. (**UPE**) Três parafusos e três porcas são colocadas numa caixa. Se duas peças são retiradas aleatoriamente da caixa, pode-se afirmar que a probabilidade de uma ser um parafuso e outra ser uma porca é:

a) 2/5
b) 2/3
c) 3/5
d) 3/4
e) 4/5

DICA

Para calcularmos a probabilidade precisamos saber o número total e o número do qual nos interessa saber a porcentagem. O enunciado dessa questão não informa que os parafusos e as porcas são repostos, logo podemos entender, que trata-se de um caso de probabilidade condicional.

RESPOSTAS: 1.e) ■ 2.c) ■ 3.a) ■ 4.b) ■ 5.b) ■ 6.d) ■ 7.b) ■ 8.b) ■ 9.c)

MOMENTO ENEM — PROBABILIDADE

1. **(ENEM-2016)** Um adolescente vai a um parque de diversões tendo, prioritariamente, o desejo de ir a um brinquedo que se encontra na área **IV**, dentre as áreas **I**, **II**, **III**, **IV** e **V** existentes. O esquema ilustra o mapa do parque, com a localização da entrada, das cinco áreas com os brinquedos disponíveis e dos possíveis caminhos para se chegar a cada área. O adolescente não tem conhecimento do mapa do parque e decide ir caminhando da entrada até chegar à área **IV**.

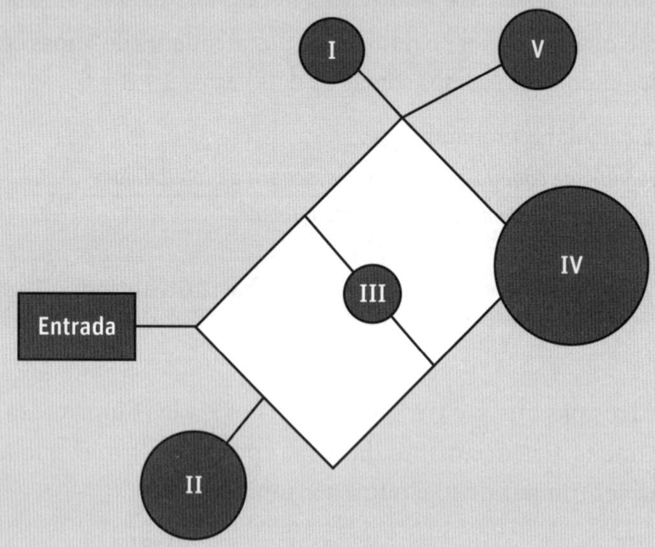

Suponha que relativamente a cada ramificação, as opções existentes de percurso pelos caminhos apresentem iguais probabilidades de escolha que a caminhada foi feita, escolhendo ao acaso os caminhos existentes e que, ao tomar um caminho que chegue a uma área distinta da **IV**, o adolescente necessariamente passa por ela ou retorna. Nessas condições, a probabilidade de ele chegar à área **IV** sem passar por outras áreas e sem retornar é igual a:

a) 1/96
b) 1/64
c) 5/24
d) 1/4
e) 5/12

RESOLUÇÃO:

Para resolver essa questão, precisamos dividi-la em dois caminhos, uma vez que só existem dois caminhos para chegar na área IV sem passar pelas outras áreas e sem retornar. Antes de começarmos, vamos relembrar como vamos calcular essa probabilidade.

$$\frac{\textit{Quantidade daquilo que interessa descobrir a probabilidade}}{\textit{Número total de possibilidades}}$$

Em outras palavras: na parte de cima o valor no nosso caminho sempre será **1**, porque ele sempre vai escolher **1** caminho para seguir em cada bifurcação, e na parte de baixo, vamos colocar a quantidade de ramificações que cada bifurcação possui. Observe que faremos isso porque nosso objetivo é descobrir a probabilidade de cada um dos caminhos que ele escolhe para seguir, assim poderemos calcular a probabilidade total.

Primeiro caminho: Vamos imaginar que logo na entrada ele virou à direita, passou na frente da área **II**, virou à esquerda, seguiu em frente e chegou na área **IV**.

Vamos calcular a probabilidade desse caminho.

Na entrada ele tinha duas opções para escolher, e decidiu virar à direita, logo a probabilidade será representada por $\frac{1}{2}$. Depois ele tinha mais duas opções, virar à direita e cair na área **II** ou seguir em frente. Para chegar na área **IV** ele precisa seguir em frente, logo a probabilidade também será $\frac{1}{2}$. Para finalizar novamente, ele tem que fazer mais uma opção entrar à esquerda na área **III** ou seguir em frente e chegar na área **IV** (observe que existem duas opções). Novamente ele escolheu seguir em frente (escolheu uma opção), por isso a probabilidade será $\frac{1}{2}$.

Como ele passa pelo primeiro caminho "**E**" pelo segundo "**E**" pelo terceiro para descobrir a porcentagem total, basta multiplicarmos as três probabilidades que descobrimos durante o caminho. Veja:

$$\frac{1}{2} \cdot \frac{1}{2} \cdot \frac{1}{2} = \frac{1}{8}$$

Mas a questão não terminou aqui, lembra que ele poderia ter escolhido outro caminho?

Segundo caminho: Na entrada ele ficou à esquerda, depois passou em frente a entrada para a área III, seguiu em frente e escolheu virar à direita e ir para a área IV, observe que nessa bifurcação ele tinha 3 opções. Seguindo a lógica que já expliquei a probabilidade na entrada é $\frac{1}{2}$, em frente a entrada da área III também é, mas lembra que no final ele escolheu uma das três opções? Logo a probabilidade da última escolha seria de $\frac{1}{3}$. Para calcular a probabilidade total desse caminho, vamos multiplicar essas frações. Acompanhe:

$$\frac{1}{2} \cdot \frac{1}{2} \cdot \frac{1}{3} = \frac{1}{12}$$

Para finalizar, falta calcular a probabilidade final, para isso precisamos lembrar que ele vai fazer um caminho "OU" o outro. Todas as vezes que temos o "OU" realizamos a operação de adição. Não se esqueça de tirar o MMC.

$$\frac{1}{8} + \frac{1}{12} = \frac{3+2}{24} = \frac{5}{24}$$

2. **(ENEM–2015)** Em uma central de atendimento, cem pessoas receberam senhas numeradas de 1 até 100. Uma das senhas é sorteada ao acaso. Qual é a probabilidade de a senha sorteada ser um número de 1 a 20?

a) 1/100
b) 19/100
c) 20/100
d) 21/100
e) 80/100

RESOLUÇÃO:

Para resolvermos essa questão, basta usar a famosa fórmula para calcular a porcentagem:

$$\frac{\textit{Quantidade daquilo que interessa descobrir a probabilidade}}{\textit{Número total de possibilidades}}$$

As senhas de 1 a 20 são a quantidade daquilo que nos interessa descobrir a probabilidade, ou seja, existem 20 números que podem sair e que me interessam.

O número total é igual a 100. Substituindo na fórmula:

$$\frac{20}{100}$$

Agora é sua vez! Deixo aqui uma questão desafio para você. Vamos lá?

3. (ENEM-2015) Uma competição esportiva envolveu **20** equipes com **10** atletas cada. Uma denúncia à organização dizia que um dos atletas havia utilizado uma substância proibida. Os organizadores, então, decidiram fazer um exame antidoping. Foram propostos três modos diferentes para escolher os atletas que irão realizá-lo:

- **Modo I**: sortear três atletas dentre todos os participantes;
- **Modo II**: sortear primeiro uma das equipes e, desta, sortear três atletas;
- **Modo III**: sortear primeiro três equipes e, então, sortear um atleta de cada uma dessas três equipes.

Considere que todos os atletas têm igual probabilidade de serem sorteados e que P(I), P(II) e P(III) sejam as probabilidades de o atleta que utilizou a substância proibida seja um dos escolhidos para o exame no caso do sorteio ser feito pelo modo I, II ou III.

Comparando-se essas probabilidades, obtém-se

a) $P(I) < P(III) < P(II)$

b) $P(II) < P(I) < P(III)$

c) $P(I) < P(II) = P(III)$

d) $P(I) = P(II) < P(III)$

e) $P(I) = P(II) = P(III)$

RESPOSTAS: 1. c) ■ 2. c) ■ 3. e)

CAPÍTULO 12

ESTATÍSTICA

Esse assunto possui infinitas aplicações no nosso cotidiano. Todas as pesquisas realizadas que fazem uma análise séria das informações coletadas, utilizam técnicas de estatística. Costumo dizer que os números não mentem, mas as pessoas que os manipulam, sim. Claro que isso não é uma regra, muito pelo contrário. O que quero dizer é que pessoas com alto conhecimento em estatística podem organizar informações de uma pesquisa e gerar conclusões falsas que parecem verdadeiras para enganar outras pessoas. Óbvio que essas pessoas são corruptas por fazerem isso. Mas calma, você não deve achar que não pode confiar em pesquisa alguma, pelo contrário. Em sua grande maioria, as pesquisas são extremamente sérias e trazem muitas informações importantes para nós. Por que estou falando essas coisas? Para você ficar interessado no assunto e aprender como tudo funciona. Pois é, esse assunto não serve apenas para você passar na prova.

Uma pesquisa é dividida em quatro partes:

- Coleta de Dados;
- Tratamento dos dados coletados;
- Interpretação dos dados;
- Tomada de decisão.

COLETA DE DADOS

Antes de pesquisar, precisamos saber o que será pesquisado. O assunto da pesquisa é o que chamamos de variável. Nada impede que, na mesma pesquisa, sejam tratados diversos assuntos como: idade, sexo, religião, altura, peso, escolaridade, situação econômica, quantidade de televisões que uma família possui, quantidade de carros... enfim, você pode pesquisar qualquer coisa. É importante ressaltar que você pode classificar essas variáveis em dois grupos: as variáveis quantitativas e qualitativas.

As **variáveis quantitativas** são todas aquelas que você pode medir a quantidade. Ou seja, sua resposta vai ser um número, por exemplo: idade, quantidade de televisões, altura, peso etc.

As variáveis quantitativas são divididas em dois grupos: **discretas** e **contínuas**.

As **variáveis discretas** são aquelas que você pode **contar**. Gosto de brincar e dizer que de discretas elas não têm nada, porque podem possuir uma quantidade grande de valores até o infinito e, geralmente, serão números inteiros, ou seja, valores exatos (números que "não possuem vírgula"). Por exemplo: idade, número de filhos, salário, números de TVs, quantidade de cômodos da casa etc.

As **variáveis contínuas** são aquelas que você pode **medir** e ter números não exatos, ou seja, com vírgula. Se quiser ser chique, deve dizer: números decimais. Quando estou dando aula, gosto de brincar com meus alunos e dizer que são "números quebrados." Você consegue pensar em alguns exemplos de categorias que se encaixam nisso? Vou ajudar com alguns exemplos: altura, peso, pressão arterial, perímetro do abdômen, ou seja, tamanho da barriga... existem dezenas de exemplos. Quando você compara as duas variáveis fica fácil ver a diferença. Veja:

Quantidade de filhos: 1, 2, 3, 4 filhos; é uma variável discreta, uma vez que podemos contar a quantidade exata de filhos.

Altura de um adulto: 1,60 m, 1,75 m, 1,80 m, 2 m, ou seja, não existe nenhum problema de termos valores decimais (com vírgula). Ou seja, é uma variável contínua visto que podemos medi-la com números decimais.

As **variáveis qualitativas** são todas aquelas que definem uma qualidade, ou seja, sua resposta não será um número. Por exemplo: sexo (masculino ou feminino), cor dos olhos (azul, verde, preto, castanho etc.), religião (evangélico, católico etc.). Essas variáveis ainda podem ser divididas em dois grupos: as **ordinais** e as **nominais**.

As **ordinais** são aquelas que você consegue estipular uma ordem para resposta, por exemplo:

Escolaridade:

- Sem instrução
- Ensino fundamental incompleto

- Ensino fundamental completo
- Ensino médio incompleto
- Ensino médio completo
- Ensino superior incompleto
- Ensino superior completo

As **nominais** não seguem sequência alguma. Veja:

Nacionalidade:

- Brasileiro
- Americano
- Italiano
- Espanhol

FREQUÊNCIA

Agora que você sabe separar por categoria, vamos aprender algo muito simples: a frequência. A frequência absoluta (às vezes chamada somente de frequência) nada mais é do que o número de elementos pesquisados. Vamos supor que você esteja pesquisando quais os sabores de sorvete que as pessoas mais gostam. O número de pessoas que escolheram, por exemplo, o sorvete de uva, representa sua frequência absoluta. Existe outra frequência muito usada que é a frequência relativa. Ela representa a mesma coisa que a frequência absoluta, mas o número aparece em porcentagem. Antes de aprender a calcular a frequência relativa, vamos ver um exemplo. Vamos supor que você começará a vender sorvete na garagem da sua casa e para isso você fez uma pesquisa no bairro para descobrir o sabor favorito da sua clientela. Depois de andar bastante e conversar com muitos moradores, você construiu uma tabela com o resultado.

Sabor do sorvete	Número de pessoas (frequência absoluta)
Uva	30
Limão	30
Maracujá	20
Coco	50
Chocolate	70
TOTAL de pessoas	200

Para calcular a frequência relativa, você vai usar a mesma fórmula que ensinei para calcular a porcentagem, lembra dela?

$$\frac{\textit{Número que eu quero descobrir a porcentagem}}{\textit{Número Total}} \cdot 100 =$$

Por exemplo, vamos calcular a porcentagem das pessoas que preferem o sorvete de uva.

$$\frac{30}{100} \cdot 100 = 15\%$$

Como já ensinei a calcular porcentagem neste livro e já fizemos muitos exercícios, não vou calcular a porcentagem de cada item da tabela, ok? Mas vou preencher a tabela com todas as respostas.

Sabor do sorvete	Número de pessoas (frequência absoluta)	Frequência relativa em %
Uva	30	15%
Limão	30	15%
Maracujá	20	10%
Coco	50	25%
Chocolate	70	35%
TOTAL de pessoas	200	100%

Existe outra forma de representar a frequência relativa. Apesar de ser comum que ela seja escrita em porcentagem, você pode encontrar esses valores em números decimais, ou seja, em vez de estar escrito 15%, poderá encontrar a informação como **0,15**. Mas você já sabe que é só multiplicar esse número decimal por **100** para encontrar o valor em porcentagem.

Sabor do sorvete	Número de pessoas (frequência absoluta)	Frequência relativa	Frequência relativa em %
Uva	30	0,15	15%
Limão	30	0,15	15%
Maracujá	20	0,10	10%
Coco	50	0,25	25%
Chocolate	70	0,35	35%
TOTAL de pessoas	200	0,100	100%

DICA

Em geral, quando a questão quer que você use a frequência relativa em porcentagem, é colocado o símbolo **%** ao lado do termo "frequência relativa".

LINGUAGEM DOS GRÁFICOS

Os gráficos são muito usados no nosso cotidiano, e na estatística não é diferente. Existem três gráficos que são muito usados: o histograma (gráfico de barras), o gráfico tipo polígono de frequência (gráfico de linha) e o gráfico de setores circulares (tipo pizza).

O primeiro gráfico que vamos analisar é o histograma (gráfico de barras). Existem alguns pontos que você não pode deixar de observar. Sempre leia com atenção o título, a legenda e a fonte. Como temos pouco tempo para fazer as provas, às vezes não prestamos a devida atenção a estes itens, mas às vezes a resposta está nessas informações. O gráfico de barras (histograma) é fácil de compreender. Ele relaciona o sabor com a quantidade de pessoas, ou seja, quanto maior for a barra, mais pessoas gostam daquele sabor de sorvete. O gráfico que fiz para você possui algumas linhas de apoio, se olhar atrás das barras, vai ver umas linhas horizontais, que são as linhas de apoio. Quando o gráfico não tem essas linhas, você pode usar uma régua para fazer. Alguns gráficos podem dar o valor escrito em cima da barra, o que facilita muito.

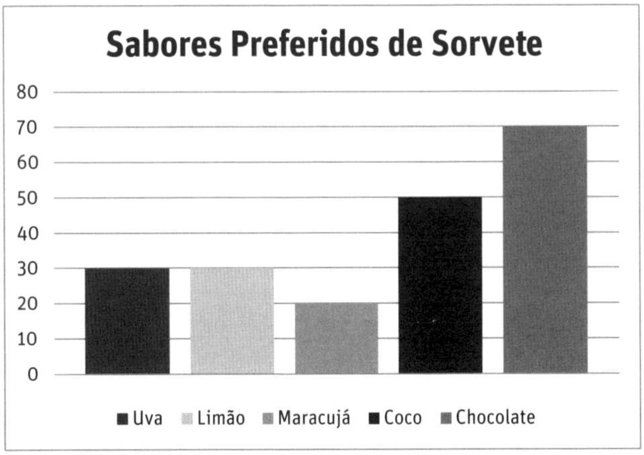

Figura 12.1

Fonte: Pesquisa de campo (exemplo)

Outro gráfico muito utilizado é o de linha. A forma de interpretar é a mesma que a do gráfico anterior, a diferença é que as linhas ajudam você a acompanhar a evolução. Por exemplo, podemos analisar o crescimento ou a queda das vendas. Veja este novo exemplo que preparei para você! Vamos imaginar que você analisou as informações e já está vendendo sorvetes para todo mundo no seu bairro.

Meses	Quantidade vendida
Janeiro	120
Fevereiro	150
Março	200
Abril	50
Maio	80
TOTAL vendido	600

DICA

Caso o gráfico tenha várias informações, cada linha representará uma informação diferente. Observe a legenda atentamente para não se atrapalhar.

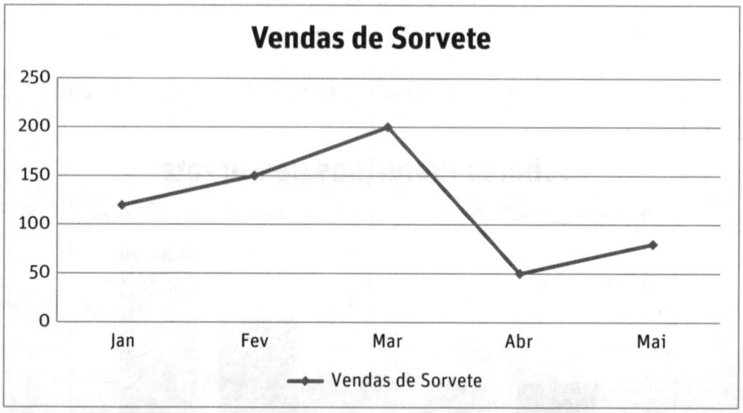

Figura 12.2

O próximo gráfico é o de pizza. Nesse gráfico nós trabalhamos com a frequência relativa em porcentagem. Vou usar o exemplo anterior, mas para isso precisamos calcular a frequência relativa em porcentagem. Você já sabe como fazer, então, antes de olhar a resposta calcule primeiro e depois confira o resultado.

Meses	Quantidade vendida	Frequência relativa em %
Janeiro	120	20%
Fevereiro	150	25%
Março	200	33,33%
Abril	50	8,33%
Maio	80	13,33%
TOTAL vendido	600	99,99%*

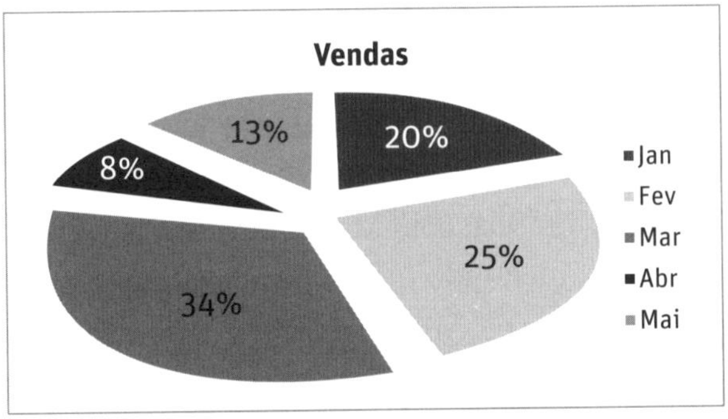

Figura 12.3

Quero que você observe que no gráfico, os valores foram arredondados. Não fui eu quem fez esse arredondamento, foi o computador, mas não se preocupe caso você se deparar com um gráfico assim. Como a figura está em preto e branco, fica um pouco difícil ver pela legenda qual setor circular (fatia de pizza) representa cada mês. Neste caso a dica é comparar com os valores da tabela.

TABELA DE FREQUÊNCIA DE VARIANTES CONTÍNUAS

Esse assunto de difícil tem apenas o título. Esse nome complicado significa que, na tabela, vamos organizar as informações por intervalos. Veja o exemplo

* Não deu 100% porque os valores na tabela são aproximados, mas não tem problema algum.

que criei para você. Vamos supor que você vai fazer uma pesquisa para saber a idade dos seus clientes. Veja:

Idade	Número de Clientes
15 até 20 anos	20
20 até 25 anos	30
25 até 30 anos	10
30 até 35 anos	40
35 até 40 anos	20
40 anos ou mais	30
TOTAL de clientes	150

Eu quero destacar algumas coisas importantes sobre esse tipo de tabela. Observe a primeira e a segunda linha. A primeira fala de 15 até 20 anos e a segunda de 20 até 25 anos. Agora pergunto, se a pessoa possuir exatamente 20 anos, em qual linha ela entra? Ela sempre entrará na segunda. Na primeira linha entra somente pessoas com até 20 anos, ou seja, com idades menores que 20 anos e na segunda linha a partir de 20 anos, incluindo todos aqueles que possuem 20 anos.

Outro segredo que quero explicar para você é que nem sempre vão usar a palavra "até" na tabela, podem utilizar o símbolo "⊢" no lugar. O significado não muda. Veja:

Idade	Número de Clientes
15 ⊢ 20 anos	20
20 ⊢ 25 anos	30
25 ⊢ 30 anos	10
30 ⊢ 35 anos	40
35 ⊢ 40 anos	20
40 anos ou mais	30
TOTAL de clientes	150

MEDIDAS DE TENDÊNCIA CENTRAL

Existem várias medidas de posição, mas as principais são: média aritmética, média ponderada, moda e mediana.

MÉDIA ARITMÉTICA

A média aritmética é o que você usou a vida inteira na escola para calcular sua média. Lembra quando você somava todas as suas notas e depois dividia pela quantidade das notas? Isso é a média aritmética. Vamos voltar a usar o exemplo das vendas. Vamos calcular a média mensal de vendas, para isso vamos relembrar qual era a tabela.

Meses	Quantidade vendida
Janeiro	120
Fevereiro	150
Março	200
Abril	50
Maio	80
TOTAL vendido	600

$$\text{Média aritmética} = \frac{\textit{Soma da quantidade total de vendas}}{\textit{Quantidade de meses}}$$

$$\text{Média aritmética} = \frac{600}{5} = 120$$

Ou seja, a média mensal de vendas foi de **120** produtos.

MÉDIA PONDERADA

A média ponderada é parecida com a média aritmética. Não sei se você passou por isso, mas algum professor já deu um trabalho ou uma prova peso 2 para você? Uma prova peso dois, significa que você faz uma prova e seu professor usa duas vezes essa nota. Está é uma forma de dar mais importância para algo. Para calcular sua média, você precisa considerar duas vezes essa nota, é como se tivesse feito duas provas. No nosso cotidiano existem outros exemplos. Veja a tabela de salários de uma empresa:

Cargos	Quantidade de funcionários	Salário
Presidente	1	R$ 15.000,00
Diretores	3	R$ 10.000,00
Gerentes	10	R$ 5.000,00
Operadores	500	R$ 2.000,00

Vamos supor que você deseja calcular a média de salários, para isso você precisa calcular o total que a empresa gasta com os pagamentos e o total de funcionários. Veja:

Cargos	Quantidade de Funcionários	Salário	Total gasto com os salários
Presidente	1	R$ 15.000,00	15 mil
Diretores	4	R$ 10.000,00	4 × 10 mil = 40 mil
Gerentes	10	R$ 5.000,00	10 × 5 mil = 50 mil
Operadores	500	R$ 2.000,00	500 × 2 mil = 1 milhão
Total	515		R$ 1.105.000,00

Agora para calcular a média de salários, basta dividir o total gasto com a quantidade total de funcionários.

$$\frac{1105000}{515} = \text{R\\$ } 2.145{,}63$$

Acabamos de calcular a média salarial através de uma média ponderada. Em outras palavras, lembra que falei do peso da prova que era como se você tivesse feito duas provas? Nesse exemplo, ao invés do peso das provas, temos a quantidade de funcionários.

Agora que você já sabe calcular a média, vou explicar mais uma coisa. Lembra daquela tabela que mostra as classes (o intervalo)? Se você tivesse que calcular a média de idades, como você faria?

Idade	Número de Clientes
15 ⊢ 20 anos	20
20 ⊢ 25 anos	30
25 ⊢ 30 anos	10
30 ⊢ 35 anos	40
35 ⊢ 40 anos	20
40 ⊢ 45 anos	30
TOTAL vendido	**150**

Se fosse uma tabela simples, você olharia e diria que tem **20** clientes com uma determinada idade, mas nessa tabela tenho **20** clientes com idades entre **15** e **20** anos. Neste caso, vamos tirar uma média simples da idade para descobrir a idade média. Veja:

Idade	Idade	Número de Clientes
15 ⊢ 20 anos	$\frac{15 + 20}{2} = 17{,}5$	20
20 ⊢ 25 anos	$\frac{20 + 25}{2} = 22{,}5$	30
25 ⊢ 30 anos	$\frac{25 + 30}{2} = 27{,}5$	10
30 ⊢ 35 anos	$\frac{30 + 35}{2} = 32{,}5$	40
35 ⊢ 40 anos	$\frac{35 + 40}{2} = 37{,}5$	20
40 ⊢ 45 anos	$\frac{40 + 45}{2} = 42{,}5$	30
TOTAL de clientes		**150**

Neste caso você vai considerar que 20 clientes têm 17,5 anos, 30 clientes possuem 22,5 anos e assim por diante. Com essa informação você consegue calcular a média da idade dos clientes. Para isso, basta multiplicar a quantidade de clientes pela idade e depois somar tudo. Você terá a soma de todas as idades. Para finalizar, terá apenas que dividir pelo número total de funcionário. Assim você calculará a média.

MODA

A moda é o número que mais aparece. No caso do exemplo anterior, a moda é ter o salário de R$ 2.000, uma vez que 500 funcionários recebem esse salário. Vamos imaginar outra situação.

Número de alunos	Nota
5	7
5	8
2	9
1	10

Neste caso temos duas notas com a mesma quantidade de alunos, então temos duas modas. Ou seja, dizemos que temos uma situação **bimodal**. Existe também a **trimodal** (três modas). Caso não exista um termo mais frequente, falamos que é **amodal.**

MEDIANA

A mediana é bem diferente das duas anteriores. A mediana somente fala o termo que está no meio, literalmente no meio. Você deve organizar as informações em ordem crescente (do menor para o maior) ou decrescente (do maior para o menor) e ver qual delas fica no meio. Vamos usar o exemplo anterior das notas. Vou escrever as notas em ordem crescente, observe que 5 alunos tiraram a nota 7, logo vou escrever cinco vezes o número 7.

7, 7, 7, 7, 7, 8, 8, 8, 8, 8, 9, 9, 10

Nós temos 13 notas no total. Vamos encontrar o meio!

7, 7, 7, 7, 7, 8, **8**, 8, 8, 8, 9, 9, 10

Observe que no meio está o número 8, ficaram 6 números para cada lado. Isso ocorrerá sempre que tiver uma quantidade ímpar de números. Agora, o que aconteceria se tivéssemos uma quantidade par? Sobrariam dois números no meio. Neste caso, precisamos fazer a média aritmética desses números. Usarei o mesmo exemplo anterior, mas vou acrescentar mais uma nota 10. Assim, teremos uma quantidade par.

7, 7, 7, 7, 7, 8, 8, **8**, **8**, 8, 9, 9, 10, 10

Observe que ficaram seis números de cada lado. Para descobrir a mediana você precisa fazer a média aritmética dos dois números que estão no meio.

$$\frac{8 + 8}{2} = 8$$

Por coincidência foi o número 8 novamente, mas poderia ter **dado um número completamente diferente**, inclusive um que **não exista** na sequência. Não se preocupe, é assim mesmo.

Quando a sequência tem poucos números, fica fácil observar, mas quando temos uma quantidade grande, podemos usar alguns truques. Se a quantidade for ímpar, você simplesmente pega a quantidade total de números soma **1** e depois divide por dois. Fazendo isso, você encontrará a posição que fica o número. Por exemplo, se você tiver uma sequência com 77 números, para descobrir a posição do número que fica no meio, basta somar 1 (77 + 1 = 78) e depois dividir por 2 que é igual a 39. Ou seja, após você colocar em ordem crescente ou decrescente, você vai olhar qual é o número que fica na posição 39 e ele será sua mediana. Vamos fazer isso com uma sequência pequena (para facilitar). Vou usar inclusive uma sequência que já usamos.

7, 7, 7, 7, 7, 8, 8, 8, 8, 8, 9, 9, 10

Nós temos 13 notas no total, vamos encontrar o meio!

13 + 1 = 14

14 dividido por 2 = 7

O termo do meio está na 7ª posição!

Posição	1º	2º	3º	4º	5º	6º	**7º**	8º	9º	10º	11º	12º	13º
Notas	7	7	7	7	7	8	**8**	8	8	8	9	9	10

No caso de sequências pares é ainda mais fácil! Basta pegar a quantidade total e dividir por dois. Você encontrará a posição de um dos números. Lembra que são dois? O outro número vem logo após esse que você achou. Você precisará fazer a média aritmética da mesma forma. Vamos fazer isso na prática! Vamos usar a mesma sequência que usamos agora a pouco.

7, 7, 7, 7, 7, 8, 8, 8, 8, 8, 9, 9, 10, 10

Nós temos 14 notas no total, vamos encontrar os dois números que ficam no meio! Para isso é só fazer:

14 dividido por 2 = 7

Ou seja, vamos usar o termo da posição 7 e o que vier imediatamente depois, ou seja, vamos usar as posições 7 e 8.

Posição	1º	2º	3º	4º	5º	6º	**7º**	**8º**	9º	10º	11º	12º	13º	14º
Notas	7	7	7	7	7	8	**8**	**8**	8	8	9	9	10	10

Vamos praticar?

EXERCÍCIOS DE MODA

1. **(Calcule Mais–2013)** As idades dos 11 alunos de uma turma de matemática são respectivamente iguais a:

   11, 11, 11, 12, 12, 13, 13, 13, 13, 15, 16.

   A moda e a mediana desses 11 valores correspondem a:

   a) 16, 12
   b) 12, 11
   c) 15, 12
   d) 13, 13
   e) 11, 13

RESOLUÇÃO:

A moda é o número que mais se repete, logo é o 13 que é repetido 4 vezes. Você nem precisa resolver a mediana, pois só tem uma alternativa que começa com o 13 (resposta da moda). e qualquer forma, a mediana é o número que está no meio.

2. **(ESAF)** Numa empresa, vinte operários têm salário de R$ 4.000,00 mensais; dez operários têm salário de R$ 3.000,00 mensais e trinta têm salário de R$ 2.000,00 mensais. Qual é o salário médio desses operários:

   a) R$ 2.833,33
   b) R$ 2.673,43
   c) R$ 3.234,67
   d) R$ 2.542,12
   e) R$ 2.235,67

RESOLUÇÃO:

Para resolver esse tipo de questão a melhor coisa a se fazer é montar uma tabela para organizar as informações.

Número de operários	Salários
20	R$ 4.000,00
10	R$ 3.000,00
30	R$ 2.000,00

Agora vamos calcular o valor total gasto com os salários.

Número de operários	Salários	Total gasto com salários
20	R$ 4.000,00	20.4 mil = R$ 80 mil
10	R$ 3.000,00	10.3 mil = R$ 30 mil
30	R$ 2.000,00	30.2 mil = R$ 60 mil

Total geral salários	R$ 170 mil
Total de funcionários	60

Para calcular a média é só fazer **170 mil** dividido por **60** que é igual a **2.833,33**.

3. **(FCC-2011)** A média das idades dos cinco jogadores de um time de basquete é **23,20** anos. Se o pivô dessa equipe, que possui **27** anos, for substituído por um jogador de **20** anos e os demais jogadores forem mantidos, então a média de idade dessa equipe, em anos, passará a ser:

a) 20,6
b) 21,2
c) 21,8
d) 2,40
e) 23,0

RESOLUÇÃO:

O segredo para resolver essa questão é pensar em como é calculada a média. Nessa questão temos como informação:

Quantidade de jogadores = **5**

Resultado da média = **23,20** anos

$$\text{Média} = \frac{\textit{Soma das idades}}{\textit{Quantidade de jogadores}}$$

Vamos substituir os valores:

$$23{,}20 = \frac{\textit{Soma das idades}}{5}$$

Ou seja, com as informações que temos, podemos calcular a soma das idades, basta pegar o número cinco que está dividindo e passar para o outro lado multiplicando. Nós já vimos isso na equação de primeiro grau.

23,20 vezes **5** = Soma das idades

Soma das idades = **23,20** vezes **5**

Soma das idades = **116**

Para calcular a nova média, você precisa calcular a nova soma das idades. A questão informa que um jogador de 27 anos foi substituído por outro de 20 anos, ou seja, ele é sete anos mais novo, logo para saber a nova soma das idades basta subtrair sete.

116 – 7 = 109

Para calcular a nova média basta pegar o resultado da nova soma das idades e dividir por 5.

109 dividido por 5 = 21,8

Agora é com você! Mas se precisar você pode assistir as resoluções no site do Calcule Mais.

4. **(FCC)** Considere um grupo formado por cinco amigos com idade de 13, 13, 14, 14 e 15 anos. O que acontece com a média de idade desse grupo, se um sexto amigo com 16 anos juntar-se ao grupo?

a) permanece a mesma
b) diminui 1 ano
c) aumenta 12 anos
d) aumenta mais de 1 anos
e) aumenta menos de 1 ano

5. **(OFICIAL–2011–VUNESP)** A altura média, em metros, dos cinco ocupantes de um carro era Y. Quando dois deles, cujas alturas somavam 3,45 m, saíram do carro, a altura média dos que permaneceram passou a ser 1,8 m, que em relação a média original Y é:

a) 3 cm maior
b) 2 cm maior
c) igual
d) 2 cm menor
e) 3 cm menor

6. **(FCC)** A média aritmética entre 50 números é igual a 38. Dois números são retirados: o número 55 e o 21. Calcule a média aritmética dos números que restaram.

a) 32
b) 38
c) 34
d) 45
e) 24

7. **(CESGRANRIO)** Num concurso de vestibular para dois cursos A e B, compareceram 500 candidatos para o curso A e 100 candidatos para o curso B. Na prova de matemática, a média aritmética geral, considerando os dois cursos, foi 4,0. Mas, considerando apenas os candidatos do curso A, a média cai para 3,8. A média dos candidatos do curso B, na prova de matemática, foi:

a) 4,20
b) 5,0
c) 5,2
d) 6,0
e) 6,20

8. **(AGENTE ADM–2011)** A média aritmética das idades de 10 alunos de uma determinada turma é igual a 15 anos. Se dois alunos, um com 12 anos e outro com 18 anos, saírem dessa turma, a média aritmética das idades dos 8 alunos restantes será igual a:

a) 13
b) 14
c) 15
d) 16
e) 17

9. **(FCC–2015)** A média aritmética das idades de 30 alunos da turma A é 20 anos e a média aritmética das idades de uma outra turma B com 20 alunos é 18 anos. Então a média aritmética das idades dos alunos das duas turmas é:

a) 18
b) 20
c) 21
d) 19,20
e) 17

10. **(VUNESP)** A média aritmética dos pesos de um grupo com 20 pessoas é de 32 kg e a média aritmética de um outro grupo com 80 pessoas é 70 kg. Então a média aritmética dos pesos das pessoas dos dois grupos é:

a) 62,4
b) 51
c) 46,5
d) 41
e) 38

11. (**FCC–2011**) A média de idade de um grupo de 30 pessoas, participantes de uma reunião, é de 40 anos. Após a chegada de um novo convidado com 50 anos de idade, a média passa a ser de aproximadamente.

a) 41 anos
b) 40,8 anos
c) 40,3 anos
d) 40 anos
e) 30,5 anos

12. (**PMG–SP**) Para testar o raciocínio lógico dos estudantes, um colégio aplicou uma mesma prova para os alunos do 2º e do 3º anos do ensino médio. A nota média da prova, considerando o total dos 150 alunos, foi de 7,80. Sabendo que a nota média dos alunos do 2º ano foi 7,4 e que a nota média dos alunos do 3º ano foi 8,4, o número de alunos do 2º ano desse colégio são:

a) 70
b) 75
c) 80
d) 85
e) 90

13. (**Calcule Mais–2013**) A sequência abaixo, mostra a idade de 8 alunos da sexta série de um colégio no Rio de Janeiro. A mediana das idades é:

11 – 12 – 11 – 13 – 12 – 12 – 11 – 10

a) 10
b) 11,5
c) 13
d) 12,5
e) 14

14. (**CESGRANRIO**) Numa classe da 6º série que tem 42 alunos, a média dos pesos é 37 kg. Certo dia em que faltaram dois alunos, a média caiu para 36 kg. Os alunos faltosos pesam juntos:

a) 42 kg
b) 72 kg
c) 114 kg
d) 84 kg
e) 57 kg

15. O salário-hora de cinco funcionários de uma companhia são, 77,00; 90,00; 83,00; 142,00; 88,00.

Determine:

I – a média dos salários-hora
II – o salário-hora mediano

a) 96 e 80
b) 88 e 96
c) 96 e 85
d) 96 e 88
e) 92 e 88

16. **(FCC)** As notas de um candidato, em seis provas de um concurso, foram: 8,4; 9; 10; 7,2; 6,8; 8,7 e 7,2.

Determine:

I – a nota média
II – a nota mediana
III – a nota modal

a) 7,9 – 7,8 e 7,0
b) 7,9 – 7,8 e 7,2
c) 7,9 – 7,0 e 7,3
d) 8,2 – 8,4 e 7,2
e) 7,5 – 7,9 e 7,8

17. **(ESAF)** Observando a distribuição abaixo, podemos dizer que a mediana é:

17, 12, 9, 23, 14, 6, 3, 18, 42, 25, 18, 12, 34, 5, 17, 20, 7, 8, 21, 13, 31, 24, 9

a) 13,5
b) 17
c) 14,5
d) 15,51
e) 14

18. **(FCC)** João fez 3 pontos a mais que Paulo, que fez 6 pontos a mais que Luiz. A média aritmética entre os três foi de 6 pontos, quantos pontos fez Paulo?

a) 10
b) 7
c) 1
d) 12
e) 18

19. **(VUNESP)** Sabe-se que a média aritmética de **5** números inteiros distintos positivos é **16**. O maior valor inteiro que um desses pode assumir é:

a) 16
b) 20
c) 50
d) 70
e) 100

20. **(IBGE)** A média aritmética simples de três números positivos e consecutivos é **24**, o produto desses números será:

a) 9.240
b) 10.624
c) 10.626
d) 13.800
e) 12.340

RESPOSTAS: 1.d) ■ 2.a) ■ 3.c) ■ 4.e) ■ 5.a) ■ 6.b) ■ 7.b) ■ 8.c) ■ 9.d) ■ 10.a) ■ 11.d) ■ 12.e) ■ 13.b) ■ 14.c) ■ 15.d) ■ 16.d) ■ 17.b) ■ 18.b) ■ 19.d) ■ 20.d)

MEDIDAS DE DISPERSÃO

Essas medidas auxiliam na interpretação dos dados de uma pesquisa. Neste livro vamos estudar desvio absoluto, desvio médio, a amplitude, a variância e o desvio padrão. Essas medidas servem para termos informações mais precisas de algo. Nada melhor do que explicar esse assunto através de um exemplo. Para isso vamos escrever uma sequência.

3, 4, 5, 8, 11, 25

Vamos supor que esses números representam a quantidade de vendas de cada funcionário de uma empresa durante um mês e o dono resolveu calcular a média de vendas realizadas por cada vendedor. Vamos fazer isso!

$$\text{Média} = \frac{3 + 4 + 5 + 8 + 11 + 25}{6}$$

$$\text{Média} = 9{,}33$$

Então o dono da empresa pode falar que seus funcionários fazem em média **9,33** vendas por mês. Mas se você olhar bem, temos um funcionário que faz 3 vendas e outro que faz **25**. Apenas com a média não conseguimos ter uma informação precisa, por isso vamos utilizar essas medidas de dispersão. A primeira delas é o desvio absoluto. Para calcular esse desvio precisamos calcular a média aritmética, e nós acabamos de aprender isso. O próximo passo é pegar a quantidade de vendas de cada vendedor e subtrair da média aritmética.

CUIDADO

Mesmo se a resposta for negativa, **vamos colocá-la positiva**, ou seja, sempre vamos usar o valor positivo, pois esse será seu desvio absoluto. Vou construir uma tabela para facilitar.

Vendedores	Quantidade que cada um vendeu	Média	Quantidade de vendas menos a média aritmética	Desvio Absoluto
Vendedor 1	3	9,33	3 − 9,33 = −6,33	6,33
Vendedor 2	4	9,33	4 − 9,33 = −5,33	5,33
Vendedor 3	5	9,33	5 − 9,33 = −4,33	4,33
Vendedor 4	8	9,33	8 − 9,33 = −1,33	1,33
Vendedor 5	11	9,33	11 − 9,33 = 1,67	1,67
Vendedor 6	25	9,33	25 − 9,33 = 15,67	15,67

Para calcular o desvio médio basta somar todos os desvios absolutos e depois dividir pela quantidade de vendedores.

$$\text{Desvio médio} = \frac{6{,}33 + 5{,}33 + 4{,}33 + 1{,}33 + 1{,}67 + 15{,}67}{6}$$

$$\text{Desvio médio} = \frac{34{,}66}{6}$$

$$\text{Desvio médio} \cong 5{,}78$$

DICA

O símbolo $\cong$ significa aproximadamente.

A próxima medida que vamos aprender a calcular é a variância. Basta pegar cada valor do desvio absoluto e elevar ao quadrado, depois disso somar e, para finalizar, dividir pela quantidade de vendedores.

Desvio Absoluto	Desvio Absoluto elevado ao quadrado
6,33	$6{,}33^2 \cong 40$
5,33	$5{,}33^2 \cong 28{,}41$
4,33	$4{,}33^2 \cong 18{,}75$
1,33	$1{,}33^2 \cong 1{,}77$
1,67	$1{,}67^2 \cong 2{,}79$
15,67	$15{,}67^2 \cong 245{,}55$

Agora é só somar tudo e dividir pela quantidade de vendedores.

$$\text{Variância} = \frac{40 + 28{,}41 + 18{,}75 + 1{,}77 + 2{,}79 + 245{,}55}{6}$$

$$\text{Variância} = \frac{337{,}27}{6}$$

$$\text{Variância} = 56{,}21$$

A próxima medida de dispersão diria que é uma das mais importantes de todas, se não for a mais importante. Ela é chamada de desvio padrão. Para calcular basta tirar a raiz quadrada da variância.

$$\text{Desvio Padrão} = \sqrt{56{,}21}$$

$$\text{Desvio Padrão} = 7{,}50$$

O desvio padrão serve para dizer o quanto a média se distancia dos valores que estamos analisando, no nosso caso era aquela sequência que indicava a quantidade de vendas de cada vendedor. Vamos revê-la.

3, 4, 5, 8, 11, 25

Média = 9,33

Desvio Padrão = 7,50

Em outras palavras, quando você fala que a média foi 9,33 e o desvio padrão foi de 7,50 significa que existe uma variação muito grande, alguns vendedores venderam bem mais que a média e outros bem menos. Quanto menor for o desvio padrão, mais perto do valor da média estão suas informações, ou seja, neste caso, os vendedores realizariam uma quantidade de vendas perto da média.

MOMENTO ENEM – ESTATÍSTICA

1. **(ENEM–2016)** O procedimento de perda rápida de "peso" é comum entre os atletas dos esportes de combate. Para participar de um torneio, quatro atletas da categoria até **66 kg**, Peso-pena, foram submetidos a dietas balanceadas e atividades físicas. Realizaram três "pesagens" antes do início do torneio. Pelo regulamento do torneio, a primeira luta deverá ocorrer entre o atleta mais regular e o menos regular quanto aos "pesos." As informações com base nas pesagens dos atletas estão no quadro.

Atleta	1ª pesagem (Kg)	2ª pesagem (Kg)	3ª pesagem (Kg)	Média	Mediana	Desvio padrão
I	78	72	66	72	72	4,90
II	83	65	65	71	65	8,49
III	75	70	65	70	70	4,08
IV	80	77	62	73	77	7,87

Após as três "pesagens", os organizadores do torneio informaram aos atletas quais deles se enfrentariam na primeira luta.

A primeira luta foi entre os atletas

a) I e III

b) I e IV

c) II e III

d) II e IV

e) III e IV

RESOLUÇÃO:

Vamos resolver essa questão devido à importância do conceito envolvido. Ela é bem simples. Na tabela podemos ver que são informados os valores da média, mediana e o desvio padrão, além das três pesagens, pergunta-se qual é o atleta mais regular e o menos regular, para saber quem lutará na primeira luta. Quando falamos de regularidade, estamos falando sobre o desvio padrão.

SUPERDICA

Quanto **MENOR** é o valor do desvio padrão, **MAIS regular** é aquilo que está ocorrendo, no caso o peso do atleta. Quanto **MAIOR** é o valor do desvio padrão, **MENOS regular** é aquilo que está ocorrendo, no caso o peso do atleta.

Logo, o atleta **mais** regular é aquele que apresenta o **menor** desvio padrão (4,08), portanto é o atleta III. O **menos** regular é aquele que apresenta o **maior** desvio padrão (8,49), ou seja, o atleta II.

A primeira luta será entre os atletas II e III.

2. **(ENEM–2016)** Um posto de saúde registrou a quantidade de vacinas aplicadas contra febre amarela nos últimos cinco meses:

- 1º mês: 21;
- 2º mês: 22;
- 3º mês: 25;
- 4º mês: 31;
- 5º mês: 21.

No início do primeiro mês, esse posto de saúde tinha 228 vacinas contra febre amarela em estoque. A política de reposição do estoque prevê a aquisição de novas vacinas, no início do sexto mês, de tal forma que a quantidade inicial em estoque para os próximos meses seja igual a 12 vezes a média das quantidades mensais dessas vacinas aplicadas nos últimos cinco meses. Para atender essas condições, a quantidade de vacinas contra febre amarela que o posto de saúde deve adquirir no início do sexto mês é

a) 156
b) 180
c) 192
d) 264
e) 288

RESOLUÇÃO:

Para resolver essa questão, vamos dividi-la em partes. A primeira coisa que vamos fazer é calcular a média das quantidades mensais, uma vez que a questão gira em torno dessa informação. Para calcular a média, basta somar a quantidade de cada mês e depois dividir pela quantidade de meses, ou seja:

$$\frac{21 + 22 + 25 + 31 + 21}{5} = \frac{120}{5} = 24$$

O estoque precisa ter no total 12 vezes o valor médio dos últimos 5 meses, ou seja, seriam necessários ter $12 \times 24 = 288$ vacinas. Como o estoque inicial possuía 228 vacinas e foram usadas apenas 120 (soma dos cinco primeiros meses), sobraram $228 - 120 = 108$ vacinas.

Como sobraram **108** vacinas para completar o estoque, ele precisa de apenas mais **180** vacinas (**288 – 108 = 180**).

A seguir deixo uma questão desafio para que você possa treinar. Vamos lá?

3. **(ENEM–2016)** Em uma cidade, o número de casos de dengue confirmados aumentou consideravelmente nos últimos dias. A prefeitura resolveu desenvolver uma ação contratando funcionários para ajudar no combate à doença, os quais orientarão os moradores a eliminarem criadouros do mosquito *Aedes aegypti*, transmissor da dengue. A tabela apresenta o número atual de casos confirmados, por região da cidade.

Região	Casos confirmados
Oeste	237
Centro	262
Norte	158
Sul	159
Nordeste	160
Leste	278
Centro-Oeste	300
Centro-Sul	278

A prefeitura optou pela seguinte distribuição dos funcionários a serem contratados:

I. **10** funcionários para cada região da cidade cujo número de casos seja maior que a média dos casos confirmados.

II. **7** funcionários para cada região da cidade cujo número de casos seja menor ou igual à média dos casos confirmados.

Quantos funcionários a prefeitura deverá contratar para efetivar a ação?

a) 59
b) 65
c) 68
d) 71
e) 80

RESPOSTAS: 1. c) ■ 2. d) ■ 3. d)

CAPÍTULO 13

GEOMETRIA

A geometria é um tema muito cobrado em provas de concursos públicos, vestibulares e Enem, por isso vale a pena se dedicar bastante a ela. A geometria utiliza alguns termos técnicos e será necessário que você os memorize, pois muitas vezes temos dificuldade em interpretar uma questão justamente devido ao vocabulário utilizado. Vamos começar com três termos que todos sabem o que são, mas não existe uma definição matemática para eles. Por não ter definição, eles são chamados de noções primitivas. São eles: ponto, reta e plano.

Figura 13.1

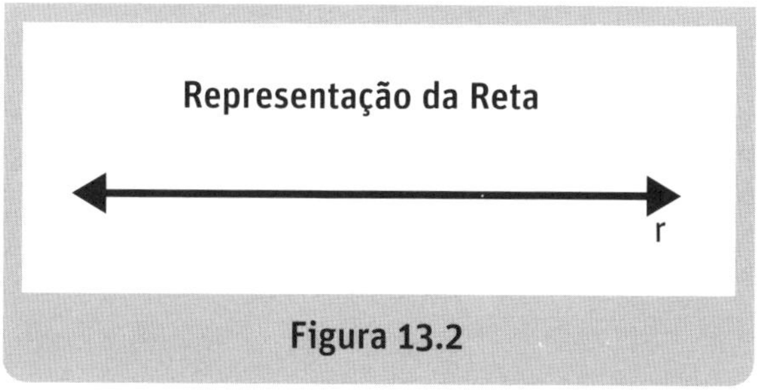

Figura 13.2

Representação do Plano

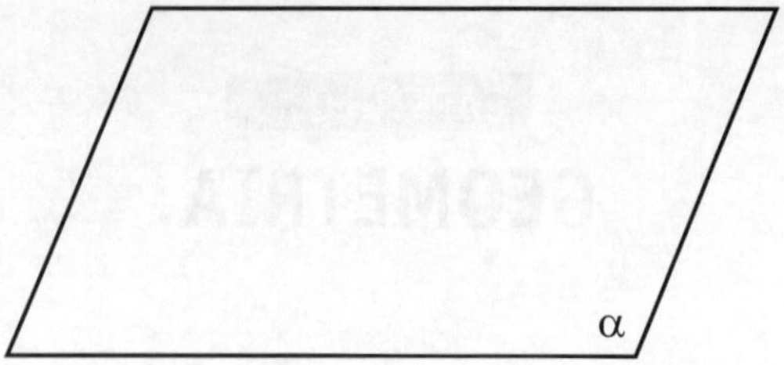

Figura 13.2-B

Apesar de todo mundo saber o que é um ponto, reta e plano, quero esclarecer algumas coisas. Todas as vezes que quiser representar (apelidar) um ponto, você utilizará a letra maiúscula. Para representar a reta, você sempre usará uma letra minúscula. A diferença de uma reta para um simples risco é que uma reta é infinita dos dois lados. Essas "setinhas" não são enfeites, elas representam justamente isso. O plano é representado por uma letra grega, por exemplo **α, θ, β,** γ, dentre outras. Um plano lembra muito uma superfície. Você sabe qual é a diferença? É bem simples: um plano possui medidas infinitas, ou seja, não tem como medir. Outro conceito importante para se trabalhar são as semirretas e os segmentos de reta.

A semirreta nada mais é que uma linha infinita apenas de um lado, ou seja, nós sabemos onde ela começa, por isso falamos que ela tem uma origem e indicamos através de um ponto, e usamos a letra **O** maiúscula.

Semirreta

Figura 13.3

O segmento de reta é um pedaço de uma reta, ou seja, ele tem um começo e um fim, por isso usamos dois pontos para representar. No nosso caso o ponto **A** representa a origem e o ponto **B** o fim. Outro caso bem interessante são as semirretas opostas. Veja a figura:

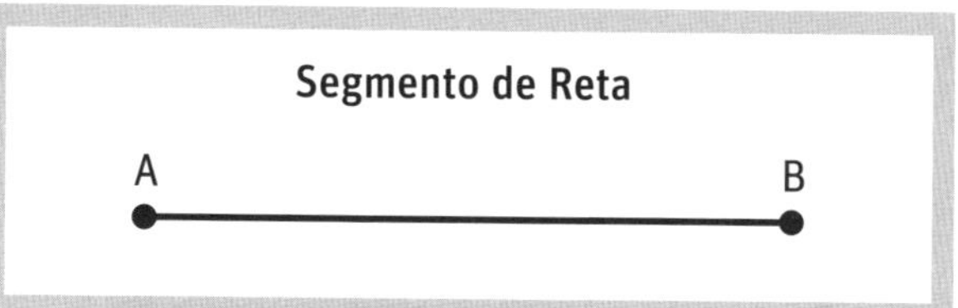

Figura 13.4

As semirretas opostas parecem muito com duas flechas grudadas que apontam para lados contrários. Em outras palavras, são duas semirretas unidas pela origem que ficam com as "pontas" uma oposta a outra.

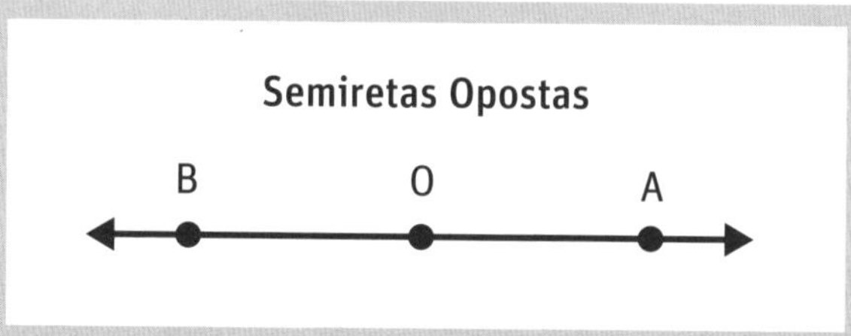

Figura 13.5

Observe que a letra **O** indica a origem. Outro caso muito interessante são os pontos colineares.

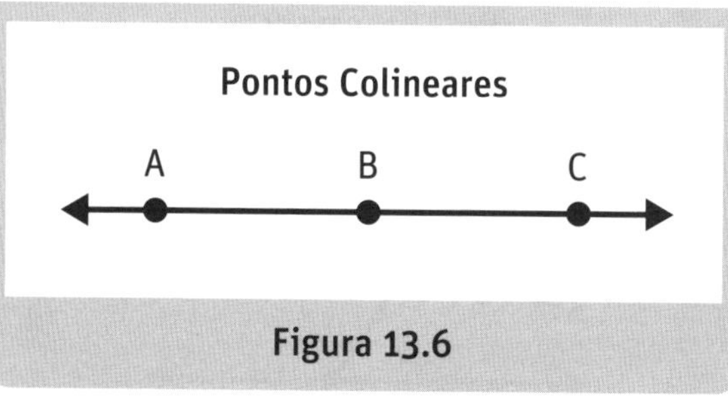

Figura 13.6

A figura é extremamente parecida com a de cima, mas o conceito é totalmente diferente. O ponto do meio da figura anterior é a origem. Nessa figura em que temos os pontos colineares, o ponto do meio é um simples ponto que nem precisava estar no meio, poderia estar em qualquer lugar. E o que são os pontos colineares? São pontos que pertencem à mesma reta. Não importa a quantidade de pontos: podem ser dois, três, dez, um milhão. Se pertencerem a mesma reta, são colineares. Se um único ponto não pertencer à reta, eles deixam de ser colineares.

Outro elemento muito importante da geometria são as retas e a forma com que elas são posicionadas. Veja as próximas figuras:

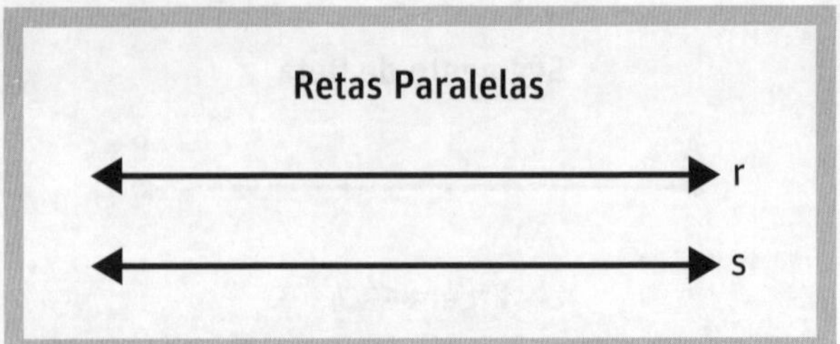

Figura 13.7

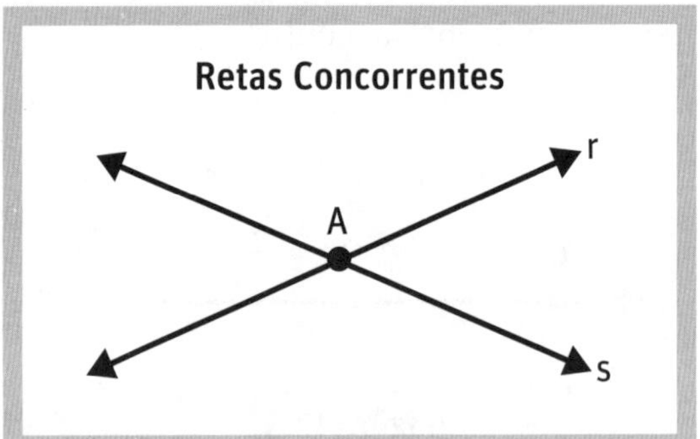

Figura 13.8

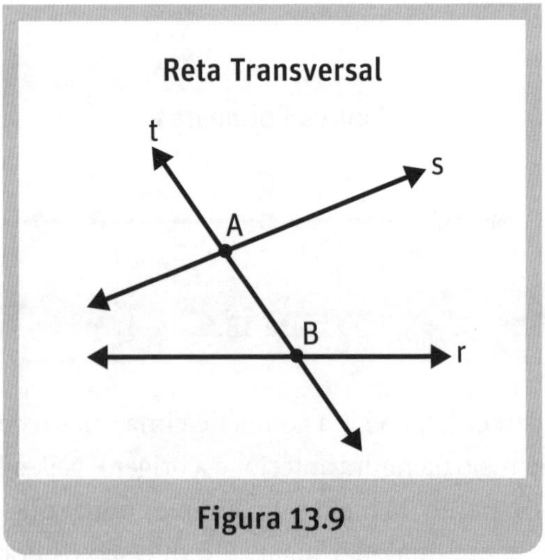

Figura 13.9

As retas paralelas são retas que nunca vão se encontrar. As retas concorrentes são retas que se encontram (cruzam) em um único ponto. Já a reta transversal leva esse nome porque ela "corta" (cruza) outras retas, mas sempre em um ponto diferente uma da outra. Observe que o ponto **A** que indica o cruzamento com a primeira reta é bem diferente do ponto **B** que indica o cruzamento com a segunda reta. A reta transversal está sendo representada pela letra **t** e pode cortar mais do que duas retas tranquilamente, aliás, pode cortar infinitas retas, só é necessário que ela "corte" (cruze) cada reta em um local diferente. Outro assunto importante na geometria são os segmentos de retas. Segmentos de retas são pedaços da reta (sim, é como se você cortasse um pedaço da reta), por isso tem começo e fim. Conforme a forma que desenhamos esses segmentos eles podem ganhar alguns nomes especiais. Veja:

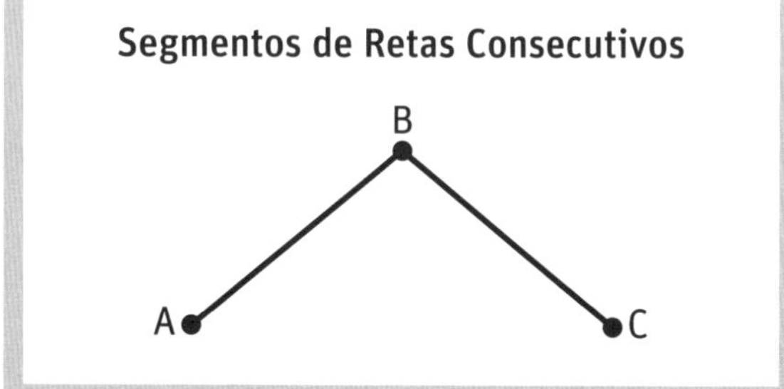

Figura 13.10

Os segmentos consecutivos são segmentos grudados um no outro, ou seja, quando um termina o outro começa. Nessa figura temos a semirreta que começa no ponto **A** e termina no ponto **B** e o outro segmento que começa no ponto **B** e termina no ponto **C**.

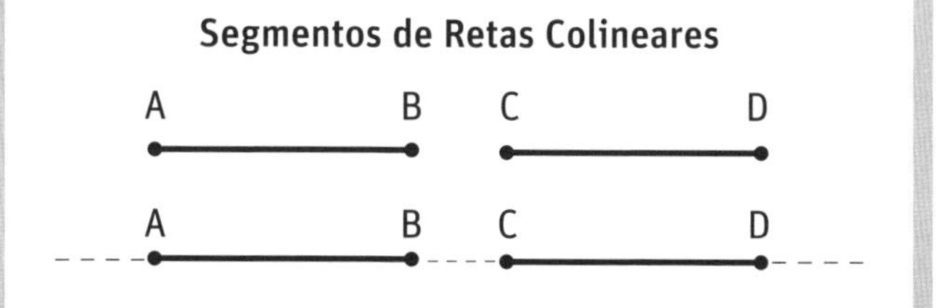

Figura 13.11

Imagine que você desenhou uma linha e depois apagou um pedaço. Surgiram duas linhas certo? Você acabou de desenhar dois segmentos de retas colineares. Em outras palavras, os segmentos são colineares quando pertencem à mesma reta, ou seja, se você colocar uma régua, verá que eles estão perfeitamente alinhados.

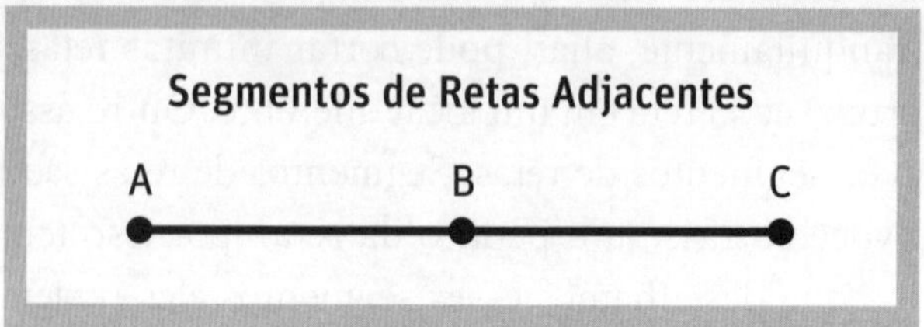

Figura 13.12

Ocorre quando dois segmentos são ao mesmo tempo colineares (mesma linha) e consecutivos (grudados um no outro).

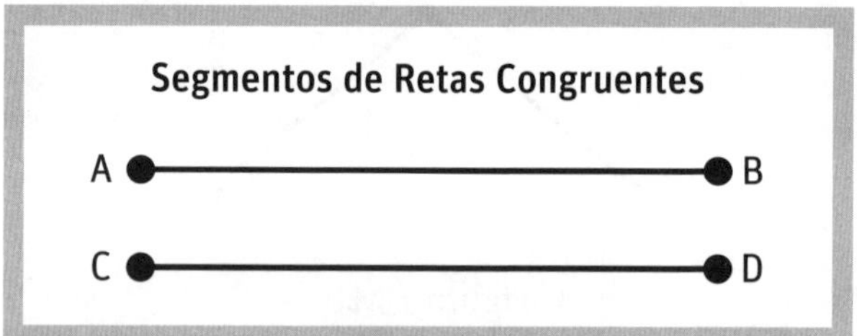

Figura 13.13

Esse é o mais fácil de todos. Os segmentos são iguais todas as vezes que possuem a mesma medida. A palavra congruente significa igual. Para finalizar, vamos ver o ponto médio!

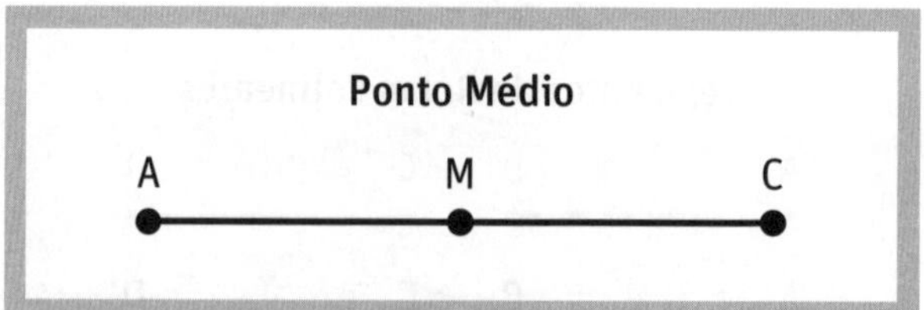

Figura 13.14

O ponto médio nada mais é do que um ponto que fica no meio do segmento de reta.

SUPERDICA

Existe uma forma de representar uma reta, uma semirreta e um segmento de reta, assim facilita muito a forma de escrever. Veja:

Uma reta que passa pelos pontos "**A**" e "**B**" = $\overleftrightarrow{AB}$

Uma semirreta que passa pelos pontos "**A**" e "**B**" = $\overrightarrow{AB}$

Um segmento de reta que passa pelos pontos "**A**" e "**B**" = $\overline{AB}$

Ou seja: você desenha uma reta pequena em cima das letras no primeiro caso (seta para os dois lados), no segundo caso você desenha uma semirreta em cima das letras (seta para apenas um lado) e para representar um segmento de reta você desenha um simples traço (sem setas).

ÂNGULOS

O ângulo é formado por duas semirretas que possuem a mesma origem, ou seja, duas setas grudadas no mesmo ponto (a origem). O espaço que as separa é o ângulo, que no Brasil é medido em graus.

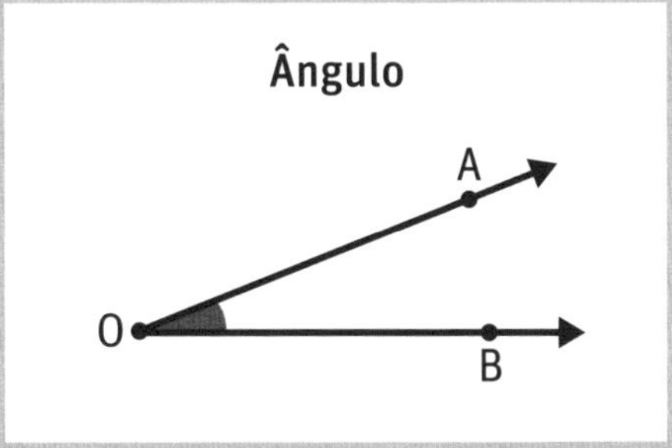

Figura 13.15

Observe que nós temos duas semirretas: a primeira começa no ponto **O** e passa pelo ponto **A** e a segunda também começa no ponto **O**, mas passa pelo ponto **B**. O ponto **O** é chamado de vértice do ângulo, ou seja, é o ponto no qual as duas semirretas começam. Para representar um ângulo, nós escrevemos $A\hat{O}B$. O acento circunflexo representa em qual ponto está o vértice, ou seja, o ponto de origem das semirretas (flechas). Sempre usaremos letras gregas para representar os ângulos, por exemplo, ângulo α (lê-se: alfa), ângulo β (lê-se: beta), dentre outros.

CLASSIFICAÇÃO DOS ÂNGULOS QUANTO À POSIÇÃO

Ângulos Consecutivos

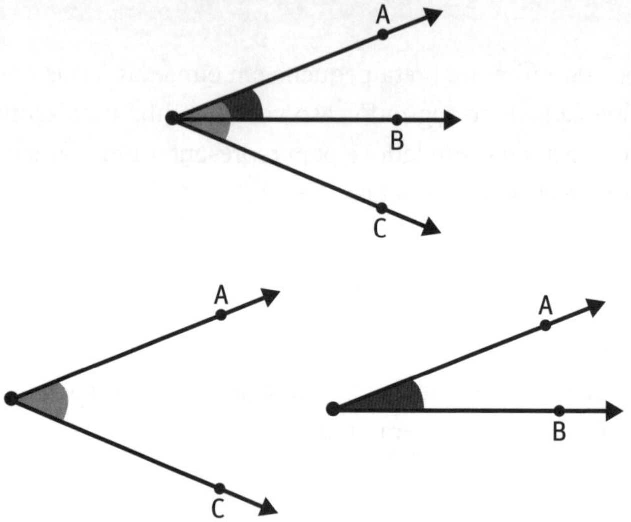

Figura 13.16

Ângulos consecutivos são ângulos que possuem um lado em comum, ou seja, a semirreta que sai do ponto **O** e passa pelo ponto **A** pertence aos dois ângulos. É como se você tivesse dois ângulos de tamanhos diferentes grudados pelo mesmo lado. Observe a figura acima, nós temos um ângulo maior **AÔC** e um ângulo menor **AÔB**. Para facilitar seu entendimento, desmembrei esses dois ângulos, e os desenhei logo a seguir. Os ângulos consecutivos passam a impressão que tem um ângulo dentro do outro. Agora vamos conhecer os ângulos adjacentes!

Ângulos Adjacentes

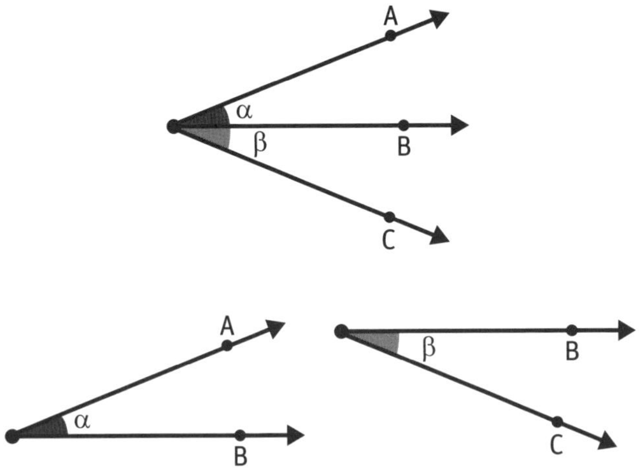

Figura 13.17

Os ângulos adjacentes são dois ângulos grudados um no outro. Eles também têm um lado em comum assim como nos ângulos consecutivos, mas nos ângulos consecutivos temos a impressão que os ângulos estão um dentro do outro, enquanto nos ângulos adjacentes, eles ficam um ao lado do outro. Ou seja, quando termina um ângulo, começa o outro. Nesse caso, se você observar a **Figura 13.17**, verá que o lado comum dos dois ângulos começa na origem e passa pelo ponto **B**. Novamente desmembrei esses ângulos em dois para facilitar seu entendimento. Se você prestar bastante atenção, verá que, unindo-se os dois ângulos de baixo, formamos a figura de cima.

Outra classificação extremamente importante que você precisa saber são os ângulos opostos pelo vértice. Vamos dar uma olhada!

Ângulos Opostos pelo Vértice

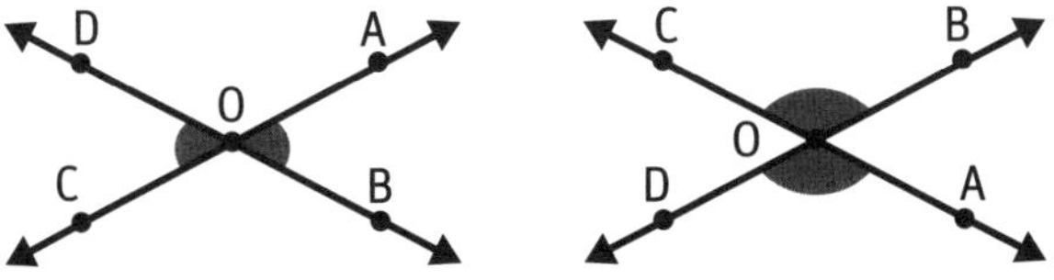

Figura 13.18

A letra **O** representa o ponto no qual as duas retas se cruzam. Esse ponto nada mais é do que o vértice desses dois ângulos. Ângulos opostos pelo vértice, em outras palavras, são ângulos que ficam de frente um para o outro e são separados pelo vértice. Observe que pintei de cinza os ângulos opostos pelo vértice em cada uma das figuras. Quero chamar a atenção porque na verdade, as duas figuras são exatamente as mesmas, ou seja, existem dois pares de ângulos opostos pelo vértice em cada figura, apenas separei para poder destacar cada um deles.

CLASSIFICAÇÃO DOS ÂNGULOS QUANTO À MEDIDA

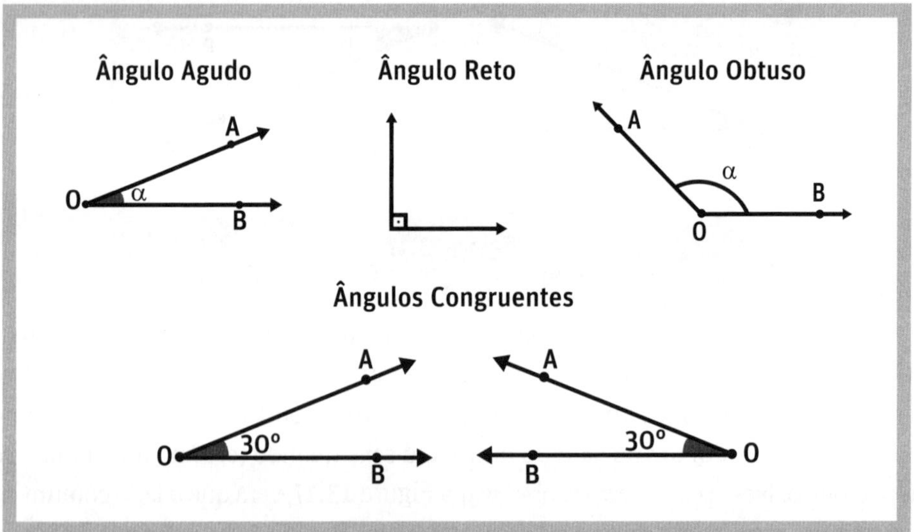

Figura 13.19

Ângulo Agudo = Todo ângulo menor que 90°.

Ângulo Reto = Todo ângulo igual a 90°.

Ângulo Obtuso = Todo ângulo maior que 90° e menor que 180°.

Ângulos Congruentes = Ângulos que possuem a mesma medida entre si.

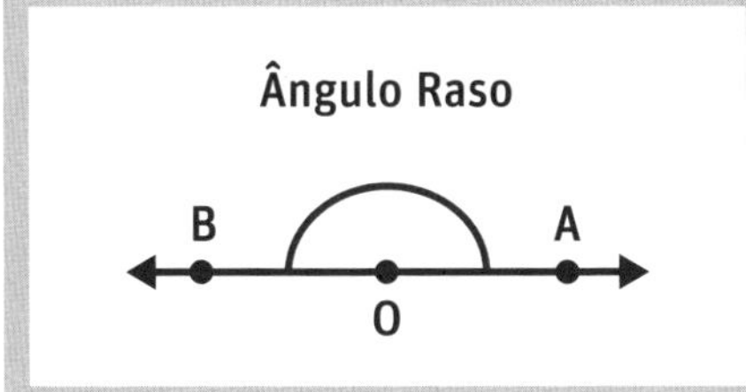

Figura 13.20

Ângulo Raso = Todo ângulo igual a 180°.

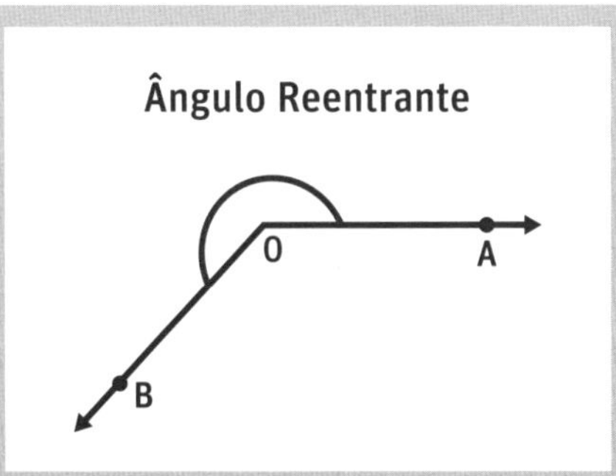

Figura 13.21

Ângulo Reentrante = Todo ângulo maior que 180° e menor que 360°.

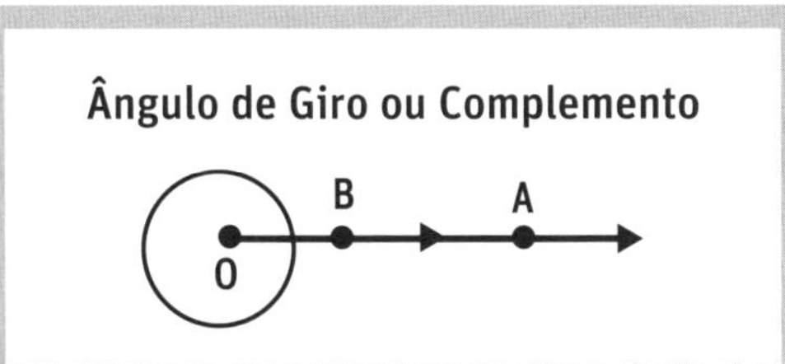

Figura 13.22

Ângulo de Giro ou Complemento = Todo ângulo igual a 360°.

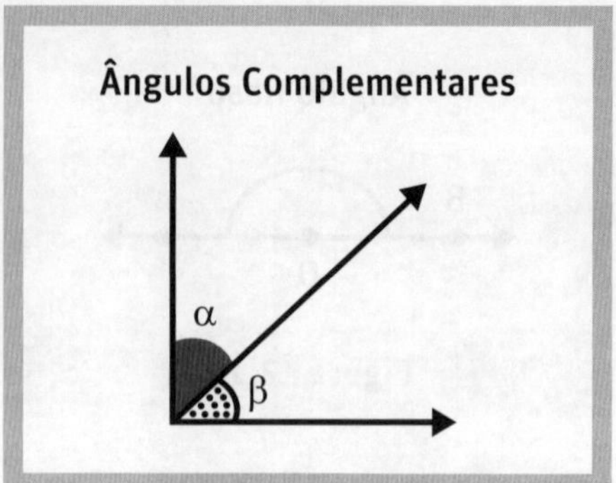

Figura 13.23

Os ângulos complementares são ângulos que se somados o resultado será **90°**, ou seja, se somar o ângulo α da figura, com o ângulo β, o resultado será **90°**.

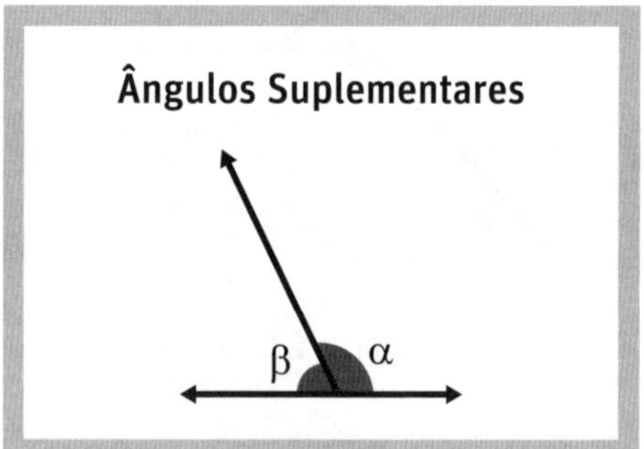

Figura 13.24

Os ângulos suplementares são ângulos que se somados o resultado será **180°**, ou seja, se somar o ângulo α da figura, com o ângulo β, o resultado será **180°**.

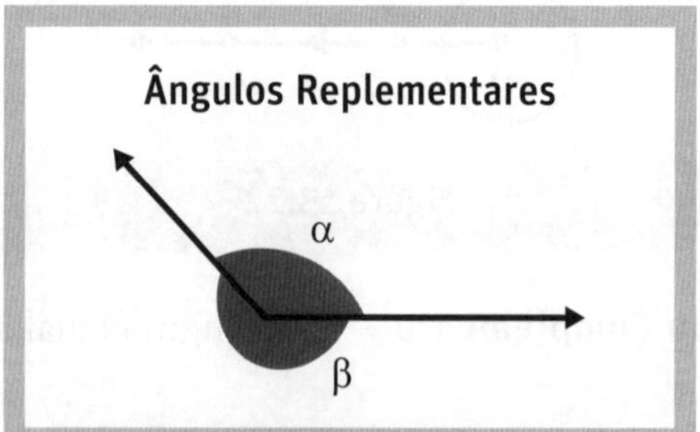

Figura 13.25

Os ângulos replementares são ângulos que se somados, o resultado será **360°**, ou seja, se somar o ângulo α da figura, com o ângulo β, o resultado será **360°**.

CASOS ESPECIAIS

Existem alguns casos na geometria que são muito importantes e com frequência são cobrados nas provas. Alguns desses casos envolvem duas retas paralelas cortadas por uma transversal. Dentre esses casos estão os ângulos alternos internos.

Ângulos Alternos Internos

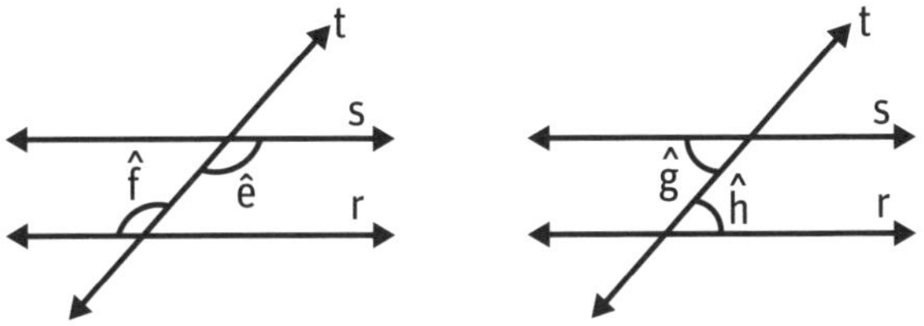

Figura 13.26

Eles são alternos porque estão um de cada lado da reta transversal **t**. Veja os ângulos da figura da esquerda. Eles são chamados de internos porque estão na parte de dentro das retas paralelas **s** e **r**. Nós sempre teremos quatro ângulos, por isso fiz dois desenhos, mas em todos os casos de ângulos alternos internos os valores sempre serão iguais. Por isso, se na prova você souber o valor de um ângulo e tiver que calcular o valor de outro, verifique se ele corresponde a esse caso. Na hipótese de ser alterno interno, você já aprendeu que os ângulos apresentam o mesmo valor.

Outro caso importante e muito parecido com esse são os alternos externos.

Ângulos Alternos Externos

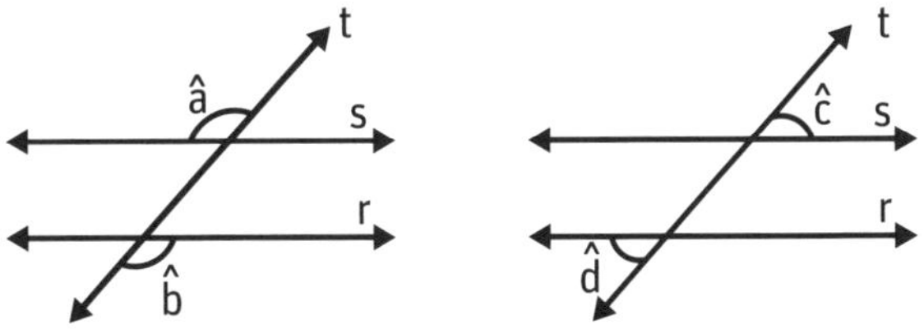

Figura 13.27

Esse caso é muito parecido com o anterior; inclusive os ângulos alternos externos também possuem o mesmo valor. O que difere é que eles ficam do "lado de fora" das retas paralelas **s** e **r**, por isso são chamados de externos. Talvez você tenha pensado, o que acontece se esses ângulos estiverem do mesmo lado? Mostrarei um caso agora para você!

Colaterais Internos

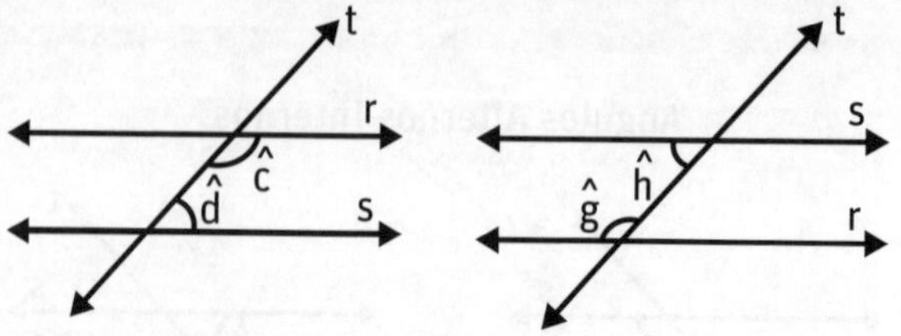

Figura 13.28

Os ângulos colaterais internos são chamados dessa maneira porque estão sempre do mesmo lado e ficam na "parte de dentro" das retas paralelas **s** e **r**. A parte mais interessante é que, se você somar esses ângulos, o resultado final sempre será **180°**. Então, se em um exercício você souber a medida de um desses ângulos, basta pensar em quanto falta para chegar em **180°** para descobrir a medida do outro ângulo. Outro caso muito parecido são os colaterais externos.

Colaterais Externos

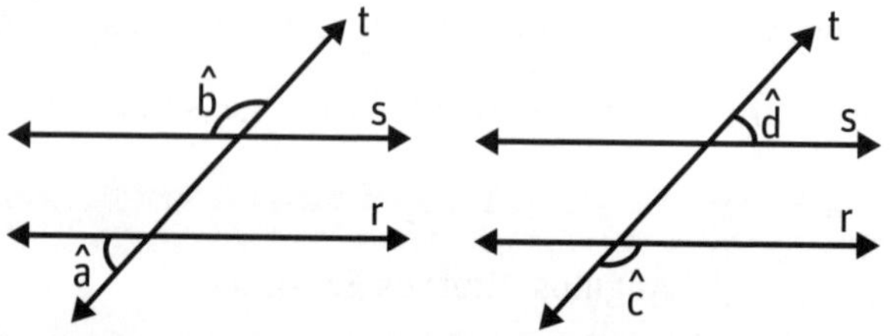

Figura 13.29

Os ângulos colaterais externos também possuem a mesma propriedade que os colaterais internos, ou seja, se você somá-los o resultado sempre será **180°**. Para fixar esse conhecimento, vamos fazer alguns exercícios.

EXERCÍCIOS

1. (**Calcule Mais–2017**) Calcule o valor de x.

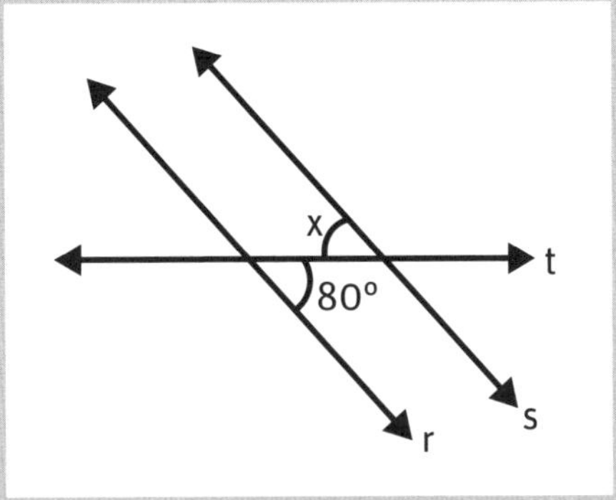

Figura 13.30

Para resolver essa questão, basta observar que esse exercício trata sobre ângulos que estão em lados diferentes. Talvez você esteja achando estranho o desenho. Se quiser, redesenhe a figura virando-a.

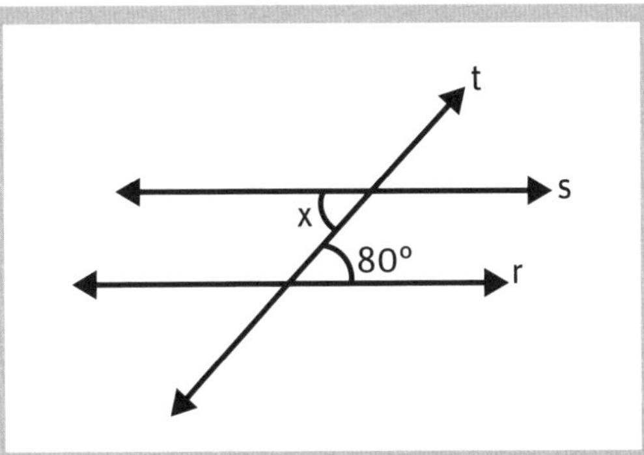

Figura 13.31

Como os ângulos estão em lados opostos e dentro das duas linhas paralelas, já aprendemos que eles são chamados de alternos internos e também sabemos que a característica dessa situação é que os ângulos sempre serão iguais. Por isso, o valor de x é **80°**.

2. **(Calcule Mais–2017)** Calcule o valor de **x**.

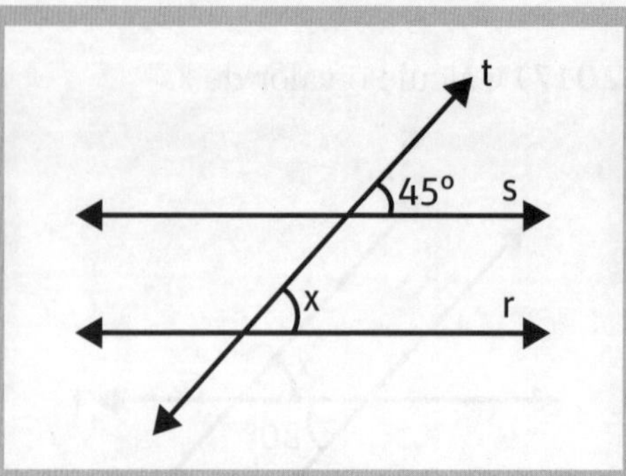

Figura 13.32

Para resolver essa questão, você precisa observar com cautela. Os ângulos estão do mesmo lado, mas um está dentro e o outro está fora, por isso não podemos aplicar a técnica de colaterais internos nem externos. Também não são alternos. O que fazer? Quando isso ocorrer, lembre-se de tentar resolver aplicando o caso dos ângulos opostos pelo vértice. Vamos escrever o ângulo oposto pelo vértice do ângulo de **45°**. Veja a figura:

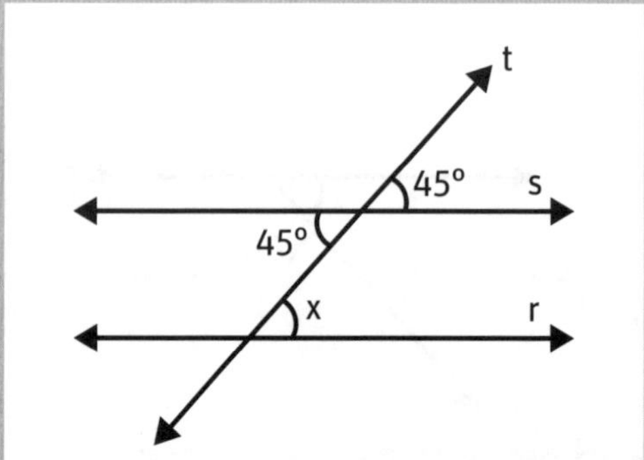

Figura 13.33

Após termos feito isso, ficou muito mais fácil para entender o que está acontecendo. Nós temos um caso de um ângulo alterno interno quando olhamos para esse ângulo de **45°** que colocamos. Todos os ângulos que são alternos e internos são iguais, logo o valor de **x** é **45°**.

Agora é com você!

3. (**Calcule Mais–2017**) Calcule o valor de x.

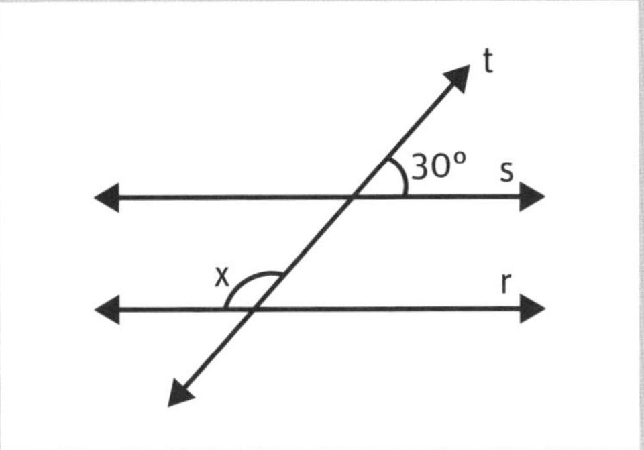

Figura 13.34

Use a técnica dos ângulos opostos pelo vértice da mesma forma que fizemos na questão anterior. Você encontrará um caso de ângulos colaterais internos.

4. (**Calcule Mais–2017**) Calcule o valor de x

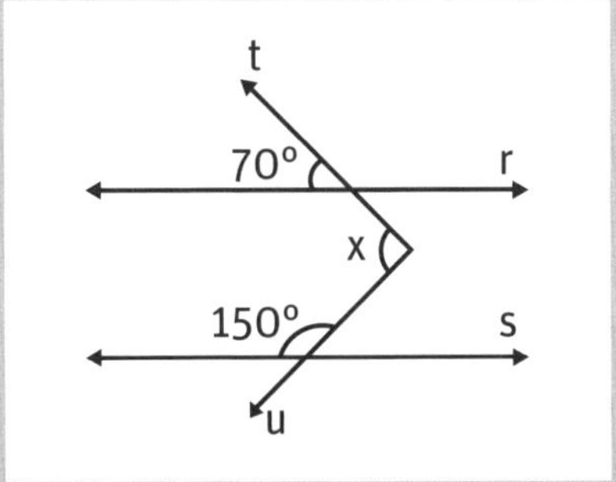

Figura 13.35

Para resolver esse tipo de exercício, o segredo é fazer uma linha pontilhada no meio e prolongar as semirretas que estão inclinadas. Isso ajudará a interpretar a questão. Vamos fazer isso!

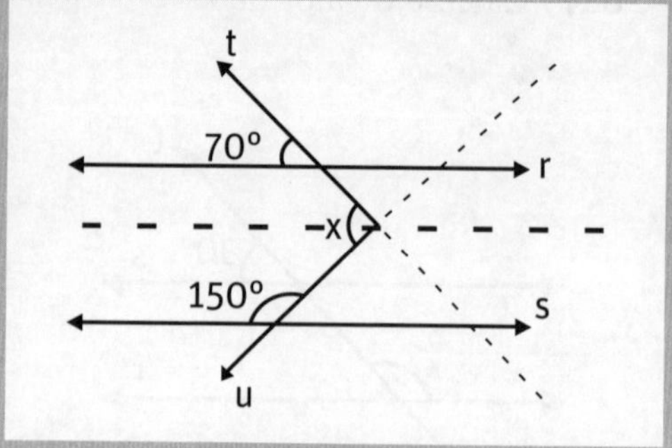

Figura 13.36

O próximo passo é ver os ângulos que são opostos pelo vértice. Por exemplo, esse ângulo de **70°**. Podemos marcar o ângulo oposto a ele!

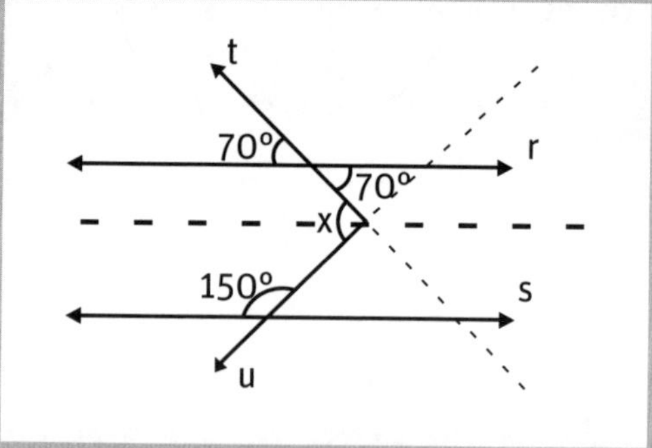

Figura 13.37

Outra coisa que podemos fazer é procurar por ângulos suplementares, ou seja, que a soma dê **180°**. Lembre-se, meia circunferência possui **180°**, ou seja, quando a união dos ângulos ficar no formato de meia pizza, a soma desses ângulos, será um ângulo de **180°**.

Observe o ângulo de **150°**, à direita desse ângulo tem um ângulo pequeno, se somarmos com 150° o resultado final terá que ser **180°** (lembre-se do formato de meia pizza). Qual ângulo que somado a **150°** dá **180°**? Basta fazer **180° – 150° = 30°**. Veja a figura:

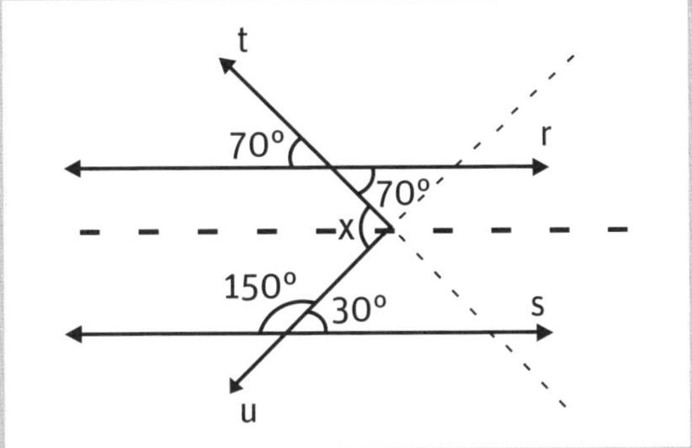

Figura 13.38

Agora, vamos dividir o **x** em dois ângulos, um acima da linha pontilhada e outro abaixo da linha pontilhada. Observe que o ângulo de **70°** será alterno interno com esse ângulo pequeno na parte de cima da linha pontilhada e o ângulo de **30°** também será alterno interno, mas com o ângulo que ficou abaixo da linha pontilhada. Veja a figura:

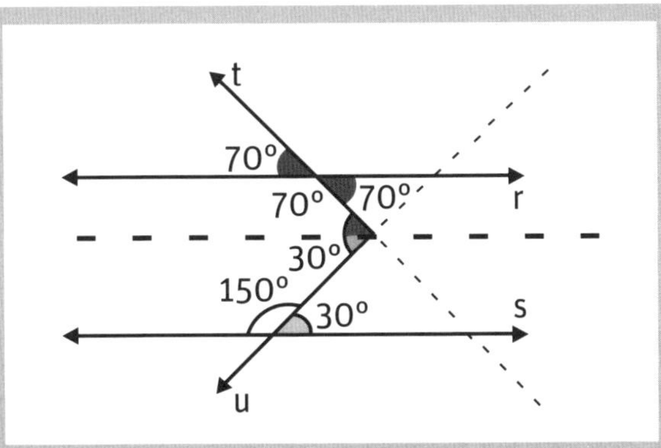

Figura 13.39

Para finalizar, como queremos saber o valor do **x**, basta somar os dois ângulos pequenos, ou seja, **70° + 30° = 100°**.

5. (Calcule Mais–2017) Encontre o valor do x.

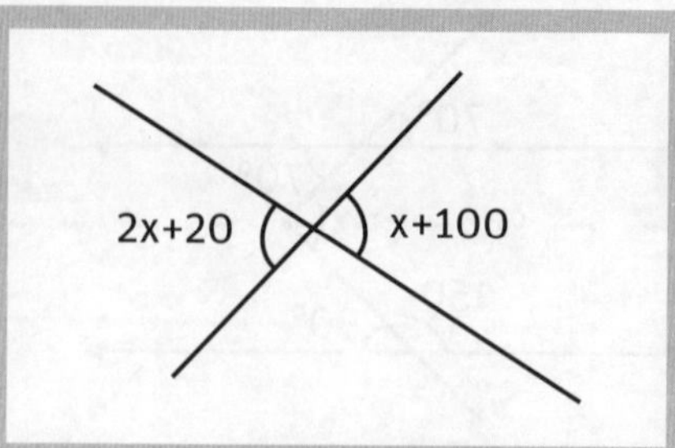

Figura 13.40

Para resolver essa questão, precisamos lembrar do conceito de ângulos opostos pelo vértice. Já aprendemos que ângulos opostos pelo vértice sempre são iguais, ou seja, o ângulo do lado esquerdo é igual ao ângulo do lado direito. Vamos escrever isso!

$2x + 20 = x + 100$

Agora você apenas precisa resolver essa equação para encontrar o resultado final. Se preciso for, volte ao capítulo em que ensino a resolver equações, para você relembrar como fazer.

$2x + 20 = x + 100$

$2x + 20 - x = 100$

$2x - x = 100 - 20$

$x = 80^{o}$

DICA

Se a questão pedir: qual é o ângulo, CUIDADO! Não é 80°; esse é o valor do x e não do ângulo. Para descobrir o valor do ângulo basta substituir o valor do x para descobrir. Por exemplo, o ângulo da esquerda da figura é:

$2x + 20$

Substituindo 80 no lugar do x

$2.80 + 20 =$

$160 + 20 = 180^{o}$

Se você substituir no ângulo da direita, encontrará o mesmo valor! Lembre-se, eles são opostos pelo vértice, logo sempre serão iguais.

6. **(Calcule Mais–2017)** Encontre o valor de x.

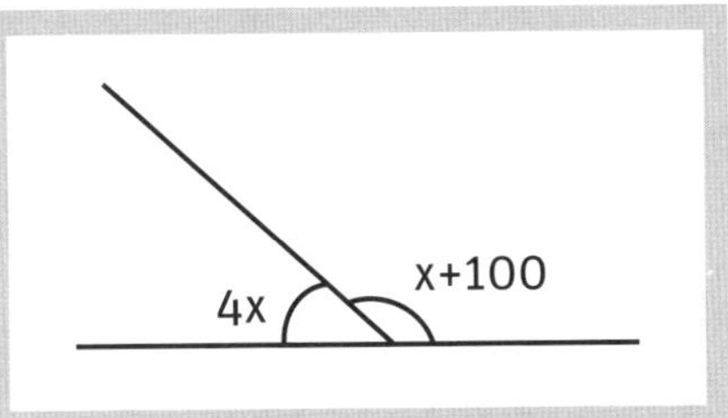

Figura 13.41

Para resolver essa questão você precisa prestar atenção no formato que esses dois ângulos fazem juntos. O formato deles equivale a metade de uma pizza, ou seja, a soma desses ângulos será **180°**. Essa é a característica dos ângulos suplementares, a soma é igual a **180°**. Vamos fazer exatamente isso! Veja:

$(4x) + (x + 100) = 180°$

Coloquei os parênteses apenas para separar os ângulos a fim de facilitar a sua compreensão, mas para resolver não vamos utilizar esses parênteses.

$4x + x + 100 = 180$

$5x + 100 = 180$

$5x = 180 - 100$

$5x = 80$

$x = \frac{80}{5}$

$x = 16$

DICA

Se quisermos descobrir o valor de cada ângulo, podemos substituir o valor de **x** em cada um dos ângulos, exatamente como foi feito na questão anterior. Desta vez, os ângulos darão resultados diferentes, mas a soma dos dois valores será 180°.

7. (Calcule Mais–2017) Calcule o valor de **x**.

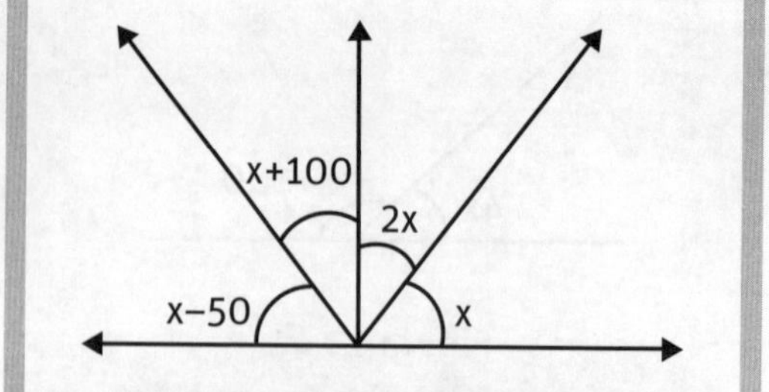

Figura 13.42

Para resolver essa questão, basta novamente prestar atenção e ver que se somarmos todos os ângulos, teremos o formato de meia pizza, ou seja, **180°**. Novamente, vou colocar os parênteses apenas para separar cada um dos ângulos.

$(x - 50) + (x + 100) + (2x) + (x) = 180$

Agora que já organizamos a conta, vamos tirar os parênteses e começar a resolver.

$x - 50 + x + 100 + 2x + x = 180$

$x - 50 + x + 100 + \mathbf{3x} = 180$

$x - 50 + x + 3x = 180 - 100$

$x - 50 + x + 3x = 80$

$x + x + 3x = 80 + 50$

$x + x + 3x = 80 + 50$

$x + x + 3x = 130$

$5x = 130$

$x = \frac{130}{5}$

$x = 26$

Para descobrir o valor de cada ângulo basta substituir o valor de **x** em cada um dos ângulos, como fizermos anteriormente em outras questões.

8. (**Calcule Mais–2017**) Calcule o valor de **x**.

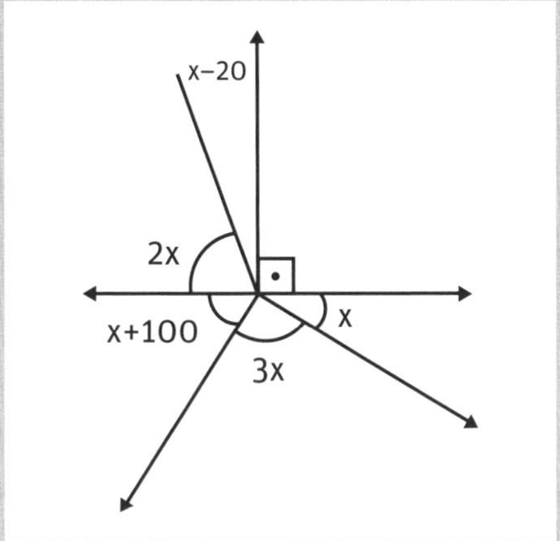

Figura 13.43

Para resolver essa questão, vamos usar a mesma técnica das anteriores. Dessa vez, se somarmos todos os ângulos teremos o formado de uma pizza completa, ou seja, **360°** (meia pizza **180°** multiplicado por dois = **360°**). Vamos montar a equação!

DICA

Não importa com qual ângulo você começará!

SUPERDICA

Você reparou que em um dos ângulos não possui o valor, mas tem um quadrado desenhado com um ponto no meio no lugar? Todas as vezes que você ver esse quadrado desenhado o valor do ângulo será 90°.

$$(x + 100) + (2x) + (x - 20) + (90) + (x) + (3x) = 360$$

Vamos tirar os parênteses e resolver a equação.

$$(x + 100) + (2x) + (x - 20) + (90) + (x) + (3x) = 360$$

$$x + 100 + 2x + x - 20 + 90 + x + 3x = 360$$

$$x + 100 + 2x + x - 20 + x + 3x = 360 - 90$$

$$x + 100 + 2x + x - 20 + x + 3x = 270$$

$$x + 2x + x - 20 + x + 3x = 270 - 100$$

$$x + 2x + x - 20 + x + 3x = 170$$

$$x + 2x + x + x + 3x = 170 + 20$$

$$x + 2x + x + x + 3x = 190$$

$$8x = 190$$

$$x = \frac{190}{8}$$

$$x = 23{,}75$$

Para descobrir o valor de cada ângulo basta fazer como nos exercícios anteriores e substituir o valor de **x**. Observe que nem sempre o desenho vai condizer com o valor do ângulo que ele representa, por isso fica mais essa dica. Nessas questões não adianta medir com o transferidor, pois na grande maioria das vezes não dará certo. As figuras são ilustrativas, feitas apenas para você entender o que está ocorrendo e calcular corretamente. Essa dica vale para qualquer prova que você fizer.

RESPOSTAS: 1. $\pi + 2$ ■ 2. $x = 45°$ ■ 3. 3,4 ■ 4. $x = 100°$ ■ 5. $x = 80°$ ■ 6. $x = 16$ ■ 7. $x = 26$ ■ 8. $x = 23{,}75$

TEOREMA DE TALES

Esse teorema é muito famoso e importante! Para aplicá-lo você precisar ter um feixe de retas paralelas cortadas por retas transversais, e elas determinarão segmentos proporcionais. Vou explicar isso na prática pois fica muito mais fácil de entender! Na figura abaixo as retas **r**, **s** e **t** são paralelas e as retas **a**, **b** são transversais.

DICA

No começo deste capítulo, explico o que são retas paralelas e transversais.

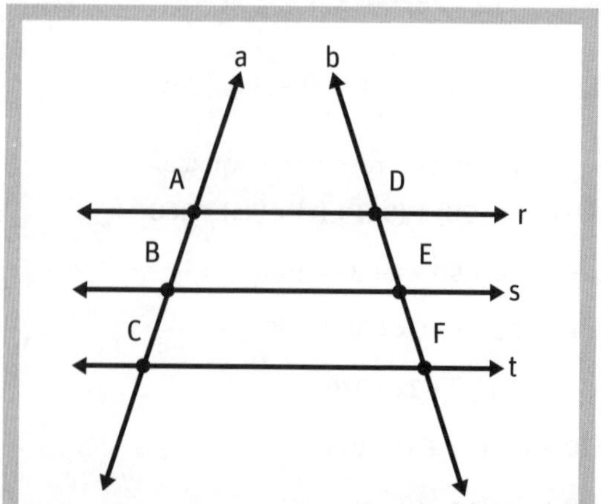

Figura 13.44

Na figura temos alguns pontos marcados. Esses pontos vão nos ajudar a entender esse teorema. Observe a distância do ponto **A** até o ponto **B**, se considerarmos só esse pedaço, temos um segmento de reta. Vamos representá-lo por $\overline{AB}$. Se você observar temos vários segmentos de retas. Veja:

LADO ESQUERDO

- A distância do ponto **A** até o ponto **B** = $\overline{AB}$
- A distância do ponto **B** até o ponto **C** = $\overline{BC}$
- A distância do ponto **A** até o ponto **C** = $\overline{AC}$

LADO DIREITO

- A distância do ponto **D** até o ponto **E** = $\overline{DE}$
- A distância do ponto **E** até o ponto **F** = $\overline{EF}$
- A distância do ponto **D** até o ponto **F** = $\overline{DF}$

O Teorema de Tales nos ensina que se pegar a medida de dois segmentos de reta do lado esquerdo e dividir, você terá o mesmo resultado se pegar dois segmentos de reta do lado direito e dividir, mas tome cuidado, você tem que usar sempre segmentos equivalentes, por exemplo, se peguei o primeiro segmento do lado esquerdo, também preciso usar o primeiro segmento do lado direito. Se usar o maior segmento do lado esquerdo, preciso usar o maior segmento do lado direito. Lembre-se, se você fizer isso, o resultado da divisão do lado direito será o mesmo resultado da divisão do lado esquerdo. Vamos ver alguns exemplos:

$$\frac{\overline{AB}}{\overline{BC}} = \frac{\overline{DE}}{\overline{EF}}$$

$$\frac{\overline{AB}}{\overline{AC}} = \frac{\overline{DE}}{\overline{DF}}$$

$$\frac{\overline{BC}}{\overline{AC}} = \frac{\overline{EF}}{\overline{DF}}$$

Outros exemplos:

$$\frac{\overline{BC}}{\overline{AB}} = \frac{\overline{EF}}{\overline{DE}}$$

$$\frac{\overline{AC}}{\overline{AB}} = \frac{\overline{DF}}{\overline{DE}}$$

$$\frac{\overline{AC}}{\overline{BC}} = \frac{\overline{DF}}{\overline{EF}}$$

DICA

Talvez você tenha reparado que as primeiras frações sempre são do lado esquerdo. Essa é apenas uma coincidência visto que poderíamos começar pelo lado direito sem problemas. Veja:

$$\frac{\overline{EF}}{\overline{DE}} = \frac{\overline{BC}}{\overline{AB}}$$

Outros exemplos: neste caso vou pegar um segmento de cada lado para formar a fração. Lembre-se, você sempre precisa manter um "padrão" para formar as frações

$$\frac{\overline{AB}}{\overline{DE}} = \frac{\overline{BC}}{\overline{EF}}$$

$$\frac{\overline{AB}}{\overline{DE}} = \frac{\overline{AC}}{\overline{DF}}$$

$$\frac{\overline{BC}}{\overline{EF}} = \frac{\overline{AC}}{\overline{DF}}$$

Para entender melhor, vamos fazer alguns exercícios!

1. (**Calcule Mais–2017**) Calcule o valor de x.

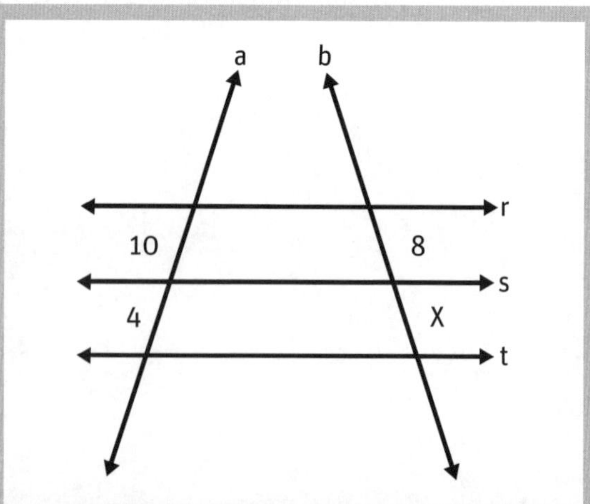

Figura 13.45

Para calcular o valor de **x**, podemos utilizar qualquer relação que expliquei agora a pouco. Vou colocar na primeira fração informações do lado esquerdo e na segunda fração, informações do lado direito. Veja:

$$\frac{10}{4} = \frac{8}{x}$$

Para resolver basta "multiplicar em cruz". Veja:

$$\frac{10}{4} \times \frac{8}{x}$$

$10.x = 4.8$

$10x = 32$

$$x = \frac{32}{10}$$

$x = 3{,}2$

DICA1

Se você tem dificuldade em "multiplicar em cruz", estude o capítulo da regra de três. Se sua dificuldade for a resolução de equações, não perca tempo! Este livro tem um capítulo só para esse tema.

DICA2

Não se esqueça, o "ponto final" representa multiplicação em matemática.

2. (**Calcule Mais–2017**) Calcule o valor de **x**.

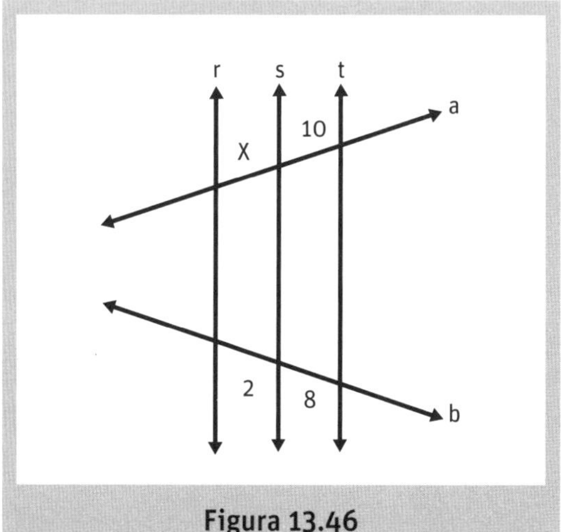

Figura 13.46

Para resolver esse exercício, basta utilizar a relação que nós já aprendemos, não faz diferença, se a figura estiver virada.

$$\frac{x}{2} = \frac{10}{8}$$

Basta "multiplicar em cruz". Veja:

$$\frac{x}{2} \times \frac{10}{8}$$

$$8.x = 10.2$$

$$8x = 20$$

$$x = \frac{20}{8}$$

3. **(Calcule Mais–2017)** Calcule o valor de **x**.

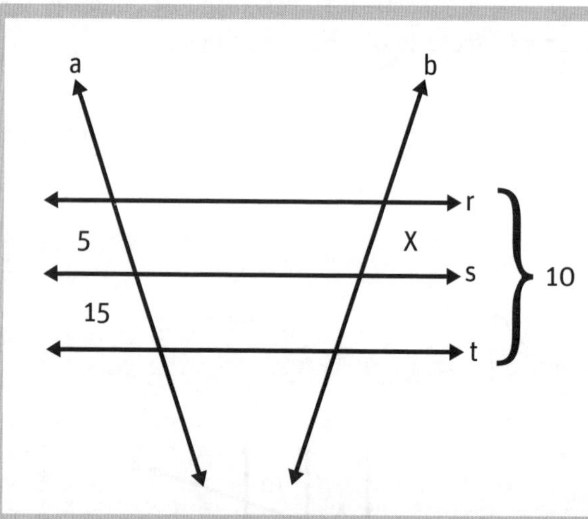

Figura 13.47

Para resolver essa questão, basta usarmos as relações que aprendemos, podemos usar qualquer uma, mas vamos pensar em qual fica mais fácil para nós! Do lado direito tenho entre as retas **r** e **s** o valor de **x** e temos o valor de **10** que equivale a distância entre as retas **r** até a **t**, então vamos colocar essa informação na fração.

$$\frac{x}{10}$$

Agora vamos ver o lado esquerdo e pegar as informações equivalentes. Observe que vamos pegar o número 5 e o número 20 (5 + 15), uma vez que precisamos pegar a medida entre as retas **r** até a **t**. Veja:

$$\frac{x}{10} = \frac{5}{20}$$

Para resolver, basta "multiplicar em cruz". Veja:

$$\frac{x}{10} \times \frac{5}{20}$$

$20.x = 10.5$

$20x = 50$

$$x = \frac{50}{20}$$

$x = 2,5$

4. (**Calcule Mais–2017**) Calcule o valor de x.

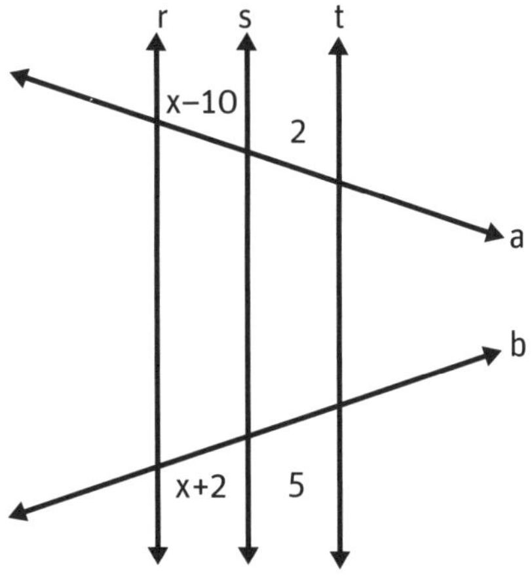

Figura 13.48

Vamos utilizar as relações já estudadas neste livro. Não importa se a figura está rotacionada, as relações valem da mesma forma. Preste atenção na relação que vou fazer.

$$\frac{x - 10}{x + 2} = \frac{2}{5}$$

Para resolver, basta "multiplicar em cruz". Veja:

$$\frac{x - 10}{x + 2} \times \frac{2}{5}$$

5.(x – 10) = 2.(x + 2)

DICA

Use os parênteses como fiz acima.

Agora você vai resolver essa equação do primeiro grau. Lembre-se de aplicar a propriedade distributiva como farei a seguir:

5.(x – 10) = 2.(x + 2)

5x – 50 = 2x + 4

5x = 2x + 4 + 50

5x = 2x + 54

5x – 2x = 54

3x = 54

$x = \frac{54}{3}$

x = 18

5. (**Calcule Mais–2017**) Calcule o valor de x.

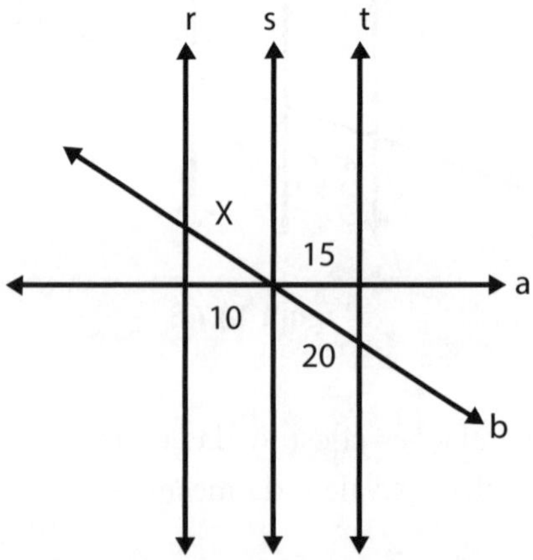

Figura 13.49

Este exercício parece complicado, mas na verdade ele é bem mais simples que o anterior. O segredo para começar a resolver é separando essas retas que estão cruzadas. Veja:

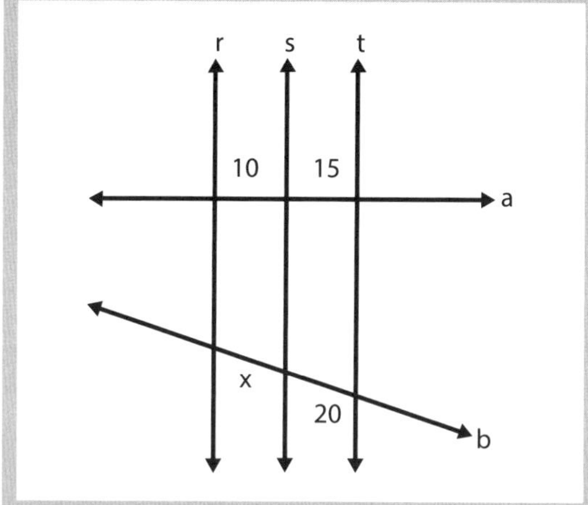

Figura 13.50

Ficou fácil, não é verdade? Agora é com você! Vou deixar você resolver sozinho. Boa sorte!

RESPOSTAS: 1. x = 3,2 ■ 2. x = 2,5 ■ 3. x = 2,5 ■ 4. x = 18 ■ 5. x = 13,33...

POLÍGONOS

Polígono é uma linha poligonal fechada, ou seja, um conjunto de segmentos de retas consecutivos em que o começo do primeiro segmento coincide com o final do último segmento. Traduzindo: é uma figura formada por pedaços de uma linha reta, unidos. A figura sempre será fechada.

Os polígonos possuem algumas características interessantes. Por exemplo, a soma de todos os ângulos internos de um triângulo sempre será **180°**. Observe a figura a seguir:

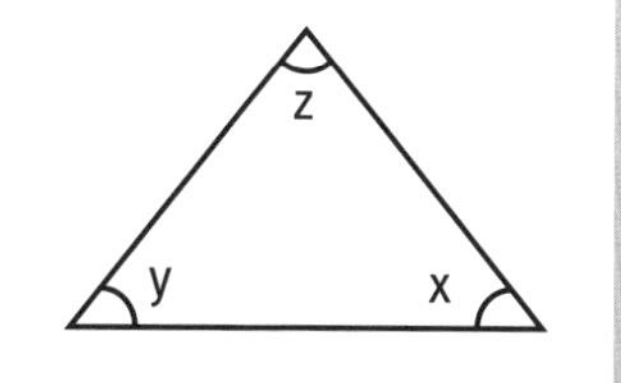

Figura 13.51

Como não faço ideia de quais são os valores dos ângulos, os representei por **x**, **y** e **z**. Não importa o formato do triângulo: se você somar esses ângulos internos o resultado sempre será 180°, ou seja, $x + y + z = 180^\circ$.

E se a figura tiver 4 lados, qual será a soma dos ângulos internos?

Não importa qual será o formato da figura, se ela tiver 4 lados, você sempre poderá dividi-la em dois triângulos. Veja o que fiz na próxima figura:

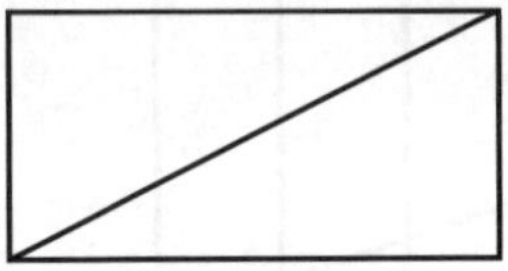

Figura 13.52

Agora pense comigo: um triângulo tem 180°. Se cabem dois triângulos dentro de uma figura de quatro lados, logo o total do valor dos ângulos internos será $2.180 = 360^\circ$. Essa regra se aplica a outras figuras? Sim!

Vamos ver uma figura de cinco lados. Como você pode ver no desenho abaixo, podemos dividi-la em três triângulos.

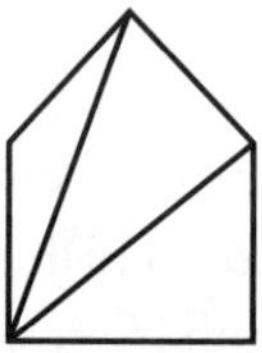

Figura 13.53

Como temos três triângulos, basta fazer $3.180^\circ = 540^\circ$. Ou seja, a soma dos ângulos internos de qualquer figura de cinco lados será **540°.** Para facilitar, vou contar uma superdica!

SUPERDICA

Existe uma fórmula para calcular a soma dos ângulos internos de um polígono.

$S = (n - 2).180^\circ$

S = soma dos ângulos internos
n = número de lados

Faremos um teste. Vamos calcular a soma dos ângulos internos de uma figura de cinco lados, ou seja, $n = 5$.

$$S = (n - 2).180°$$

$$S = (5 - 2).180°$$

$$S = (3).180°$$

$$S = 3.180° = 540°$$

Outra fórmula muito utilizada na geometria é a fórmula para calcular o número de diagonais de uma figura. Veja:

$$d = \frac{n(n-3)}{2}$$

d = número de diagonais
n = número de lados

Por exemplo: vamos calcular a quantidade de diagonais de uma figura de seis lados, ou seja, $n = 6$.

$$d = \frac{n(n-3)}{2}$$

$$d = \frac{6(6-3)}{2}$$

$$d = \frac{6(3)}{2}$$

$$d = \frac{6.3}{2} = \frac{18}{2} = 9$$

Vamos fazer alguns exercícios!

1. (**Calcule Mais–2017**) Encontre o valor de x.

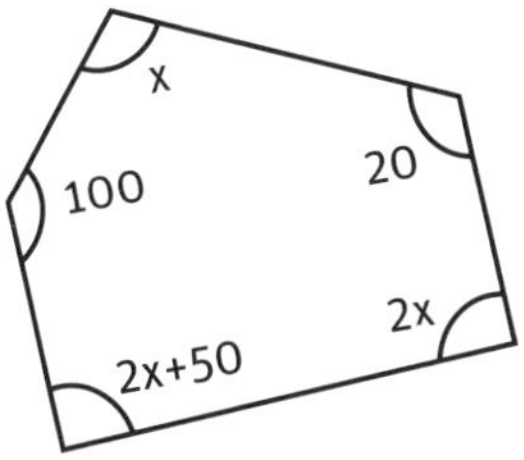

Figura 13.54

A primeira coisa que precisamos fazer é ver quantos lados tem a figura. Basta contar e ver que ela tem cinco lados. O próximo passo é usar a fórmula para descobrir qual é o valor da soma dos ângulos internos. Lembre-se, como a figura tem cinco lados, **n** é igual a 5.

$S = (n - 2).180^\circ$

$S = (5 - 2).180^\circ$

$S = (3).180^\circ$

$S = 3.180^\circ = 540^\circ$

Agora que sabemos que a soma dos ângulos internos é igual a **540°**, vamos montar a equação e resolver:

$x + 20 + 2x + (2x + 50) + 100 = 540$

$x + 20 + 2x + 2x + 50 + 100 = 540$

$x + 20 + 2x + 2x + 50 = 540 - 100$

$x + 20 + 2x + 2x + 50 = 440$

$x + 20 + 2x + 2x = 440 - 50$

$x + 20 + 2x + 2x = 390$

$x + 2x + 2x = 390 - 20$

$x + 2x + 2x = 370$

$5x = 370$

$x = \dfrac{370}{5}$

$x = 74$

SUPERDICA

Às vezes a questão não quer saber o valor de **x**, e sim o valor do ângulo. Para descobrir o valor de cada ângulo, basta substituir o valor do **x**. Veja:

$x = 74$

$2x = 2.x = 148$

$2x + 50 = 2.x + 50 = 198$

DICA

Lembre-se que o "ponto final" significa multiplicação, e que quando temos um número "grudado" em uma letra, eles estão multiplicando entre si.

2. **(Calcule Mais–2017)** Calcule o valor de x e informe o valor de cada ângulo.

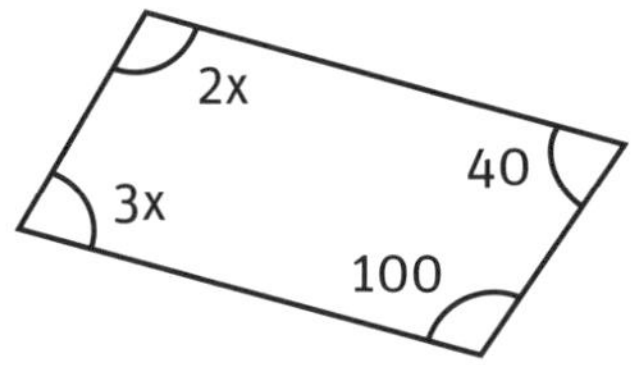

Figura 13.55

Essa questão vou deixar você fazer sozinho. Lembre-se: a figura tem 4 lados, logo a soma dos ângulos internos será 360° e o valor de x será 44. Sendo assim, os ângulos medirão 88° e 132°.

3. **(Calcule Mais–2017)** Calcule o valor de x.

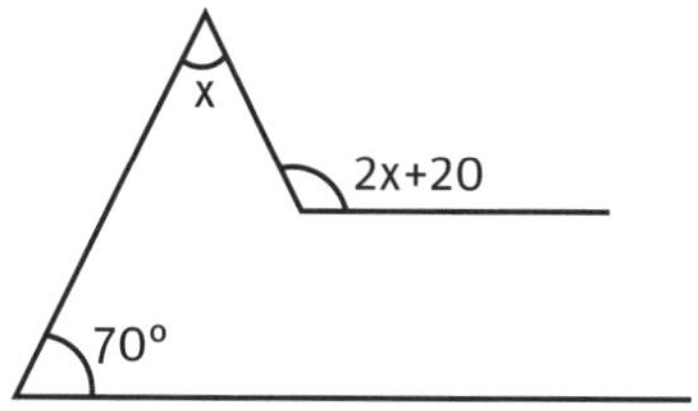

Figura 13.56

O grande segredo para resolver essa questão é completar o desenho. Vou "fechar o triângulo". Veja:

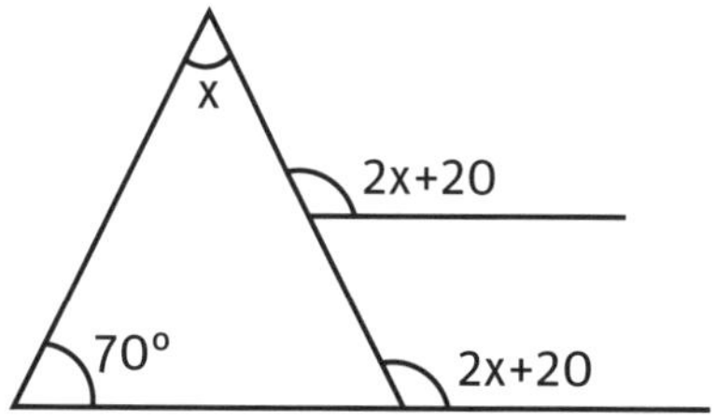

Figura 13.57

Observe que copiei a informação **2x + 20** para a parte de baixo, porque a inclinação do segmento de reta que forma esse lado do triângulo não muda, logo o ângulo também não, em relação a horizontal.

SUPERDICA

Preste atenção na figura, para saber quais informações você consegue descobrir. Como você quer saber o valor de **x**, veja só a ideia que tive para resolver:

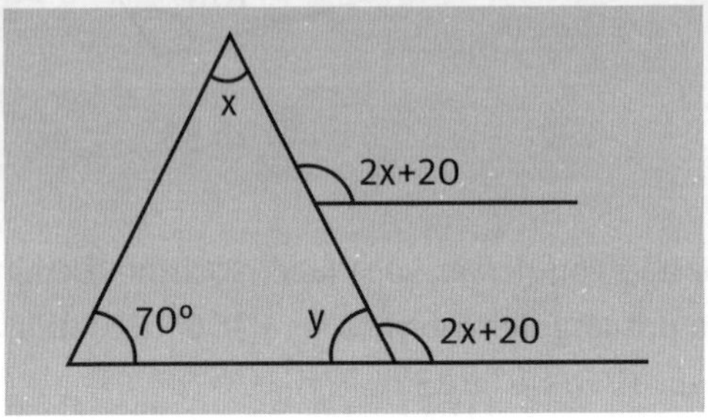

Figura 13.58

Vamos calcular o valor de **y**? Se fizermos isso, estaremos a um passo para encontrar o resultado final. Se observarmos com calma, veremos que o ângulo **y**, junto com o ângulo **2x + 20**, formam meia pizza, ou seja, a soma deles é igual a 180°. Vamos calcular o valor de **y**.

$y + 2x + 20 = 180$

Como queremos encontrar o valor de **y**, vamos deixá-lo sozinho do lado esquerdo da equação e passar todo o resto para o lado direito, inclusive o **x**. Veja:

$y + 2x + 20 = 180$

$y + 2x = 180 - 20$

$y + 2x = 160$

$y = 160 - 2x$

Agora que já sabemos quanto vale o **y**, vamos colocar essa informação na figura.

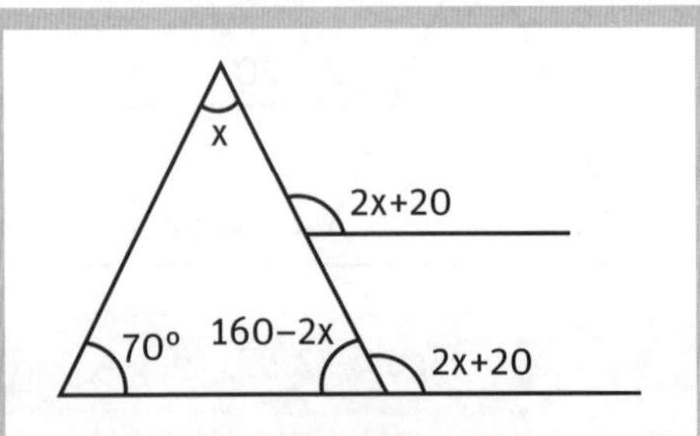

Figura 13.59

DICA

Apague as informações que você não usará mais. Veja:

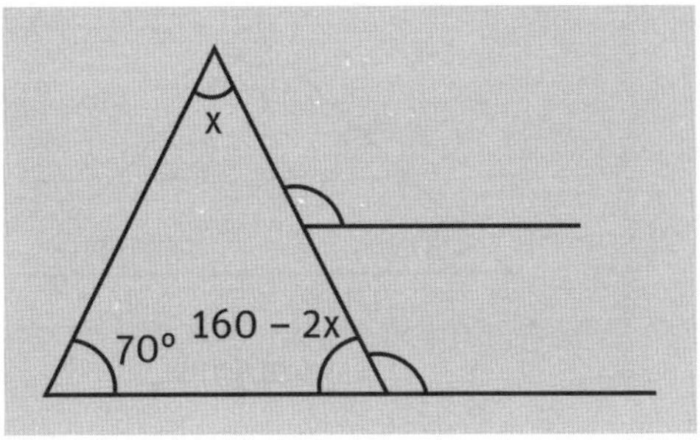

Figura 13.60

Agora para finalizar, ficou fácil. Já sabemos que a soma dos ângulos internos de um triângulo é igual a **180º**, então vamos montar a equação e resolver.

x + 70 + (160 – 2x) = 180

x + 70 + 160 – 2x = 180

x + 70 – 2x = 180 – 160

x + 70 – 2x = 20

x – 2x = 20 – 70

x – 2x = –50

–x = –50

Multiplicando os dois lados por (–1)

(–1). –x = –50.(–1)

x = 50

Logo os ângulos serão:

x = 50

160 – 2.x = 160 – 2.50 = 160 – 100 = 60

4. (Calcule Mais–2017) Calcule o valor de x e informe o valor dos ângulos.

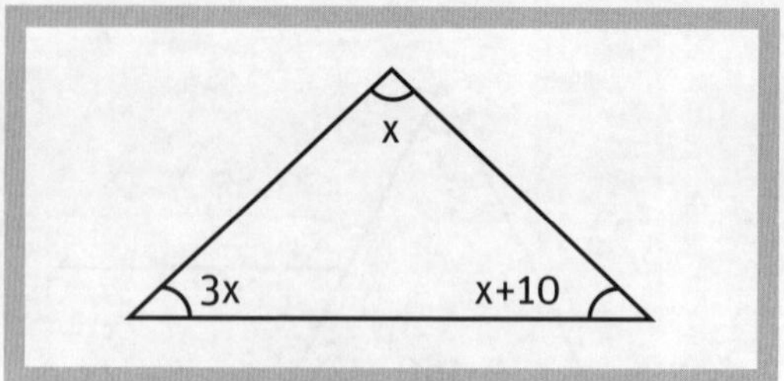

Figura 13.61

Essa questão vou deixar você fazer sozinho. Lembre-se: a soma dos ângulos internos de um triângulo sempre será 180°. O valor de x será **34** e os ângulos serão: **34°**, **44°** e **102°**.

5. (Calcule Mais–2017) Calcule o valor de x.

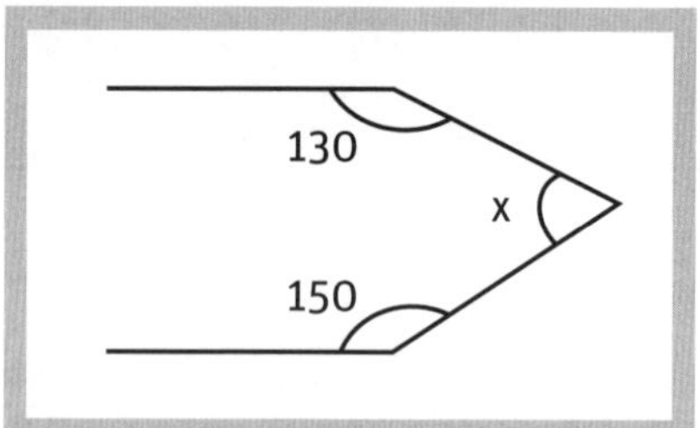

Figura 13.62

SUPERDICA

O segredo para resolver essa questão é "fechar a figura". Veja:

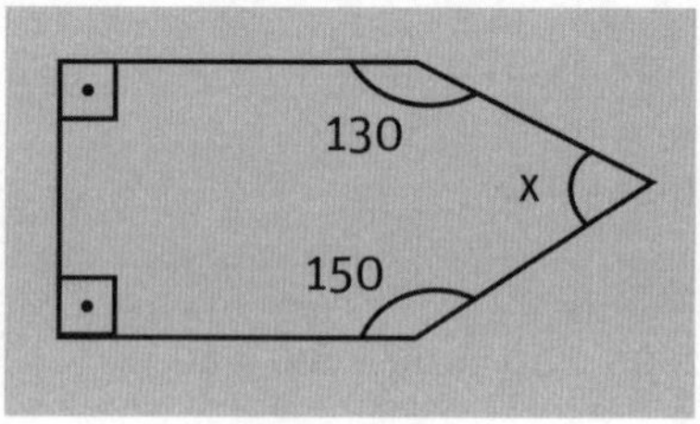

Figura 13.63

Quando fechamos a figura, temos duas informações importantes. A primeira são os dois ângulos novos que apareceram: dois ângulos de **90°**. Na figura existem dois quadradinhos com um ponto no meio, e esse é o símbolo que representa um ângulo de **90°**. Como sei que é essa medida? Compre um transferidor e desenhe um ângulo de **90°**, e você verá que ele parece uma quina de parede, ou seja, o encontro de duas paredes; ou se for pensar em um retângulo, verá que ele tem quatro ângulos de **90°**, um em cada vértice (ponta).

A segunda informação importante é que essa figura possui cinco lados, ou seja, a soma dos ângulos internos será **540°**. Agora basta montar a equação e resolver:

$90 + 90 + 130 + x + 150 = 540$

$90 + 90 + 130 + x = 540 - 150$

$90 + 90 + 130 + x = 390$

$90 + 90 + x = 390 - 130$

$90 + 90 + x = 260$

$90 + x = 260 - 90$

$90 + x = 170$

$x = 170 - 90$

$x = 80$

Logo, descobrimos que o valor de **x** é **80°**.

RESPOSTAS: 1. x = 74 ■ 2. x = 44; ângulos = 88° e 123° ■ 3. x = 50 ■ 4. x = 34; ângulos = 34°, 44° e 102° ■ 5. x = 80°

TRIÂNGULOS

Os triângulos são figuras geométricas muito utilizadas. Eles possuem algumas características interessantes, por exemplo, em relação aos lados.

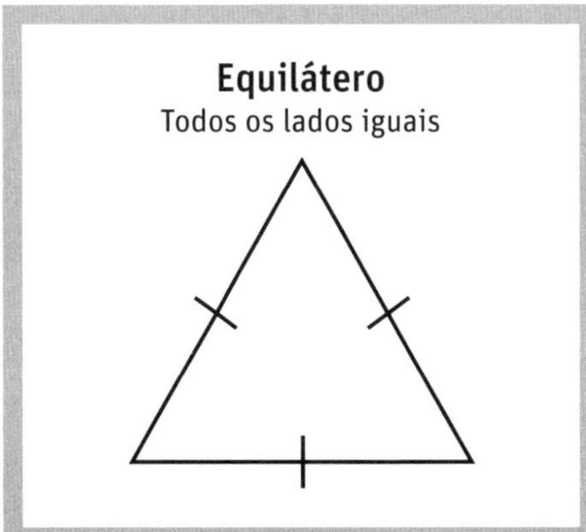

Figura 13.64

Isósceles
Dois lados iguais

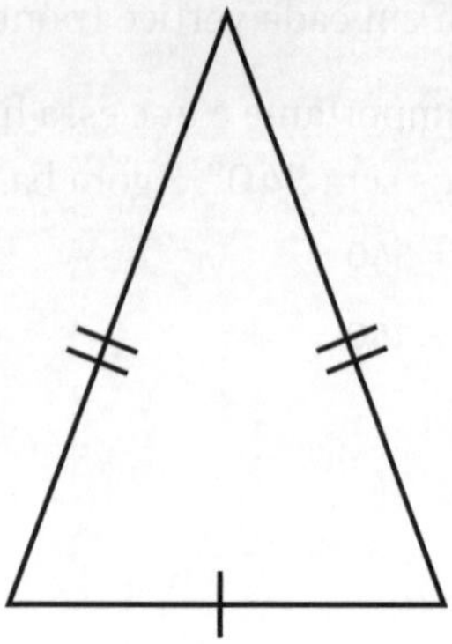

Figura 13.65

Escaleno
Três lados diferentes

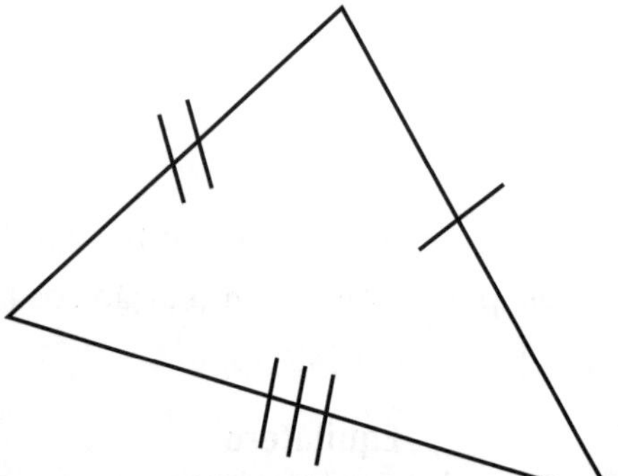

Figura 13.66

Os triângulos também podem ser classificados conforme os ângulos internos, na geometria representamos os ângulos de um triângulo com letras gregas. Veja:

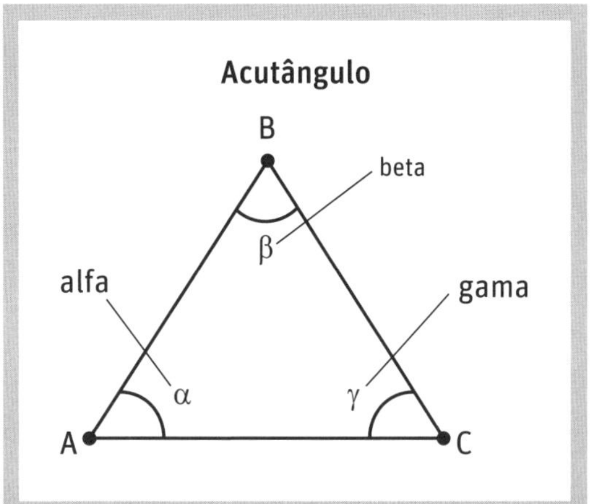

Figura 13.67

Acutângulo = Cada um dos ângulos internos tem uma medida menor que 90°.

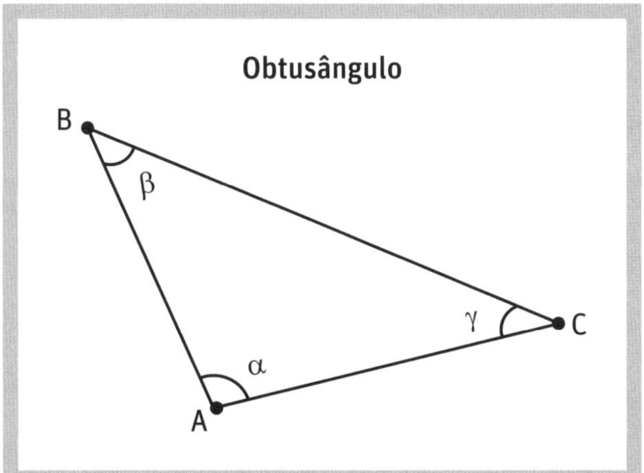

Figura 13.68

Obtusângulo = Um dos ângulos internos é maior que 90°.

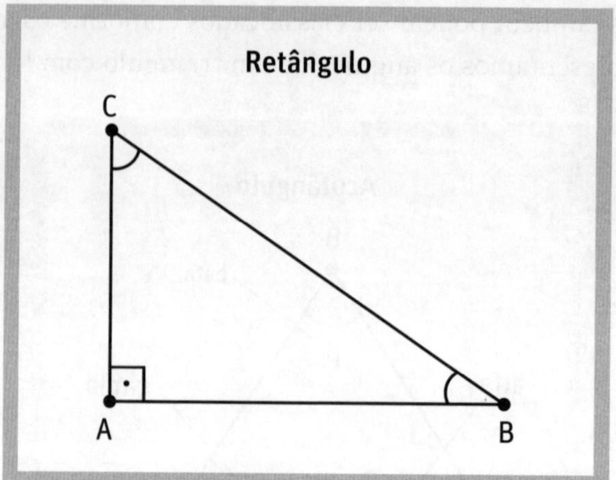

Figura 13.69

Retângulo = Um dos ângulos internos mede 90°. Inclusive usamos aquele quadradinho com um ponto no meio para representá-lo.

CONGRUÊNCIA DE TRIÂNGULOS

A palavra congruente significa igual, logo, vamos falar de como reconhecer se dois triângulos são iguais ou não. Existem algumas técnicas que podemos usar para descobrir isso, e vou ensinar cada uma delas.

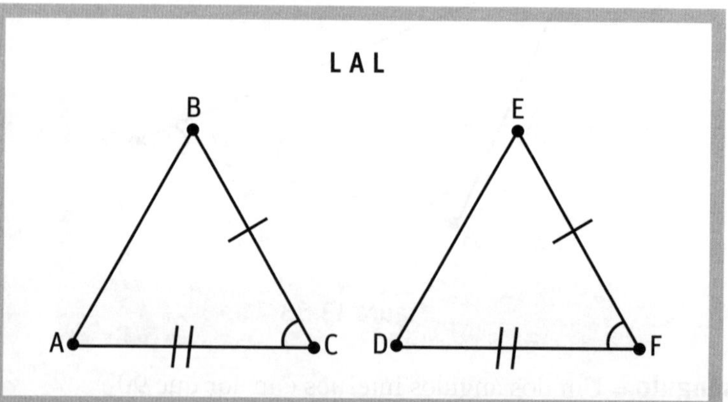

Figura 13.70

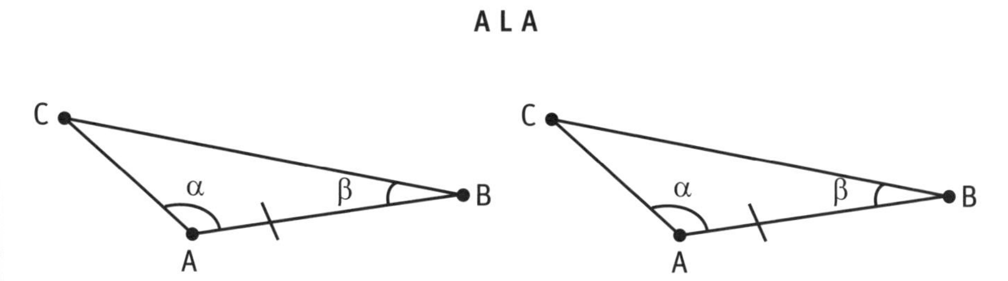

Figura 13.71

As figuras anteriores representam dois casos de congruência de triângulos. O primeiro caso é chamado de LAL (lado, ângulo, lado), ou seja, todas vezes que você for comparar dois triângulos e observar essa característica, os triângulos serão iguais. Observe que os traços feitos na lateral, indicam qual lado é igual a outro. Também marquei o ângulo que é igual. Lembre-se, o ângulo deve estar entre os dois lados que são iguais. Na **Figura 13.71** temos outra forma de identificar o chamado ALA (ângulo, lado, ângulo), ou seja, todas as vezes que você for comparar dois triângulos e observar que os ângulos são iguais, veja se o lado entre os ângulos também é igual. Se for, sabemos que os dois triângulos são iguais. Vamos ver outro caso!

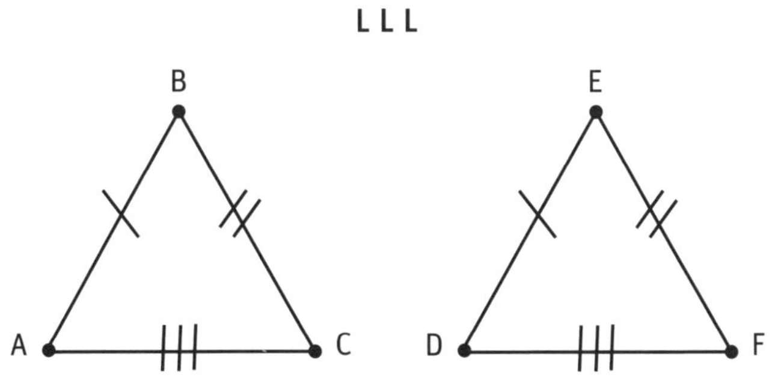

Figura 13.72

O caso LLL (lado, lado, lado) é o mais simples de todos. Não é difícil imaginar que se todos os lados são iguais, obviamente os dois triângulos são iguais. Vamos conhecer mais um caso de congruência. Veja:

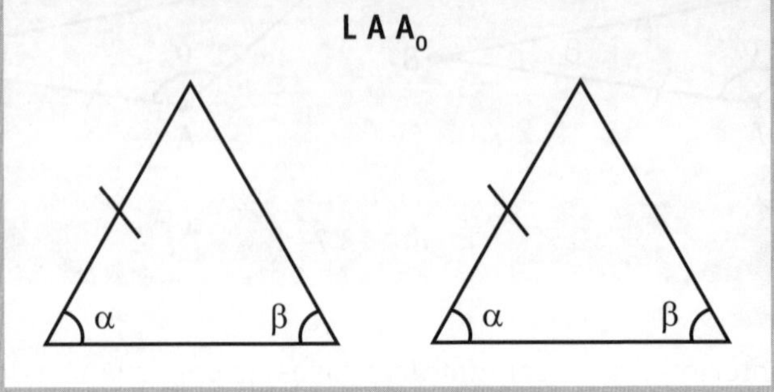

Figura 13.73

O caso LAA_0 (lado, ângulo, ângulo oposto) é simples, mas possui uma característica muito importante: um dos ângulos sempre será oposto ao lado que estamos usando para comparar. Por exemplo, o ângulo **β** fica no vértice oposto ao lado que estamos comparando. Sempre que tivermos essa situação de LAA_0, os triângulos serão iguais.

SEMELHANÇA DE TRIÂNGULOS

Os triângulos são semelhantes quando todos os seus ângulos são iguais e seus lados são proporcionais. Por exemplo: um triângulo é o dobro do tamanho do outro, ou ele é três vezes menor etc. Veja a figura a seguir:

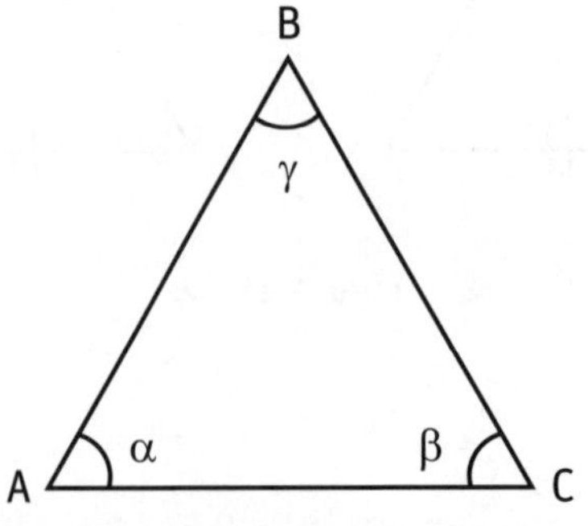

Figura 13.74

A figura anterior é um simples triângulo. Vou colocar uma linha pontilhada para representar um triângulo menor. Veja:

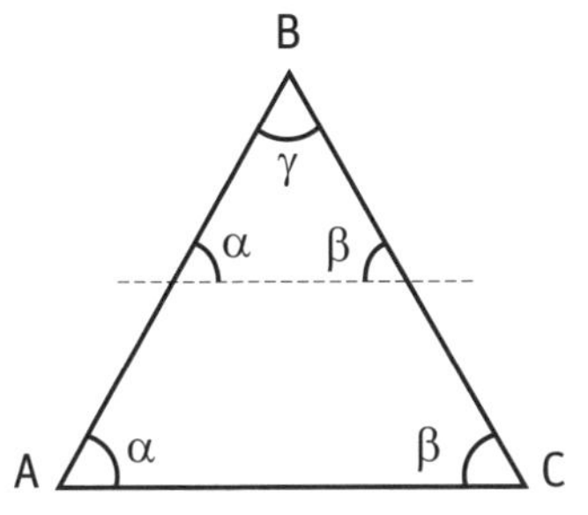

Figura 13.75

Acabamos de criar triângulos semelhantes. Observe que todos os ângulos internos são iguais. Todas as vezes que realizamos um "**corte**" dessa forma, não importa o local que esse corte seja feito, a medida dos lados sempre será proporcional e os ângulos serão iguais. Às vezes, podemos ter uma razão diferente; por exemplo, um triângulo pode ser **0,33** vezes maior, mas isso não é problema. O importante é que os lados sejam proporcionais. Veja a próxima figura:

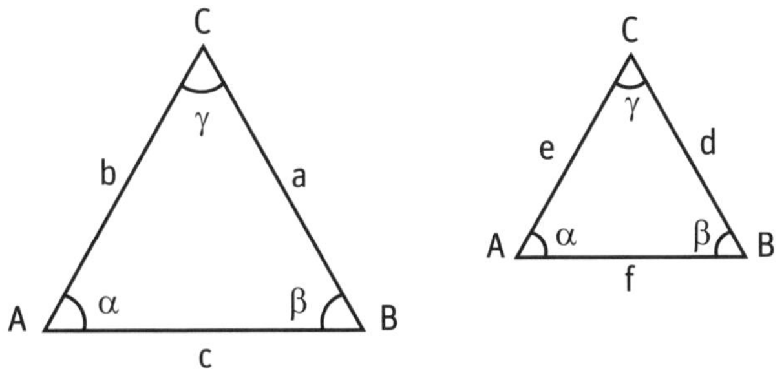

Figura 13.76

Na figura acima, observamos que todos os ângulos são iguais e os lados são proporcionais, logo também são triângulos semelhantes. Vamos conhecer as características que precisamos analisar para sabermos se os triângulos são semelhantes ou não.

Semelhança de Triângulos AA

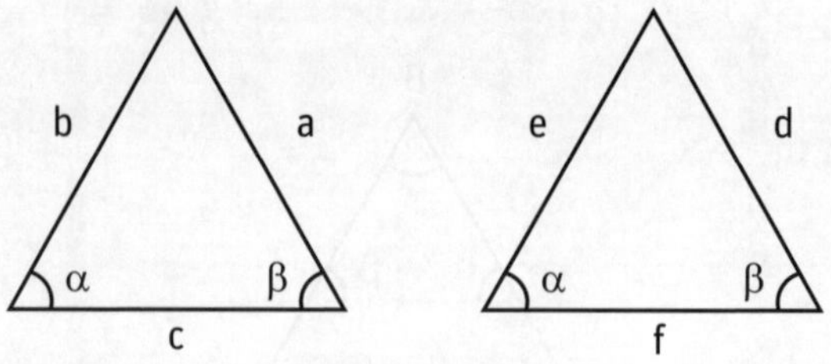

Figura 13.77

O caso AA (ângulo, ângulo) é muito simples. Se dois ângulos forem iguais, os triângulos serão semelhantes.

Semelhança LAL

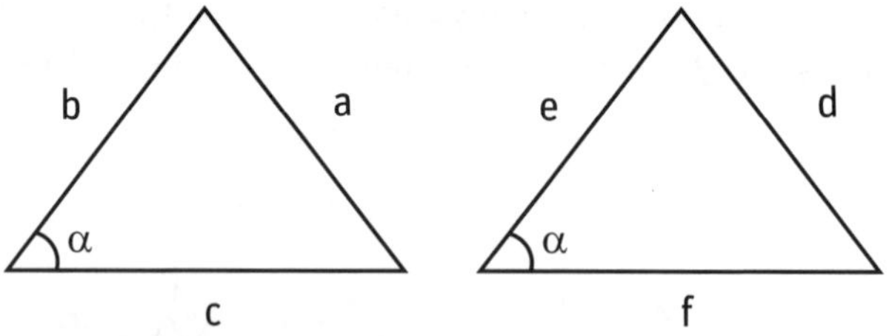

Figura 13.78

No caso LAL (lado, ângulo, lado) você precisa observar se dois lados são proporcionais, ou seja, vai fazer duas contas de divisão. Por exemplo, você pode dividir o lado **b** com o **e** e depois dividir os lados **c** e **f**. Se o resultado das duas divisões for igual, os lados são proporcionais. Depois disso, basta observar se os ângulos entre esses dois lados são iguais. Se forem, os triângulos são proporcionais.

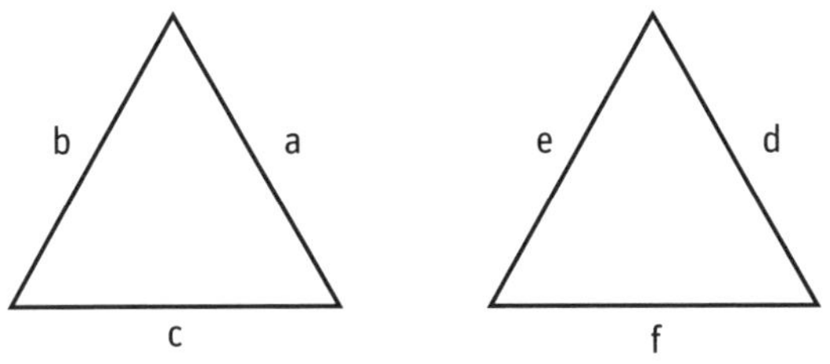

Figura 13.79

O caso LLL (lado, lado, lado) é o mais simples de todos, se todos os lados forem iguais, os triângulos são iguais, logo eles são semelhantes.

RELAÇÕES MÉTRICAS DO TRIÂNGULO RETÂNGULO

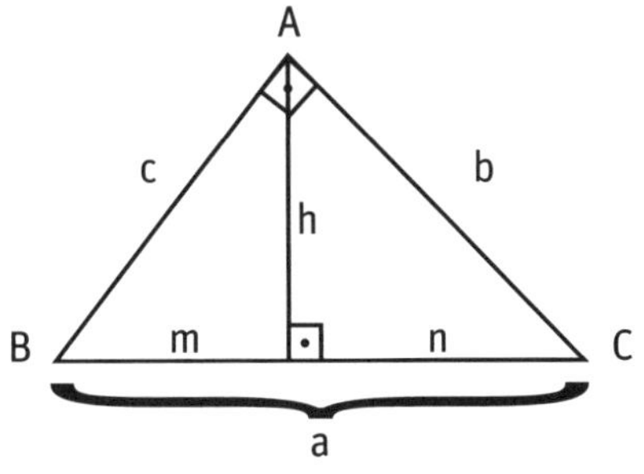

Figura 13.80

Essas relações envolvem algumas fórmulas que você precisa decorar. Elas são bem simples de serem usadas, basta observar onde está o número e substituir corretamente na fórmula. Para escolher a fórmula que será utilizada, você precisa ver o que interessa mais, ou seja, o que ajuda mais. Em outras palavras, você vai ver as informações que o exercício dará e escolher a fórmula na qual encontrar a maior quantidade dessas informações. Assim, você conseguirá rapidamente resolver as questões. Vamos conhecer as fórmulas, mas lembre-se de olhar a figura para entender o que cada letra representa.

$b.c = a.h$ $b^2 = a.n$

$h^2 = m.n$ $c^2 = a.m$

EXERCÍCIOS

1. **(Calcule Mais–2017)** Na figura, qual é a medida do lado do quadrado **ADEF**?

Dados:

CD = 9 cm

BF = 4 cm

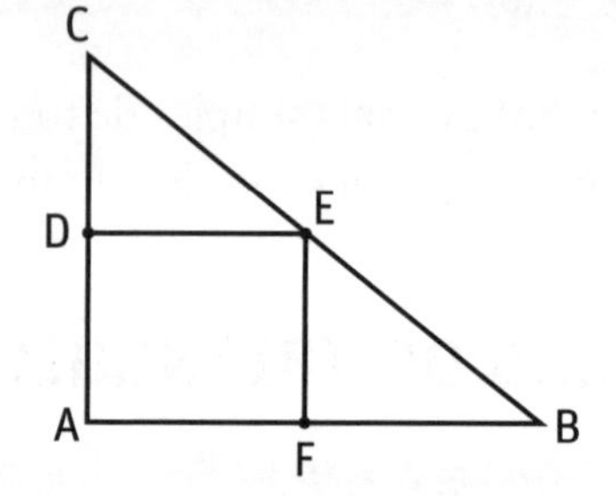

Figura 13.81

A primeira coisa que devemos fazer nesse tipo de exercício é marcar as informações nas figuras. Veja:

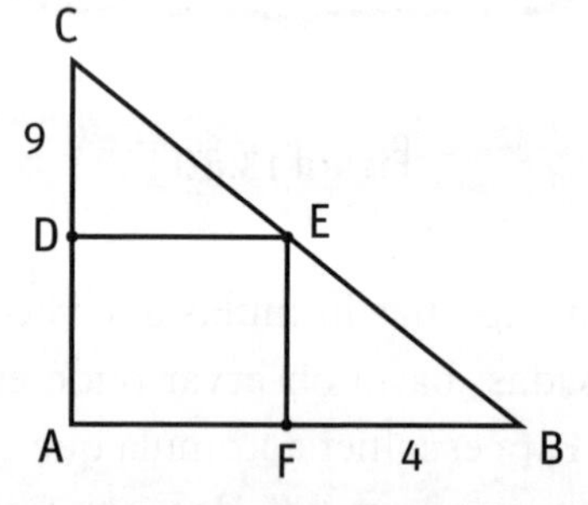

Figura 13.82

Outro ponto importante que você precisa observar é que um quadrado tem todos os lados iguais. Como não sei o valor, vou chamar de **x**.

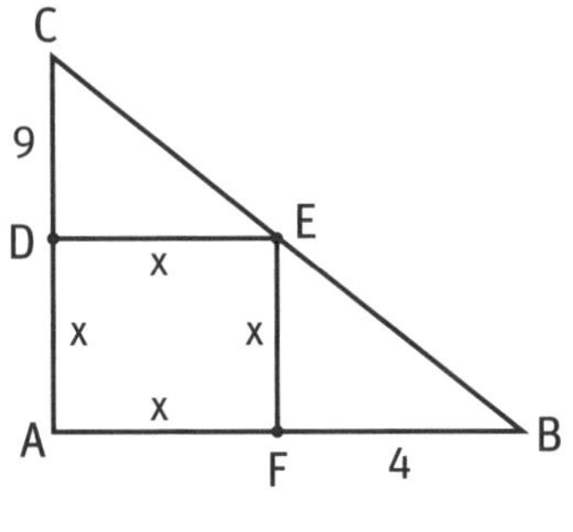

Figura 13.83

O próximo passo é observar que esses dois triângulos pequenos são semelhantes porque seus ângulos são iguais. Pela semelhança de triângulos podemos montar a razão a baixo:

$$\frac{9}{x} = \frac{x}{4}$$

Multiplicando em cruz:

$$x.x = 9.4$$

$$x.x = 36$$

$$x^2 = 36$$

Para resolvermos essa equação, basta pensar qual é o número positivo que multiplicado por ele mesmo o resultado será 36? Se você disse 6, parabéns!

DICA

Usamos apenas números positivos em geometria porque não faz sentido usarmos um desenho com um lado menor do que zero. Ou seja, não faz sentido usar um número negativo.

2. **(Calcule Mais–2017)** Encontre o valor de x.

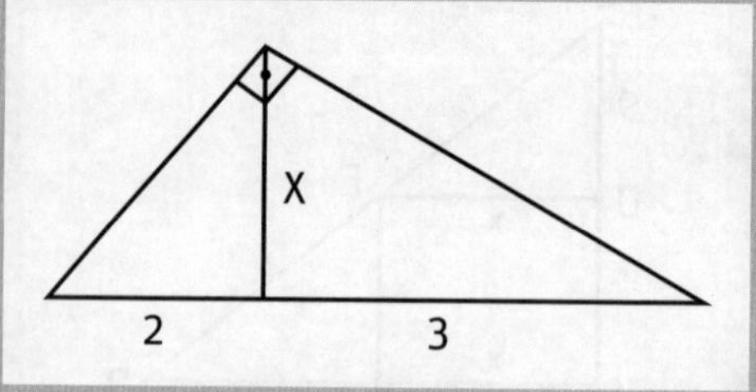

Figura 13.84

Para resolvermos essa questão, iremos utilizar as relações métricas no triângulo. Veja:

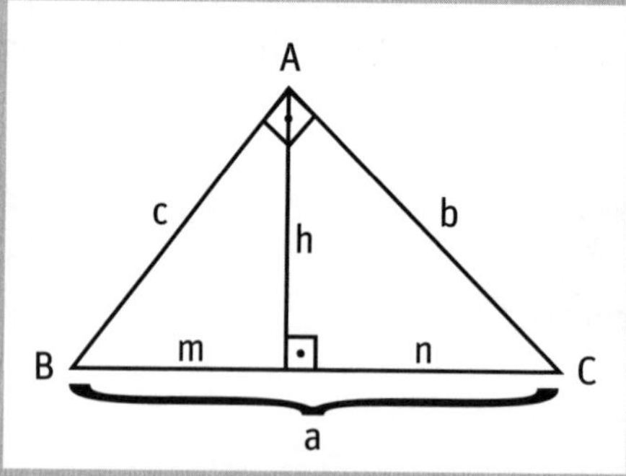

Figura 13.85

Comparando as duas figuras, percebemos que o $m = 2$; $n = 3$ e o que queremos descobrir é o $h = x$. Agora vamos procurar a fórmula que mais nos ajudará.

$b.c = a.h$

$h^2 = m.n$

$b^2 = a.n$

$c^2 = a.m$

Observando essas fórmulas, vemos que a segunda é a mais apropriada, porque temos o valor de **m** e **n**, e vamos encontrar o **h** que é o que estamos procurando.

$h^2 = m.n$

Vamos substituir os valores:

$h^2 = 2.3$

$h^2 = 6$

Talvez você tenha tentado pensar em um número que multiplicado por ele mesmo seja igual a **6**. Não é fácil de encontrar, não é mesmo? Neste caso é mais fácil aplicar a técnica da raiz. Como o lado esquerdo está elevado ao quadrado, "passo para o outro lado" como raiz quadrada. Veja:

$h^2 = 6$

$h = \sqrt[2]{6}$

Ou seja, a nossa resposta é raiz quadrada de seis.

3. (**Calcule Mais–2017**) Encontre o valor de x.

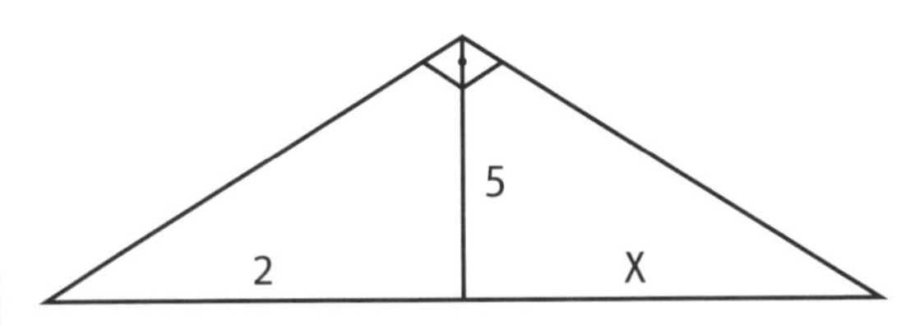

Figura 13.86

Esse exercício tem uma técnica de resolução muito parecida com o exercício anterior, por isso vou deixar você resolver sozinho. A resposta final é $\sqrt{12,5}$.

DICA1

Lembre-se: se está multiplicando, passo dividindo.

DICA2

O número 5 será substituído no lugar do **h**.

4. (**Calcule Mais–2017**) Encontre o valor de x.

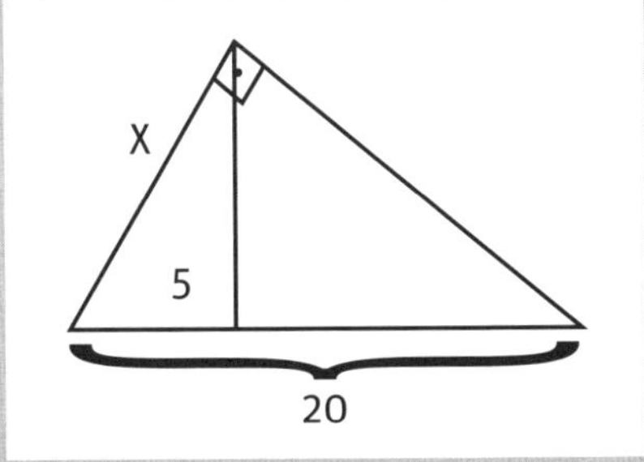

Figura 13.87

Esse exercício tem uma técnica de resolução muito parecida com o exercício anterior. Você apenas terá que escolher uma fórmula diferente para usar, por isso vou deixar você resolver sozinho. A resposta final é **10**.

5. (Calcule Mais–2017) Encontre o valor de x.

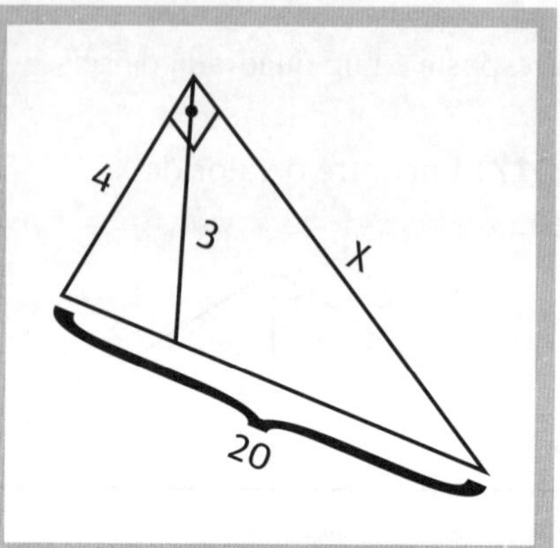

Figura 13.88

Novamente vou deixar você resolver sozinho. Você apenas terá que escolher uma fórmula diferente para usar. A resposta final é **15**.

SUPERDICA

Essa figura está virada. Desenhe novamente na "posição correta" facilitando na hora de identificar qual número representa qual letra da fórmula.

RESPOSTAS: 1. x = 6 ■ 2. x = $\sqrt{6}$ ■ 3. x = 12,5 ■ 4. x = 10 ■ 5. x = 15

CÍRCULO E CIRCUNFERÊNCIA

Muitas pessoas pensam que círculo e circunferência são a mesma coisa, quando na verdade não são. Vou explicar de uma maneira bem simples sem utilizar termos matemáticos. Pense em uma pizza: a borda é a circunferência, a pizza inteira é o círculo. Outra característica importante de um círculo é seu centro, que é o local que se você medir, sempre estará à mesma distância da borda. Inclusive, o nome da distância do centro até a borda é o famoso raio, representado na figura seguinte pela letra r. Veja que podemos ter uma quantidade infinita de raios, mas todos na mesma medida.

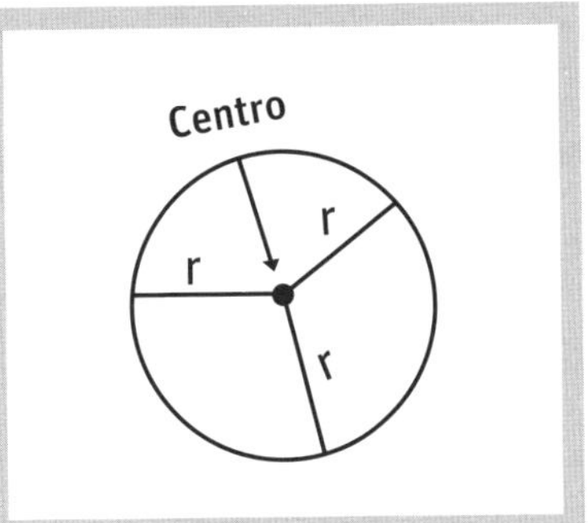

Figura 13.89

ELEMENTOS DA CIRCUNFERÊNCIA

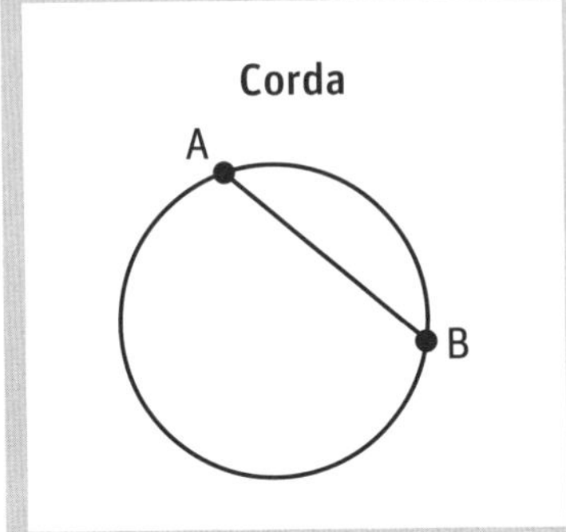

Figura 13.90

A corda é um segmento de reta (pedaço de uma reta) que vai de uma borda a outra da circunferência.

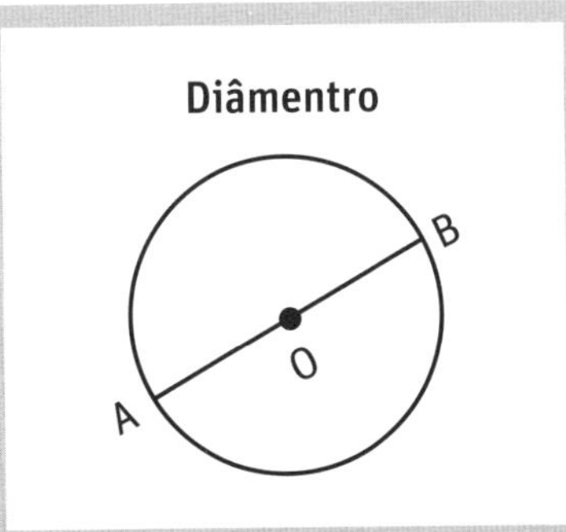

Figura 13.91

O diâmetro é um tipo especial de corda, chamado assim porque passa pelo centro da circunferência. O valor do diâmetro sempre será o dobro do valor do raio.

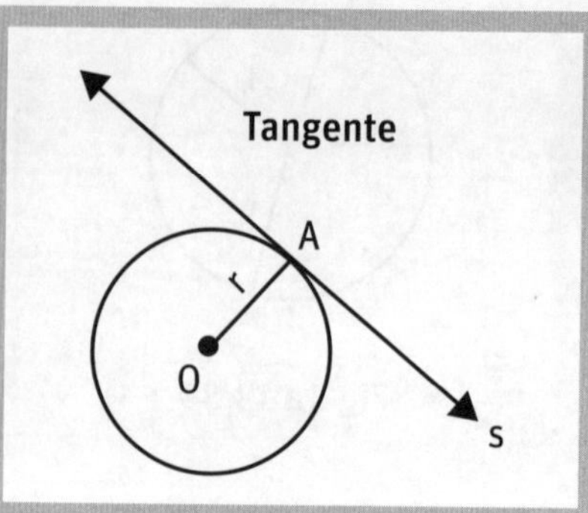

Figura 13.92

Uma reta tangente é uma reta que toca na circunferência em um único ponto.

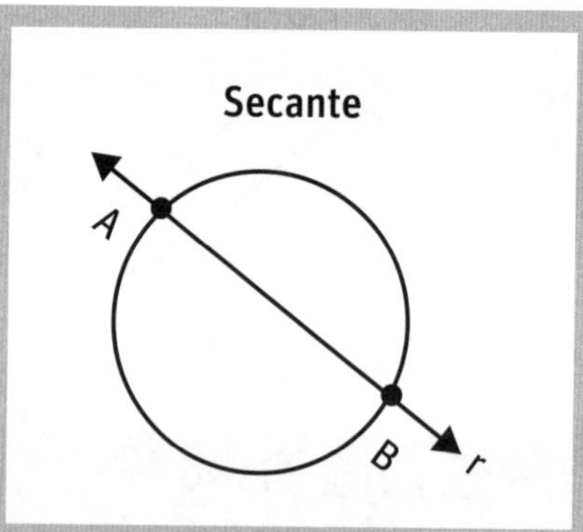

Figura 13.93

Uma reta secante é uma reta que toca na circunferência em dois pontos.

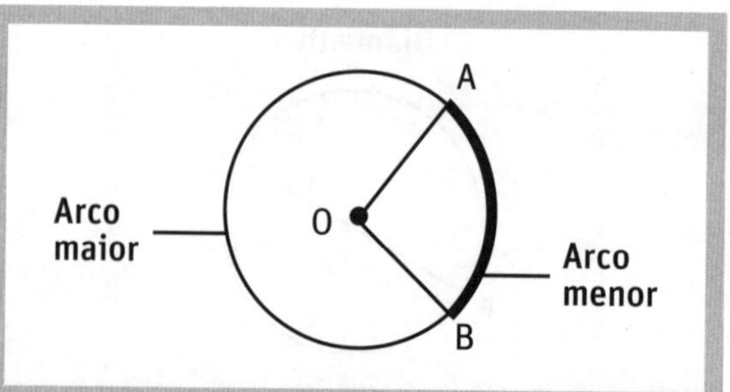

Figura 13.94

Imagina que você corta um pedaço da pizza e coloca no seu prato. A borda da pizza que ficou dentro da caixa é o arco maior e a borda da pizza do pedaço que está no seu prato é o arco menor.

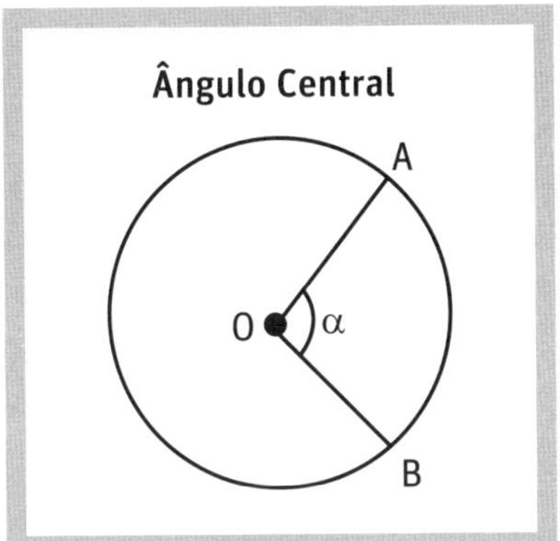

Figura 13.95

O ângulo central é um ângulo cujo vértice fica no centro do círculo. Podemos dizer que seria o ângulo do seu pedaço da pizza. A melhor forma de entender o que é o ângulo central é observando o desenho acima.

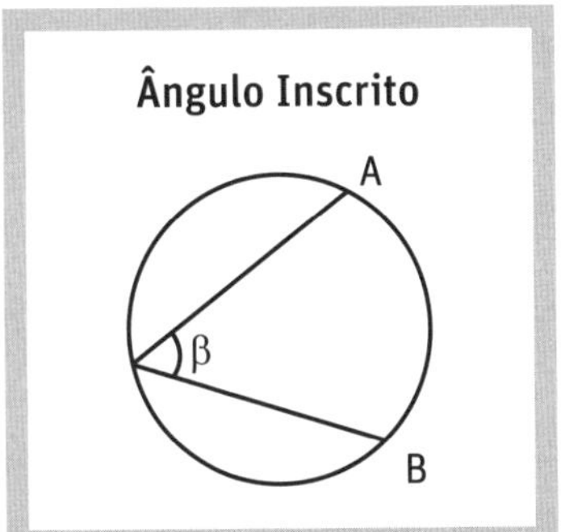

Figura 13.96

Nada melhor do que olhar a figura, para entendermos o que é um ângulo inscrito. O vértice do ângulo inscrito sempre será em cima da borda da circunferência. Vamos desenhar os dois ângulos juntos para vermos a diferença.

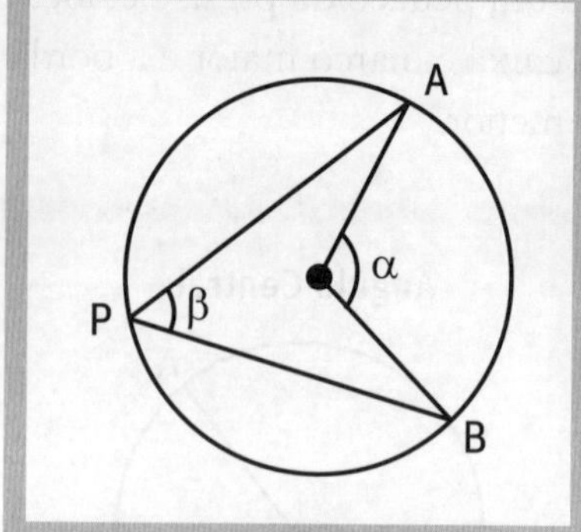

Figura 13.97

Nessa figura temos o ângulo central representado pela letra grega α e o ângulo inscrito pela letra grega β. Existe um segredo que vou contar para você: veja que ambos os ângulos estão ligados nos mesmos pontos, no caso os pontos **A** e **B**. Nestas condições, o ângulo central (α) sempre será o dobro do valor do ângulo inscrito (β). Por exemplo, se o ângulo inscrito medir 20°, o ângulo central será 40°.

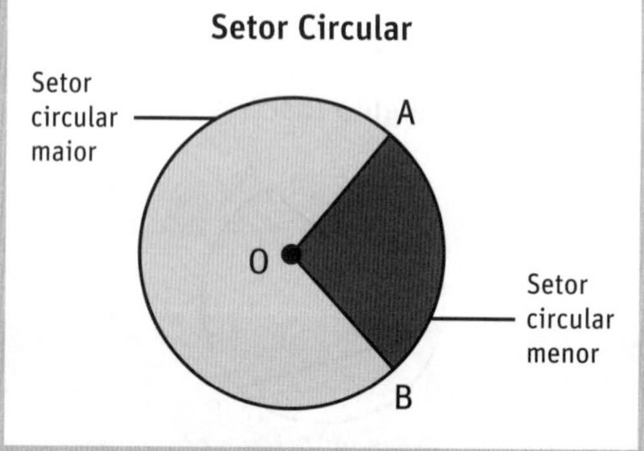

Figura 13.98

Para finalizar esse assunto, vamos falar de setor circular. Vamos novamente pensar na pizza. O arco é a borda do pedaço da pizza e o setor circular é o pedaço completo dela. Compare os dois desenhos para você entender a diferença.

Comprimento da Circunferência

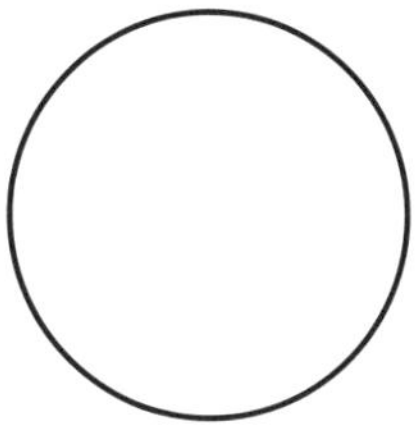

Figura 13.99

Para calcular o comprimento da circunferência é muito simples. Vamos utilizar a seguinte fórmula:

$C = 2.\pi.r$

C = Comprimento

$\pi = 3,14$

r = Raio

Algumas questões vão pedir para você trocar o valor de π por três. Não se preocupe, obedeça ao enunciado. Outras questões não vão falar nada; neste caso você olhará as alternativas. Se na alternativa tiver o símbolo do π, você não substitui o valor, apenas resolverá a conta com o símbolo. Caso as alternativas tenham números, você trocará o valor de π por 3,14, exceto quando o enunciado der outro valor. Vamos ver alguns exemplos:

1. (**Calcule Mais–2017**) Calcule o comprimento de uma circunferência de raio igual a 3 cm. Use $\pi = 3$.

$C = 2.\pi.r$

$\pi = 3$

r = 3 cm

$C = 2.3.3$

C = 18 cm

2. **(Calcule Mais–2017)** Calcule o comprimento de uma circunferência de raio igual a **2 cm**. Use π = **3,14**.

$C = 2.\pi.r$

$\pi = 3{,}14$

$r = 2$ cm

$C = 2.3, 14.2$

$C = 12{,}56$ cm

3. **(Calcule Mais–2017)** Calcule o comprimento de uma circunferência de diâmetro igual a **10 cm**. Use π = **3,14**.

CUIDADO

O diâmetro é o dobro do raio. Logo o valor do raio é 5 cm

$C = 2.\pi.r$

$\pi = 3{,}14$

$r = 5$ cm

$C = 2.3, 14.5$

$C = 31{,}4$ cm

4. **(Calcule Mais–2017)** Calcule o comprimento de uma circunferência de raio igual a **4 cm**. Use π.

$C = 2.\pi.r$

$C = 2.\pi.4$

$C = 2.4.\pi$ cm

$C = 8.\pi$ cm

RESPOSTAS: 1. C = 18 cm ■ 2. C = 12,56 cm ■ 3. C = 31,4 cm ■ 4. C = 8.π cm

CÁLCULO DE ÁREA DE FIGURAS PLANAS

Para calcular a área das figuras planas, você precisa apenas substituir os valores nas fórmulas. A letra **b** significa base e a letra **h** significa altura. Veja:

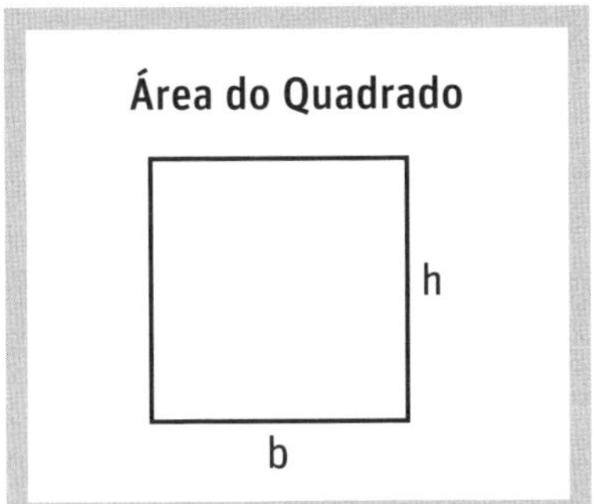

Figura 13.100

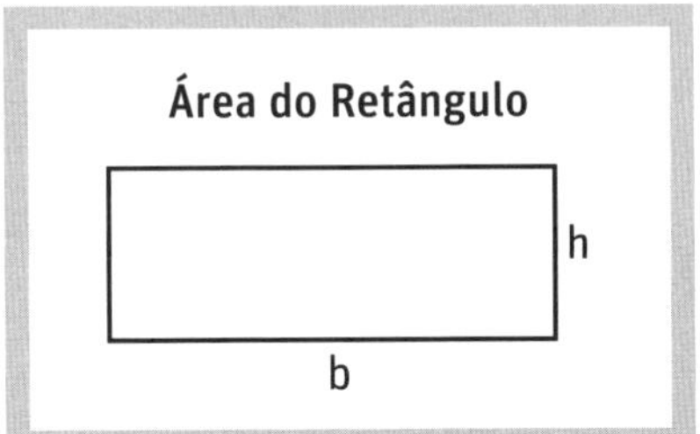

Figura 13.101

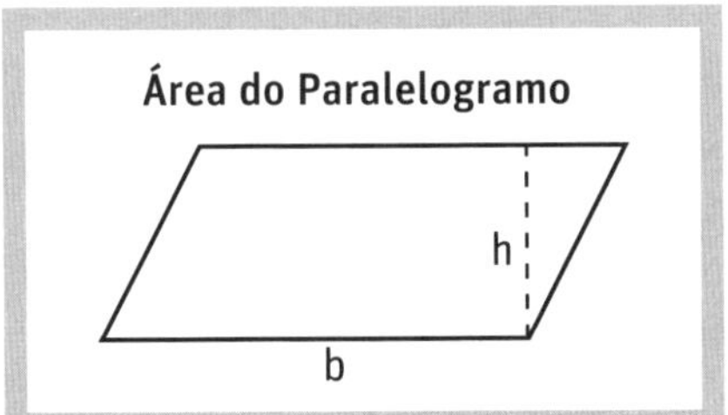

Figura 13.102

Todas as figuras acima possuem a mesma forma de calcular a área. Veja:

$A = b.h$

Área do Triângulo

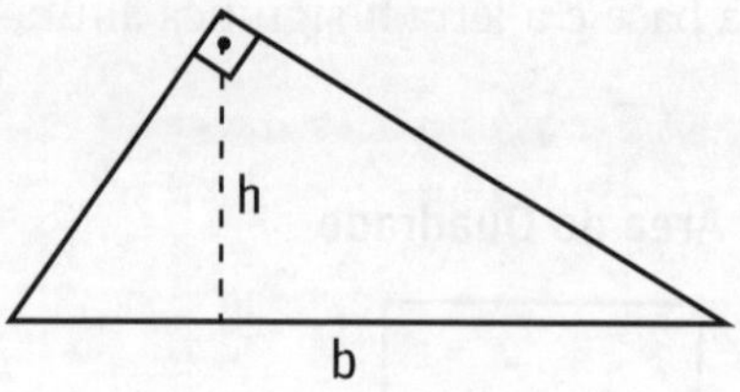

$$A = \frac{b \cdot h}{2}$$

Figura 13.103

Área do Trapézio

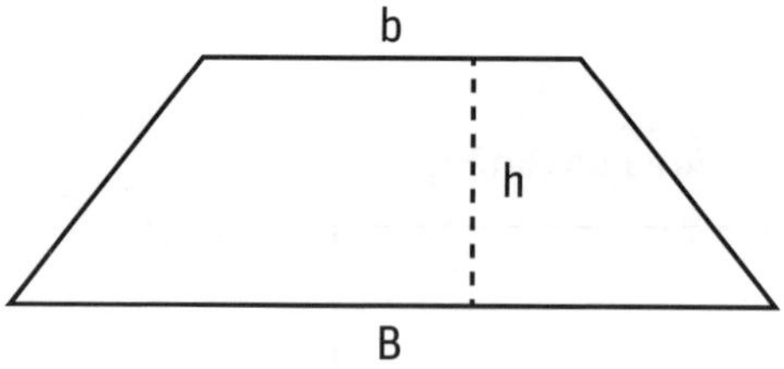

$$A = \frac{(B + b) \cdot h}{2}$$

Figura 13.104

Área do Losango

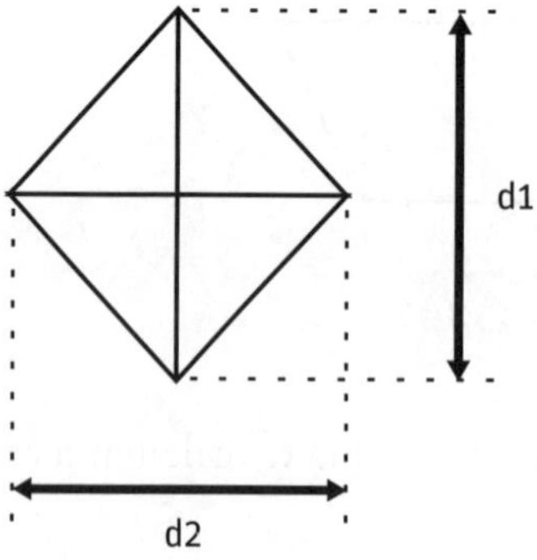

$$A = \frac{d_1 \cdot d_2}{2}$$ (D = diagonal)

Figura 13.105

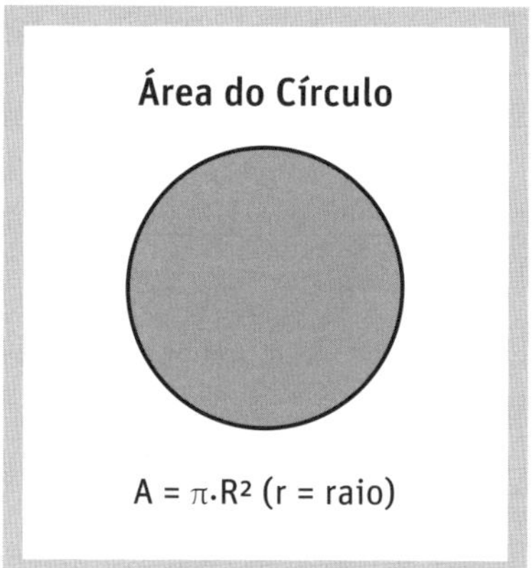

Figura 13.106

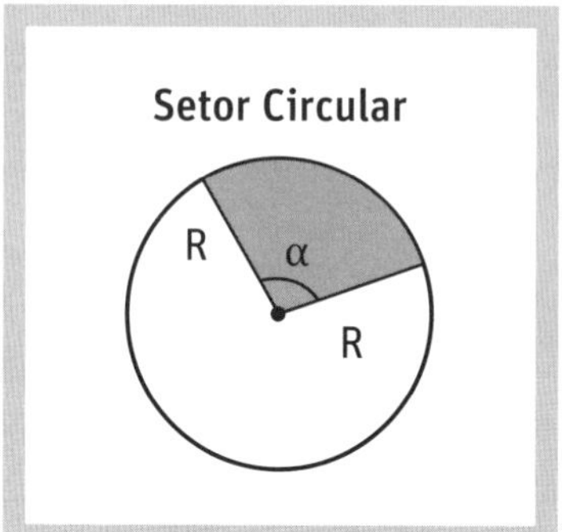

Figura 13.107

Para calcular a área do setor circular, vamos fazer uma regra de três. Para isso, primeiro vamos calcular a área total do círculo. O exercício informará o valor do ângulo do setor circular, por exemplo, $\alpha = 30°$, e também informará o valor do raio ou do diâmetro. Vamos supor que o raio seja igual a 5 cm.

Como já disse, a primeira coisa a fazer é calcular a área total:

$A = \pi . r^2$

$A = \pi . 5^2$

$A = \pi . 25$

$A = 25 \text{ cm}^2 \pi$

Agora vamos montar a regra de três. Lembre-se, toda circunferência possui 360°. Veja:

Ângulo	Área
360°	$25.\pi$
30°	x

Quanto maior o ângulo, maior a área, ou seja, são diretamente proporcionais, por isso vamos multiplicar em cruz.

$$360.x = 25.\pi.30$$

$$360.x = 750.\pi$$

$$360.x = 750.\pi$$

$$x = \frac{750.\pi}{360}$$

$$x = 2{,}08\pi$$

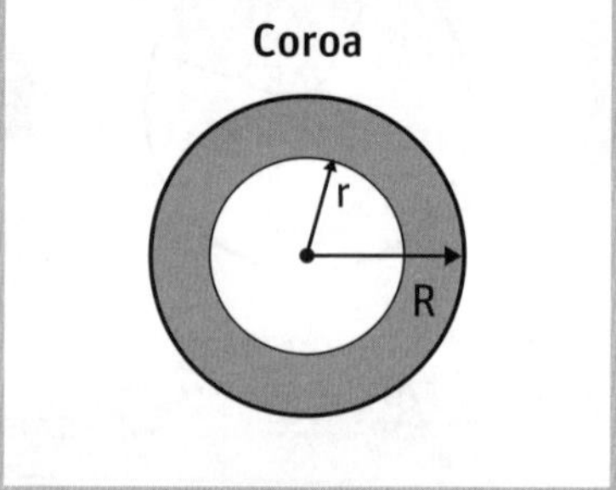

Figura 13.108

Para calcular a área da coroa, basta observar que esta é formada por dois círculos; um círculo cinza e um círculo branco que dá a impressão de que existe um buraco. Então, para calcular a área da coroa (parte cinza), você precisa apenas descobrir a área do círculo maior (cinza) e depois subtrair da área do círculo menor (branco). Vou representar o raio do círculo maior com a letra **R** (maiúscula) e o raio do círculo menor será representado pela letra **r** (minúscula).

Área da coroa = $\pi.R^2 - \pi.r^2$

ÁREA DO HEXÁGONO

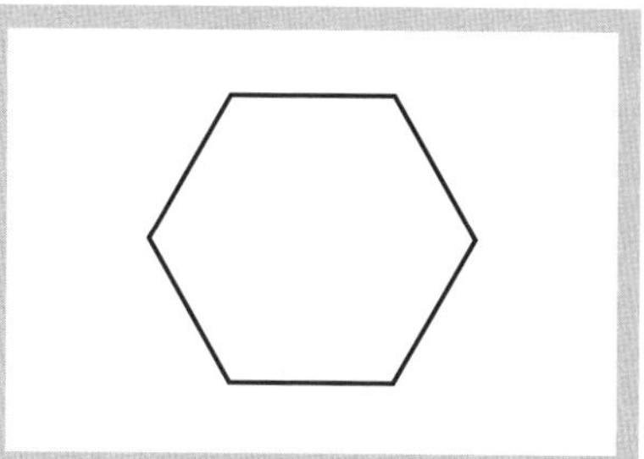

Figura 13.109

Para calcular a área do hexágono, existe um segredo: vamos dividir a figura em seis triângulos equiláteros (mesma medida).

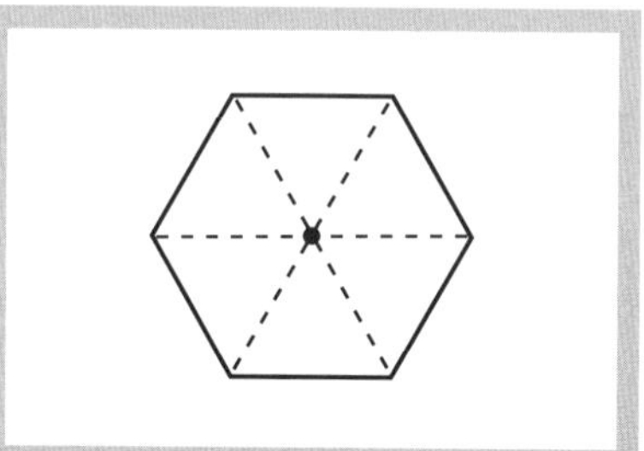

Figura 13.110

Para facilitar seu entendimento, vou desenhar apenas o triângulo equilátero para que possamos calcular a área dele.

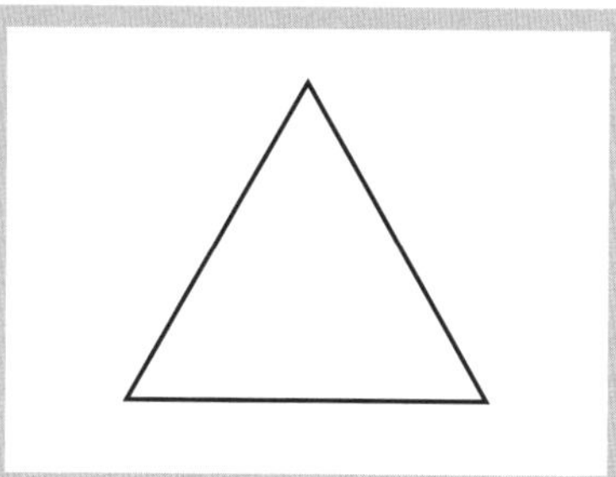

Figura 13.111

A fórmula para calcular a área do triângulo equilátero é $\frac{L^2\sqrt{3}}{4}$.

Como temos 6 triângulos dentro do hexágono, basta pegar o resultado da área de um triângulo equilátero e multiplicar por 6. Alguns livros, ao invés de dar o passo a passo, passam a fórmula final. Vamos chegar nessa fórmula através da simplificação, mas você pode usá-la também sem simplificar:

$$\frac{6.L^2\sqrt{3}}{4}$$

Simplificando o seis e o quatro:

$$\frac{3.L^2\sqrt{3}}{2}$$

Outra coisa que você precisa saber é como calcular a diagonal do quadrado. Você pode deduzir essa fórmula através do Teorema de Pitágoras, ou simplesmente decorar a fórmula. A letra **d** representa a diagonal e a letra **a** representa o lado do quadrado.

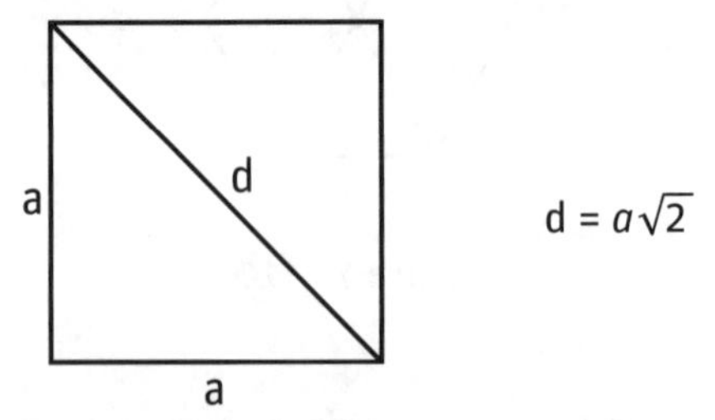

Figura 13.112

Em outras palavras, basta multiplicar o valor do lado pela raiz quadrada de dois para encontrar a medida da diagonal.

CASOS ESPECIAIS

Vou colocar três casos aqui que não são muitos cobrados, não vou explicar em detalhes porque eles possuem alguns elementos que não ensinei neste livro e seria necessário um capítulo extra apenas para isso. Colocarei essas fórmulas caso um dia você precise delas.

CÁLCULO DA ÁREA DO TRIÂNGULO

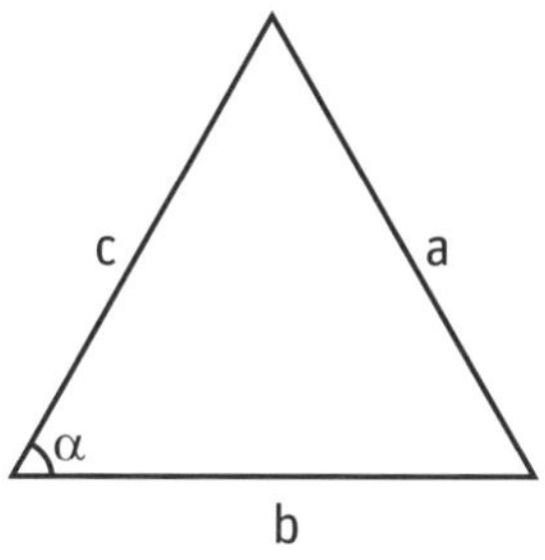

$$A = \frac{b \cdot c \cdot sen\alpha}{2}$$

Figura 13.113

FÓRMULA DE HERON PARA CÁLCULO DE ÁREA

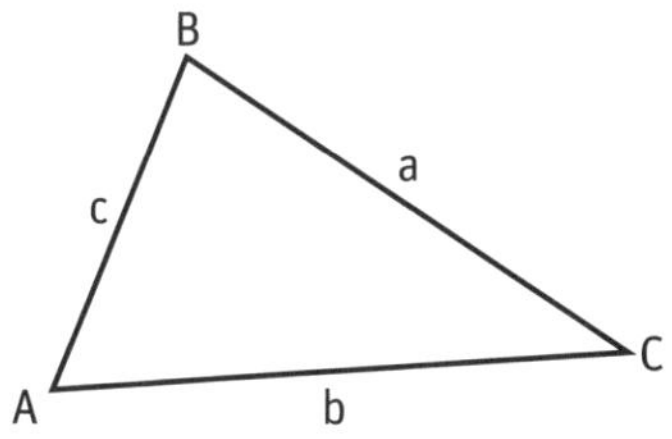

$$A = \sqrt{p \cdot (p - a) \cdot (p - b) \cdot (p - c)}$$

$$p = \frac{a + b + c}{2}$$

Figura 13.114

SEGMENTO CIRCULAR

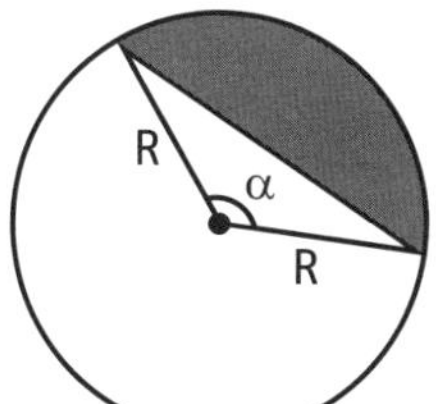

Figura 13.115

Para calcular o segmento circular, primeiro você precisa calcular a área do setor circular que já ensinei e depois subtrair da área do triângulo.

Área do segmento = Área do setor – Área do triângulo

$$\text{Área do segmento} = \text{Área do setor} - \frac{r.r.sen\alpha}{2}$$

DICA

Usei a fórmula da **Figura 13.133**. Veja que os lados desse triângulo medem **r**, por isso não usei as letras **b** e **c**.

EXERCÍCIOS

1. (**FUVEST–SP–2000**) Na figura seguinte, estão representados um quadrado de lado 4, uma de suas diagonais e uma semicircunferência de raio 2 cm. Então, a área da região colorida é:

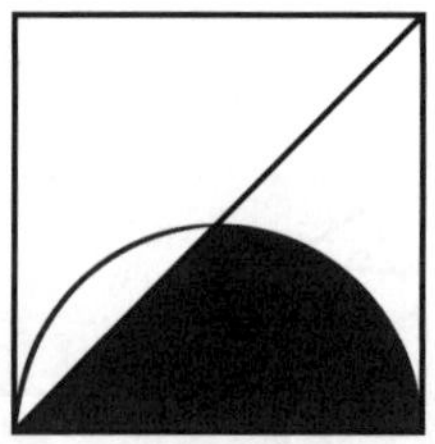

Figura 13.116

a) $\pi/2 + 2$

b) $\pi + 2$

c) $\pi + 3$

d) $\pi + 4$

e) $2\pi + 1$

Para resolver esse tipo de questão é preciso buscar outras formas geométricas. Assim, podemos facilitar a nossa vida. Veja a forma que dividi a figura.

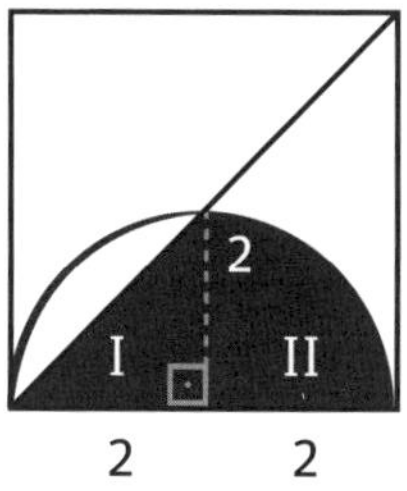

Figura 13.117

Agora nós vamos calcular a área de um triângulo e de um setor circular. Observe que o lado do quadrado mede 4, quando dividi ao meio já deixei marcado dois para cada lado. Também podemos ver que a altura do triângulo mede dois. Você pode observar isso devido ao círculo. Observe que esse meio círculo ocupa o espaço de uma ponta a outra do quadrado. Se prestarmos atenção, veremos que do meio do quadrado até a ponta mede dois. O raio é a medida do centro até uma das bordas da circunferência, logo o raio desse círculo também mede dois. Observe com atenção e você verá que a altura do triângulo também é o raio do círculo, por isso sabemos que a altura no triângulo mede dois.

Para calcular a área do triângulo basta fazer $\frac{b.h}{2}$, ou seja,

$$\frac{2.2}{2} = 2$$

Agora que já sabemos a área do triângulo, vamos calcular a área do setor circular (Figura II) ao lado do triângulo (Figura I). Esse setor não parece um pedaço de uma pizza que foi cortada em 4 pedaços? Logo a única coisa que você precisa fazer é calcular a área do círculo e depois dividir por quatro. Vamos calcular a área do círculo, como nas alternativas existe o π, não vamos trocá-lo por 3,14.

$$A = \pi.R^2$$

$$A = \pi.2^2$$

$$A = \pi.4$$

$$A = 4.\pi$$

Dividindo por 4, descobrimos que a área do setor circular ao lado do triângulo é igual a $\frac{4.\pi}{4} = \frac{\cancel{4}.\pi}{\cancel{4}} = \pi$.

Para finalizar, basta somar a área das duas figuras e encontraremos como resposta a letra **b**, ou seja, $\pi + 2$.

2. (**Ibmec-SP-2007**) O polígono **ABCDEF** da figura abaixo tem área **23**, e o triângulo **ADF** tem área **5,5**. Calcule os valores de **x** e **y**.

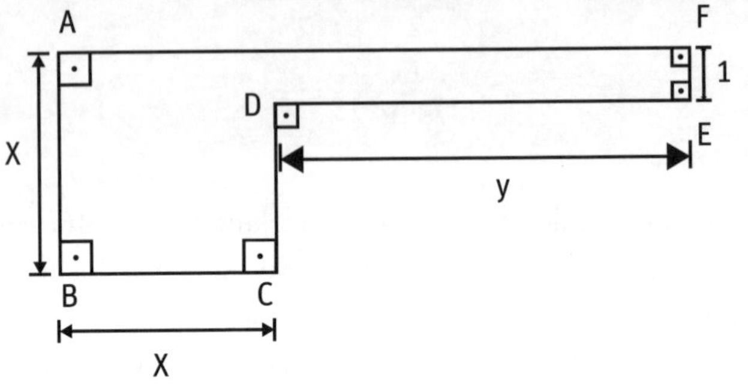

Figura 13.118

Essa questão é mais difícil de ser resolvida. Novamente, o segredo é dividir a figura da questão em outras figuras. Por exemplo, vamos desenhar o triângulo mencionado no enunciado. Veja:

Resolução 2

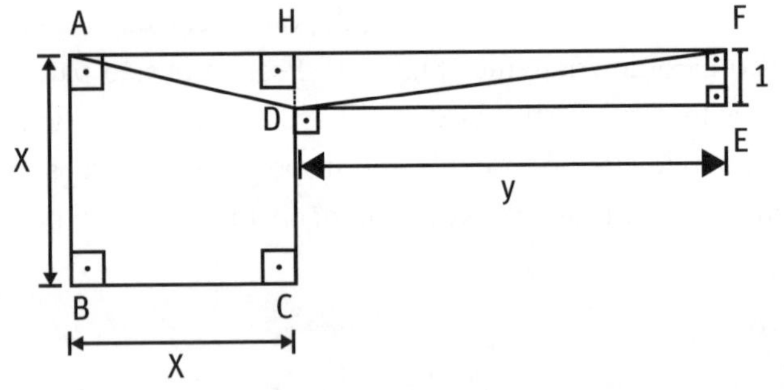

Figura 13.119

Para resolvermos essa questão, vamos precisar montar um sistema de equações,. Não abordei esse assunto neste livro, mas tenho vídeo aulas e exercícios sobre isso no site do Calcule Mais, **www.calculemais.com.br**. Caso você não faça ideia do que seja ou não saiba como resolver um sistema de equações, assista todas as aulas no site, assim você entenderá essa questão.

Para montar a primeira equação, vamos focar no quadrado **ABCH** e no retângulo **DEFH**. Se somarmos a área dos dois, encontraremos como resposta **23**. Então vamos calcular a área de cada um e depois somar. Lembre-se, basta multiplicar a base pela altura.

Área do quadrado = $x.x = x^2$

Área do retângulo = $y.1 = y$

Somando as áreas encontramos: $x^2 + y = 23$

Para encontrar a outra equação, vamos utilizar as informações referentes ao triângulo de área 5,5. Para calcularmos a área do triângulo usamos a fórmula $\frac{b.h}{2}$.

Observe que a base desse triângulo pega de ponta a ponta da figura, ou seja, o tamanho total da base é **x + y** e a altura mede um (veja no lado direito), como a área mede **5,5**, podemos escrever.

$$A = \frac{(x+y).1}{2}$$

$$\frac{(x+y)}{2} = 5{,}5$$

SUPERDICA

Vamos melhorar essa segunda equação. Como o número dois está dividindo, vamos passar ele para o outro lado, multiplicando.

$$\frac{(x+y)}{2} = 5{,}5$$

$$(x + y) = 5{,}5 \,.\, 2$$

$$(x + y) = 11$$

$$x + y = 11$$

Vamos escrever o sistema com as duas equações.

$$\begin{cases} x^2 + y = 23 \\ x + y = 11 \end{cases}$$

Para resolver, vamos utilizar o método da substituição e vamos isolar o **y** da segunda equação.

$y = 11 - x$

O próximo passo é substituir na primeira equação no lugar do **y**.

$x^2 + y = 23$

$x^2 + (11 - x) = 23$

$x^2 + 11 - x = 23$

$x^2 - x = 23 - 11$

$x^2 - x = 12$

Agora só falta resolvermos essa equação do segundo grau, caso você não lembre ou ainda não tenha aprendido, existem muitas aulas sobre isso no site do Calcule Mais. Existem dois resultados para essa equação:

$x = 4$

$x = -3$

Como não existe o lado de uma figura com número negativo, vamos usar apenas o valor positivo. Como já sabemos que o valor de **x** é igual a **4**, basta substituirmos na equação para encontrarmos o valor de **y**.

$y = 11 - x$

$y = 11 - 4$

$y = 7$

3. **(Calcule Mais–2017)** Calcule a área pintada da figura sabendo que o lado do quadrado mede **4**.

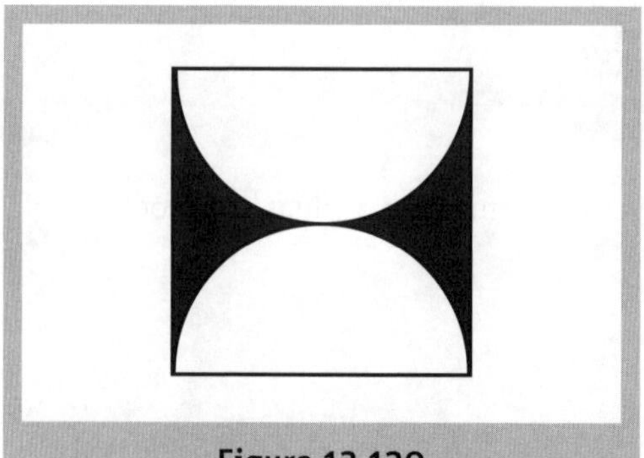

Figura 13.120

Para resolvermos esse tipo de questão, vamos analisar a situação. Se observarmos com cuidado, veremos que cada uma dessas partes brancas da figura, representam meio círculo. Logo, se juntarmos as duas partes, teremos um círculo completo, por isso para descobrirmos a área da parte pintada, basta calcularmos a área do quadrado e subtrairmos da área do círculo. Lembre-se que o lado do quadrado mede quatro, como o círculo vai de ponta a ponta o quatro também representa o diâmetro do círculo, ou seja, o raio mede **2**.

Área do quadrado = $b.h = 4.4 = 16$

Área do círculo = $\pi.R^2 = \pi.2^2 = \pi.4 = 4.\pi$

Logo a área da parte pintada é $16 - 4.\pi$

Substituindo o π por **3,14:**

A área da parte pintada é $16 - 4.3,14 = 16 - 12,6 = 3,4$

A área da parte pintada é igual a **3,4**.

Esses três últimos exercícios são de um nível de dificuldade bem elevado, mas optei por colocar aqui para que você perceba que se a imaginação não tem limites para criar uma questão de geometria, a sua imaginação para resolver também não. A matemática é uma ferramenta, dependendo da obra, do exercício, você usará uma ou várias ferramentas. Cabe a você identificar quais seriam as ferramentas ideais, ou seja, as mais fáceis para se resolver o exercício. Como aprender a fazer isso? Treinando muito, resolvendo centenas, milhares de exercícios. Nunca desista dos seus sonhos, você vai conseguir! Um grande abraço para você!

RESPOSTAS: 1. b) ■ 2. x = 4; y = 7 ■ 3. 3,4

MOMENTO ENEM — GEOMETRIA

1. **(ENEM–2016)** De forma geral, os pneus radiais trazem em sua lateral uma marcação do tipo *abc/deRfg*, como **185/65R15**. Essa marcação identifica as medidas do pneu da seguinte forma:

- *abc* é a medida da largura do pneu, em milímetro;
- *de* é igual ao produto de 100 pela razão entre a medida da altura (em milímetro) e a medida da largura do pneu (em milímetro);
- *R significa radial*
- *fg* é a medida do diâmetro interno do pneu, em polegada.

A figura ilustra as variáveis relacionadas com esses dados.

O proprietário de um veículo precisa trocar os pneus de seu carro e, ao chegar a uma loja, é informado por um vendedor que há somente pneus com os seguintes códigos: 175/65R15, 175/75R15, 175/80R15, 185/60R15 e 205/55R15. Analisando, juntamente com o vendedor, as opções de pneus disponíveis, concluem que o pneu mais adequado para seu veículo é o que tem a menor altura. Desta forma, o proprietário do veículo deverá comprar o pneu com a marcação

a) 205/55R15
b) 175/65R15
c) 175/75R15
d) 175/80R15
e) 185/60R15

RESOLUÇÃO:

Essa questão é ótima para quem gosta de carros como eu. Mas o interessante é que você não precisa entender nada sobre pneus para resolver, uma vez que todas as informações necessárias estão no enunciado. Como ele quer que você calcule a altura, vamos focar na parte do enunciado que fala sobre isso. Se você prestou bastante atenção, verá que o segundo tópico fala sobre o **de** e utiliza a altura para calcular.

Segundo o enunciado o **de** é o produto de **100** pela razão entre a medida da altura (em milímetros) e a medida da largura do pneu (em milímetros)

DICA

Produto = multiplicação (conta de vezes)
Razão = fração

Traduzindo:

Segundo o enunciado o **de** é a multiplicação de 100 pela fração entre a medida da altura (em milímetros) e a medida da largura do pneu (em milímetros).

Para facilitar, vamos escrever isso como se fosse uma fórmula. Veja:

$$\text{“de”} = 100 \cdot \frac{Altura}{largura}$$

Através do código do pneu, sabemos o valor de "**de**" e da largura do pneu, com isso apenas precisamos calcular a altura, vamos separar essas informações de cada código dos pneus:

205/55R15 ····▸ "de" = 55 ····▸ largura = 205

175/65R15 ····▸ "de" = 65 ····▸ largura = 175

175/75R15 ····▸ "de" = 75 ····▸ largura = 175

175/80R15 ····▸ "de" = 80 ····▸ largura = 175

185/60R15 ····▸ "de" = 60 ····▸ largura = 185

Agora que já separamos todas essas situações, podemos começar a calcular. Vamos apenas substituir os valores da fórmula, para não ficar escrevendo todas as vezes a palavra altura, irei substituí-la pela letra A:

205/55R15 → "de" = 55 → largura = 205

$$55 = 100 \cdot \frac{A}{205}$$

Agora basta resolvermos essa equação de primeiro grau. Vamos achar o valor de **A**. Como o número **100** está multiplicando a fração que tem o **A**, vou passar para o outro lado dividindo.

$$\frac{55}{100} = \frac{A}{205}$$

Existem vários caminhos que você pode usar para resolver.

SUPERDICA

Todas as vezes que tivermos unicamente uma fração igual a outra fração, podemos multiplicar em cruz.

$$\frac{55}{\mathbf{100}} = \frac{A}{205}$$

$$A.100 = 205.55$$

$$A.100 = 205.55$$

$$A.100 = 11.275$$

$$A = \frac{11.275}{100}$$

$$A = 112,75 \text{ mm}$$

Fazendo esse processo com cada um dos pneus, você achará as seguintes alturas:

205/55R15 ····▸ Altura 112,75 mm

175/65R15 ····▸ Altura 113,75 mm

175/75R15 ····▸ Altura 131,25 mm

175/80R15 ····▸ Altura 140,00 mm

185/60R15 ····▸ Altura 111 mm

Logo o pneu com a menor altura é a letra E.

2. **(ENEM–2016)** A London Eye é uma enorme roda-gigante na capital inglesa. Por ser um dos monumentos construídos para celebrar a entrada do terceiro milênio, ela também é conhecida como Roda do Milênio. Um turista brasileiro, em visita à Inglaterra, perguntou a um londrino o diâmetro (destacado na imagem) da Roda do Milênio e ele respondeu que ele tem 443 pés.

Disponível em: www.mapadelondres.org. Acesso em: 14 maio 2015 (adaptado).

Não habituado com a unidade pé, e querendo satisfazer sua curiosidade, esse turista consultou um manual de unidades de medidas e constatou que **1** pé equivale a **12** polegadas, e que **1** polegada equivale a **2,54 cm**. Após alguns cálculos de conversão, o turista ficou surpreendido com o resultado obtido em metros.

Qual a medida que mais se aproxima do diâmetro da Roda do Milênio, em metro?

a) 53

b) 94

c) 113

d) 135

e) 145

RESOLUÇÃO:

Para resolver essa questão, basta realizarmos algumas conversões de unidades. O diâmetro possui **443** pés, se cada pé equivale a **12** polegadas, para sabermos o total em polegadas basta multiplicarmos. Veja:

$$443 \times 12 = 5316 \text{ polegadas}$$

O enunciado fala que 1 polegada equivale a **2,54 cm**, logo basta fazer uma multiplicação para encontrarmos o valor em centímetro

$$5316 \times 2{,}54 = 13.502{,}64 \text{ cm}$$

Transformando para metros

$$13.502{,}64 \text{ cm} = 135{,}0264 \text{ m}$$

Ou simplesmente, **135** metros aproximadamente.

Agora vamos a uma questão desafio!

3. **(ENEM–2014)** Uma empresa que organiza eventos de formatura, confecciona canudos de diplomas a partir de folhas de papel quadradas. Para que todos os canudos fiquem idênticos, cada folha é enrolada em torno de um cilindro de madeira de diâmetro d em centímetros, sem folga, dando-se **5** voltas completas em torno de tal cilindro. Ao final, amarra-se um cordão no meio do diploma, bem ajustado, para que não ocorra o desenrolamento, como ilustrado na figura.

Em seguida, retira-se o cilindro de madeira do meio do papel enrolado, finalizando a confecção do diploma.

Considere que a espessura da folha de papel original seja desprezível.

Qual é a medida, em centímetros, do lado da folha de papel usado na confecção do diploma?

a) πd

b) $2 \pi d$

c) $4 \pi d$

d) $5 \pi d$

e) $10 \pi d$

RESPOSTAS: 1. e) ▪ 2. d) ▪ 3. d)

CAPÍTULO 14

RACIOCÍNIO LÓGICO

SEQUÊNCIAS, PALAVRAS E FIGURAS

Este sem dúvida é um assunto muito importante. Ele pode ser a diferença de passar ou não, por isso vou dar uma atenção especial para o tema. Não existe uma fórmula mágica para passar; o segredo é resolver dezenas de exercícios, assim dificilmente você será pego desprevenido. Separei 105 exercícios para você, dos mais variados temas. Vou resolver vários, assim ensino diversas técnicas.

A grande dica é que a lógica precisa ser matadora. Quando você encontrá-la não vai restar dúvidas de qual é a alternativa correta.

Neste livro, por falta de espaço não resolvi todas as questões, mas a maioria delas estão resolvidas no site Calcule Mais, **www.calculemais.com.br.**

Resolvi neste livro as questões de números 2, 3, 4, 6, 10, 13, 18, 27, 33, 43, 59, 62, 66, 74, 81 e a 99.

1. **(FCC–2004–Analista Judiciário–TRT)** A figura mostra a localização dos apartamentos de um edifício de três pavimentos que têm apenas alguns deles ocupados:

Sabe-se que:

- Maria não tem vizinhos no seu andar, e seu apartamento localiza-se o mais a leste possível.
- Taís mora no mesmo andar de Renato, e dois apartamentos a separam do dele.
- Renato mora em um apartamento no segundo andar exatamente abaixo do de Maria.
- Paulo e Guilherme moram no andar mais baixo, não são vizinhos e não moram abaixo de um apartamento ocupado.
- No segundo andar estão ocupados apenas dois apartamentos.

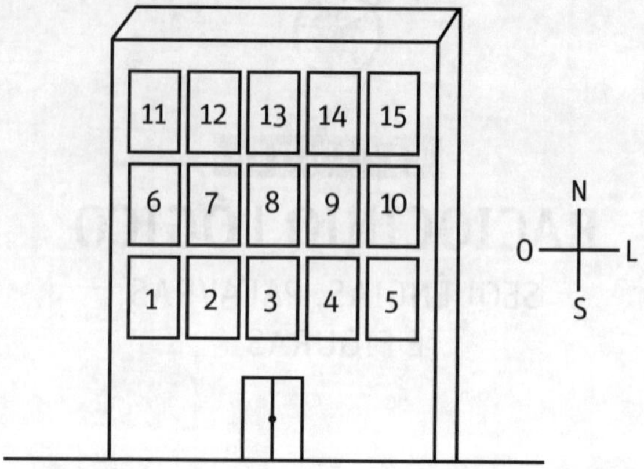

Figura 14.1

Se Guilherme mora a sudoeste de Tais, o apartamento de Paulo pode ser:

a) 1 ou 3
b) 1 ou 4
c) 3 ou 4
d) 3 ou 5
e) 4 ou 5

2. **(FCC–2004–Analista Judiciário–TRT)** Em relação a um código de cinco letras, sabe-se que:

- **TREVO** e **GLERO** não têm letras em comum com ele.
- **PRELO** tem uma letra em comum, que está na posição correta.
- **PARVO**, **CONTO** e **SENAL** têm, cada um, duas letras comuns com o código, uma que se encontra na mesma posição, a outra não.
- **MUNCA** tem com ele três letras comuns, que se encontram na mesma posição.
- **TIROL** tem uma letra em comum, que está na posição correta.

O código a que se refere o enunciado da questão é

a) IECA
b) PUNCI
c) PINAI
d) PANCI
e) PINCA

RESOLUÇÃO:

O segredo para resolver esse tipo de questão é analisar cada item dado e descartar as alternativas. O primeiro item fala:

- **TREVO** e **GLERO** não têm letras em comum com ele.

Ou seja, a alternativa não pode ter as letras **T–R–E–V–O–G–L**

A alternativa a tem a letra e, então já descartamos essa alternativa.

Vamos analisar o segundo item:

- **PRELO** tem uma letra em comum, que está na posição correta.

Vamos olhar as alternativas que sobraram:

b) PUNCI
c) PINAI
d) PANCI
e) PINCA

Se tem uma letra em comum e está na mesma posição, já sabemos que é a letra P, mas infelizmente não deu para descartar nenhuma alternativa.

Próximo item:

- **PARVO**, **CONTO** e **SENAL** têm, cada um, duas letras comuns com o código, uma que se encontra na mesma posição, a outra não.

Vai dar trabalho analisar esse item, então vou contar um segredo. Às vezes, em raciocínio lógico, eles colocam alguns itens para fazer você perder tempo, e como temos mais dois itens para analisar, vamos pular este. Se após analisar os outros dois itens e não acharmos a resposta, vamos voltar para esse aqui.

Próximo item:

- **MUNCA** tem com ele três letras comuns, que se encontram na mesma posição.

Vamos ver as alternativas.

b) PUNCI
c) PINAI
d) PANCI
e) PINCA

Nós já sabemos que começa com P, então não vamos nos preocupar com a letra **M**.

Vamos olhar as letras **UNC**. Se olharmos as alternativas, temos a alternativa B que tem essas mesmas letras na mesma posição. Mas também podemos olhar as três últimas letras que são **NCA**, se você olhar as alternativas você vai ver que a última bate certinho com essa descrição. Então com esse item, isolamos as alternativas **B** e **E** e descartamos as outras.

b) PUNCI

e) PINCA

Vamos analisar o último item:

- **TIROL** tem uma letra em comum, que está na posição correta.

A única letra em comum é o I, ou seja, a alternativa correta é a letra **e**. E a melhor parte é que não foi necessário analisar aquele item que nós pulamos.

3. **(FCC–2004–Técnico Judiciário–TRT)** Em um dia de trabalho no escritório, em relação aos funcionários Ana, Cláudia, Luís, Paula e João, sabe-se que:

- Ana chegou antes de Paula e Luís
- Paula chegou antes de João
- Cláudia chegou antes de Ana
- João não foi o último a chegar

Nesse dia, o terceiro a chegar no escritório para o trabalho foi

a) Ana

b) Cláudia

c) João

d) Luís

e) Paula

RESOLUÇÃO:

O segredo para resolver esse tipo de questão está em fazer uma linha do tempo, ou seja, colocar os nomes em ordem. Para isso vamos analisar item por item. No primeiro item ele fala que a Ana chegou antes de Paula e Luís. Então vamos escrever isso:

Ana Paula Luís

O Segundo item:

Paula chegou antes de João, então vamos posicionar o João. Se ela chegou antes, significa que tenho que colocar o João depois da Paula. Se já temos o

Luís depois da Paula, coloco o João antes ou depois do Luís? Você é quem escolhe. Os próximos itens irão dar dicas melhores.

Ana Paula **João** Luís

Terceiro item: Cláudia chegou antes de Ana.

Cláudia Ana **Paula** João Luís

Quarto item: João não foi o último a chegar. Se olharmos a sequência acima, ela atende esse último item. Como atendemos todos os itens, é só olhar o que pede a questão. A terceira a chegar foi a Paula.

4. (**FCC–2004–Técnico Judiciário–TRT**) Esta sequência de palavras segue uma lógica:

- Pá
- Xale
- Japeri

Uma quarta palavra que daria continuidade lógica à sequência poderia ser:

a) Casa
b) Anseio
c) Urubu
d) Café
e) Sua

RESOLUÇÃO:

Para resolver esse tipo de questão, você precisa ir na tentativa e erro, não tem fórmula mágica. Por exemplo: Se contarmos quantas letras tem cada palavra encontraríamos: Pá (2 letras), Xale (4 letras), Japeri (6 letras). Pela lógica a próxima palavra deveria ter 8 letras, mas não temos nenhuma alternativa assim. Podemos prestar atenção nas letras; a primeira letra de cada palavra não ajuda, mas todas as palavras têm como a segunda letra, a letra **a**. Se olharmos as alternativas, as alternativas a e d seguem essa lógica.

a) Casa
d) Café

Vamos tentar descobrir mais alguma relação, porque temos que eliminar uma das duas. Se continuarmos observando, podemos olhar a última letra de cada palavra, **pÁ**, **xalE**, **japerI**, as letras seguem a sequência **A**, **E**,

I. Teoricamente, a próxima palavra terminaria em O, mas nem café, nem casa terminam em O. Então vamos voltar para as alternativas. A alternativa b, termina em **O**. E agora, qual escolher? A lógica precisa ser matadora, e a primeira deixa uma dúvida: seria casa ou café? Então ela não serve. Sempre vou mostrar o caminho das pedras para você entender como deve pensar para resolver esse tipo de questão. Se tiver paciência para gastar um tempo extra, você vai encontrar mais uma lógica, esta de fato é matadora. Observe, a ordem das vogais de cada palavra.

- **Pá**
- **Xale**
- **Japeri**
- **Anseio**

Logo, a resposta é **Anseio**.

5. (**FCC–2004–Técnico Judiciário–TRT**) A tabela indica os plantões de funcionários de uma repartição pública em três sábados consecutivos:

11/setembro	18/setembro	25/setembro
Cristina	Ricardo	Silvia
Beatriz	Cristina	Beatriz
Julia	Fernanda	Ricardo

Dos seis funcionários indicados na tabela, **2** são da área administrativa e **4** da área de informática. Sabe-se que para cada plantão de sábado são convocados **2** funcionários da área de informática, **1** da área administrativa, e que Fernanda é da área de informática. Um funcionário que necessariamente é da área de informática é

a) Beatriz
b) Cristina
c) Julia
d) Ricardo
e) Silvia

6. (**FCC–2004–Técnico Judiciário–TRT**) Em uma repartição pública que funciona de 2ª a 6ª feira, **11** novos funcionários foram contratados. Em relação aos contratados, é necessariamente verdade que:

a) todos fazem aniversário em meses diferentes
b) ao menos dois fazem aniversário no mesmo mês

c) ao menos dois começaram a trabalhar no mesmo dia do mês

d) ao menos três começaram a trabalhar no mesmo dia da semana

e) algum funcionário começou a trabalhar em uma 2ª feira

RESOLUÇÃO:

Nesse tipo de questão é preciso marcar a alternativa que sempre será correta, ou seja, não tem como fugir do que foi falado. Vamos analisar cada alternativa.

a) todos fazem aniversário em meses diferentes.

Pode até ser verdade, mas não dá para afirmar isso pois não é possível saber. E se todos fazem aniversário no mesmo mês? Então vamos descartá-la.

b) ao menos dois fazem aniversário no mesmo mês.

Cai na mesma análise da questão de cima. Como tem 11 funcionários, pode ser que cada um faça aniversário em um mês diferente. Está descartado.

c) ao menos dois começaram a trabalhar no mesmo dia do mês.

Essa é a mais fácil de descartar. Pode até ser que seja verdade, mas não podemos afirmar, pois cada um pode ter sido contratado em um dia diferente do mês. Afinal, temos 11 funcionários e 30 dias no mês. Vamos descartá-la.

d) ao menos três começaram a trabalhar no mesmo dia da semana.

Essa repartição pública trabalha de segunda a sexta, ou seja, durante **5** dias por semana. Como são **11** pessoas, vamos imaginar a pior hipótese: tentar descartar essa alternativa. Para isso, vamos pensar que as pessoas foram contratadas em dias diferentes. Como são **11**, daria para dividir assim: se em cada dia da semana foram contratadas duas pessoas, no total seriam **10**. Mas temos **11** funcionários. Esse funcionário que sobrou foi contratado em algum dia, e não importa qual seja esse dia, teremos o total **3** pessoas sendo contratadas nesse mesmo dia. Por isso essa alternativa é verdadeira; porque no mínimo 3 pessoas foram contratadas no mesmo dia.

e) algum funcionário começou a trabalhar em uma 2ª feira.

Talvez sim, mas não posso afirmar, a empresa pode ter contratado todos na sexta-feira. Essa alternativa também será descartada.

7. **(FCC–2004–Técnico Judiciário–TRT).** Comparando-se uma sigla de 3 letras com as siglas MÊS, SIM, BOI, BOL e ASO, sabe-se que:

- **MÊS** não tem letras em comum com ela
- **SIM** tem uma letra em comum com ela, mas que não está na mesma posição
- **BOI** tem uma única letra em comum com ela, que está na mesma posição
- **BOL** tem uma letra em comum com ela, que não está na mesma posição
- **ASO** tem uma letra em comum com ela, que está na mesma posição

A sigla a que se refere o enunciado dessa questão é

a) BIL
b) ALI
c) LAS
d) OLI
e) ABI

8. **(FCC–IPEA–2004)** Encontram-se sentados em torno de uma mesa quadrada quatro juristas. Miranda, o mais antigo entre eles, é alagoano. Há também um paulista, um carioca e um baiano. Ferraz está sentada à direita de Miranda. Mendes, à direita do paulista. Por sua vez, Barbosa, que não é carioca, encontra-se à frente de Ferraz. Assim:

a) Ferraz é carioca e Barbosa é baiano
b) Mendes é baiano e Barbosa é paulista
c) Mendes é carioca e Barbosa é paulista
d) Ferraz é baiano e Barbosa é paulista
e) Ferraz é paulista e Barbosa é baiano

DICA
Faça o desenho da mesa.

9. **(FCC–IPEA–2004)** A sucessão seguinte de palavras obedece a uma ordem lógica. Escolha a alternativa que substitui "X" corretamente: **RÃ**, **LUÍS**, **MEIO**, **PARABELO**, "X".

a) Calçado
b) Pente
c) Lógica
d) Sibipiruna
e) Soteropolitano

DICA

Preste atenção nas vogais.

10. (FCC-IPEA-2004) Atente para os vocábulos que formam a sucessão lógica, escolhendo a alternativa que substitui "X" corretamente: LEIS, TEATRO, POIS, "X".

a) Camarão
b) Casa
c) Homero
d) Zeugma
e) Eclipse

RESOLUÇÃO:

Essa questão é especial, e vou dedicar uma explicação extra nela. Muitas pessoas acham que a resposta correta é zeugma, vou explicar porque não é.

Vamos fazer como sempre, testar algumas lógicas para tentar descobrir o que é. Vamos ver o número de letras:

LEIS (quatro letras), TEATRO (seis letras), POIS (quatro letras), uma lógica possível seria que a próxima palavra tivesse 6 letras. Vamos as alternativas:

a) Camarão (7 letras)
b) Casa (4 letras)
c) Homero (6 letras)
d) Zeugma (6 letras)
e) Eclipse (7 letras)

Então podemos considerar duas alternativas.

c) Homero (6 letras)
d) Zeugma (6 letras)

Vamos tentar achar alguma outra lógica para matar qual alternativa é a correta. Podemos observar a última letra de cada palavra. Veja:

- lei**S**, teatr**O**, pois, a sequência de letras seria, S, O, S, a próxima deve ser O.

Como Homero termina com a letra "O", achamos nossa alternativa correta.

Muitas pessoas se perguntam por que não pode ser Zeugma, uma vez que todas as palavras possuem duas vogais e Zeugma também. Para responder isso precisamos lembrar de uma definição:

DITONGO: quando duas vogais estão juntas na mesma sílaba.

Exemplos: **PEIXE**, **SAUDADE**, **PAIXÃO**.

Vamos analisar as palavras do enunciado:

- **Leis** → ditongo. Letras "**e**" e "**i**" na mesma sílaba.
- **Teatro** → não é ditongo; -a-tro.
- **Pois** → ditongo. Letras "**o**" e "**i**" na mesma sílaba.

Logo a lógica seria: ditongo, não ditongo, ditongo, não ditongo.

- **Zeugma** → Ditongo. Zeug-ma (quebra a lógica).
- **Homero** → não é ditongo.

Por isso não pode ser Zeugma.

11. (**FCC–TCE–2005**) Um departamento de uma empresa de consultoria é composto por **2** gerentes e **3** consultores. Todo cliente desse departamento necessariamente é atendido por uma equipe formada por **1** gerente e **2** consultores. As equipes escaladas para atender três diferentes clientes são mostradas abaixo:

- **cliente 1**: André, Bruno e Cecília
- **cliente 2**: Cecília, Débora e Evandro
- **cliente 3**: André, Bruno e Evandro

A partir dessas informações, pode-se concluir que:

a) **André é consultor**

b) **Bruno é gerente**

c) **Cecília é gerente**

d) **Débora é consultora**

e) **Evandro é consultor**

12. **(FCC–TRT–2004)** Movendo alguns palitos de fósforo da figura I, é possível transformá-la na figura II:

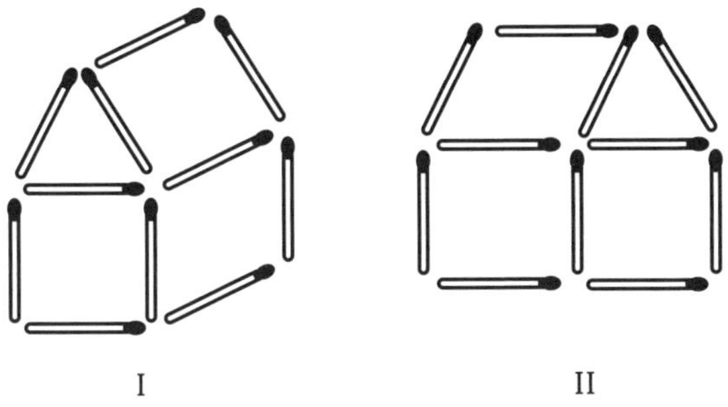

Figura 14.2

O menor número de palitos de fósforo que deve ser movido para fazer tal transformação é

a) 3
b) 4
c) 5
d) 6
e) 7

13. **(FCC–TRT–2004)** Em um trecho da letra da música Sampa, Caetano Veloso se refere à cidade de São Paulo dizendo que ela é o avesso, do avesso, do avesso, do avesso. Admitindo que uma cidade represente algo bom, e que o seu avesso represente algo ruim, do ponto de vista lógico, o trecho da música de Caetano Veloso afirma que São Paulo é uma cidade

a) equivalente a seu avesso
b) similar a seu avesso
c) ruim e boa
d) ruim
e) boa

RESOLUÇÃO:

Você só precisa analisar e completar a sequência. Veja:

Bom → avesso ______ → avesso ______ → avesso ______ → avesso.

Vamos completar os espaços:

Bom → avesso <u>ruim</u> → avesso <u>bom</u> → avesso <u>ruim</u> → avesso <u>bom</u>.

Logo a resposta é bom.

14. (**FCC–TRT–2004**) Em uma urna contendo 2 bolas brancas, 1 bola preta, 3 bolas cinzas, acrescenta-se 1 bola, que pode ser branca, preta ou cinza. Em seguida, retira-se dessa urna, sem reposição, um total de 5 bolas. Sabe-se que apenas 2 das bolas retiradas eram brancas e que não restaram bolas pretas na urna após a retirada. Em relação às bolas que restaram na urna, é correto afirmar que:

a) ao menos uma é branca.

b) necessariamente uma é branca.

c) ao menos uma é cinza.

d) exatamente uma é cinza.

e) todas são cinzas.

DICA

Pense em todas as situações, faça desenhos.

15. (**FCC–TRT–2004**) Um dado é feito com pontos colocados nas faces de um cubo, em correspondência com os números de 1 a 6, de tal maneira que somados os pontos que ficam em cada par de faces opostas é sempre sete. Dentre as três planificações indicadas, a(s) única(s) que permite(m) formar, apenas com dobras, um dado com as características descritas é (são):

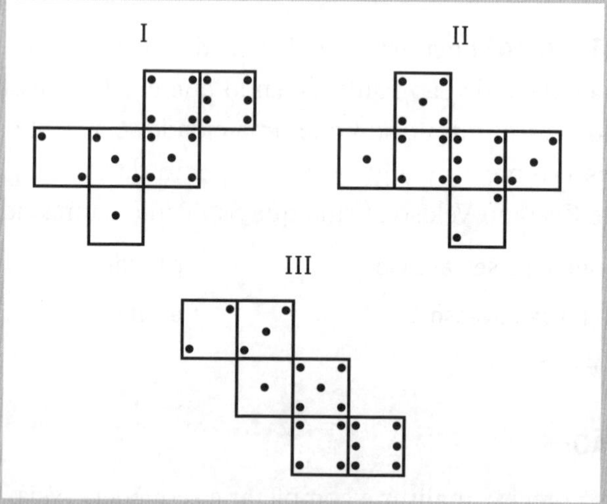

Figura 14.3

a) I

b) I e II

c) I e II

d) II e III

e) I, II, III

16. **(FCC–TRT–2004)** X9 e 9X representam números naturais de dois algarismos. Sabendo-se que X9 + 9X–100 é o número natural de dois algarismos ZW, é correto dizer que Z–W é igual a

a) 5
b) 4
c) 3
d) 2
e) 1

17. **(FCC–TRT–2004)** Um número de 1 a 10 foi mostrado para três pessoas. Cada pessoa fez a seguinte afirmação sobre o número:

- Pessoa I: o número é divisível apenas por 1 e por ele mesmo
- Pessoa II: o número é ímpar
- Pessoa III: o número é múltiplo de 5

Considerando que apenas duas pessoas dizem a verdade, o total de números distintos que podem ter sido mostrados às três pessoas é:

a) 2
b) 3
c) 4
d) 5
e) 6

18. **(FCC–TRT–2004)** Quando somamos um número da tabuada do 4 com um número da tabuada do 6, necessariamente obtemos um número da tabuada do

a) 2
b) 6
c) 8
d) 10
e) 12

RESOLUÇÃO:

Para resolver essa questão, vamos escrever um trecho das duas tabuadas.

4 × 1 = 4	6 × 1 = 6
4 × 2 = 8	6 × 2 = 12
4 × 3 = 12	6 × 3 = 18
4 × 4 = 16	6 × 4 = 24

Como a questão não fala de nenhuma ordem para somar os números, vamos fazer somas aleatórias, apenas respeitar o fato de que precisamos usar um número de cada tabuada.

$4 + 8 = 12$

$4 + 24 = 28$

$8 + 6 = 14$

$16 + 18 = 34$

Para saber qual alternativa escolher, veja no capítulo que falo sobre as regras de divisibilidade. Mas vou adiantar uma coisa, a soma de dois números pares, sempre será outro número par, e como o resultado dessas duas tabuadas sempre serão números pares, logo a soma também será. Então sempre serão números divisíveis por dois.

19. **(FCC–TRT–2004)** Sabe-se que:

I. Rita tem 6 anos a mais que Ana e 13 anos a mais que Bia

II. Paula tem 6 anos a mais que Bia

Então, com relação às quatro pessoas citadas, é correto dizer que:

a) Rita não é a mais velha

b) Ana é a mais nova

c) Paula é mais nova que Ana

d) Paula e Ana têm a mesma idade

e) Rita e Paula têm a mesma idade

DICA

Faça uma linha do tempo.

20. **(FCC–TRT–2004)** Movendo-se palito(s) de fósforo na figura I, é possível transformá-la na figura II. O menor número de palitos de fósforo que deve ser movido para fazer tal transformação é

a) 1

b) 2

c) 3

d) 4

e) 5

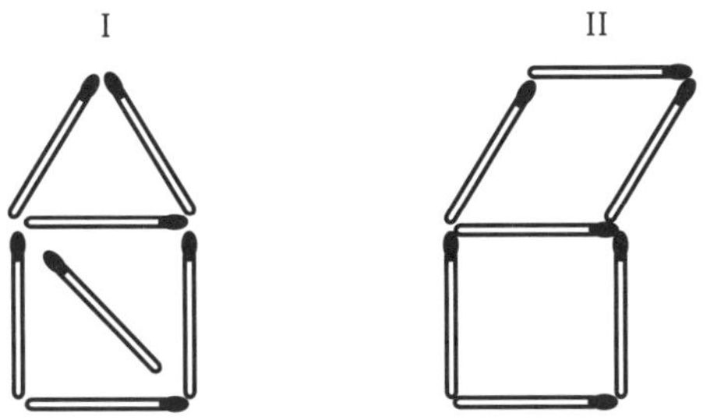

Figura 14.4

21. (**FCC–TRT–2004**) O avesso de uma blusa preta é branco. O avesso de uma calça preta é azul. O avesso de uma bermuda preta é branco. O avesso do avesso das três peças de roupa é:

a) branco e azul
b) branco ou azul
c) branco
d) azul
e) preto

22. (**FCC–TRT–2004**) Observe atentamente a tabela:

Um	Dois	Três	Quatro	Cinco	Seis	Sete	Oito	Nove	Dez
2	4	4	6	5	4	4	4	4	

De acordo com o padrão estabelecido, o espaço em branco na última coluna da tabela deve ser preenchido com o número:

a) 2
b) 3
c) 4
d) 5
e) 6

DICA

Preste atenção nas palavras.

23. **(FCC–TRT–2004)** Em um concurso João, Pedro e Lígia tentam adivinhar um número selecionado entre os números naturais de 1 a 9. Ganha o concurso aquele que mais se aproximar do número sorteado. Se João escolheu o número 4, e Pedro o número 7, a melhor escolha que Lígia pode fazer para maximizar sua chance de vitória é o número:

a) 2
b) 3
c) 5
d) 6
e) 8

24. **(FCC–TRT–2004)** Com relação a três funcionários do Tribunal, sabe-se que:

I. João é mais alto que o recepcionista
II. Mário é escrivão
III. Luís não é o mais baixo dos três
IV. um deles é escrivão, o outro recepcionista e o outro segurança

Sendo verdadeiras as quatro afirmações, é correto dizer que:

a) João é mais baixo que Mário
b) Luís é segurança
c) Luís é o mais alto dos três
d) João é o mais alto dos três
e) Mário é mais alto que Luís

25. **(FCC–TRT–2004)** São dados três grupos de 4 letras cada um:

(MNAB) : (MODC) :: (EFRS) :

Se a ordem alfabética adotada *exclui* as letras K, W e Y, então o grupo de quatro letras que deve ser colocado à direita do terceiro grupo e que preserva a relação que o segundo tem com o primeiro é:

a) (EHUV)
b) (EGUT)
c) (EGVU)
d) (EHUT)
e) (EHVU)

DICA Escreva o alfabeto e interligue as letras.

26. **(FCC–TRT–2004)** Na figura abaixo se tem um triângulo composto por algumas letras do alfabeto e por alguns espaços vazios, nos quais algumas letras deixaram de ser colocadas.

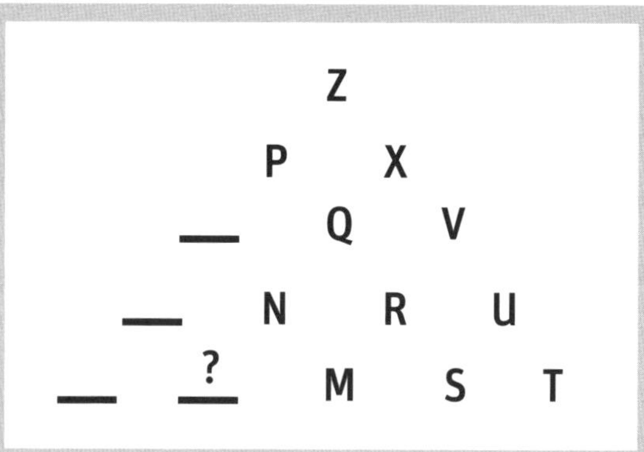

Figura 14.5

Considerando que a ordem alfabética adotada exclui as letras K, W e Y, então, se as letras foram dispostas obedecendo a determinado critério, a letra que deveria estar no lugar do ponto de interrogação é

a) H
b) L
c) J
d) U
e) Z

DICA

Escreva o alfabeto.

27. **(FCC–TRT–2004)** Os termos da sequência (77, 74, 37, 34, 17, 14,...) são obtidos sucessivamente através de uma lei de formação. A soma do sétimo e oitavo termos dessa sequência obtidos segundo essa lei é:

a) 21
b) 19
c) 16
d) 13
e) 11

RESOLUÇÃO:

Para resolver esse tipo de questão você precisa observar em detalhes o que está ocorrendo. A primeira coisa que observamos é que os números estão cada vez menores. Se ler com calma, você vai ver que algumas informações se repetem. Veja a parte que destaquei:

7**7**, 7**4**, 3**7**, 3**4**, 1**7**, 1**4**

Percebeu que todos os números ou terminam em 7 ou em 4? Logo os dois números que faltam vão terminar em 7 ou 4 também. Observamos que todos têm dois dígitos, então podemos concluir que:

77, 74, 37, 34, 17, 14, __ 7, __ 4

Como os números são sempre menores, os dois dígitos que faltam só pode ser zero. Não tem como colocar outro número de forma que os dois últimos números fiquem menores que o anterior. Veja:

77, 74, 37, 34, 17, 14, 07, 04

A soma dos dois últimos números (07 + 04) é igual a **11**.

28. (**FCC–TRT–2004**)

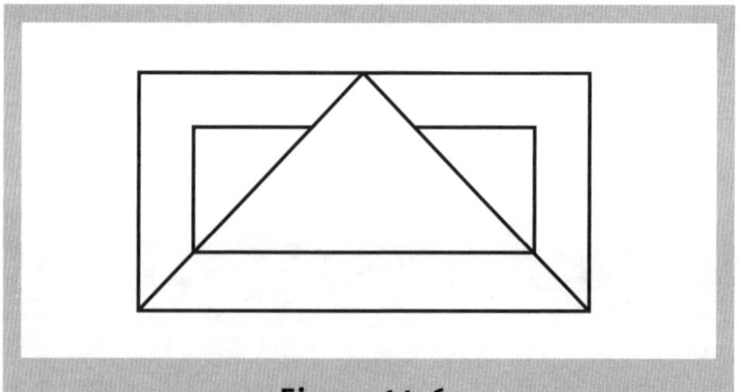

Figura 14.6

A alternativa que apresenta uma figura semelhante à outra que pode ser encontrada no interior do desenho dado é

a) 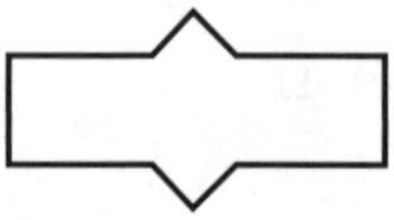

b) 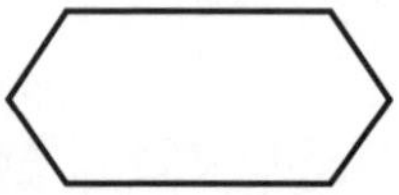

c) 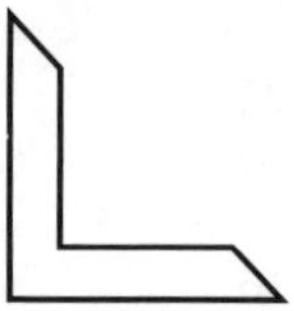

d) 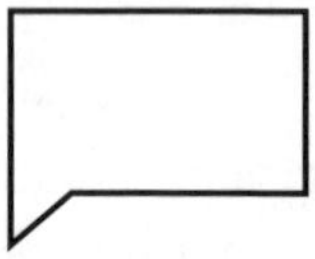

e) 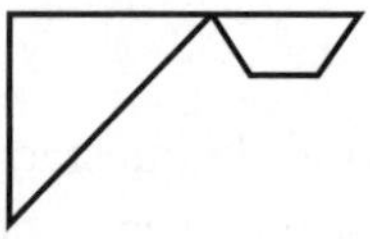

29. **(FCC–TRT–2004)** Para responder a próxima questão considere os dados abaixo. Em certo teatro há uma fila com seis poltronas que estão uma ao lado da outra e são numeradas de **1** a **6**, da esquerda para a direita. Cinco pessoas — Alan, Brito, Camila, Décio e Efraim — devem ocupar cinco dessas poltronas, de modo que:

- Camila não ocupe as poltronas assinaladas com números ímpares;
- Efraim seja a terceira pessoa sentada, contando-se da esquerda para a direita;
- Alan acomode-se na poltrona imediatamente à esquerda de Brito.

Para que essas condições sejam satisfeitas, a poltrona que NUNCA poderá ficar desocupada é a de número

a) 2
b) 3
c) 4
d) 5
e) 6

30. **(FCC–TRF–2004)** Considere os seguintes pares de números: (3,10); (1,8); (5,12); (2,9); (4,10). Observe que quatro desses pares têm uma característica comum. O único par que não apresenta tal característica é

a) (3,10)
b) (1,8)
c) (5,12)
d) (2,9)
e) (4,10)

DICA: Tente usar operações matemáticas simples.

31. **(FCC–TRF–2004)** Observe a figura seguinte:

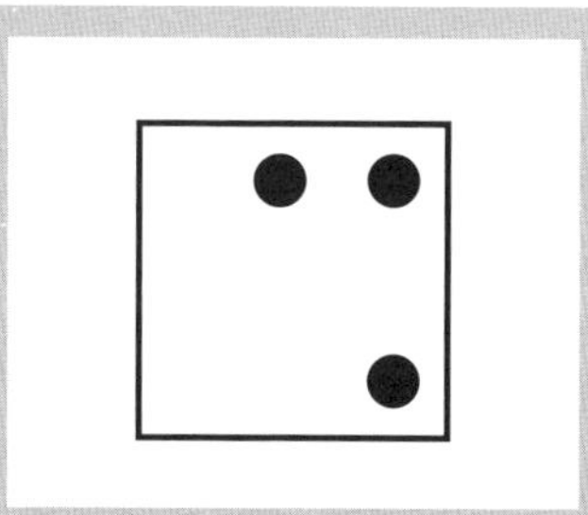

Figura 14.7

Qual figura é igual à figura anteriormente representada?

a) 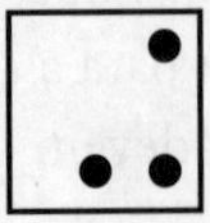 b) 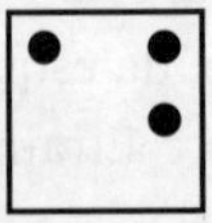 c) 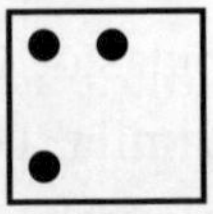 d) 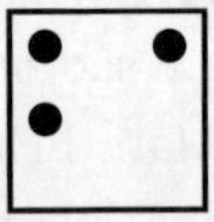 e) 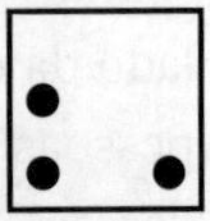

32. (**FCC-TRF-2004-adaptado**) Considere os conjuntos de números:

3 4	1 5	2 8
12	11	x

Mantendo para os números do terceiro conjunto a sequência das duas operações efetuadas nos conjuntos anteriores para se obter o número abaixo do traço, é correto afirmar que o número **x** é:

a) 10

b) 12

c) 13

d) 15

e) 18

DICA1 Uma das operações é soma.

DICA2 Você vai precisar usar um número que não está escrito.

33. (**FCC-TRF-2004**) Considere os conjuntos de números:

8 3	10 2	7 3
25	64	x

Mantendo para os números do terceiro conjunto a sequência das duas operações efetuadas nos conjuntos anteriores para se obter o número abaixo do traço, é correto afirmar que o número **x** é:

a) 9

b) 16

c) 20

d) 36

e) 40

RESOLUÇÃO:

O primeiro ponto é prestar atenção no enunciado. Houveram duas operações efetuadas nos conjuntos anteriores, ou seja, a lógica envolve duas contas. Outro fator, a lógica que você encontrar tem que resolver o primeiro, segundo e o terceiro caso, ou seja, ela tem que ser matadora. Vamos tentar fazer algumas contas.

$8 \times 3 = 24$ $10 \times 2 = 20$

$24 + 1 = 25$ $10 + 1 = 21$

A lógica funcionou no primeiro caso, mas não no segundo. Vamos tentar outra opção:

$25 \div 8 = 3{,}125$ → já não deu certo

Esse número **64,** do segundo, é muito alto. Se desse para diminuir... Para tudo! Espera! **25** e **64**, é possível tirar a raiz quadrada: $\sqrt{25} = 5$ e $\sqrt{64} = 8$. Vamos reescrever o exercício.

8	3	10	2	7	3
5		8		x	

Agora ficou fácil de ver, a primeira operação é subtração.

$8 - 3 = 5$

$10 - 2 = 8$

$7 - 3 = 4$

Para finalizar, a outra operação é a potenciação; se tirei a raiz quadrada, para voltar ao normal elevo ao quadrado, ou seja, a resposta é **16**.

$5^2 = 25$ $8^2 = 64$ $4^2 = 16$

34. (FCC–TRF–2004) Seis rapazes (Álvaro, Bruno, Carlos, Danilo, Elson e Fábio) conheceram-se certo dia em um bar. Considere as opiniões de cada um deles em relação aos demais membros do grupo:

- Álvaro gostou de todos os rapazes do grupo
- Bruno, não gostou de ninguém; entretanto, todos gostaram dele
- Carlos gostou apenas de dois rapazes, sendo que Danilo é um deles
- Danilo gostou de três rapazes, excluindo-se Carlos e Fábio
- Elson e Fábio gostaram somente de um dos rapazes.

Nessas condições, quantos grupos de dois ou mais rapazes gostaram uns dos outros?

a) 1
b) 2
c) 3
d) 4
e) 5

35. (**FCC–TRF–2004**) Sabe-se que um número inteiro e positivo N é composto de três algarismos. Se o produto de **N** por **9** termina à direita por **824**, a soma dos algarismos de **N** é:

a) 11
b) 13
c) 14
d) 16
e) 18

36. (**FCC–TRF–2004**) Uma pessoa distrai-se usando palitos para construir hexágonos regulares, na sequência mostrada na figura abaixo.

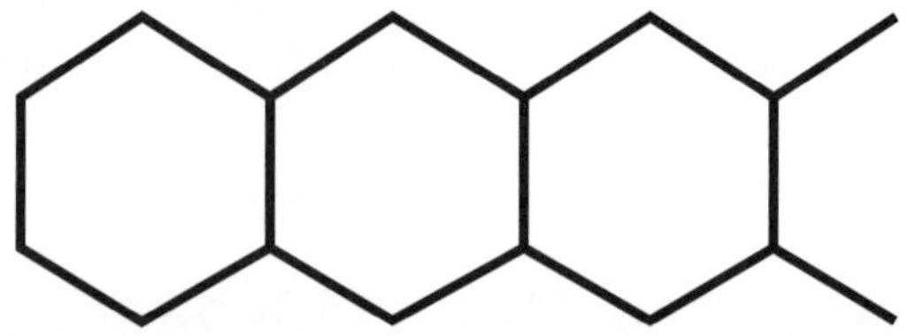

Figura 14.8

Se ela dispõe de uma caixa com **190** palitos e usar a maior quantidade possível deles para construir os hexágonos, quantos palitos restarão na caixa?

a) 2
b) 4
c) 8
d) 16
e) 31

37. (**FCC–TRT–2004**) Um certo número de dados de seis faces formam uma pilha única sobre uma mesa. Sabe-se que:

- os pontos de duas faces opostas de um dado sempre totalizam **7**;
- a face do dado da pilha que está em contato com a mesa é a do número **6**;
- os pontos das faces em contato de dois dados da pilha são sempre iguais.

Sendo verdadeiras as três afirmações, a face do dado da pilha mais afastada da mesa:

a) necessariamente tem um número de pontos ímpar

b) tem 6 pontos, se o número de dados da pilha for par

c) tem 6 pontos, se o número de dados da pilha for ímpar

d) tem 1 ponto, se o número de dados da pilha for par

e) necessariamente tem um número par de pontos

38. **(FCC–TRT–2004)** Um funcionário executa uma tarefa a cada **4** dias de trabalho. A primeira vez que fez essa tarefa foi em uma quinta-feira, a segunda vez foi em uma quarta-feira, a terceira em uma terça-feira, a quarta em um sábado, e assim por diante. Sabendo-se que não houve feriados no período indicado e que o funcionário folga sempre no(s) mesmo(s) dia(s) da semana, é correto afirmar que sua(s) folga(s) ocorre(m) apenas:

a) segunda-feira

b) sexta-feira

c) domingo

d) domingo e sexta-feira

e) domingo e segunda-feira

39. **(BACEN–1994)** Nas questões desta prova que envolvem sequências de letras, utilize o alfabeto oficial que NÃO inclui as letras K, W e Y.

Complete a série: B D G L Q...

a) R

b) T

c) V

d) X

e) Z

DICA

Escreva o alfabeto para descobrir a lógica.

40. **(BACEN–1994)** Nas questões desta prova que envolvem sequências de letras, utilize o alfabeto oficial que NÃO inclui as letras K, W e Y.

A D F I : C F H ....

a) I

b) J

c) L

d) N

e) P

DICA

Escreva o alfabeto e interligue as letras.

41. (**BACEN–1994**) Nas questões desta prova que envolvem sequências de letras, utilize o alfabeto oficial que NÃO inclui as letras **K**, **W** e **Y**.

Relacione as séries que possuem a mesma sequência lógica e assinale a opção que contém a numeração correta.

(1) A F B E	( ) H N L J
(2) B G E D	( ) L P N L
(3) L H E B	( ) H N I M
(4) G L I G	( ) U R O L

a) 2 4 1 3

b) 2 1 4 3

c) 2 4 3 1

d) 1 4 3 2

e) 1 4 2 3

DICA

Escreva o alfabeto.

42. (**BACEN–1994**) Nas questões desta prova que envolvem sequências de letras, utilize o alfabeto oficial que NÃO inclui as letras **K**, **W** e **Y**.

$$\frac{\text{A G E C}}{\text{D J H F}} : \frac{\text{G N L I}}{\text{...........}}$$

a) M S O Q

b) J M O Q

c) J Q P L

d) J Q O M

e) G O M J

DICA

Escreva o alfabeto e faça relações.

43. (**BACEN–1994**) Complete:

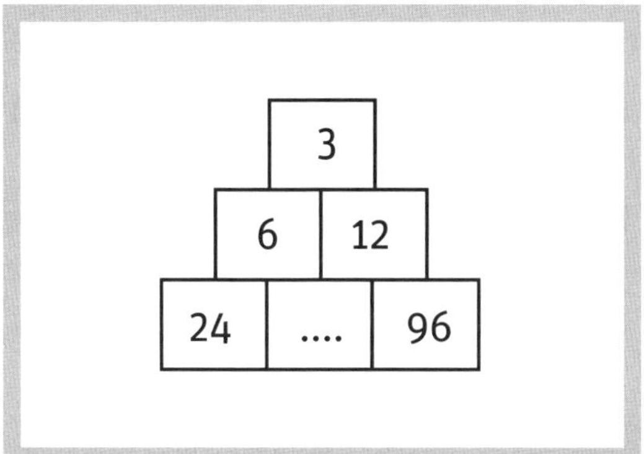

Figura 14.9

a) 9

b) 36

c) 42

d) 48

e) 64

RESOLUÇÃO:

Para resolver essa questão é importante não apenas pensar em qual conta vamos fazer, mas também na ordem. Vamos ver se descobrimos algo olhando para a lateral esquerda. Os números são: 3, 6 e 24. Não vai dar certo usar soma e subtração, mas se multiplicarmos por dois e depois por quatro, dá certo. $3 \times 2 = 6$, $6 \times 4 = 24$. Vamos tentar aplicar essa lógica na lateral direita, que possui os números **3, 12, 96**. $3 \times 2 = 6$, já não deu certo essa lógica. Vamos pensar agora na horizontal. Na segunda linha temos os números 6 e 12. Se fizermos $6 \times 2 = 12$, dá certo. Vamos olhar a terceira linha. Será que multiplicar por dois resolve? Vamos tentar:

$24 \times 2 = 48$

$48 \times 2 = 96$

O número que falta é o 48.

44. **(BACEN–1994)** Nas questões desta prova que envolvem sequências de letras, utilize o alfabeto oficial que NÃO inclui as letras **K**, **W** e **Y**.

B C F H M O	O F C	A C D F O R
A D G I Q V	I D	D F H I N O
C E H L R T	....	B D E L S T

Figura 14.10

a) T E C

b) E L T

c) T L

d) L E

e) T L E

45. **(BACEN–1994–adaptado)** Encontre a próxima fração da sequência:

$\frac{1}{4}$; $\frac{16}{9}$; $\frac{25}{36}$; $\frac{64}{49}$; .....

a) 82/90

b) 81/100

c) 100/72

d) 99/72

e) 100/81

DICA

Tire a raiz quadrada.

46. **(BACEN–1994–adaptado)** Complete com o próximo item da sequência.

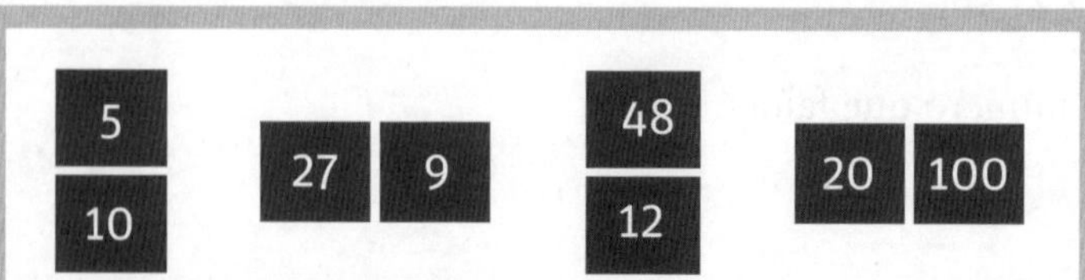

Figura 14.11

a) 35 / 175 b) 30 180 c) 240 / 40 d) 90 15 e) 25 / 150

DICA

Você precisa descobrir três lógicas.

47. **(FCC/TC/SP/Auxiliar de Fiscalização–2005)** Os números no interior dos setores do círculo abaixo foram marcados sucessivamente, no sentido horário, obedecendo a uma lei de formação.

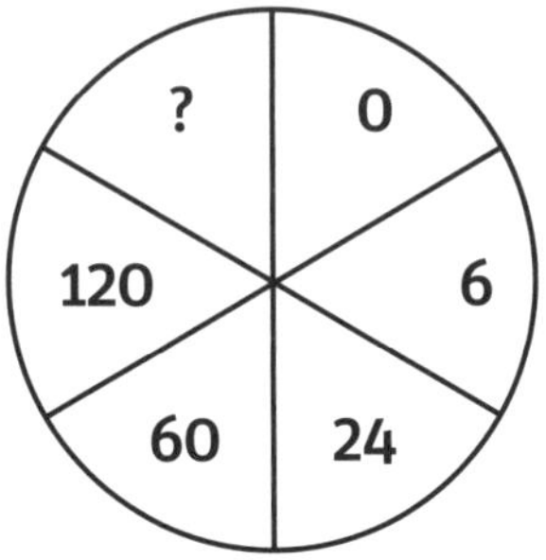

Figura 14.12

Segundo essa lei, o número que deve substituir o ponto de interrogação é:

a) 210
b) 206
c) 200
d) 196
e) 188

48. **(FCC/TRT/MS/Técnico Judiciário)** Considere que, no interior do círculo abaixo, os números foram colocados, sucessivamente e no sentido horário, obedecendo a um determinado critério.

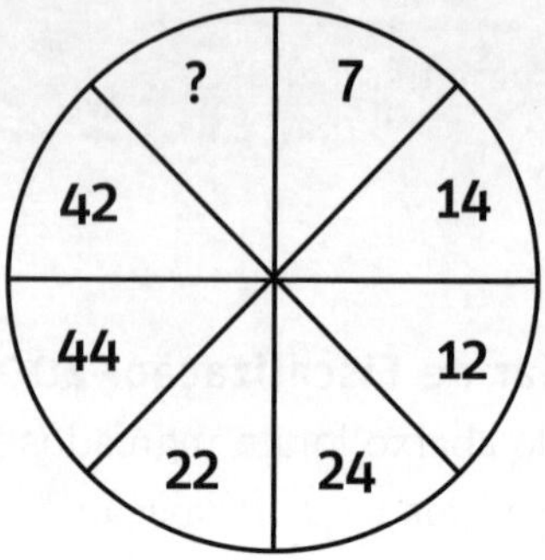

Figura 14.13

Se o primeiro número colocado foi o 7, o número a ser colocado no lugar do ponto de interrogação está compreendido entre:

a) 50 e 60
b) 60 e 70
c) 70 e 80
d) 80 e 90
e) 90 e 100

49. **(FCC/TRT-PE Auxiliar Judiciário/Área Serviços Gerais-2006)** Os números no interior do círculo representado na figura abaixo foram colocados a partir do número 2 e no sentido horário, obedecendo a um determinado critério.

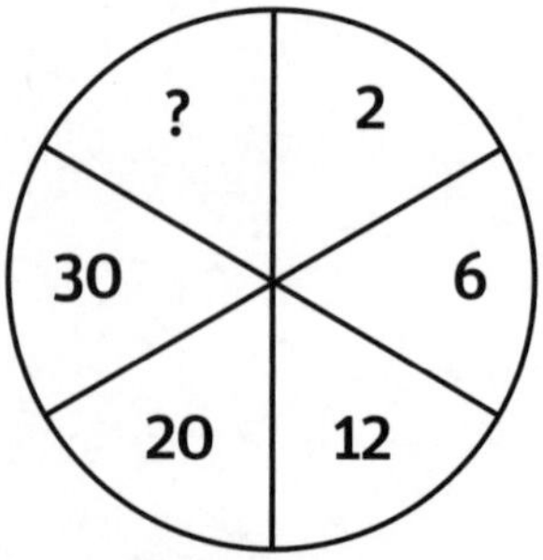

Figura 14.14

Segundo o critério estabelecido, o número que deverá substituir o ponto de interrogação é

a) 42
b) 44
c) 46
d) 50
e) 52

50. (**TRF 1ª região Téc. Jud.–2007–FCC**) Assinale a alternativa que substitui a letra **x**.

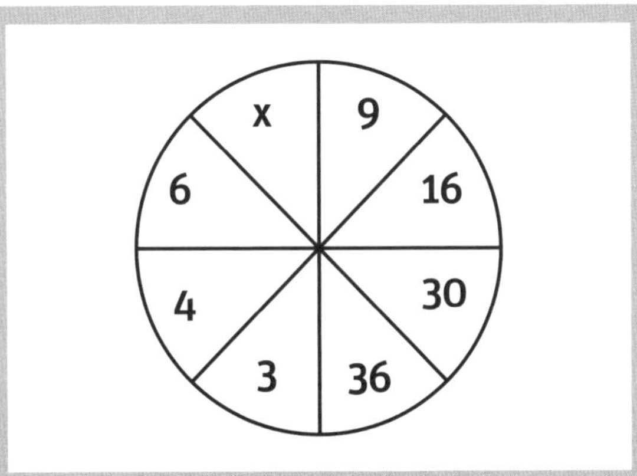

Figura 14.15

a) 29
b) 7
c) 6
d) 5
e) 3

DICA

A lógica envolve multiplicação.

51. **(FCC–TRF 4ª Região Analista Judiciário–2007)** Observe que, na sucessão de figuras abaixo, os números que foram colocados nos dois primeiros triângulos obedecem a um mesmo critério.

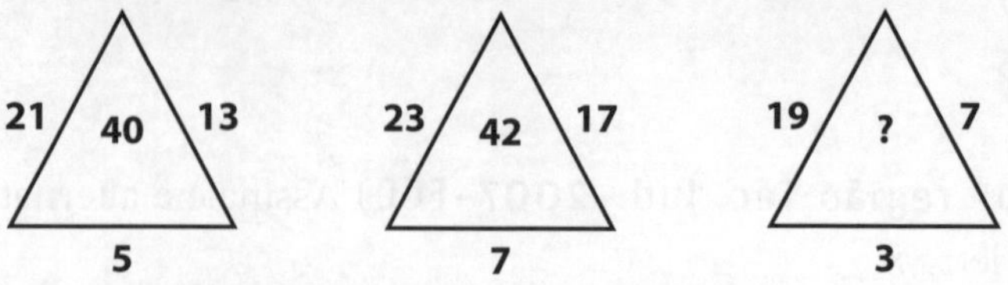

Figura 14.16

Para que o mesmo critério seja mantido no triângulo da direita, o número que deverá substituir o ponto de interrogação é

a) 32
b) 36
c) 38
d) 42
e) 46

DICA

Você vai precisar fazer duas operações matemáticas.

52. **(FCC–2003)** Na sucessão de triângulos seguintes, o número no interior de cada um é resultado de operações efetuadas com os números que se encontram em sua parte externa.

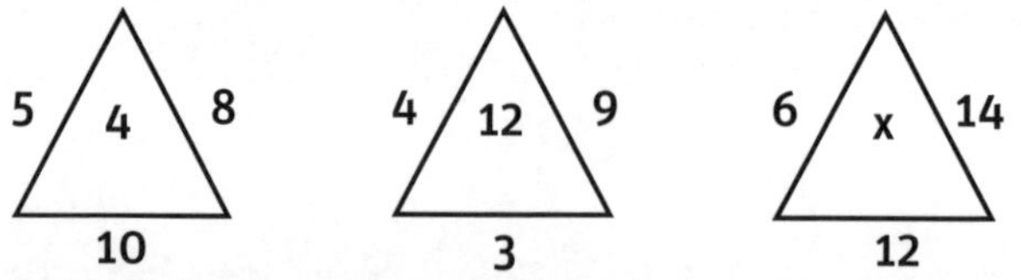

Figura 14.17

Se a sequência de operações é a mesma para os números dos três triângulos, então o número **x** é:

a) 13
b) 10
c) 9
d) 7
e) 6

DICA

Você vai precisar fazer duas operações matemáticas.

53. **(FCC/PM/BA-2007)** Observe que na sucessão seguinte os números foram colocados obedecendo a uma lei de formação.

4	8	5	X	7	14	11
4	12	10	Y	28	84	82

Figura 14.18

Os números X e Y, obtidos segundo essa lei, são tais que X + Y é igual a

a) 40
b) 42
c) 44
d) 46
e) 48

54. **(FCC/TRF 1ª Região Técnico Jud-2006)** Assinale a alternativa que completa a série seguinte:

9, 16, 25, 36, ...

a) 45
b) 49
c) 61
d) 63
e) 72

55. **(FCC-TCE/MG-2007)** Os termos da sucessão seguinte foram obtidos considerando uma lei de formação.

0, 1, 3, 4, 12, 13, ...

Segundo essa lei, o décimo terceiro termo dessa sequência é um número:

a) menor que 200
b) compreendido entre 200 e 400
c) compreendido entre 500 e 700
d) compreendido entre 700 e 1.000
e) maior que 1.000

56. (**FCC/Técnico Judiciário/TRF/3ª Região**) Os números abaixo estão dispostos de maneira lógica. 8 1 12 10 14 11 ... 3 7 5 16 9

A alternativa correspondente ao número que falta no espaço vazio é:

a) 51
b) 7
c) 12
d) 6
e) 40

DICA

Observe o primeiro e o último número, depois o segundo e o antepenúltimo número.

57. (**FCC-TRF-3ª Região Téc. Jud.-2007**) Em relação à disposição numérica seguinte, assinale a alternativa que preenche a vaga assinalada pela interrogação:

2 8 5 6 8 ? 11

a) 1
b) 4
c) 3
d) 29
e) 42

58. (**FCC-TJ/PE-TecJud-2007**) Assinale a alternativa que substitui corretamente a interrogação na seguinte sequência numérica: 6 11 ? 27

a) 15
b) 13
c) 18
d) 57
e) 17

59. (**FCC-Analista BACEN-2005**) No quadriculado seguinte os números foram colocados nas células obedecendo a um determinado padrão.

16	34	27	X
13	19	28	42
29	15	55	66

Figura 14.19

Seguindo esse padrão, o número **X** deve ser tal que

a) $X > 100$

b) $90 < X < 100$

c) $80 < X < 90$

d) $70 < X < 80$

e) $X < 70$

RESOLUÇÃO:

Vamos ter que tentar descobrir alguma relação entre os números. Tentaremos na horizontal e na vertical. Vamos tentar na vertical? Os números da primeira coluna são: **16**, **13** e **29**. Não é possível multiplicar nem dividir, vamos tentar somar: **16 + 13 = 29** Opa! Perfeito, vamos ver a segunda coluna. **34**, **19** e **15**. Já vi que não adianta somar, como o número diminui, podemos tentar subtrair. **34–19 = 15**. Mas o que fazemos agora? A primeira coluna somou e a segunda subtraiu, não tem lógica! Às vezes tem, vamos olhar a terceira coluna, **27 + 28 = 55**. Então a lógica é, primeira coluna soma, segunda subtrai, terceira soma e a quarta subtrai.

Vamos descobrir o valor do x. Se na quarta coluna subtrai, o valor de **x** é maior que 42, podemos até montar uma equação **x – 42 = 66.** Resolvendo:

$x - 42 = 66$

$x = 66 + 42$

$x = 108$

Logo a alternativa correta é a letra **a**, porque **x** é maior que **100**.

60. (**FCC–TRE/MS–TécJud–2007**) Observe que os números no interior da malha quadriculada a baixo foram colocados segundo determinado critério.

12	42	36
54	?	6
24	18	48

Figura 14.20

Segundo tal critério, o número que substitui corretamente o ponto de interrogação está compreendido entre:

a) 5 e 10
b) 10 e 15
c) 15 e 25
d) 25 e 35
e) 35 e 45

DICA

Pense na tabuada.

61. **(FCC–TCE/PB–Agente–2006)** No quadro abaixo, a letra **X** substitui o número que faz com que a terceira linha tenha o mesmo padrão das anteriores.

3	21	14
8	56	49
6	42	X

Figura 14.21

Segundo o referido padrão, o número que a letra **X** substitui

a) está compreendido entre 30 e 40
b) está compreendido entre 40 e 50
c) é menor do que 30
d) é maior do que 50
e) é par

62. **(FCC–TRT Auxiliar Judiciário MS–2006)** No quadro seguinte, as letras A e B substituem as operações que devem ser efetuadas em cada linha a fim de obter-se o correspondente resultado que se encontra na coluna da extrema direita.

2	A	4	B	1	=	5
4	A	5	B	6	=	3
7	A	8	B	9	=	?

Figura 14.22

Para que o resultado da terceira linha seja correto, o ponto de interrogação deverá ser substituído pelo número

a) 4
b) 5
c) 6
d) 7
e) 8

RESOLUÇÃO:

A melhor coisa a se fazer para resolver esse tipo de questão é copiar os números. Vamos começar pela primeira linha.

2 4 1 = 5

Olha, logo de cara você pensa **2 + 4 = 6**; **6 – 1 = 5**, ou seja, uma soma e depois uma subtração. Vamos testar na segunda linha.

2 + 4 – 1 = 5

4 + 5 – 6 = 3

A segunda linha deu certo, então basta fazer isso na terceira linha para achar a resposta.

7 + 8 – 9 = 6

63. **(FCC–TRT–PE Auxiliar–2006)** No quadro seguinte, as letras **A** e **B** substituem os símbolos das operações que devem ser efetuadas em cada linha a fim de obter-se o correspondente resultado que se encontra na coluna da extrema direita.

6	A	3	B	2	=	0
8	A	2	B	1	=	3
10	A	2	B	2	=	?

Figura 14.23

Para que o resultado da terceira linha seja correto, o ponto de interrogação deverá ser substituído pelo número

a) 6
b) 5
c) 4
d) 3
e) 2

64. (**FCC–TRF 2ª Região Aux. Jud.–2007**) Considere que os símbolos que aparecem no quadro seguinte substituem as operações que devem ser efetuadas em cada linha a fim de obter-se o resultado correspondente, que se encontra na coluna da extrema direita.

36	♦	4	♠	5	=	14
48	♦	6	♠	9	=	17
54	♦	9	♠	7	=	?

Figura 14.24

Para que o resultado da terceira linha seja o correto, o ponto de interrogação deverá ser substituído pelo número

a) 16
b) 15
c) 14
d) 13
e) 12

65. (**FCC–TCE/PB–Agente–2006–adaptado**) No quadro seguinte, os símbolos substituem as operações que devem ser efetuadas em cada linha a fim de obter-se o correspondente resultado que se encontra na coluna da extrema direita.

18	♦	2	♠	5	=	4
44	♦	4	♠	6	=	5
65	♦	5	♠	4	=	?

Figura 14.25

Para que o resultado da terceira linha seja o correto, o ponto de interrogação deverá ser substituído pelo número

a) 8
b) 9
c) 10
d) 11
e) 12

66. **(FCC/TC/SP/Auxiliar de Fiscalização–2005)** Observe que, no esquema abaixo, há uma relação entre duas primeiras palavras:

AUSENCIA – PRESENÇA:: GENEROSIDADE - ?

a) bondade
b) infinito
c) largueza
d) qualidade
e) mesquinhez

RESOLUÇÃO:

Essa questão é mais simples do que parece. Veja o significado das palavras.

Ausência (a pessoa faltou) — presença (a pessoa está no local), ou seja, são opostos.

O oposto de generosidade seria "pão duro", a alternativa que tem o mesmo significado é mesquinhez.

67. **(FCC/TJ/PR/ENFERMEIRO–2007)** Assinale a alternativa que completa a série seguinte:

J J A S O N D?

a) J
b) L
c) M
d) N
e) O

68. **(FCC/Prefeitura/SP/Ag. de Apoio I/ Área adm.–2009)** Dos seguintes grupos de letras, apenas quatro apresentam uma característica comum:

G E F D / J H I G / N L M J / S Q R T / X U V T

Considerando que a ordem alfabética adotada exclui as letras K, W e Y, o único grupo que não tem a característica dos demais é:

a) G E F D
b) J H I G
c) N L M J
d) S Q R T
e) X U V T

DICA

Escreva o alfabeto e marque as letras usadas em cada palavra para descobrir o padrão.

69. **(FCC/TCE/MG/Auxiliar de Controle Externo-adaptado-2007)** Observe que há uma relação entre o primeiro e o segundo grupo de letras. A mesma relação deverá existir entre o terceiro grupo e um dos cinco grupos que aparecem nas alternativas, ou seja, aquele que substitui corretamente o ponto de interrogação. Considere que a ordem alfabética adotada é a oficial e exclui as letras K, W e Y.

I. **ABCA : DEFD : HIJH : ?**

a) IJLI
b) JLMJ
c) LMNL
d) FGHF
e) EFGE

70. **(FCC/TC/SP/Auxiliar de Fiscalização-2005)** O triângulo abaixo é composto de letras do alfabeto dispostas segundo determinado critério.

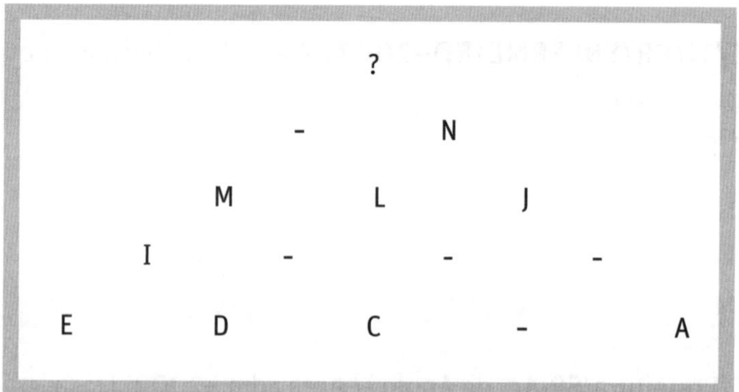

Figura 14.26

Considerando que no alfabeto usado não entram as letras K, W e Y, então, segundo o critério utilizado na disposição das letras do triângulo a letra que deverá ser colocada no lugar do ponto de interrogação é

a) C
b) I
c) O
d) P
e) R

71. **(TCE/PB-Agente-2006-FCC)** Na figura abaixo, as letras foram dispostas em forma de um triângulo seguindo um determinado critério.

B

D F

H J M

O – ? –

Figura 14.27

Considerando que na ordem alfabética usada são excluídas as letras **K**, **W** e **Y**, então, segundo tal critério, a letra que deverá substituir o ponto de interrogação é:

a) T
b) Q
c) S
d) P
e) R

72. **(FCC/TRT/PE Analista-2006)** A figura abaixo mostra um triângulo composto por letras do alfabeto e por alguns espaços vazios, nos quais algumas letras deixaram de ser colocadas.

A

_ L

B C D

I _ ? P

E F G H I

Figura 14.28

Considerando que a ordem alfabética é a oficial e exclui as letras **K**, **W** e **Y**, então, se as letras foram dispostas obedecendo a determinado critério, a letra que deveria ocupar o lugar do ponto de interrogação é

a) J
b) L
c) M
d) N
e) O

73. **(FCC–Analista BACEN–2005)** Na figura abaixo, as letras foram dispostas em forma de um triângulo segundo determinado critério.

```
            P
         P     Q
      P     R     S
   Q     R     S     T
Q     R     _     _     ?
```

Figura 14.29

Considerando que as letras **K**, **W** e **Y** não fazem parte do alfabeto oficial, então, de acordo com o critério estabelecido, a letra que deve substituir o ponto de interrogação é:

a) P
b) Q
c) R
d) S
e) T

74. **(FCC/TCE/PB/Agente–2006)** Para resolver essa questão, observe o exemplo seguinte, em que são dadas as palavras:

TIGRE – CAVALO – CACHORRO – ORQUÍDEA –GATO

Quatro dessas cinco palavras têm uma relação entre si, pertencem a uma mesma classe, enquanto que a outra é diferente: uma é nome de flor (orquídea) e outras são nomes de animais. Considere agora as palavras:

AVÔ – TIO – SOGRO – FILHO – SOBRINHO

Dessas cinco palavras, a única que não pertence à mesma classe das outras é

a) avô
b) tio
c) sogro
d) filho
e) sobrinho

RESOLUÇÃO:

Observe com cuidado, a princípio parece que todos fazem parte da família, mas tem uma diferença, o sogro não tem "laço de sangue", por isso ele não faz parte desse grupo.

75. (**FCC–TRT–PE Auxiliar 2006**) Qual o melhor complemento para a sentença "O mel está para a abelha assim como a pérola está para..."?

a) o colar
b) a ostra
c) o mar
d) a vaidade
e) o peixe

DICA
Qual a relação da abelha com o mel?

76. (**FCC/Polícia Militar/BA/Soldado–2012**) Os dois pares de palavras abaixo foram formados segundo determinado critério.

- Lacração – cal
- Amostra – soma
- Lavrar – ?

Segundo o mesmo critério, a palavra que deverá ocupar o lugar do ponto de interrogação é:

a) alar
b) rala
c) ralar
d) larva
e) arval

DICA
Preste atenção nas primeiras letras.

77. **(FCC/TCE/MG-adaptado-2007)** Seguindo o mesmo critério, a palavra que deverá ocupar o lugar do ponto de interrogação é:

- ardoroso – rodo
- dinamiza – mina
- maratona – ?

a) mana
b) toma
c) tona
d) tora
e) rato

DICA

Preste atenção nas sílabas do meio.

78. **(FCC/TCE/MG-adaptado-2007)** Seguindo o mesmo critério, a palavra que deverá ocupar o lugar do ponto de interrogação é:

- arborizado – azar
- asteroides – dias
- Articular – ?

a) luar
b) arar
c) lira
d) luta
e) rara

79. **(FCC/TRF/ 4ª região/Técnico Judiciário-2007)** Note que, em cada um dos dois primeiros pares de palavras dadas, a palavra da direita foi formada a partir da palavra da esquerda segundo um determinado critério.

- acatei – teia
- assumir – iras
- moradia – ?

Se o mesmo critério for usado para completar a terceira linha, a palavra que substituirá corretamente o ponto de interrogação é

a) adia
b) ramo
c) rima
d) mora
e) amor

DICA

Preste atenção no fim e no início das palavras.

80. (FCC-MPU Técnico-2007) Observe que em cada um dos dois primeiros pares de palavras abaixo, a palavra da direita foi formada a partir da palavra da esquerda, utilizando-se um mesmo critério.

- SOLAPAR – RASO
- LORDES – SELO
- CORROBORA – ?

Com base nesse critério, a palavra que substitui corretamente o ponto de interrogação é

a) CORA
b) ARCO
c) RABO
d) COAR
e) ROCA

81. (FCC-TCE/PB-Agente-2006) Os dois primeiros pares de palavras abaixo foram formados segundo determinado critério.

- argumentar – tara
- oriental – talo
- antecederam – ?

Segundo o mesmo critério, a palavra que deveria estar no lugar do ponto de interrogação é

a) dama
b) anta
c) dera
d) tece
e) rama

RESOLUÇÃO:

Em geral, exercícios desse tipo tem um segredo. A segunda palavra é formada através das letras da primeira palavra... às vezes eles pegam as duas últimas e as duas primeiras, cada caso é um caso. Nessa questão eles pegaram as três últimas letras, mais a primeira para formar a segunda palavra. Veja:

- ArgumenTAR - tara
- OrienTAL - talo

Logo a palavra que falta será: AntecedeRAM → **Rama**.

82. **(FCC/BACEN/Analista-2006)** Em cada linha do quadro abaixo, as figuras foram desenhadas obedecendo a um mesmo padrão de construção.

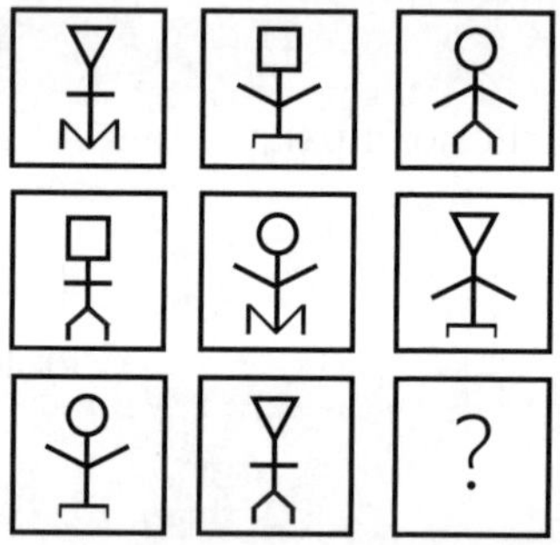

Figura 14.30

Segundo esse padrão, a figura que deverá substituir corretamente o ponto de interrogação é:

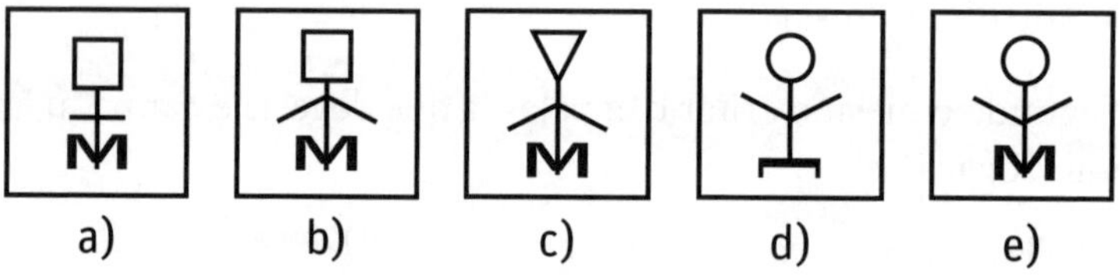

83. **(FCC/TCE/SP/Agente de Fiscalização Financeira–2008)** As pedras do jogo "dominó", mostradas abaixo, foram escolhidas e dispostas sucessivamente no sentido horário, obedecendo a determinado critério.

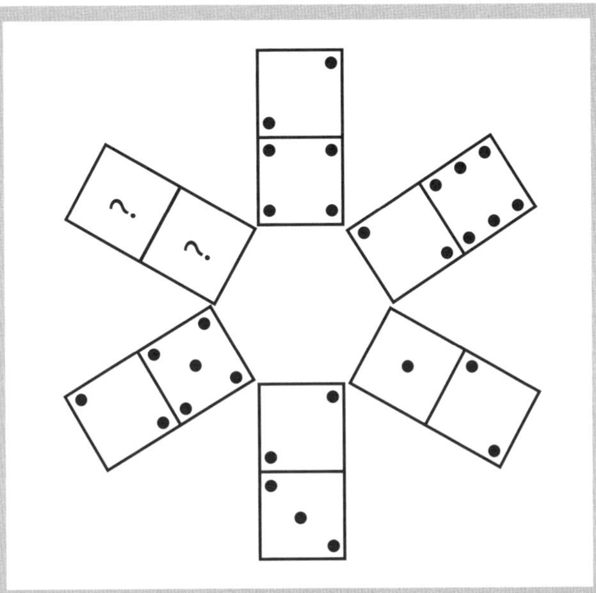

Figura 14.31

Com base nesse critério, a pedra de dominó que completa corretamente a sucessão é:

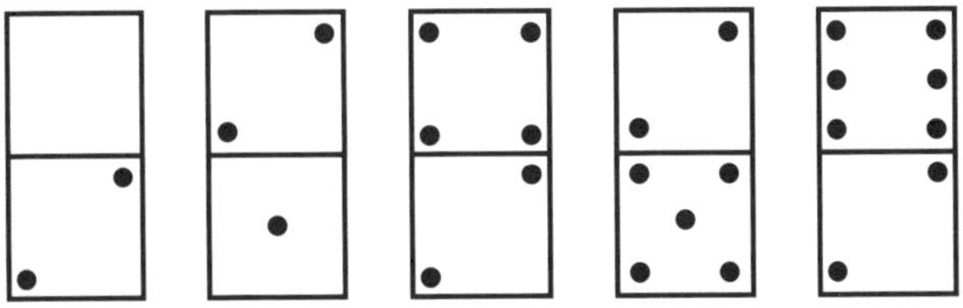

a) b) c) d) e)

DICA

Qual peça falta se pensarmos em um jogo de dominó?

84. **(Analista/BACEN/2005/FCC)** As pedras de dominó mostradas abaixo foram dispostas, sucessivamente e no sentido horário, de modo que os pontos marcados obedeçam a um determinado critério.

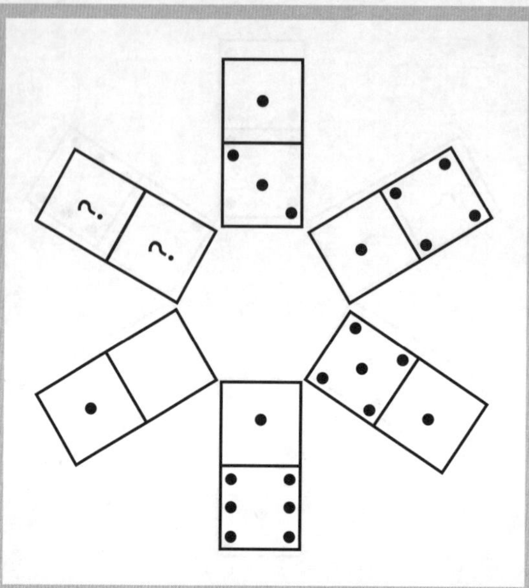

Figura 14.32

Com base nesse critério, a pedra de dominó que completa corretamente a sucessão é:

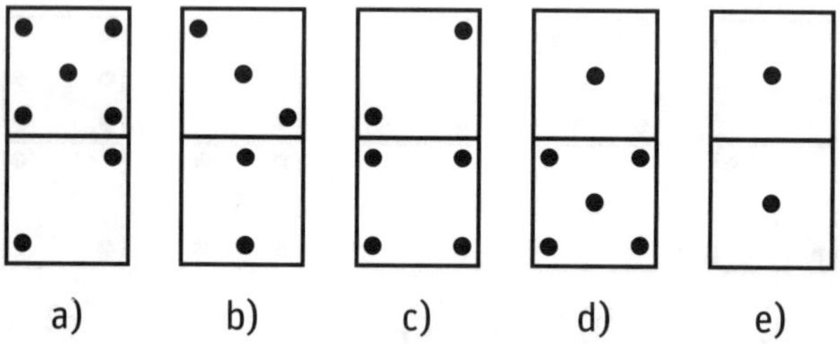

85. (**FCC/PM/BA-2012**) Considere que a seguinte sequência de figuras foi construída segundo um certo critério.

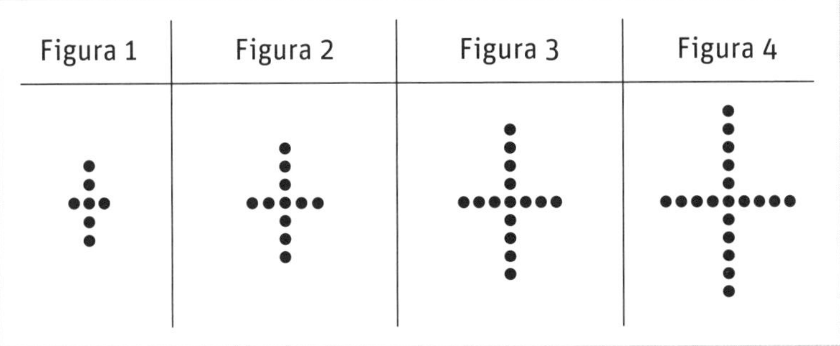

Figura 14.33

Se tal critério for mantido para obter as figuras subsequentes, o total de pontos da figura de número **15** deverá ser:

a) 69
b) 67
c) 65
d) 63
e) 61

DICA

Use a progressão geométrica para resolver.

86. (**FCC/2ª Região/TRF/Técnico Administrativo**) Considere que a sucessão de figuras abaixo obedece a uma lei de formação.

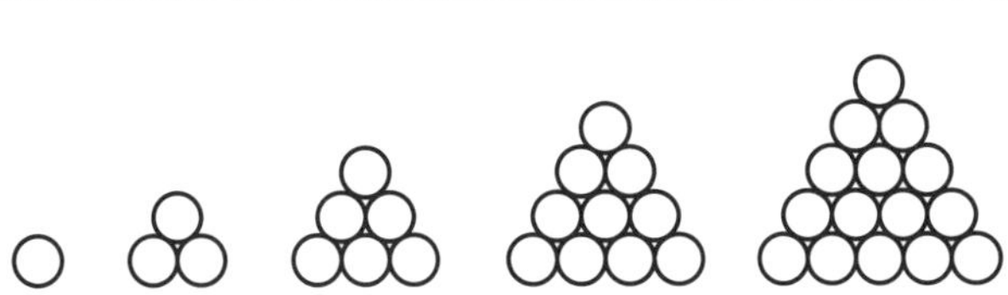

Figura 14.34

O número de circunferências que compõem a **100ª** figura dessa sucessão é

a) 5 151
b) 5 050
c) 4 950
d) 3 725
e) 100

87. **(TCE/PB-Agente-2006-FCC)** Considere que: uma mesa quadrada acomoda apenas 4 pessoas; juntando duas mesas desse mesmo tipo, acomodam-se apenas 6 pessoas; juntando três dessas mesas, acomodam-se apenas 8 pessoas e, assim, sucessivamente, como é mostrado na figura abaixo.

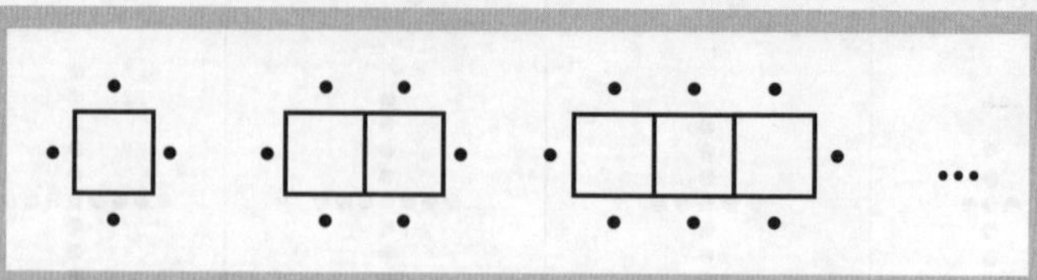

Figura 14.35

Nas mesmas condições, juntando 16 dessas mesas, o número de pessoas que poderão ser acomodadas é

a) 32
b) 34
c) 36
d) 38
e) 40

88. **(FCC/BACEN/Técnico-2005)** Na sequência de quadriculados abaixo, as células pretas foram colocadas obedecendo a um determinado padrão.

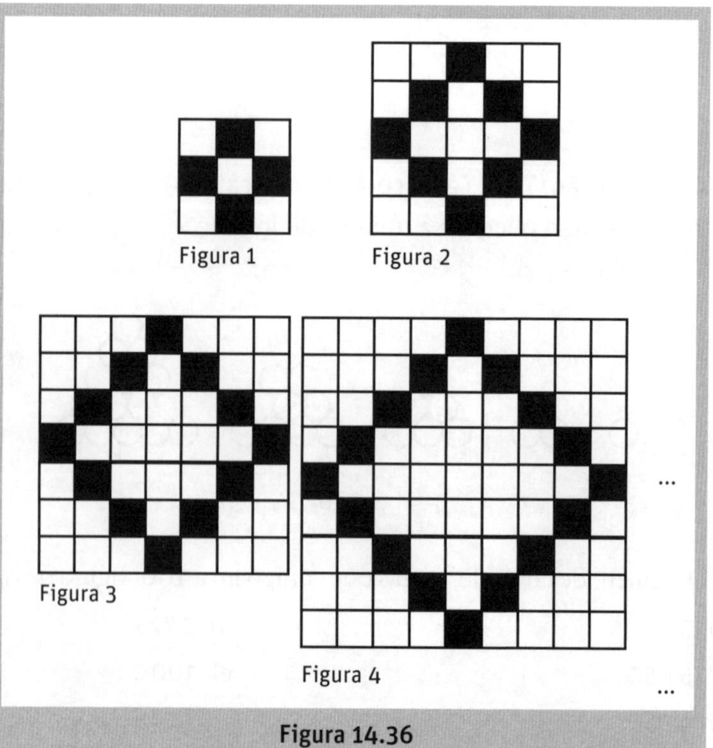

Figura 14.36

Mantendo esse padrão, o número de células brancas na Figura **V** será

a) 101
b) 99
c) 97
d) 83
e) 81

89. (**TRT–PE Analista–2006 FCC**) Observe a sucessão de igualdades seguintes:

$$1^3 = 1^2$$
$$1^3 + 2^3 = (1+2)^2$$
$$1^3 + 2^3 + 3^3 = (1+2+3)^2$$
$$1^3 + 2^3 + 3^3 + 4^3 = (1+2+3+4)^2$$
$$\vdots$$

Figura 14.37

A soma dos cubos dos **20** primeiros números inteiros positivos é um número N tal que

a) $0 < N < 10\,000$
b) $10\,000 < N < 20\,000$
c) $20\,000 < N < 30\,000$
d) $30\,000 < N < 40\,000$
e) $N > 40\,000$

90. (**FCC/PM/BA**) Observe que as figuras abaixo foram dispostas, linha a linha, segundo determinado padrão.

Figura 14.38

Segundo o padrão estabelecido, a figura que substitui corretamente o ponto de interrogação é:

a) 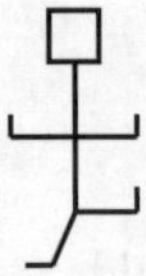 b)  c) 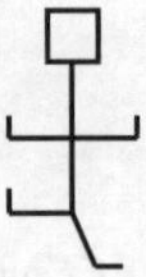 d) 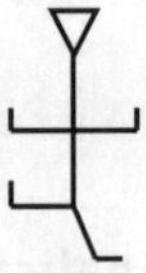 e) 

91. (**FCC–TRF 4ª Região/Técnico Judiciário**) Observe atentamente a disposição das cartas em cada linha do esquema seguinte.

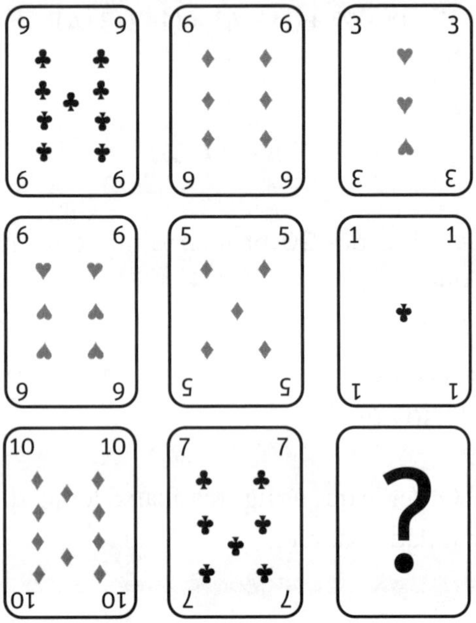

Figura 14.39

A carta que está oculta é

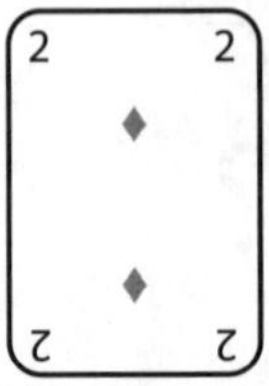

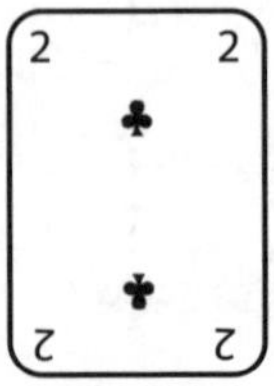

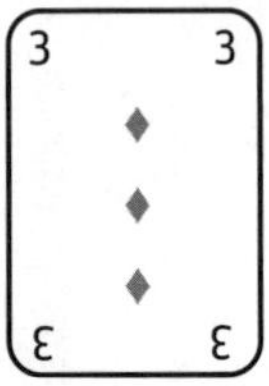

a) b) c) d) e)

92. (**FCC–TRF 4ª Região/Técnico Judiciário–2010**) A figura que substitui corretamente a interrogação é:

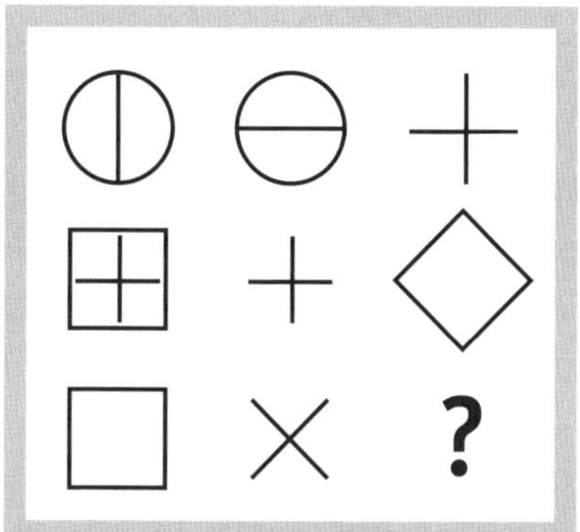

Figura 14.40

a) 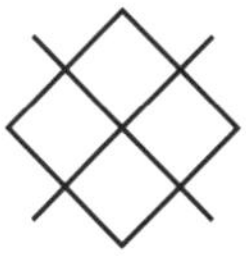 b)  c)  d)  e) 

93. (**FCC–TRF 4ª Região/Técnico Judiciário–2007**) Considere a sequência de figuras abaixo.

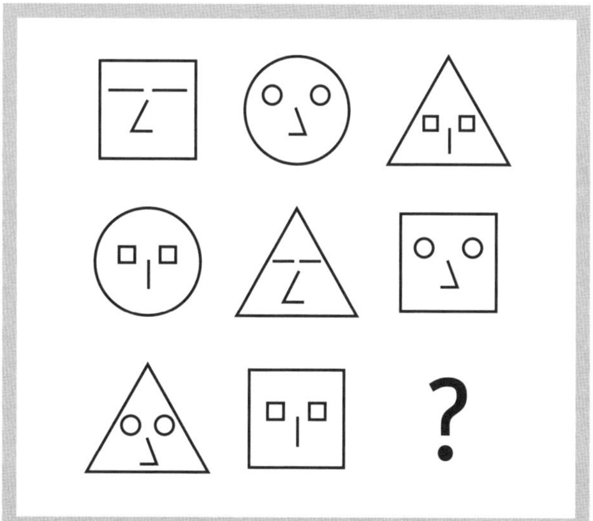

Figura 14.41

A figura que substitui corretamente a interrogação é:

a)  b)  c)  d)  e) 

94. **(FCC–TRF 1ª Região Técnico Jud.–2006)** Qual dos cinco desenhos representa a comparação adequada?

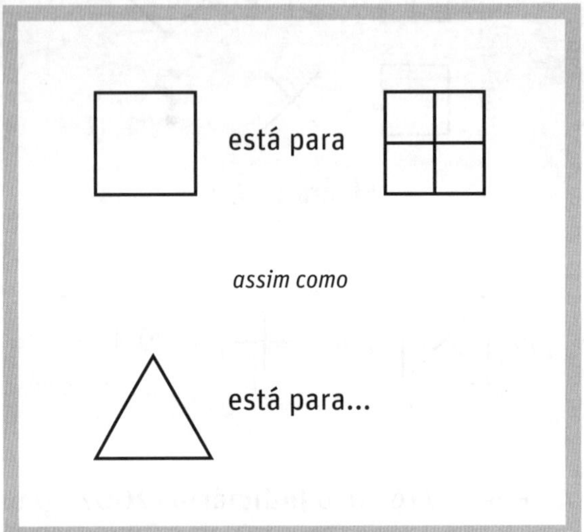

Figura 14.42

a)  b) 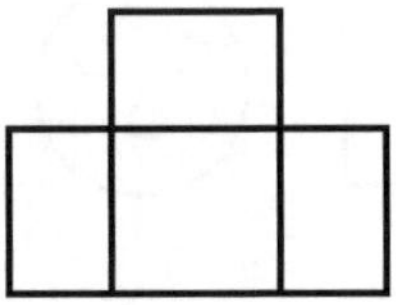 c) 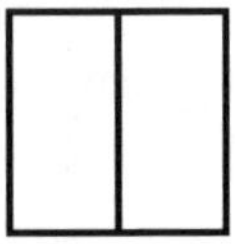

d)  e) 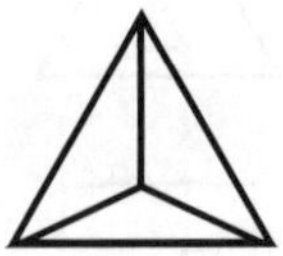

95. (**TJ/PE TecJud-2007-FCC**) Considere a sequência de figuras abaixo.

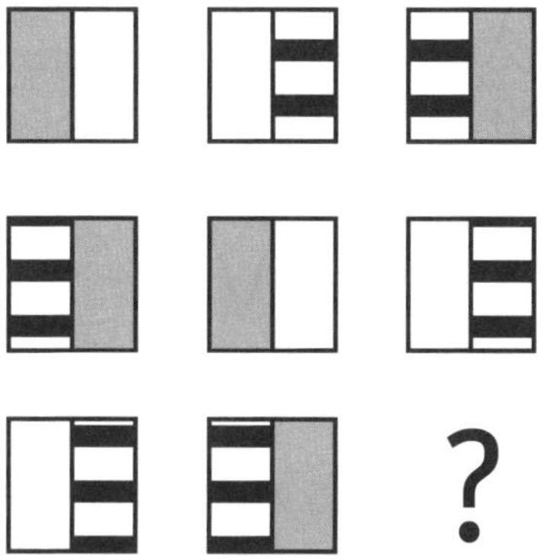

Figura 14.43

A figura que substitui corretamente a interrogação é:

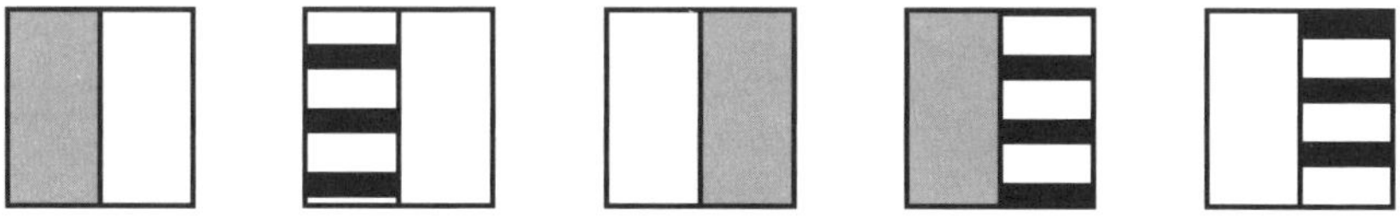

a) b) c) d) e)

96. (**Técnico Judiciário TRT/MS-2006-FCC**) Na sucessão de figuras seguintes as letras foram colocadas obedecendo a um determinado padrão.

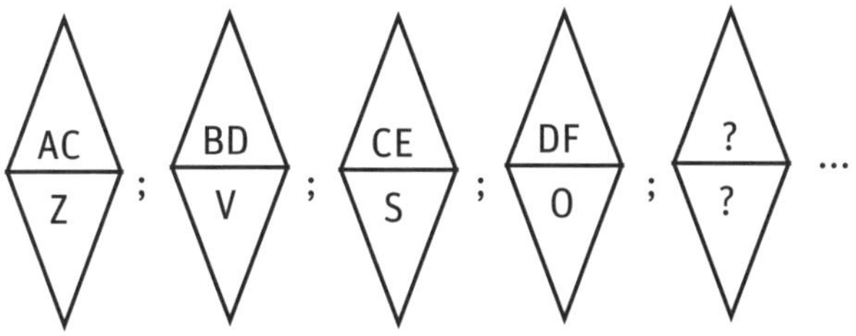

Figura 14.44

Se a ordem alfabética adotada exclui as letras **K**, **W** e **Y**, então, completando-se corretamente a figura que tem os pontos de interrogação, obtém-se:

a) 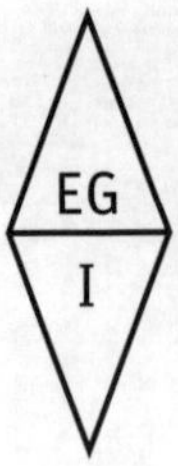

b) 

c) 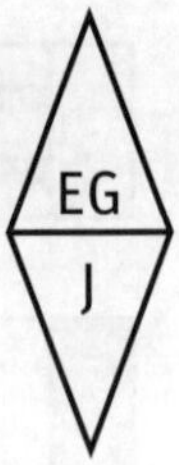

d) 

e) 

97. (**TRT–Técnico Judiciário–MS 2006–FCC**) Observe que há uma relação entre as duas primeiras figuras representadas na sequência abaixo:

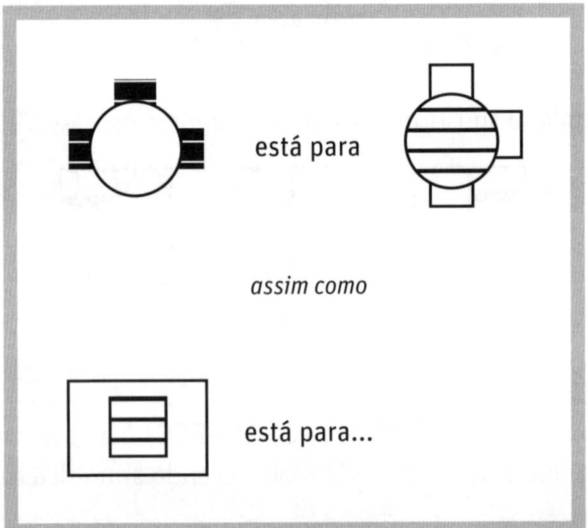

Figura 14.45

A mesma relação deve existir entre a terceira figura e a quarta, que está faltando. Essa quarta figura é

a) 
b) 
c) 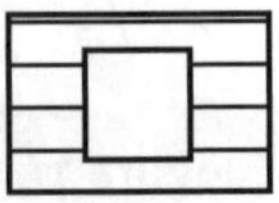
d) 
e) 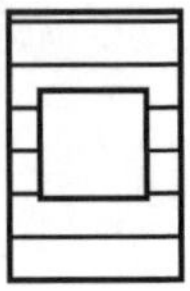

98. (**TRF 1ª região Téc. Jud. 2007–FCC**) Considerando as relações horizontais e verticais entre as figuras, assinale a alternativa que substitui a interrogação.

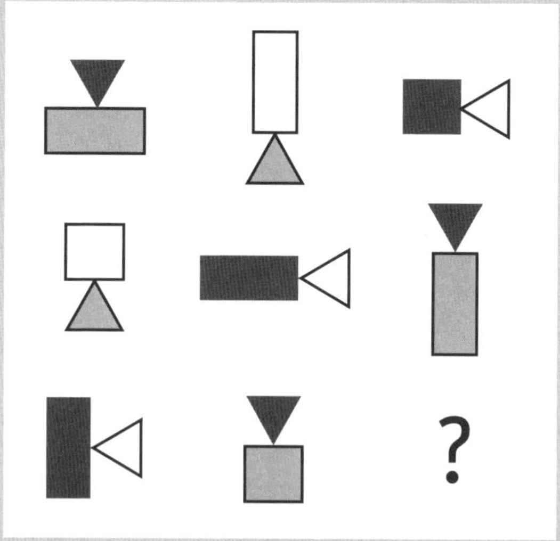

Figura 14.46

a)  b)  c)  d)  e) 

99. (**FCC–TJ/PE Tec. Jud.–2007**) Considere a sequência das figuras abaixo.

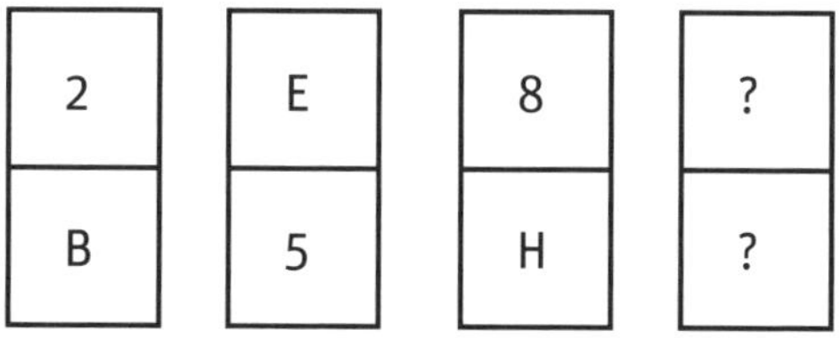

Figura 14.47

A figura que substitui corretamente as interrogações é:

a)	b)	c)	d)	e)
J	L	K	6	9
3	9	11	22	L

RESOLUÇÃO:

Para resolver esse tipo de questão você precisa separar as letras dos números. É possível tentar até colocar em sequência, para ver se aparece alguma ordem. Veja:

B	E	H	?
2	5	8	?

Dos números é bem fácil achar a relação já que eles aumentam de três em três. Ou seja, o número que falta é o **11**.

As letras também estão em ordem alfabética. Será que estão pulando duas letras? Sim! Vou construir o alfabeto para facilitar.

A **B** C D **E** F G **H** I J **K** L M N O P Q R S T U V X Z

Logo a próxima letra será o **K**. Observe a sequência para colocar o número e a letra no local correto. Dica, risque com um lápis. Lembra daquela brincadeira de ligar os pontos? Faça isso e você verá com facilidade a posição da letra e do número.

100. **(FCC–TRT–PE Auxiliar–2006)** Na sucessão de figuras seguintes, as letras do alfabeto oficial foram dispostas segundo um determinado padrão.

C	E	?	I	L	N
V	T	?	P	N	L

Figura 14.48

Considerando que o alfabeto oficial exclui as letras **K**, **Y** e **W**, então, para que o padrão seja mantido, a figura que deve substituir aquela que tem os pontos de interrogação é

a) 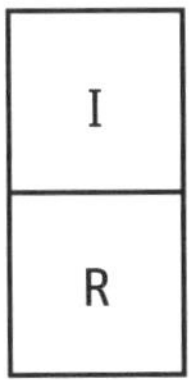

b) 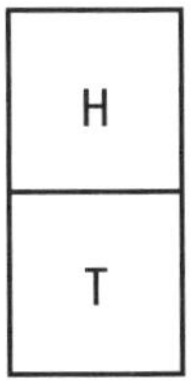

c) 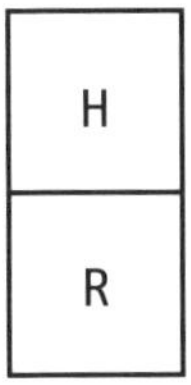

d) 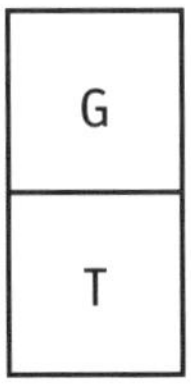

e) 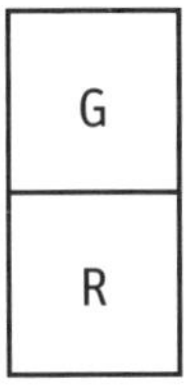

101. (**FCC–TRT Auxiliar Judiciário MS–2006**) Observe que, das quatro figuras

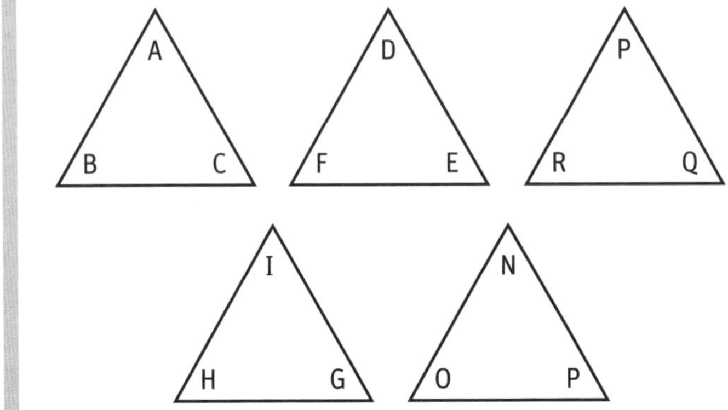

Figura 14.49

a única que NÃO tem a característica das demais é:

a) 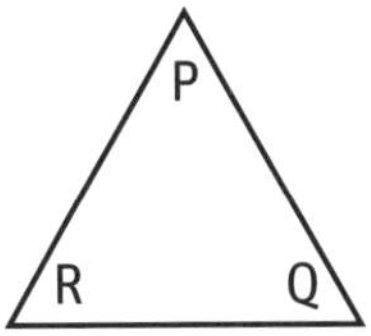

b) 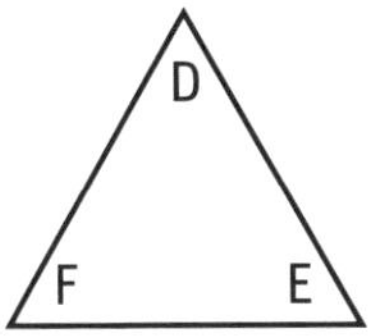

c) 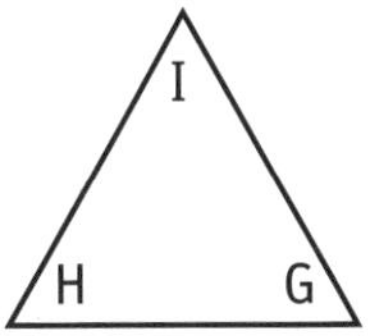

d) 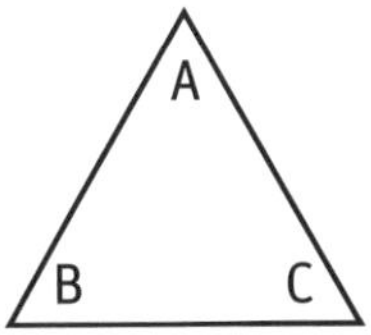

e) 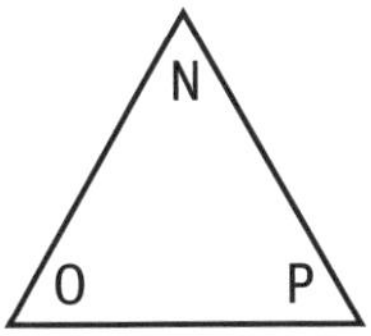

102. **(TCE-SP-2005-FCC)** Observe que a sequência das figuras seguintes está incompletas. A figura que está faltando, à direita, deve ter com aquela que a antecede, a mesma relação que a segunda tem com a primeira. Assim:

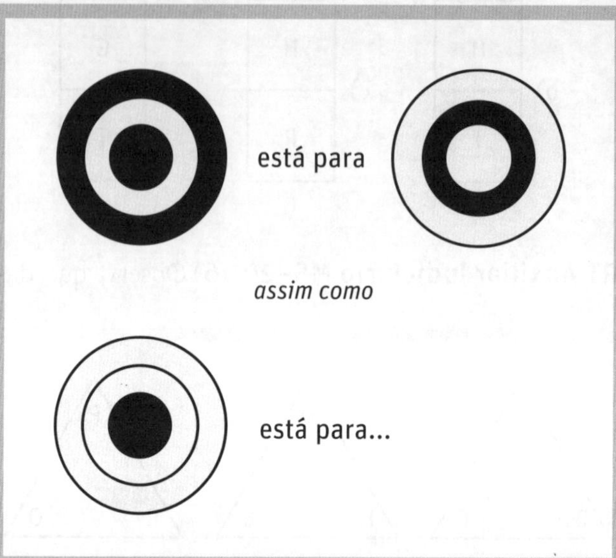

Figura 14.50

a) b) c) d) e)

103. **(FCC-TCE-SP-2005)** Abaixo tem-se uma sucessão de quadrados, no interior dos quais as letras foram colocadas obedecendo a um determinado padrão.

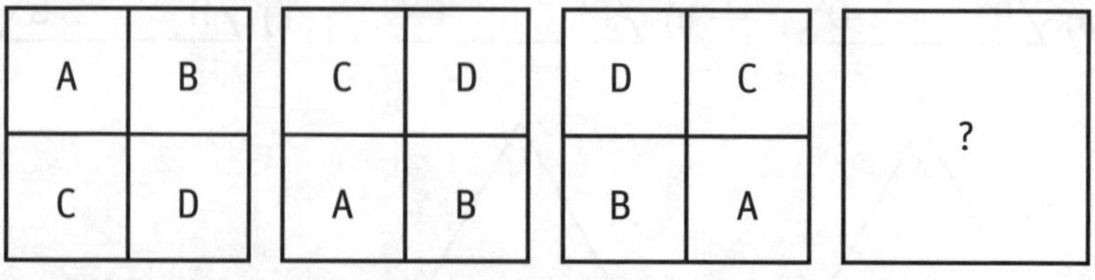

Figura 14.51

Segundo esse padrão, o quadrado que completa a sucessão é

a)

A	D
B	C

b)

A	C
D	B

c)

B	A
D	C

d)

B	C
D	A

104. **(FCC–MPE/PE Analista–2006)** Observe abaixo que há uma relação entre as duas primeiras figuras.

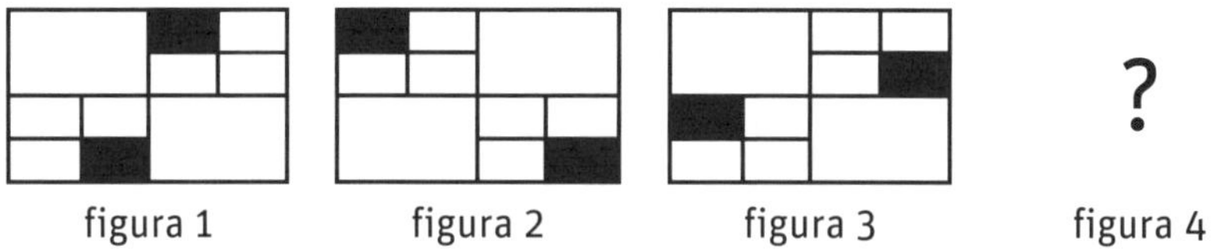

Figura 14.52

Se a mesma relação é válida entre a 3ª e a 4ª figuras, então a 4ª figura é

a) 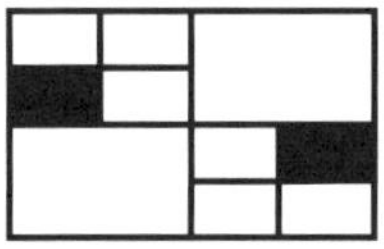

b) 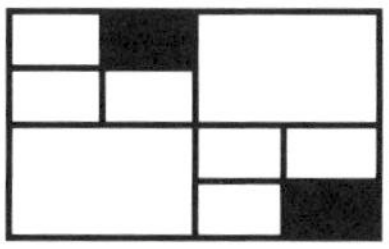

c) 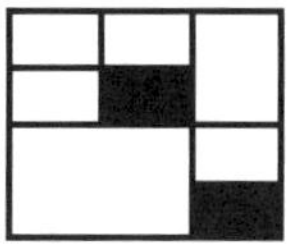

d) 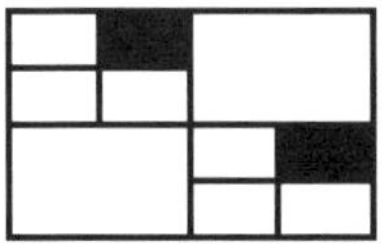

e) 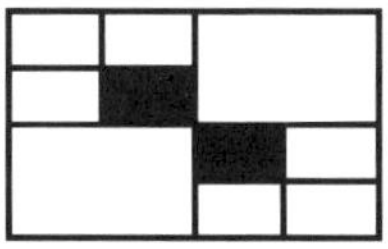

105. **(FCC–TRT–PE Técnico–2006)** A sequência de figuras abaixo foi construída obedecendo a determinado padrão.

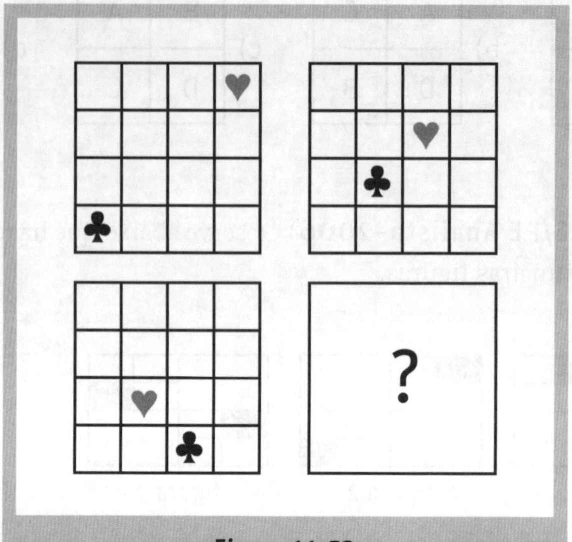

Figura 14.53

Seguindo esse padrão, a figura que completa a sequência é:

a) 

b) 

c) 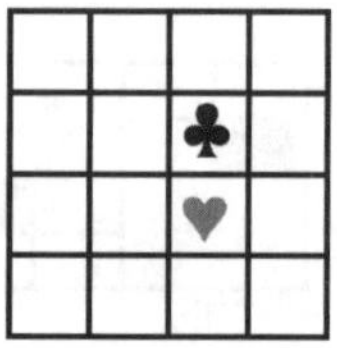

d) 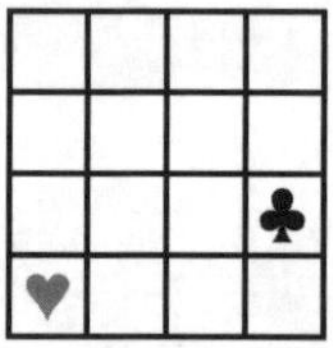

e) 

RESPOSTAS: 1. c) ▪ 2. e) ▪ 3. e) ▪ 4. b) ▪ 5. a) ▪ 6. d) ▪ 7. b) ▪ 8. e) ▪ 9. d) ▪ 10. c) ▪ 11. e) ▪ 12. c) ▪ 13. e) ▪ 14. c) ▪ 15. d) ▪ 16. e) ▪ 17. b) ▪ 18. a) ▪ 19. c) ▪ 20. b) ▪ 21. e) ▪ 22. b) ▪ 23. b) ▪ 24. d) ▪ 25. b) ▪ 26. b) ▪ 27. e) ▪ 28. c) ▪ 29. a) ▪ 30. e) ▪ 31. d) ▪ 32. d) ▪ 33. b) ▪ 34. a) ▪ 35. c) ▪ 36. b) ▪ 37. b) ▪ 38. e) ▪ 39. d) ▪ 40. c) ▪ 41. a) ▪ 42. d) ▪ 43. d) ▪ 44. e) ▪ 45. b) ▪ 46. e) ▪ 47. a) ▪ 48. d) ▪ 49. a) ▪ 50. c) ▪ 51. b) ▪ 52. d) ▪ 53. a) ▪ 54. b) ▪ 55. e) ▪ 56. d) ▪ 57. b) ▪ 58. c) ▪ 59. a) ▪ 60. d) ▪ 61. a) ▪ 62. c) ▪ 63. d) ▪ 64. d) ▪ 65. b) ▪ 66. e) ▪ 67. a) ▪ 68. d) ▪ 69. c) ▪ 70. d) ▪ 71. c) ▪ 72. e) ▪ 73. e) ▪ 74. c) ▪ 75. b) ▪ 76. e) ▪ 77. d) ▪ 78. a) ▪ 79. e) ▪ 80. b) ▪ 81. e) ▪ 82. b) ▪ 83. a) ▪ 84. e) ▪ 85. d) ▪ 86. b) ▪ 87. b) ▪ 88. a) ▪ 89. e) ▪ 90. c) ▪ 91. a) ▪ 92. b) ▪ 93. a) ▪ 94. e) ▪ 95. a) ▪ 96. a) ▪ 97. e) ▪ 98. e) ▪ 99. c) ▪ 100. e) ▪ 101. a) ▪ 102. c) ▪ 103. c) ▪ 104. e) ▪ 105. d)

MOMENTO ENEM — RACIOCÍNIO LÓGICO

1. **(ENEM-2016)** O ábaco é um antigo instrumento de cálculo que usa notação posicional de base dez para representar números naturais. Ele pode ser apresentado em vários modelos, um deles é formado por hastes apoiadas em uma base. Cada haste corresponde a uma posição no sistema decimal e nelas são colocadas argolas; a quantidade de argolas na haste representa o algarismo daquela posição. Em geral, colocam-se adesivos abaixo das hastes com os símbolos U, D, C, M, DM e CM que correspondem, respectivamente, a unidades, dezenas, centenas, unidades de milhar, dezenas de milhar e centenas de milhar, sempre começando com a unidade na haste da direita e as demais ordens do número no sistema decimal nas hastes subsequentes (da direita para a esquerda), até a haste que se encontra mais à esquerda.

Entretanto, no ábaco da figura, os adesivos não seguiram a disposição usual.

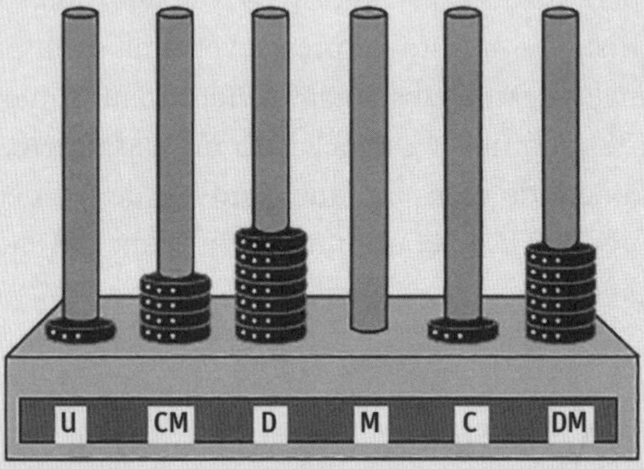

Nessa disposição, o número que está representado na figura é

a) 46171
b) 147016
c) 171064
d) 460171
e) 610741

RESOLUÇÃO:

Para resolver essa questão precisamos saber o significado desses termos e seus símbolos que estão no enunciado. Não se preocupe, vou ajudar você.

- **U** = **Uni**dade = Conte o número de argolas e multiplique por **um**
- **D** = **Dezena** = Conte o número de argolas e multiplique por **dez**

- **C** = **Cent**ena = Conte o número de argolas e multiplique por **cem**
- **UM** = **Uni**dade de **Mil**har = Conte o número de argolas e multiplique por **um mil**
- **DM** = **Dez**ena de **Mil**har = Conte o número de argolas e multiplique por **dez mil**
- **CM** = **Cent**ena de **Mil**har = Conte o número de argolas e multiplique por **cem mil**

Agora conte quantas argolas tem e multiplique conforme a "etiqueta" no ábaco.

Seguindo a ordem das colunas, logo:

$$1 + 70 + 100 + 60000 + 400000 = 461171$$

2. **(ENEM–2016)** Em um exame, foi feito o monitoramento dos níveis de duas substâncias presentes (**A** e **B**) na corrente sanguínea de uma pessoa, durante um período de **24h**, conforme o resultado apresentado na figura. Um nutricionista, no intuito de prescrever uma dieta para essa pessoa, analisou os níveis dessas substâncias, determinando que, para uma dieta semanal eficaz, deverá ser estabelecido um parâmetro, cujo valor será dado pelo número de vezes em que os níveis de **A** e de **B** forem iguais, porém, maiores que o nível mínimo da substância **A** durante o período de duração da dieta.

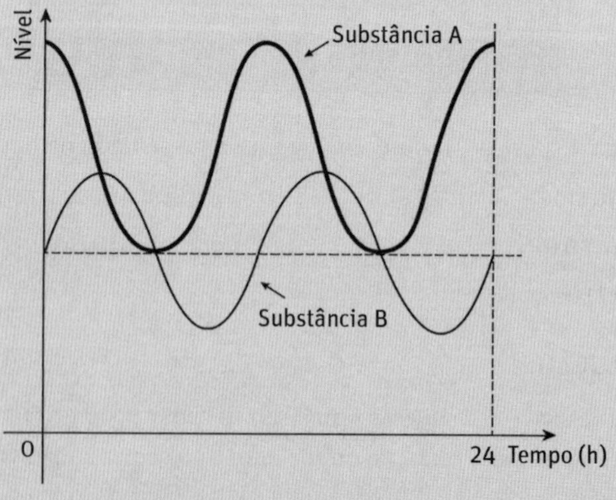

Considere que o padrão apresentado no resultado do exame, no período analisado, se repita para os dias subsequentes. O valor do parâmetro estabelecido pelo nutricionista, para uma dieta semanal, será igual a

a) 28
b) 21
c) 2
d) 7
e) 14

RESOLUÇÃO:

Essa é uma questão simples de ser resolvida, mas precisamos prestar muito atenção na lógica do gráfico. O enunciado fala que o parâmetro do nutricionista é baseado em quantas vezes os níveis das duas substâncias são iguais e superiores aos valores mínimos da substância **A**. Para saber quando os níveis são iguais, basta olhar o gráfico de cada uma das duas substâncias. O local onde os gráficos se cruzam representam os momentos nos quais essas duas substâncias estão presentes na mesma quantidade no organismo. Se você prestar bastante atenção verá que existem **4** pontos em comum, mas o enunciado fala que precisa ser acima do nível mínimo. O nível mínimo da substância **A** está sendo representado pela linha pontilhada na horizontal. Essa linha serve de guia. Observe que ela está encostada nos pontos mais baixos do gráfico da substância **A**. Como dois pontos de encontro estão em cima desta linha, restaram apenas dois pontos a serem utilizados pela nutricionista. Como a dieta é semanal, faça **2 × 7 = 14**.

A seguir deixo uma questão desafio para que você resolva. Vamos lá?

3. **(ENEM-2016)** Um reservatório é abastecido com água por uma torneira e um ralo faz a drenagem da água desse reservatório. Os gráficos representam as vazões Q, em litro por minuto, do volume de água que entra no reservatório pela torneira e do volume que sai pelo ralo, em função do tempo t, em minuto.

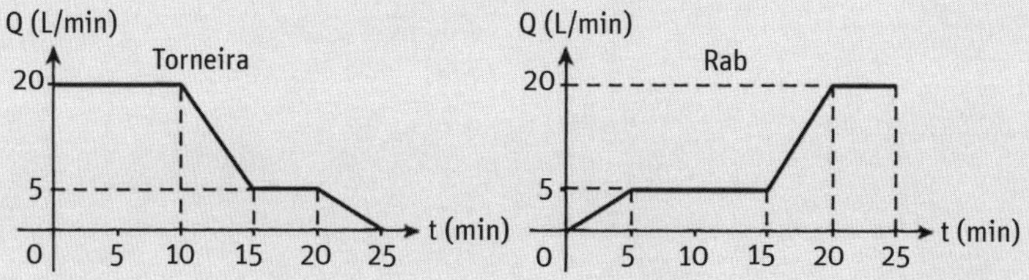

Em qual intervalo de tempo, em minuto, o reservatório tem uma vazão constante de enchimento?

a) De 0 a 10
b) De 5 a 10
c) De 5 a 15
d) De 15 a 25
e) De 0 a 25

RESPOSTAS: 1. d) ■ 2. e) ■ 3. b)

CAPÍTULO 15

RACIOCÍNIO LÓGICO ARGUMENTATIVO

TABELA VERDADE

Gosto de brincar ao dizer que esse assunto deveria ser ensinado por um professor de português, porque a única coisa que vamos fazer é analisar frases. Esse assunto vai fazer você aprender algumas palavras novas, não tem jeito. Você pode até achá-las esquisitas, mas com o tempo, depois de tanto usar, vai saber o significado de todas, na ponta da língua. A primeira palavra que vamos aprender é: proposição. A proposição é a "frase" que vamos analisar, e o resultado da sua análise será sempre verdadeiro ou falso. Em raciocínio lógico não usamos muito a palavra frase. Em geral, os livros e as provas usam uma palavra mais chique; chamam de sentenças. Mas afinal, todas as frases são proposições? Não! Só é proposição a frase que pode ser julgada como verdadeira ou falsa, ou seja, é uma sentença declarativa e sempre terá um verbo. Darei alguns exemplos:

- Eu gosto de matemática.
- A terra gira em torno do sol.
- Eu gosto de animais.
- Um quadrado tem quatro lados.
- $2 \times 5 = 30$ (lê-se: 2 vezes 5 é igual a 30). Apesar de ser um absurdo, é uma proposição, claro que você vai falar que ela é falsa.

Para facilitar nossas vidas, costumamos apelidar as proposições por letras, as mais usadas são as letras p e q, mas você pode usar qualquer letra minúscula. Por exemplo:

- p: Eu gosto de matemática.
- q: A terra gira em torno do sol.
- a: Eu gosto de animais.

Para facilitar, vou listar para você, frases que **NÃO** são proposições.

- Frases exclamativas: Estude Mais!
- Frases interrogativas (perguntas): Por que você não come chocolate?
- Frases imperativas (dão uma ordem ou fazem um pedido): Não faça isso.
- Frases optativas (expressam um desejo): Tomara que você passe na prova.
- Frases **SEM** verbo: A calculadora de João.

Sentenças abertas: Você só pode analisar se é verdadeiro ou falso depois de saber a informação que falta, por exemplo: **x** é a capital do Brasil. Você só sabe se será verdadeiro ou falso depois de alguém substituir **x** pelo nome de alguma cidade. Outro exemplo: **x** é maior que **2**. Como dependem de uma informação que falta, elas não são como proposições.

Infelizmente a vida não é simples assim. No nosso estudo e nas suas provas cairão proposições compostas, ou seja, são formadas por duas ou mais proposições simples. Por exemplo:

- Carlos é pedreiro **E** Maria é pintora.
- Carlos é pedreiro **OU** Maria é pintora.
- **OU** Carlos é pedreiro **OU** Maria é pintora.
- **SE** Carlos é pedreiro **ENTÃO** Maria é pintora.
- Carlos é pedreiro **SE E SOMENTE SE** Maria for pintora.

Quero chamar atenção para duas coisas nesses exemplos: a primeira, essas palavras que destaquei, que servem para unir duas proposições simples, por isso são chamadas de conectivos. E a segunda coisa é que quero saber quais são as duas proposições simples envolvidas. Por isso vou separá-las. Lembre-se que sempre usaremos letras minúsculas para representar as proposições simples. Veja:

- p: Carlos é pedreiro
- q: Maria é pintora

O grande segredo desse assunto são os conectivos, visto que cada um deles possui uma regra diferente. Essas regras são organizadas em uma tabela, a tão famosa tabela verdade. Você vai precisar memorizar sim, mas vamos fazer tantos exercícios que provavelmente terá facilidade em decorar essas regras. Antes de aprendermos sobre essas regras, vou ensinar o símbolo que usamos para representar cada conectivo e o nome da operação que é aplicada, em outras palavras, o nome da regra.

Conectivo	Símbolo	Nome da Operação
E	$\wedge$	Conjunção
OU	$\vee$	Disjunção Inclusiva
OU ... OU	$\underline{\vee}$	Disjunção Exclusiva
SE ... ENTÃO	$\rightarrow$	Condicional
SE E SOMENTE SE	$\leftrightarrow$	Bicondicional

CONJUNÇÃO

Quando vamos analisar uma proposição composta, precisamos analisar cada uma das proposições simples que a compõe e o resultado dessa análise dirá se a proposição composta é verdadeira ou falsa. A primeira coisa que temos que fazer é montar a tabela. Vou ensinar um truque para isso. Vamos usar o exemplo que dei anteriormente como base.

- Carlos é pedreiro **E** Maria é pintora.

Primeiro vamos separar em duas proposições:

- p: Carlos é pedreiro
- q: Maria é pintora

Agora vamos montar a tabela. Todas as vezes que tivermos duas proposições, vamos precisar de 4 linhas na tabela. Existe uma forma bem prática de descobrir quantas linhas serão necessárias, basta fazer 2 elevado ao número de proposições. Por exemplo:

- Uma proposição = 2 elevado a 1 = 2 linhas
- Duas proposições = 2 elevado a 2 = 4 linhas
- Três proposições = 2 elevado a 3 = 8 linhas
- Quatro proposições = 2 elevado a 4 = 16 linhas
- Cinco proposições = 2 elevado a 5 = 32 linhas

Apesar de ser algo simples, muitas provas perguntam a quantidade de linhas da tabela. Vamos montar a tabela do nosso exemplo:

1ª Coluna	2ª Coluna	3ª Coluna

Na primeira coluna você vai colocar a primeira proposição e na segunda coluna a segunda preposição. A terceira coluna resultará na resposta final, ou seja, após analisar as duas proposições. Vou usar símbolos para preencher a tabela.

1ª Coluna	2ª Coluna	3ª Coluna
p	q	$p \wedge q$

Estas são as quatro linhas que falei

Independentemente de qual for o conectivo, você sempre montará a tabela de quatro linhas desta forma. Na primeira coluna você vai colocar duas vezes verdadeiro e duas vezes falso.

1ª Coluna	2ª Coluna	3ª Coluna
p	q	$p \wedge q$
V		
V		
F		
F		

Na segunda coluna você vai alternar entre verdadeiro e falso.

1ª Coluna	2ª Coluna	3ª Coluna
p	q	$p \wedge q$
V	V	
V	F	
F	V	
F	F	

A terceira coluna é o resultado da regra, por isso você precisa memorizar. A regra da conjunção é: o resultado final só será verdadeiro se ambas as proposições simples forem verdadeiras, o resto será falso.

1ª Coluna	2ª Coluna	3ª Coluna
p	q	$p \wedge q$
V	V	V
V	F	F
F	V	F
F	F	F

DICA PARA MEMORIZAR

Lembre-se que o conectivo da conjunção é o **E**, então podemos pensar assim: a primeira conjunção **E** a segunda precisam ser verdadeiras.

Exemplo de questão:

1. Julgue a proposição: Carlos é pedreiro e Maria é pintora. Sabendo que Maria é médica.

a) A proposição é verdadeira

b) A proposição é falsa

c) Não é possível definir o valor lógico

d) É uma bimotora

e) N.d.a.

RESOLUÇÃO:

Nós já aprendemos sobre a conjunção e sabemos que para ela ser verdadeira, a primeira e a segunda proposições precisam ser verdadeiras. A proposição que vamos analisar afirma que Maria é pintora, mas logo em seguida a questão desmente e informa que Maria é médica, logo sabemos que a proposição Maria é pintora é falsa. Como a regra desse conectivo exige que ambas sejam verdadeiras para que o resultado final seja verdadeiro, e como isso não ocorre, concluímos que essa proposição composta é falsa, porque uma das proposições simples que a compõe é falsa.

DICA

O termo bimotora não existe.

RESPOSTA: 1. b)

DISJUNÇÃO INCLUSIVA

A disjunção inclusiva, que na maioria das vezes é chamada apenas de disjunção, possui a seguinte regra: se qualquer uma das duas proposições forem verdadeiras ou se as duas forem verdadeiras, meu resultado final é verdadeiro. Vamos montar a tabela verdade dessa operação:

1ª Coluna	2ª Coluna	3ª Coluna
p	q	p ∨ q
V	V	
V	F	
F	V	
F	F	

Como havia dito anteriormente, a forma de montar a tabela sempre será igual quando tivermos duas proposições para analisar. A única coisa que muda é o resultado final. Seguindo a regra que ensinei para você, o resultado final é:

1ª Coluna	2ª Coluna	3ª Coluna
p	q	p ∨ q
V	V	V
V	F	V
F	V	V
F	F	F

Vamos fazer um exercício.

1. **(Calcule Mais–2017)** Julgue a proposição: Carlos é pedreiro ou Maria é pintora, sabendo que Maria é médica.

   a) A proposição é verdadeira
   b) A proposição é falsa
   c) Não é possível definir o valor lógico
   d) É uma bimotora
   e) N.d.a.

RESOLUÇÃO:

Esse exercício é quase o mesmo que o anterior, o que é proposital para você perceber as diferenças dos conectivos. Já sabemos que a primeira proposição é verdadeira e que a segunda é falsa, mas na regra do conectivo **OU** (disjunção) o fato de uma ser verdadeira e a outra falsa faz com que o resultado da análise final seja verdadeiro.

DICA PARA MEMORIZAR

> Se for disjunção, basta que uma proposição esteja certa para o resultado final ser verdadeiro.

RESPOSTA: 1.a)

DISJUNÇÃO EXCLUSIVA

A disjunção exclusiva possui uma regra que você vai achar estranha. Talvez não faça muito sentido para você, mas precisamos obedecer a regra. Ela é parecida com a outra disjunção, mas cuidado, possui uma diferença muito importante! A regra é: se qualquer uma das proposições for verdadeira e a outra falsa o resultado final será verdadeiro, MAS se **AS DUAS** forem verdadeiras ou falsas, o resultado final será falso. Por mais estranho que pareça, é exatamente isso que tem que acontecer. Vamos montar a tabela verdade.

1ª Coluna	2ª Coluna	3ª Coluna
p	q	$p \veebar q$
V	V	F
V	F	V
F	V	V
F	F	F

Vamos fazer um exercício.

1. **(Calcule Mais–2017)** Julgue a proposição: Ou Carlos é pedreiro ou Maria é pintora. Sabendo que Maria é médica.

a) A proposição é verdadeira
b) A proposição é falsa
c) Não é possível definir o valor lógico
d) É uma bimotora
e) N.d.a.

Já sabemos que a primeira proposição é verdadeira e que a segunda é falsa, por isso sabemos que pela regra a resposta será verdadeira. Novamente chamo a atenção: se ambas as proposições fossem verdadeiras, o resultado final seria falso. Pela tabela também sabemos que se ambas forem falsas, a resposta final será falsa.

RESPOSTA: 1.a)

CONDICIONAL

Para lembrar da regra da condicional, faça o seguinte: monte a tabela. O único resultado falso ocorre quando a primeira proposição for verdadeira e a segunda for falsa. Nessa ordem, todos os outros casos são verdadeiros.

1ª Coluna	2ª Coluna	3ª Coluna
p	q	$p \rightarrow q$
V	V	V
V	F	F
F	V	V
F	F	V

Por mais estranho que possa parecer, se ambas as proposições forem falsas, o resultado final será verdadeiro. A regra é essa e precisamos seguir. Vamos fazer um exercício.

1. **(Calcule Mais–2017)** Julgue a proposição: Se Carlos é pedreiro então Maria é pintora. Sabendo que Maria é médica.

a) A proposição é verdadeira
b) A proposição é falsa
c) Não é possível definir o valor lógico
d) É uma bimotora
e) N.d.a

RESOLUÇÃO:

Já sabemos que a primeira proposição é verdadeira e que a segunda é falsa, ou seja, pela regra da condicional o resultado final da análise será falso.

RESPOSTA: 1. b)

SUPERDICA

Cuidado com a condicional. Nem sempre uma condicional vai apresentar a estrutura SE ... ENTÃO, às vezes, podem escrever de uma forma diferente, mas o sentido continua o mesmo. Veja:

- **Se** Carlos é pedreiro, Maria é pintora.
- Carlos é pedreiro, **se** Maria é pintora.
- Carlos ser pedreiro **implica** em Maria ser pintora.
- Carlos ser pedreiro é **condição suficiente para** Maria ser pintora.
- Carlos ser pedreiro é **condição necessária para** Maria ser pintora.
- Carlos é pedreiro **somente se** Maria for pintora.

Existe um último caso, mas não faz sentido usar com esse exemplo que estou usando, por isso vou mudar a condicional.

- **Se** chove, **então** fico molhado.
- **Toda** vez que chove, fico molhado.

Qualquer um desses casos você vai usar a tabela de condicional. Não se esqueça, o único caso que é falso ocorre quando a primeira proposição for verdadeira e a segunda for falsa, todos os outros casos são verdadeiros.

BICONDICIONAL

Agora vamos aprender mais uma regra esquisita. Na bicondicional o resultado final só será verdadeiro se ambas as proposições tiverem o mesmo valor lógico, ou seja, só será verdade se ambas as proposições forem verdadeiras ou se ambas forem falsas! Isso mesmo, você não leu errado, se ambas forem falsas o resultado final será verdadeiro. Veja a tabela!

1ª Coluna	2ª Coluna	3ª Coluna
p	q	$p \leftrightarrow q$
V	V	V
V	F	F
F	V	F
F	F	V

Vamos resolver um exercício.

1. **(Calcule Mais–2017)** Julgue a proposição: Carlos é pedreiro se e somente se Maria for pintora. Sabendo que Maria é médica.

a) A proposição é verdadeira
b) A proposição é falsa
c) Não é possível definir o valor lógico
d) É uma bimotora
e) N.d.a.

RESOLUÇÃO:

Já sabemos que a primeira proposição é verdadeira e que a segunda é falsa, ou seja, pela regra da bicondicional o resultado final da análise será falso.

RESPOSTA: 1. b)

SUPERDICA

Cuidado com a bicondicional. Da mesma forma que a condicional possui várias formas de ser escrita, o mesmo ocorre com a bicondicional. Veja:

- Carlos é pedreiro **se e somente se** Maria é pintora.
- Carlos é pedreiro **se e só se** Maria é pintora.
- **Se** Carlos é pedreiro **então** Maria é pintora e **se** Maria é pintora **então** Carlos é pedreiro.

CUIDADO

Este último caso, apesar de usar SE e ENTÃO ele é uma bicondicional. Observe que essa estrutura é mais complexa, composta por duas condicionais unidas por um conectivo **E**, ou seja, por uma conjunção aditiva; por isso que ela torna-se uma bicondicional. Podemos dizer que a bicondicional são duas condicionais unidas pelo conectivo **E**. Veja:

- **Se** Carlos é pedreiro, **então** Maria é pintora **E se** Maria é pintora **então** Carlos é pedreiro.
- Primeira condicional: **Se** Carlos é pedreiro, **então** Maria é pintora.
- Segunda condicional: **Se** Maria é pintora, **então** Carlos é pedreiro.

Essas duas condicionais são unidas pelo conectivo **E**, que é uma conjunção, tornando-se uma bicondicional.

Seguindo essa linha de raciocínio, também temos os seguintes casos:

- Carlos ser pedreiro **implica** em Maria ser pintora **e** Maria ser pintora **implica** em Carlos ser pedreiro.
- Carlos é pedreiro **somente se** Maria for pintora **e** Maria é pintora **somente se** Carlos for pedreiro.
- Carlos ser pedreiro é **condição suficiente e necessária para** Maria ser pintora.

Novamente não vai fazer sentido usar essa frase para meu último caso, por isso vou mudar a condicional.

Toda vez que chove, fico molhado **e toda** vez que fico molhado chove.

Tabela Resumo

Estrutura lógica	Nome da Operação	Dica
$p \wedge q$	Conjunção	Apenas é verdade quando as duas proposições forem verdade.
$p \vee q$	Disjunção Inclusiva	É verdade quando qualquer uma das duas proposições for verdade.
$p \veebar q$	Disjunção Exclusiva	É verdade quando uma proposição for verdadeira e a outra falsa, não importa a ordem.
$p \rightarrow q$	Condicional	Todas são verdadeiras, exceto quando a primeira proposição for verdadeira e a segunda falsa.
$p \leftrightarrow q$	Bicondicional	Só é verdade quando as duas proposições forem verdade ou as duas forem falsa.

NEGAÇÃO

Ocorre quando inserimos o modificador **NÃO**, ou seja, vamos trocar o valor lógico, se era verdade vira falso e se era falso vira verdade. Existem dois símbolos que são usados para representar o **não**, ou seja, a negação. Os símbolos são: ~ (til) e ¬ (cantoneira).

Vou usar o símbolo mais usado nas provas: o "til" ~.

Vou usar uma proposição simples para exemplificar.

- p: Lógica é divertido

A negação dessa proposição seria **~p** e pode ser escrita de diversas formas, exemplos:

- ~p: Lógica **não** é divertido
- ~p: **Não é verdade que** lógica é divertido
- ~p: É falso que lógica é divertido
- ~p: **Não é o caso que** lógica é divertido

SUPERDICA

E se a proposição inicial já tiver não, ou seja, já for negativa: o que fazemos? Quando negamos uma proposição que já é negativa, ela volta ao original. Veja os exemplos:

- A negação de **lógica não é divertido:** Lógica é divertido
- A negação de não é verdade **que lógica é divertido:** lógica é divertido
- A negação de é **falso que lógica é divertido:** lógica é divertido
- A negação de não é o caso que lógica é divertido**:** lógica é divertido

NEGAÇÃO DE UMA PROPOSIÇÃO COMPOSTA

Vou ensinar alguns truques para fazer a negação de uma proposição composta. A proposição composta é aquela que possui duas ou mais proposições unidas por um conectivo, ou seja, vamos aprender a negar a conjunção, disjunção inclusiva e exclusiva, a condicional e a bicondicional. Cada um desses casos terá uma regrinha para seguir.

NEGAÇÃO DA CONJUNÇÃO

Vamos fazer uma receita de bolo para negar a conjunção. Se fôssemos usar símbolos para representar que queremos negar ficaria: **~(p ∧ q)**. Vamos a receita de bolo:

1) Separe em duas proposições.
2) Negue a primeira proposição simples.
3) Negue a segunda proposição simples.
4) Para terminar troque o conectivo **E** por **OU**.

Vamos ver um exemplo, negue a proposição:

- Carlos é pedreiro **E** Maria é pintora.

1. Primeiro vamos separar em duas proposições:

p: Carlos é pedreiro

q: Maria é pintora

2. Vamos negar a primeira proposição:

p: Carlos é pedreiro

~p: Carlos não é pedreiro

3. Vamos negar a segunda proposição:

q: Maria é pintora

~q: Maria não é pintora

4. Vamos unir as duas proposições, mas vamos trocar o conectivo, no lugar de usar **E** vamos usar **OU**.

Carlos não é pedreiro **OU** Maria não é pintora.

Se fôssemos usar símbolos para representar, ficaria:

$$\sim(p \wedge q) = (\sim p \vee \sim q)$$

NEGAÇÃO DA DISJUNÇÃO INCLUSIVA

A regrinha para negar a disjunção é tão simples quanto a da conjunção, inclusive são muito parecidas. Se fôssemos usar símbolos para representar que queremos negar a disjunção ficaria: $\sim(p \vee q)$. Vamos novamente escrever a receita de bolo:

1) Separe em duas proposições.
2) **Negue a primeira proposição simples**.
3) **Negue a segunda proposição simples**.
4) Para terminar troque o conectivo **OU** por **E.**

Vamos ver um exemplo. Negue a proposição:

- Carlos é pedreiro **OU** Maria é pintora.

1. Primeiro vamos separar em duas proposições:

p: Carlos é pedreiro

q: Maria é pintora

2. Vamos negar a primeira proposição:

p: Carlos é pedreiro

~p: Carlos não é pedreiro

3. Vamos negar a segunda proposição:

q: Maria é pintora

~q: Maria não é pintora

4. Vamos unir as duas proposições, mas vamos trocar o conectivo, no lugar de usar **OU** vamos usar **E**.

Carlos não é pedreiro **E** Maria não é pintora.

Se fôssemos usar símbolos para representar, ficaria:

$\sim(p \vee q) = (\sim p \wedge \sim q)$

NEGAÇÃO DA DISJUNÇÃO EXCLUSIVA

Considero uma das regras mais fáceis já que a única coisa que você vai fazer é trocar os conectivos, ou seja, vai transformá-la em uma bicondicional. Se fôssemos usar símbolos para representar que queremos negar a disjunção exclusiva ficaria:

$\sim(p \veebar q)$.

Vamos ver um exemplo, negue a proposição:

- **OU** Carlos é pedreiro **OU** Maria é pintora.

Para negar, troque os conectivos por: **SE E SOMENTE SE**. Veja:

- Carlos é pedreiro **SE E SOMENTE SE** Maria é pintora.

Observe que você não precisa colocar o **NÃO.**

Se fôssemos usar símbolos para representar, ficaria:

$\sim(p \vee q) = (p \leftrightarrow q)$

NEGAÇÃO DA CONDICIONAL

A regra da condicional é uma das mais fáceis de todas. Se fôssemos usar símbolos para representar que queremos negar a condicional ficaria: $\sim(\mathbf{p} \leftrightarrow \mathbf{q})$. Vamos escrever a receita de bolo:

1) Separe em duas proposições.
2) **Copie** a primeira parte, isso mesmo, não precisa mudar nada!
3) **Negue a segunda proposição**.
4) Troque o conectivo para **E**.

- Se Carlos é pedreiro então Maria é pintora.

1. Primeiro vamos separar em duas proposições:

   p: Carlos é pedreiro

   q: Maria é pintora

DICA

Não precisa fazer nada com a primeira, apenas copie.

   q: Maria é pintora

   ~q: Maria não é pintora

2. Vamos montar, para isso una as duas usando o conectivo **E**. Veja:

   - Carlos é pedreiro **e** Maria **não** é pintora.

   Se fôssemos usar símbolos para representar, ficaria:

   $\sim(p \leftrightarrow q) = (p \wedge \sim q)$

NEGAÇÃO DA BICONDICIONAL

A negação da bicondicional é a mais trabalhosa de todas. Existem duas formas de se fazer, uma é muito fácil, a outra é mais trabalhosa. As duas estão corretas e você precisa saber as duas porque nunca saberemos o que vai cair nas provas.

PRIMEIRA FORMA

A única coisa que você vai fazer é trocar os conectivos, ou seja, vai transformar em uma disjunção exclusiva. Se fôssemos usar símbolos para representar que queremos negar a bicondicional ficaria:

$\sim(\mathbf{p} \leftrightarrow \mathbf{q})$. Vamos ver um exemplo, negue a proposição:

- Carlos é pedreiro **SE E SOMENTE SE** Maria é pintora.

Para negar, troque os conectivos por: **OU**...**OU**. Veja:

- **OU** Carlos é pedreiro **OU** Maria é pintora.

Observe que você não precisa colocar o **NÃO**.

Se fôssemos usar símbolos para representar, ficaria:

$$\sim(p \leftrightarrow q) = (p \veebar q)$$

DICA PARA MEMORIZAR

Observe que a negação da disjunção exclusiva é a bicondicional e a negação da bicondicional é a disjunção exclusiva.

SEGUNDA FORMA

Para ensinar a segunda forma, preciso antes, contar um segredo para você. Nós podemos escrever a bicondicional usando duas condicionais e um conectivo **E.** Veja:

- Carlos é pedreiro **SE E SOMENTE SE** Maria for pintora.

Vamos transformar a bicondicional em duas condicionais. Observe que na segunda condicional invertemos a ordem das proposições.

- **Se** Carlos é pedreiro **então** Maria é pintora **E se** Maria é pintora **então** Carlos é pedreiro.

A segunda forma de negar a condicional baseia-se em negar essas duas condicionais que formam a bicondicional. Para fazer isso negue cada uma das bicondicionais e troque o conectivo **E** por **OU**.

- **Primeira condicional: Se** Carlos é pedreiro **então** Maria é pintora.
- **Segunda condicional: Se** Maria é pintora **então** Carlos é pedreiro.

- **NEGAÇÃO da primeira condicional:** Carlos é pedreiro **e** Maria **não** é pintora.
- **NEGAÇÃO da segunda condicional:** Maria é pintora **e** Carlos **não** é pedreiro.

Para finalizar a negação da bicondicional una as negações de cada condicional com o conectivo **OU**. Veja:

- Carlos é pedreiro **e** Maria **não** é pintora **OU** Maria é pintora **e** Carlos **não** é pedreiro.

ORDEM DE IMPORTÂNCIA

Assim como as expressões numéricas, podemos ter expressões que envolvam proposições, por isso precisamos saber em qual ordem resolver as proposições.

Primeiro vamos resolver dentro dos parênteses, depois nos preocupamos com a parte de fora, em ambos os casos, temos que obedecer a seguinte ordem de importância:

1) Faremos as negações (~);
2) Faremos as conjunções ou disjunções, na ordem em que aparecerem;
3) Faremos a condicional;
4) Faremos o bicondicional.

Mas nunca se esqueça: primeiro resolva dentro dos parênteses. Vamos resolver uma questão?

Analise a proposição composta:

$$H(p, q) = \sim(p \wedge q) \vee (p \rightarrow \sim q)$$

Antes de começarmos a análise é importante você saber o que significa H(p, q). Quando você ver isso em uma questão, não se preocupe, apenas significa que temos uma proposição composta, chamada de H (poderia ser qualquer letra maiúscula) e ela é formada por duas proposições simples, no caso p e q (sempre use letras minúsculas para proposições simples).

Vamos começar montando a tabela verdade:

1ª Coluna	2ª Coluna
p	q
V	V
V	F
F	V
F	F

Vamos começar resolvendo dentro do primeiro parêntese, para isso vou colocar uma terceira coluna na tabela. Observe que dentro do parêntese tenho o caso de uma conjunção, ou seja, só será verdade quando ambos os casos forem verdade.

1ª Coluna	2ª Coluna	3ª Coluna
p	q	$(p \wedge q)$
V	V	V
V	F	F
F	V	F
F	F	F

Agora vamos negar a terceira coluna, por quê? Se voltar lá no exercício, você vai ver que tem um "til" do lado esquerdo do parêntese. Esse sinal significa que temos que negar o que está dentro dos parênteses, em outras palavras, tudo que era V, vira F e tudo que era F vira V. Veja a quarta coluna da tabela:

1ª Coluna	2ª Coluna	3ª Coluna	4ª Coluna
p	q	(p ∧ q)	~(p ∧ q)
V	V	V	F
V	F	F	V
F	V	F	V
F	F	F	V

O próximo passo é resolver o outro parêntese, (p → ~q). É importante observar que dentro dos parênteses existe um ~p, ou seja, temos que pegar a coluna do **q** e inverter os valores lógicos, o que era V, vira F e tudo que era F vira V.

1ª Coluna	2ª Coluna	3ª Coluna	4ª Coluna	5ª Coluna
p	q	(p ∧ q)	~(p ∧ q)	~q
V	V	V	F	F
V	F	F	V	V
F	V	F	V	F
F	F	F	V	V

A próxima coluna será o resultado do que está dentro dos parênteses (p → ~q). Veja:

1ª Coluna	2ª Coluna	3ª Coluna	4ª Coluna	5ª Coluna	
p	q	(p ∧ q)	~(p ∧ q)	~q	(p → ~q)
V	V	V	F	F	
V	F	F	V	V	
F	V	F	V	F	
F	F	F	V	V	

Apenas tome cuidado, porque para preencher a sexta coluna, você precisa olhar a primeira e a quinta coluna. Vou destacá-las para facilitar. **LEMBRE-SE**, na condicional, o resultado final só é falso quando a primeira proposição for verdadeira e a segunda for falsa, todos os outros casos são verdadeiros. Por isso, preencha a tabela com cuidado.

1ª Coluna	2ª Coluna	3ª Coluna	4ª Coluna	5ª Coluna	6ª Coluna
p	q	(p ∧ q)	~(p ∧ q)	~q	(p → ~q)
V	V	V	F	F	F
V	F	F	V	V	V
F	V	F	V	F	V
F	F	F	V	V	V

Nós quase acabamos essa questão. Para finalizar só falta resolver a disjunção inclusiva que fica no meio dos dois parênteses. Como a nossa tabela está muito comprida, vou separar só as partes que vamos usar agora, ou seja, o resultado dos dois parênteses que estão localizados na quarta e sexta coluna.

4ª Coluna	6ª Coluna	Resultado final
~(p ∧ q)	(p → ~q)	~(p ∧ q) V (p → ~q)
F	F	
V	V	
V	V	
V	V	

Lembre-se que a característica da disjunção inclusiva é que se algumas das proposições forem verdadeiras o resultado final também será. Veja:

4ª Coluna	6ª Coluna	Resultado final
~(p ∧ q)	(p → ~q)	~(p ∧ q) v (p → ~q)
F	F	F
V	V	V
V	V	V
V	V	V

TAUTOLOGIA

A tautologia é um caso especial e muito divertido. Imagine uma proposição composta que o resultado final sempre será verdadeiro. Isso é uma tautologia, ou seja, não importa se a proposição é falsa ou verdadeira, o resultado final sempre será verdadeiro. Vamos ver um exemplo? Vamos analisar a seguinte proposição composta:

$(p \wedge q) \rightarrow (p \vee q)$

O segredo para resolver é usando aquela tabela e vamos começar com o que está dentro do primeiro parêntese.

1ª Coluna	2ª Coluna	3ª Coluna
p	q	$(p \wedge q)$
V	V	
V	F	
F	V	
F	F	

Vamos preencher a terceira coluna usando a regra que já conhecemos da conjunção. Em outras palavras, o resultado final só será verdadeiro quando ambos as proposições simples forem verdadeiras.

1ª Coluna	2ª Coluna	3ª Coluna
p	q	$(p \wedge q)$
V	V	V
V	F	F
F	V	F
F	F	F

Agora vamos resolver o segundo parêntese, ou seja, a disjunção. Não esqueça que a característica desse conectivo é que o resultado final só será falso se ambas as proposições forem falsas. Veja a tabela:

1ª Coluna	2ª Coluna	3ª Coluna	4ª Coluna
p	q	$(p \wedge q)$	$(p \vee q)$
V	V	V	V
V	F	F	V
F	V	F	V
F	F	F	F

Para finalizar a nossa análise, falta apenas resolver a condicional. Lembre-se que a condicional só é falsa quando a primeira for verdadeira e a segunda falsa. Veja a última coluna da tabela:

1ª Coluna	2ª Coluna	3ª Coluna	4ª Coluna	5ª Coluna
p	q	(p ∧ q)	(p ∨ q)	(p ∧ q) → (p ∨ q)
V	V	V	V	V
V	F	F	V	V
F	V	F	V	V
F	F	F	F	V

Acabamos de analisar uma proposição composta que resulta em uma tautologia, ou seja, o resultado final sempre será verdadeiro.

CONTRADIÇÃO

A contradição é o oposto da tautologia. Enquanto na tautologia o resultado sempre será verdadeiro, na contradição o resultado final sempre será falso. Vamos analisar a proposição **(p ↔ ~p)**. Para isso, vamos construir uma tabela. Observe que ao contrário das outras proposições que trabalhamos, nós temos, neste caso, apenas uma proposição simples, a **p**, por isso a tabela terá apenas duas linhas. Expliquei como descobrir a quantidade de linhas no começo deste capítulo. Na primeira coluna colocarei os valores lógicos da proposição **p** e na segunda coluna, colocarei os valores lógicos de **~p**, ou seja, da negação de **p**.

1ª Coluna	2ª Coluna	3ª Coluna
p	~p	(p ↔ ~p)
V	F	
F	V	

Na terceira coluna completaremos com a resolução da bicondicional. Lembre-se, na bicondicional só é verdade quando as duas proposições forem verdade ou as duas forem falsas. No nosso caso isso não ocorre, logo o resultado final sempre será falso, ou seja, podemos dizer que essa proposição é uma contradição.

1ª Coluna	2ª Coluna	3ª Coluna
p	~p	(p ↔ ~p)
V	F	F
F	V	F

CONTINGÊNCIA

Até hoje não sei porque inventaram esse termo, ele é o mais simples de todos! Quando o resultado final da sua proposição tiver valores verdadeiros e falsos, chamamos de contingência, ou seja, quando der tudo verdade, será uma tautologia, quando der tudo falso, será uma contradição. Todos os outros casos são contingências.

PROPOSIÇÕES CATEGÓRICAS

As proposições categorias não são difíceis, mas você precisa tomar cuidado quando for interpretar. Você já deve ter visto alguma delas em algum lugar. Essas proposições sempre serão formadas pelos termos: todo, algum ou nenhum. Vamos ver quais são essas proposições? Veja:

- Todo A é B
- Todo B é A
- Nenhum A é B
- Nenhum B é A
- Algum A é B
- Algum B é A
- Nenhum A é B
- Nenhum B é A

SUPERDICA

Cuidado quando for analisar, porque o resultado final de TODO A é B provavelmente não será igual quando for TODO B é A. A ordem é muito importante e será a diferença de você acertar ou errar essa questão.

PROPOSIÇÃO TODO A É B

Por exemplo: Todo carioca é brasileiro.

Com o exemplo fica mais fácil de entender essa proposição. O **A** foi trocado pela palavra **carioca** e o **B** foi substituído pela palavra brasileiro. Como podemos ter infinitos exemplos, vamos usar a expressão TODO A é B. Para isso, quero que você entenda a ideia de conjunto. Na matemática, um conjunto é o agrupamento de algo, como se fosse uma coleção. Na nossa proposição, o **A** e o **B** representam conjuntos. Em outras palavras, o **A** representa o conjunto dos cariocas, ou seja, todas as pessoas que nasceram no Rio de Janeiro e o **B** representa o conjunto dos brasileiros, ou seja, todas as pessoas que nasceram no Brasil. Como você pode observar, o nosso exemplo é verdadeiro: todo carioca é brasileiro, e o mais importante, quando invertemos a proposição, ou seja, "todo brasileiro é carioca" é falsa, porque existem pessoas que moram em centenas de cidades diferentes no país. Essa é uma característica dessa proposição: TODO A é B, e às vezes, quando você inverte a ordem (TODO B é A), não dá certo, como no nosso exemplo.

Existem outras expressões que possuem o mesmo significado de TODO A é B e vão funcionar da mesma maneira. São elas:

- Qualquer A é B
- Cada A é B

Por exemplo:

- Todo carioca é brasileiro.
- Qualquer carioca é brasileiro.
- Cada carioca é brasileiro.

PROPOSIÇÃO NENHUM A É B

Por exemplo: Nenhum A é B

Vamos usar como exemplo: Nenhuma aranha é um mamífero.

Essa proposição é bem simples de entender. Ela significa que um não tem nada a ver com o outro, ou seja, uma aranha não tem nada a ver com um mamífero. Nessa proposição nós podemos inverter o sentido que nada mudará, por exemplo **NENHUM B é A**, ou seja, se eu disser que nenhum mamífero é aranha também está correto. Em outras palavras, se pensarmos que aranhas seriam um conjunto e mamíferos outro, concluímos que esses conjuntos não têm elemento algum em comum.

PROPOSIÇÃO ALGUM A É B

Veja o nosso exemplo: Algum cantor é italiano.

Essa proposição significa que em algum lugar do mundo existe pelo menos um cantor que é italiano. Em outras palavras, se formos usar a ideia de conjuntos, diríamos que existe pelo menos um elemento que pertence aos dois conjuntos. Outro ponto interessante é pensar que se invertemos continua verdadeira a nossa expressão, por exemplo: Algum italiano é cantor (**ALGUM B é A**).

SUPERDICA

Nada impede de existirem milhões de cantores que são italianos. A regra prevê no mínimo um, mas não indica ao máximo quantos podem ter.

Existem outras expressões que possuem o mesmo significado de ALGUM A é B e vão funcionar da mesma maneira. Veja:

- Pelo menos um A é B
- Existe um A que é B

Por exemplo:

- Algum cantor é italiano.
- Pelo menos um cantor é italiano.
- Existe um cantor que é italiano.

PROPOSIÇÃO ALGUM A NÃO É B

Exemplo: Algum menino não é fã de futebol.

Essa proposição significa que existe pelo menos um menino que não é fã de futebol. Em outras palavras, indica que algum elemento do conjunto A não pertence ao conjunto B; no caso algum menino não faz parte do conjunto B (fãs de futebol).

CUIDADO

O significado lógico da frase muda se você invertê-la. ALGUM A não é B, não significa o mesmo que ALGUM B não é A. Veja:

Algum menino não é fã de futebol.
Significa que existe pelo menos um menino' que não é fã.

Algum fã de futebol não é menino.
Significa que existe pelo menos um fã de futebol que é menina.

Apesar de a estrutura ser bem parecida, o significado é totalmente diferente.

Existem outras expressões que apresentam o mesmo significado que ALGUM A não é B. Veja:

- ALGUM A é não B
- ALGUM não A é B

Por exemplo:

- Algum menino não é fã de futebol.
- Algum menino é não fã de futebol.
- Algum não fã de futebol é menino.

ATENÇÃO

Apesar de a frase parecer estranha (você viu nos exemplos) o que nos interessa é a estrutura lógica, inclusive podem fazer isso no seu concurso para ficar confuso para você.

SUPERDICA

Em todos os exemplos usamos o **é**, mas nem sempre isso vai ocorrer. Podemos usar qualquer conjugação dos verbos **ser** e **estar**, por exemplo: é, são, foi, eram, está, dentre outros. Os verbos ser e estar são caracterizados gramaticalmente como verbos de ligação. Se você parar para pensar, a função é exatamente essa, ligar o conjunto A ao conjunto B.

Tabela Resumo	
TODO A é B	Todos elementos de A pertencem a B
NENHUM A é B	A e B não tem nada em comum
ALGUM A é B	Pelo menos um elemento de A pertence a B
ALGUM não A é B	Pelo menos um elemento de A não pertence a B

NEGAÇÃO DAS PROPOSIÇÕES CATEGÓRICAS

É extremamente simples fazer a negação dessas proposições, basta fazer pequenas modificações e algumas substituições. Por exemplo: quando for TODO você troca para ALGUM. Fiz para você uma tabela para ficar bem simples de entender.

Tabela Resumo	
Proposição	Negação da proposição
TODO A é B	ALGUM A não é B
TODO A não é B	ALGUM A é B
NENHUM A é B	ALGUM A é B
NENHUM A não é B	ALGUM A não é B
ALGUM A é B	NENHUM A é B
ALGUM A não é B	TODO A é B

Veja alguns exemplos:

- Proposição: Todo cachorro é bravo.
- Negação: Algum cachorro não é bravo.

- Proposição: Todo vendedor não é rico.
- Negação: Algum vendedor é rico.

- Proposição: Nenhuma aranha é um mamífero.
- Negação: Alguma aranha é um mamífero.

CUIDADO

Aranhas não são mamíferos, ou seja, o valor lógico da negação é falso, mas a regra para fazer a negação precisa ser obedecida, mesmo que gere uns absurdos como esse.

- Proposição: Nenhuma prova não é difícil.
- Negação: Alguma prova não é difícil.

- Proposição: Algum cantor é italiano.
- Negação: Nenhum cantor é italiano.

- Proposição: Algum menino não é fã de futebol.
- Negação: Todo menino é fã de futebol.

LÓGICA DE ARGUMENTAÇÃO

O argumento é um conjunto de frases que se relacionam entre si. Um argumento pode ser composto por várias proposições, mas apenas uma conclusão. Em outras palavras, vamos ter várias frases que vão resultar em uma conclusão. Quando lidamos com argumentos os classificamos como válidos ou não válidos.

SUPERDICA

Para nós, não interessa o conteúdo, apenas interessa se o argumento é válido ou não é. Para isso vamos usar as regras que já aprendemos neste capítulo. Então se a questão falar que um cachorro é filho de um extraterrestre, você vai apenas fazer uma análise lógica, usando as regras que conhece para validar ou não a conclusão. Independentemente de ser um absurdo ou não o conteúdo.

Vamos ver um exemplo de argumento:

- O mar morto é extremamente salgado.
- Nenhuma bactéria vive em um ambiente extremamente salgado.
- Portanto, nenhuma bactéria vive no mar morto.

Esse argumento é composto por três frases: as duas primeiras nós chamamos de premissas ou proposições iniciais, e a última frase é a conclusão. Sempre haverá apenas uma conclusão. Algumas provas chamam as premissas de hipóteses e a conclusão de tese, mas não se preocupe, só muda o nome. As premissas são responsáveis pela lógica que determinará a conclusão. Esse exemplo que dei é um caso especial de argumento, chamado de silogismo. O silogismo é um argumento que sempre será composto por duas premissas e uma conclusão.

VALIDADE DO ARGUMENTO

Quando vamos analisar um argumento só podemos classificá-lo como válido ou inválido, jamais como verdadeiro ou falso, até porque a conclusão pode ser absurda, como o exemplo que dei, no qual falava que o cachorro era filho de um extraterrestre. O que vai determinar se é válido ou não é a lógica.

Em questões que envolvem o silogismo, normalmente você só precisa pensar no que faz sentido, porque muitas vezes não são usados conectivos lógicos para que sejam usadas aquelas regras que ensinei, ou seja, observe a lógica das duas primeiras frases. A conclusão precisa fazer sentido com a lógica proposta, se fizer o argumento é valido, agora se a conclusão não fizer sentido o argumento é inválido.

Exemplo de argumento válido:

- O mar morto é extremamente salgado.
- Nenhuma bactéria vive em um ambiente extremamente salgado.
- Portanto, nenhuma bactéria vive no mar morto.

Exemplo de argumento inválido:

- Mariana toma leite.
- A Vaca produz leite.
- Portanto Mariana toma leite de vaca.

As duas primeiras frases (premissas) não garantem que a conclusão (última frase) esteja correta. As premissas afirmam que Mariana toma leite e que vaca o produz, mas nada garante que a Mariana toma leite de vaca: ela poderia tomar leite de cabra, de soja etc. Não existe uma ligação lógica entre a primeira e a segunda frase. Cuidado com esse tipo de pegadinha!

EQUIVALÊNCIA LÓGICA

A equivalência lógica é um assunto muito cobrado nos concursos públicos. O mais importante deles é a equivalência lógica da condicional. Existem dois métodos para resolver e um deles é muito conhecido como **contrapositivo**. Observe os exemplos que vou dar:

- Se João é médico, então Maria é dentista.
- Se Maria não é dentista, então João não é médico.

Ambas as frases acima possuem exatamente o mesmo valor lógico, ou seja, se construirmos a tabela verdade de cada uma delas, veremos que o resultado é exatamente o mesmo. É isso que nós chamamos de equivalência lógica; ambas as frases possuem a mesma ideia, a mesma mensagem. Este caso é conhecido como contrapositivo.

Muitos exercícios de concursos exigem que você monte a frase que represente a equivalência lógica. Como fazer isso? É bem fácil, vou ensinar! Primeiro, separe a frase em duas proposições simples.

- Se João é médico, então Maria é dentista.

  p: João é Médico

  q: Maria é dentista

Agora o próximo passo é negar as duas proposições, **CUIDADO!** Você não vai negar a condicional, vai negar cada uma das proposições.

~p: João não é Médico

~q: Maria não é dentista

Para finalizar a montagem da equivalência lógica, vamos inverter a ordem das proposições. Lembre-se: você vai fazer esta montagem usando o mesmo conectivo da frase original. Veja:

- Se Maria não é dentista, então João não é médico.

Se formos usar a linguagem de símbolos, o equivalente lógico de $\mathbf{p \rightarrow q}$ é $\mathbf{\sim q \rightarrow \sim p}$.

Existe outra forma de fazer a equivalência lógica da condicional. Novamente para isso você precisa pegar a frase original e separar em duas proposições simples. Acompanhe:

- Se João é médico, então Maria é dentista.

  p: João é Médico

  q: Maria é dentista

Agora negue a primeira proposição:

~p: João não é Médico

q: Maria é dentista

Para finalizar, remonte a proposição composta, mas dessa vez, troque o conectivo lógico. Vamos utilizar a disjunção, ou seja, o conectivo "**OU**". Veja: João não é médico OU Maria é dentista.

Se formos usar a linguagem de símbolos, o equivalente lógico de **p → q** é ~**p ∨ q**.

EXERCÍCIOS

1. (**FGV–2015**) Ana, Beatriz, Carla e Denise fizeram provas para um concurso. Após as provas, elas fizeram as seguintes afirmativas sobre seus desempenhos:

Ana disse: "*Se eu passar, então Denise também passa.*";

Denise disse: "*Se eu passar, então Beatriz também passa.*";

Beatriz disse: "*Se eu passar, então Carla também passa.*".

As três afirmativas mostraram-se verdadeiras, mas apenas duas delas passaram no concurso. As duas que passaram no concurso foram

a) Ana e Denise
b) Denise e Beatriz
c) Beatriz e Carla
d) Carla e Ana
e) Ana e Beatriz

RESOLUÇÃO:

Para resolver esse tipo de exercícios a primeira coisa é identificar quais são os conectores lógicos. Olhando todas as proposições envolvidas veremos que todas usam os conectivos **SE … ENTÃO**, logo são condicionais. Comece escrevendo a tabela com as regras da condicional.

1ª Coluna	2ª Coluna	3ª Coluna
p	q	p → q
V	V	V
V	F	F
F	V	V
F	F	V

O próximo passo é considerar se o que foi dito pelos três é verdade, o próprio exercício pede para fazer isso. Através da tabela verdade, sabemos que temos três casos que fazem uma condicional ser verdadeira. Destaquei na tabela para você.

1ª Coluna	2ª Coluna	3ª Coluna
p	q	p → q
V	V	V
V	F	F
F	V	V
F	F	V

Agora o grande truque para resolvermos essa questão é testar cada caso, ou seja, vamos usar o método da tentativa e erro, mas vou ensinar alguns truques para facilitar. A condicional possui três casos que dão verdadeiro, vamos começar usando apenas o primeiro caso, ou seja, ambas as proposições possuíram o valor lógico verdadeiro. O nosso enunciado possui três afirmativas, vamos sempre começar pela a última (geralmente é mais fácil).

O próximo passo é reescrever as afirmações e colocar o valor lógico na última, no nosso caso, escolhemos colocar que ambas são verdadeiras, em outras palavras, vamos adotar que Beatriz e Carla passaram.

Ana disse: "*Se eu passar, então Denise também passa.*";

Denise disse: "*Se eu passar, então Beatriz também passa.*";

V **V**

Beatriz disse: "*Se eu passar, então Carla também passa.*".

Agora que você já adotou isso, vamos preencher as outras afirmações, ou seja, todas as vezes que falar que a Beatriz e a Carla passaram, vamos colocar **V** de verdadeiro. Veja:

Ana disse: "*Se eu passar, então Denise também passa.*";

V

Denise disse: "*Se eu passar, então Beatriz também passa.*";

V **V**

Beatriz disse: "*Se eu passar, então Carla também passa.*".

Na segunda afirmação falta analisar o caso de Denise, como a afirmação é verdadeira (segundo o enunciado), vamos analisar a regra da condicional para ver em que casos a segunda proposição sendo verdadeira, o resultado final também seja verdadeiro. Vou destacar estes casos para você.

1ª Coluna	2ª Coluna	3ª Coluna
p	q	$p \rightarrow q$
V	V	V
V	F	F
F	V	V
F	F	V

Como podemos ver, existem dois casos. No primeiro caso, a primeira proposição seria verdadeira, mas o exercício informa que apenas duas passaram. Se considerarmos que essa proposição é verdadeira, três pessoas teriam passado, logo não pode ser verdadeira. Então vamos adotar que a primeira proposição é falsa, uma vez que na condicional, **falso** com **verdadeiro** resulta em uma proposição composta **verdadeira**. Como a afirmação (proposição composta) continuará sendo verdadeira, podemos adotar isso.

Ana disse: "*Se eu passar, então Denise também passa.*";

F **V**

Denise disse: "*Se eu passar, então Beatriz também passa.*";

V **V**

Beatriz disse: "*Se eu passar, então Carla também passa.*".

Sabendo que é falso que Denise passou, vamos analisar a primeira afirmação e colocar falso onde se trata da Denise. Veja:

F

Ana disse: "*Se eu passar, então Denise também passa.*";

F V

Denise disse: "*Se eu passar, então Beatriz também passa.*";

V V

Beatriz disse: "*Se eu passar, então Carla também passa.*".

Para finalizar o exercício, precisamos que a primeira afirmação seja verdade. Veja novamente na tabela da condicional qual é o caso que quando a segunda proposição for falsa, o resultado final continua sendo verdadeiro.

1ª Coluna	2ª Coluna	3ª Coluna
p	q	$p \rightarrow q$
V	V	V
V	F	F
F	V	V
F	F	V

Como você pode ver, existe apenas um caso no qual isso ocorre. Ou seja, precisamos adotar que é falso o fato de que Ana passou, para que a afirmação passe a ser verdadeira.

F F

Ana disse: "*Se eu passar, então Denise também passa.*";

F V

Denise disse: "*Se eu passar, então Beatriz também passa.*";

V V

Beatriz disse: "*Se eu passar, então Carla também passa.*".

Segundo nossa análise, Beatriz e Carla passaram e Ana e Denise não passaram. Para ter certeza que a resposta está correta precisamos conferir duas coisas.

- Primeiro: Apenas duas pessoas passaram (informação do enunciado)? Sim! Ótimo!

- Segundo: O enunciado informa que todas as afirmações são verdadeiras. Comparando o que você adotou com a regra (tabela) da condicional, todas as afirmações permanecem verdadeiras? Sim! Perfeito!

Você acabou de achar a resposta do exercício. Lembra que tinha dito que resolveríamos por tentativa e erro? Então, o exercício deu certo porque lá no início começamos a usar o primeiro caso de condicional que dava verdadeiro. Se chegasse ao final e a resposta não fosse coerente, seria necessário começar toda análise novamente do zero. Por isso chamamos de tentativa e erro, mas dessa vez, teríamos que adotar outro caso da condicional.

2. **(MS CONCURSOS–2016)** Considerando verdadeira a afirmação: "Se todos fizerem a sua parte, então acabaremos com o mosquito da dengue.", é necessariamente verdade que:

   a) Se acabar o mosquito da dengue, então todos fizeram a sua parte.
   b) Se não acabar o mosquito da dengue, então nem todos fizeram a sua parte.
   c) Se nem todos fizerem a sua parte, então não acabaremos com o mosquito da dengue.
   d) Todos fazerem a sua parte é condição necessária para acabar com o mosquito da dengue.

RESOLUÇÃO:

Para resolver essa questão precisamos usar a técnica de equivalência lógica. Como sei disso? Vou ensinar algumas dicas. A primeira é que a frase original é uma condicional e todas as alternativas são condicionais. Como o enunciado quer algo que seja necessariamente verdade, comparando-se com a frase original, podemos deduzir que temos que ter o mesmo resultado lógico. Outra dica importante é que você pode observar que em algumas alternativas as frases estão na negativa e foram invertidas, ou seja, a proposição "acabar com o mosquito da dengue" começou a ser escrita na frente da proposição "todos fizerem a sua parte". A grande dica é observar essas "informações" que acabei de descrever. Os problemas que se encaixam nessa descrição provavelmente serão resolvidos através da equivalência lógica.

Se vamos trabalhar com a equivalência lógica já podemos logo de cara descartar algumas alternativas. Uma das regras de equivalência lógica é justamente inverter as proposições. Como nas alternativas **c** e **d** as proposições não foram invertidas, vamos descartá-las. Sobraram as alternativas **a** e **b**.

SUPERDICA

Lembre-se que existem duas formas de fazer a equivalência lógica. Na segunda forma, é necessário trocar o conectivo **SE... ENTÃO** por **OU**. Como isso não ocorreu, significa que estamos trabalhando apenas com o primeiro caso.

A outra característica da equivalência lógica é negar as duas proposições.

CUIDADO

Nem sempre o problema utilizará a palavra **não** para negar. Às vezes eles podem utilizar palavras como **nem**, ou seja, palavras que também tragam o sentido negativo. Como a primeira proposição da alternativa **a** não foi negada, ela não pode ser a alternativa correta. Só sobrou a alternativa **b**, mas se você olhar com calma, verá que ela apresenta todas as características necessárias para ser equivalente logicamente com a proposição original.

3. (**IF-PE-2016**) Em uma empresa, houve um problema no encanamento. O problema foi resolvido, se e somente se, o técnico, o encanador e o porteiro foram ao trabalho. Se o porteiro foi ao trabalho, então, o técnico ou o encanador foi ao trabalho. Se o problema não foi resolvido, então, o técnico não foi ao trabalho. Se o porteiro não foi ao trabalho, então, o problema foi resolvido. Ora, o problema não foi resolvido, logo é possível saber que

a) o porteiro e o técnico não foram ao trabalho.

b) o técnico e o encanador não foram ao trabalho.

c) apenas o porteiro não foi ao trabalho.

d) apenas o técnico não foi ao trabalho.

e) ninguém foi ao trabalho.

RESOLUÇÃO:

A primeira coisa que devemos fazer nesse tipo de questão é organizar as informações. Gosto de colocar as proposições compostas uma embaixo da outra.

- O problema foi resolvido, se e somente se, o técnico, o encanador e o porteiro foram ao trabalho.
- Se o porteiro foi ao trabalho, então, o técnico ou o encanador foi ao trabalho.
- Se o problema não foi resolvido, então, o técnico não foi ao trabalho.
- Se o porteiro não foi ao trabalho, então, o problema foi resolvido.

Ora, o problema não foi resolvido.

Destaquei a última frase porque além dela não ser uma proposição composta, é a chave da resolução dos nossos problemas. Ela afirma que o **problema não foi resolvido**. Com essa informação podemos analisar cada uma das proposições compostas que nos foram apresentados.

SUPERDICA

> Você sempre vai considerar que todas as proposições que foram dadas são verdadeiras, exceto quando o enunciado fala ao contrário.

Vamos analisar o valor lógico de cada proposição:

F

- O problema foi resolvido, se e somente se, o técnico, o encanador e o porteiro foram ao trabalho.
- Se o porteiro foi ao trabalho, então, o técnico ou o encanador foi ao trabalho.

V

- Se o problema não foi resolvido, então, o técnico não foi ao trabalho.

F

- Se o porteiro não foi ao trabalho, então, o problema foi resolvido.

Agora a melhor coisa a fazer é escrever a tabela verdade da condicional, visto que todas as proposições são condicionais.

1ª Coluna	2ª Coluna	3ª Coluna
p	q	$p \rightarrow q$
V	V	V
V	F	F
F	V	V
F	F	V

TRUQUE! Para você ganhar tempo, veja a exceção. Nesse caso é a segunda linha, ou seja, o único caso que dá falso. Lembre-se, as proposições sempre têm que ser verdadeiras. A condição para que a condicional seja falsa é que a primeira proposição seja verdadeira e a segunda falsa, logo isso não poderá acontecer. Como resolver isso então? Se você olhar na tabela, verá que na última linha a segunda proposição também é falsa, mas seu resultado final é verdadeiro. Isso sempre ocorrerá quando a primeira proposição for falsa, ou seja, se as duas proposições forem falsas, o resultado final é verdadeiro. Veja:

1ª Coluna	2ª Coluna	3ª Coluna
p	q	$p \rightarrow q$
V	V	V
V	F	F
F	V	V
F	F	V

Sabendo disso, vamos reanalisar as nossas proposições, mas dessa vez, vamos colocar o valor falso na primeira proposição sempre que a segunda proposição for falsa.

F

- O problema foi resolvido se, e somente se, o técnico, o encanador e o porteiro foram ao trabalho.
- Se o porteiro foi ao trabalho, então, o técnico ou o encanador foi ao trabalho.

V

- Se o problema não foi resolvido, então, o técnico não foi ao trabalho.

F F

- Se o porteiro não foi ao trabalho, então, o problema foi resolvido.

Como você viu, apenas na última proposição tivemos mudança, uma vez que era o único caso no qual a segunda proposição era falsa. Nós descobrimos que é **falso** dizer que o porteiro não foi ao trabalho, ou seja, ele foi trabalhar! Vamos reanalisar as proposições, visto que temos uma informação nova. Veja:

F

- O problema foi resolvido se, e somente se, o técnico, o encanador e o porteiro foram ao trabalho.

V

- Se o porteiro foi ao trabalho, então, o técnico ou o encanador foi ao trabalho.

V

- Se o problema não foi resolvido, então, o técnico não foi ao trabalho.

F F

- Se o porteiro não foi ao trabalho, então, o problema foi resolvido.

Como você deve ter observado, descobrirmos que o valor lógico da primeira proposição da segunda frase é verdadeiro. Falta muito pouco, mas vamos reescrever a tabela verdade da condicional para não correr o risco de errarmos. Vamos analisar essas duas frases que começam com **verdadeiro.**

1ª Coluna	2ª Coluna	3ª Coluna
p	q	$p \rightarrow q$
V	V	V
V	F	F
F	V	V
F	F	V

Como você pode ver na tabela, existe apenas uma forma na qual a primeira proposição é verdadeira e o resultado final também. Isso só ocorre na primeira linha, ou seja, quando a primeira proposição for verdadeira, a segunda também será. Vamos reescrever as frases colocando essa informação.

F

- O problema foi resolvido se, e somente se, o técnico, o encanador e o porteiro foram ao trabalho.

V **V**

- Se o porteiro foi ao trabalho, então, o técnico ou o encanador foi ao trabalho.

V **V**

- Se o problema não foi resolvido, então, o técnico não foi ao trabalho.

F **F**

- Se o porteiro não foi ao trabalho, então, o problema foi resolvido.

Você nem precisa continuar analisando pois já conseguimos saber quem foi e quem não foi ao trabalho. A terceira afirmação fala que é **verdadeiro que o técnico não foi ao trabalho**, a segunda afirmação fala que o técnico ou o encanador foi ao trabalho e seu valor lógico é **verdadeiro**. Como já sabemos que o técnico não foi, podemos afirmar que o encanador foi, posto que a afirmativa falava que o técnico **OU** o encanador foram. Para finalizar, sabemos através da última afirmação, que é **falso** quando falam que o porteiro não foi ao trabalho, por isso sabemos que ele foi. Resumindo, o único que não foi trabalhar foi o técnico.

4. (**ESAF-2016**) Sabendo que os valores lógicos das proposições simples *p* e *q* são, respectivamente, a verdade e a falsidade, assinale o item que apresenta a proposição composta cujo valor lógico é a verdade.

a) $\sim p \vee q \rightarrow q$

b) $p \vee q \rightarrow q$

c) $p \rightarrow q$

d) $p \leftrightarrow q$

e) $q \wedge (p \vee q)$

DICA

Construa a tabela verdade de cada uma das alternativas, mas não é necessário fazer todas as linhas, porque o problema só quer que você estude o caso no qual a proposição **p** é **verdade** e a **q** é **falsa**. A única alternativa que apresentar como resultado final dessa análise o valor verdade, será a alternativa correta.

5. (**INSTITUTO AOCP-2016**) A tabela verdade apresenta os estados lógicos das entradas e das saídas de um dado no computador. Ela é a base para a lógica binária que, igualmente, é a base de todo cálculo computacional. Sabendo disso, assinale a alternativa que apresenta a fórmula que corresponde ao resultado da tabela verdade dada.

p	q	Resultado
V	V	V
V	F	F
F	V	F
F	F	F

a) $(p \wedge q)$

b) $(p \vee q)$

c) $(p \rightarrow q)$

d) $(\neg p)$

e) $(\neg q)$

DICA

Talvez você ache o enunciado confuso, mas para resolvê-lo basta olhar a tabela verdade e pensar qual é a proposição lógica que possui essa tabela.

6. (**FUNCAB-2016**) Ou Francimara viaja de avião, ou Antônio mora em Porto de Galinhas, ou Cintia mora em Salvador. Se Antônio mora em Porto de Galinhas, então Flávia viaja de ônibus. Se Flávia viaja de ônibus, então Cintia mora em Salvador. Ora Cintia não mora em Salvador, logo:

a) Francimara viaja de avião e Antônio não mora em Porto de Galinhas.

b) Francimara não viaja de avião e Flávia não viaja de ônibus.

c) Antônio mora em Porto de Galinhas e Cintia não mora em Salvador.

d) Antônio não mora em Porto de Galinhas e Flávia viaja de ônibus.

e) Antônio mora em Porto de Galinhas ou Flávia viaja de ônibus.

DICA

Utilize a mesma técnica de resolução da questão três. Só tome cuidado porque a primeira afirmação são três disjunções simples, ou seja, use a tabela da **disjunção inclusiva**.

7. (**Prefeitura do Rio de Janeiro-RJ-2015**) Em uma empresa, o gerente afixou o seguinte informe no quadro de avisos: "Se um funcionário não faltar em determinado mês, ganhará um bônus de 100 reais". Pode-se concluir corretamente que, em determinado mês:

a) se um funcionário não ganhou um bônus de 100 reais, então ele faltou

b) se um funcionário não ganhou um bônus de 100 reais, então ele não faltou

c) se um funcionário ganhou um bônus de 100 reais, então ele faltou

d) se um funcionário ganhou um bônus de 100 reais, então ele não faltou

DICA

Use a técnica da equivalência lógica, igual nós fizemos na questão número dois.

8. (**EXATUS-2015**) Se Aldo se casa com Bianca, então Bianca fica feliz. Se Bianca fica feliz, então Clara chora. Se Clara chora, então Dione consola Clara. Ora, Dione não consola Clara, logo:

a) Clara não chora e Bianca fica feliz.

b) Clara não chora e Aldo não se casa com Bianca.

c) Bianca não fica feliz e Aldo se casa com Bianca.

d) Bianca fica feliz e Aldo se casa com Bianca.

e) Clara chora e Bianca fica feliz.

DICA

Use a mesma técnica de resolução da primeira questão.

9. **(INSTITUTO PRÓ-MUNICÍPIO-2015)** A bota é preta, ou o sapato é branco ou o tênis é verde. Se o sapato é branco, então o chinelo é marrom. Se a sapatilha é dourada, então o chinelo não é marrom. Se o tênis é verde, então a sapatilha não é dourada. Ora, a sapatilha é dourada. Então:

   a) A bota é preta, o sapato é branco e o tênis não é verde;
   b) A bota não é preta, o sapato não é branco e o tênis é verde;
   c) A bota não é preta, o sapato é branco e o tênis não é verde;
   d) A bota é preta, o sapato não é branco e o tênis não é verde.

DICA

Use a mesma técnica da questão três.

10. **(INSTITUTO PRÓ-MUNICÍPIO-2015)** Sabe-se que é falsa a seguinte afirmação: "Morgana não é médica ou Carla é advogada". Segue, a partir desta informação, que uma das afirmativas a seguir é verdadeira. Assinale-a:

   a) Morgana é médica e Carla é advogada;
   b) Se Morgana é médica, então Carla é advogada;
   c) Morgana não é médica e Carla não é advogada;
   d) Se Carla é advogada, então Morgana é médica.

RESOLUÇÃO:

Lembra que em um exercício falei que sempre consideraríamos as afirmações verdadeiras a menos que o exercício fale ao contrário? Separei este exemplo para você! Para resolvê-lo, a primeira coisa a fazer é montar a tabela da disjunção inclusiva.

1ª Coluna	2ª Coluna	3ª Coluna
p	q	$p \rightarrow q$
V	V	V
V	F	V
F	V	V
F	F	F

Olhando na última linha da tabela, vemos que para que a afirmação seja falsa é necessário que ambas as proposições sejam falsas, por isso vamos analisar a nossa afirmação.

F **F**

- Morgana não é médica ou Carla é advogada.

Como a primeira proposição fala que Morgana não é médica e isso é **falso**, sabemos que ela é médica. A segunda proposição fala que Carla é advogada e isso é **falso**, significa que ela não é advogada. Resumindo:

- Morgana é médica.
- Carla não é advogada.

Já podemos descartar as alternativas **a** e **c**. Como as duas alternativas que sobraram são condicionais, vale a pena escrever a tabela da condicional para relembrarmos.

1ª Coluna	2ª Coluna	3ª Coluna
p	q	$p \rightarrow q$
V	V	V
V	F	F
F	V	V
F	F	V

Agora vamos analisar as duas alternativas que restam, utilizando as informações que já sabemos, ou seja, Morgana é médica e Carla não é advogada.

V **F**

b. Se Morgana é médica, então Carla é advogada;

F **V**

d. Se Carla é advogada, então Morgana é médica.

Olhando na tabela verdade, veremos que a alternativa **b** possui como resultado final o valor lógico **falso** (segunda linha da tabela).

1ª Coluna	2ª Coluna	3ª Coluna
p	q	$p \rightarrow q$
V	V	V
V	F	F
F	V	V
F	F	V

A alternativa **d** possui valor lógico **verdadeiro** (terceira linha da tabela).

1ª Coluna	2ª Coluna	3ª Coluna
p	q	p ∨ q
V	V	V
V	F	F
F	V	V
F	F	V

11. **(INSTITUTO PRÓ-MUNICÍPIO-2015)** Considere verdadeiras as seguintes proposições:

I. Se o aluno estudou, então ele aprendeu;

II. Se o aluno não foi aprovado, então ele não aprendeu.

Assim sendo:

a) O aluno ter estudado é condição necessária para ter sido aprovado;

b) O aluno ter estudado é condição suficiente para ter sido aprovado;

c) O aluno ter sido aprovado é condição suficiente para que tenha estudado;

d) O aluno ter estudado é condição necessária e suficiente para ter sido aprovado.

RESOLUÇÃO:

Os termos **condição necessária** e **condição suficiente** são utilizados em condicionais; já o termo **condição necessária e suficiente** refere-se à bicondicional, por isso podemos descartar a alternativa **d**.

Em uma condicional a primeira proposição é **condição suficiente** para a segunda ocorrer. Se quiser inverter a ordem das proposições também mudo o termo. A segunda proposição é **condição necessária** para a primeira ocorrer. Como as alternativas misturam as duas afirmações, vamos reescrevê-las unindo-as.

Se o aluno estudou, então ele aprendeu. Se ele aprendeu, então foi aprovado.

Como os termos condição suficiente e condição necessária basicamente só dependem da ordem que as proposições são escritas, vamos analisar cada uma das três primeiras alternativas.

a) O aluno ter estudado é condição necessária para ter sido aprovado; **Errado:** Como a primeira proposição é aluno ter estudado, deveria ter sido usado o termo **condição suficiente.**

b) O aluno ter estudado é condição suficiente para ter sido aprovado; Certo!

c) O aluno ter sido aprovado é condição suficiente para que tenha estudado; **Errado:** Como a proposição o aluno ter sido aprovado está no fim da afirmação original, ou seja, seria a "segunda" proposição, teria que ter usado o termo **condição necessária**.

12. (**CPCON–2015**) Sejam as proposições:

p: O rato entrou no buraco.

q: O gato seguiu o rato.

Assinale a proposição "**O rato não entrou no buraco e o gato seguiu o rato**" correspondente na linguagem da lógica.

a) $p \wedge q$

b) $\sim (p \wedge q)$

c) $p \wedge \sim q$

d) $\sim p \wedge q$

e) $\sim p \vee \sim q$

RESOLUÇÃO:

Essa questão é bem simples. Basta prestar atenção em qual conectivo está sendo usado. Trata-se de uma conjunção, uma vez que há o uso do conectivo **E**. Apenas com essa observação descarta-se a última alternativa, visto que o símbolo da conjunção é **^**. O próximo passo é prestar atenção na negação, representada pelo símbolo **~**. Lembre-se, usamos o **não** para negar. Como você pode observar, apenas a primeira proposição foi negada e a segunda não, ou seja, podemos representar a primeira proposição por **~p.**

Logo a alternativa correta é a letra d) **$\sim p \wedge$ q**.

CUIDADO

A alternativa **b** significa que você está negando TODA a proposição **$p \wedge p$.**

13. (**INSTITUTO AOCP–2015**) Considere as proposições: p = "Maringá é uma cidade", q = "Pedro gosta de viajar". Assinale a alternativa que corresponde à proposição $(p \rightarrow \sim q)$.

a) **"Maringá é uma cidade ou Pedro gosta de viajar"**

b) **"Maringá é uma cidade e Pedro não gosta de viajar"**

c) **"Se Maringá é uma cidade então Pedro não gosta de viajar"**

d) **"Se Maringá não é uma cidade então Pedro gosta de viajar"**

e) **"Maringá é uma cidade ou Pedro não gosta de viajar"**

DICA

Para resolver essa questão primeiro você precisa negar a proposição **q** e depois montar a estrutura da condicional **SE... ENTÃO**.

14. (**Prefeitura do Rio de Janeiro–RJ–2015**) Sabe-se que as seguintes proposições são verdadeiras:

- Se o time A não é campeão, então o time B se classifica para a Copa Libertadores.
- O time B não se classifica para a Copa Libertadores ou o time C se classifica para a Copa Sul-Americana.
- O time C se classifica para a Copa Sul-Americana, se e somente se, o time D não for rebaixado.
- O time D é rebaixado e o time E vence a última partida.

Portanto, é necessariamente verdadeiro que:

a) **o time B não se classifica para a Copa Libertadores, se e somente se, o time D não é rebaixado**

b) **o time A não é campeão e o time E vence a última partida**

c) **o time B se classifica para a Copa Libertadores ou o time D não é rebaixado**

d) **se o time C se classifica para a Copa Sul-Americana, então o time A é campeão**

DICA

Utilize a mesma técnica usada na resolução da primeira questão, mas **CUIDADO** porque **cada** afirmação possui um conectivo lógico diferente, ou seja, você vai ter que usar uma tabela verdade diferente para analisar cada afirmação.

15. (ESAF–2015) Paulo não é padre e Pedro não é professor. Paulo é padre ou Péricles é pedreiro. Se Paulinha é professora, então Pedrita é paisagista. Se Pedrita não é paisagista, então Péricles não é pedreiro. Desse modo, pode-se, corretamente, concluir que:

a) Paulo é padre e Péricles não é pedreiro

b) Péricles é pedreiro e Pedrita é paisagista

c) Paulo não é padre e Péricles não é pedreiro

d) Paulinha não é professora e Pedrita não é paisagista

e) Pedrita é paisagista e Paulo é padre

16. (INSTITUTO PRÓ–MUNICÍPIO–2015) Considere as seguintes proposições, todas com valor lógico verdadeiro:

I. Se Maria não é bonita, então João é louco

II. Se Ana é baiana, então Rex é pastor

III. Se Ana não é baiana, então Maria é bonita

IV. Se Rex é pastor, então João não é louco

Com base no raciocínio lógico dedutivo, pode-se garantir que:

a) Maria é bonita

b) João não é louco

c) Ana é baiana

d) Rex é pastor

17. (INSTITUTO AOCP–2015) Sabendo que a proposição "João está feliz e João passou no concurso" é falsa, é correto afirmar que

a) "João não está feliz ou João não passou no concurso"

b) "João está feliz"

c) "João passou no concurso"

d) "Se João está feliz, então João passa"

e) "Se João passa, então João está feliz"

18. (Prefeitura do Rio de Janeiro-RJ-2015) Sobre um pequeno grupo de pessoas, é sempre verdade que:

- Se João toca guitarra, então Maria vai ao *shopping*
- Se Pedro não ficou feliz, então Maria não foi ao *shopping*

Assim, se João toca guitarra, é necessariamente verdadeiro que:

a) Maria não vai ao *shopping*

b) Pedro fica feliz

c) Pedro não fica feliz

d) Pedro não fica feliz e Maria vai ao *shopping*

19. (FCC-2015) Considere as afirmações verdadeiras:

- Se compro leite ou farinha, então faço um bolo
- Se compro ovos e frango, então faço uma torta
- Comprei leite e não comprei ovos
- Comprei frango ou não comprei farinha
- Não comprei farinha

A partir dessas afirmações, é correto concluir que

a) fiz uma torta

b) não fiz uma torta e não fiz um bolo

c) fiz um bolo

d) nada comprei

e) comprei apenas leite e ovos

20. (CETRO-2015) Se Maria corre atrás de José, então José vai ao clube. Se José vai ao clube, então Tadeu vai ao mercado. Se Tadeu vai ao mercado, então Raquel corre atrás de Tadeu. Ora, Raquel não corre atrás de Tadeu. Logo, é correto afirmar que:

a) Tadeu não vai ao mercado e Maria não corre atrás de José

b) Tadeu não vai ao mercado e José vai ao clube

c) Tadeu vai ao mercado e José vai ao clube

d) José vai ao clube e Maria corre atrás de José

e) Maria corre atrás de José e Tadeu vai ao clube

21. (**FGV–2015**) Renato falou a verdade quando disse:

- Corro ou faço ginástica
- Acordo cedo ou não corro
- Como pouco ou não faço ginástica
- Certo dia, Renato comeu muito

É correto concluir que, nesse dia, Renato:

a) correu e fez ginástica
b) não fez ginástica e não correu
c) correu e não acordou cedo
d) acordou cedo e correu
e) não fez ginástica e não acordou cedo

22. (**INSTITUTO AOCP–2015**) Assinale a proposição tautológica.

a) $(p \rightarrow q) \vee (p \rightarrow \sim q)$
b) $(p \rightarrow q) \sim q$
c) $(\sim p \vee q) \rightarrow \sim q$
d) $p \rightarrow (p \wedge q)$
e) $\sim (\sim p \wedge q) \rightarrow (p \vee q)$

23. (**INSTITUTO AOCP–2015**) Considerando a proposição composta ($p \leftrightarrow$ **r**), é correto afirmar que

a) a proposição composta é falsa apenas se *p* for falsa
b) a proposição composta é falsa apenas se **r** for falsa
c) para que a proposição composta seja verdadeira é necessário que *p* e **r** tenham valores lógicos iguais
d) para que a proposição composta seja verdadeira é necessário que *p* e **r** tenham valores lógicos diferentes
e) para que a proposição composta seja falsa é necessário que ambas, *p* e **r** sejam falsas

24. (**INSTITUTO AOCP–2015**) A proposição $\sim (p \vee q)$ é equivalente:

a) $\sim p \vee \sim q$
b) $\sim p \vee q$
c) $\sim p \wedge q$
d) $p \wedge q$
e) $\sim p \wedge \sim q$

25. (**CESPE –2014**) Julgue os itens que se seguem, relacionados à lógica proposicional.

A sentença "O reitor declarou estar contente com as políticas relacionadas à educação superior adotadas pelo governo de seu país e com os rumos atuais do movimento estudantil" é uma proposição lógica simples.

a) Certo
b) Errado

26. (**FUNCAB–2014**) Determine o número de linhas da tabela verdade da proposição: "Se trabalho e estudo matemática, então canso, mas não desisto ou não estudo matemática".

a) 16
b) 8
c) 32
d) 4
e) 64

27. (**IMPARH–2015**) Rafael garantiu a sua namorada Priscila que se ele tivesse desempenho satisfatório na avaliação de Língua Portuguesa que seria realizada na sexta-feira, o casal iria para o cinema no sábado à noite. Priscila ficou feliz com a ideia. Ao término da avaliação de Língua Portuguesa, a professora de Rafael o parabenizou por seu desempenho na avaliação. Priscila não saiu de casa na noite de sábado. Então:

a) Priscila desistiu de ir ao cinema
b) Rafael não cumpriu sua palavra
c) Priscila não gostou da ideia de Rafael
d) Rafael não gostou da avaliação de Língua Portuguesa

28. (**CESP–2016**) Considere as seguintes proposições para responder a questão.

P1: Se há investigação ou o suspeito é flagrado cometendo delito, então há punição de criminosos.

P2: Se há punição de criminosos, os níveis de violência não tendem a aumentar.

P3: Se os níveis de violência não tendem a aumentar, a população não faz justiça com as próprias mãos.

A quantidade de linhas da tabela verdade associada à proposição **P1** é igual a

a) 32
b) 2
c) 4
d) 8
e) 16

29. **(CESP-2016)** Julgue o item a seguir, relativos a raciocínio lógico e operações com conjuntos.

Para quaisquer proposições *p* e *q*, com valores lógicos quaisquer, a condicional $p \rightarrow (q \rightarrow p)$ será, sempre, uma tautologia.

a) Certo
b) Errado

30. **(Quadrix-2015)** Durante uma investigação, um detetive recebeu as seguintes afirmações:

I. Carlos e Donald são inocentes
II. Beto é culpado ou Carlos é inocente
III. Se Elias é culpado, então Alex é inocente
IV. Se Beto ou Fábio são inocentes, então Giu e Hélio são culpados
V. Alex é inocente

Após analisar fatos, pistas e consultar seus informantes, o detetive concluiu que a afirmação **II** era falsa, enquanto que a **V** era verdadeira. Com base nessas conclusões é possível inferir que as afirmações I, III e IV são, respectivamente:

a) verdadeira – verdadeira – verdadeira
b) falsa – falsa – falsa
c) verdadeira – falsa – verdadeira
d) verdadeira – falsa – falsa
e) falsa – verdadeira – verdadeira

31. **(CESPE-2014)** Considerando que **P** seja a proposição "Se os seres humanos soubessem se comportar, haveria menos conflitos entre os povos", julgue os itens seguintes:

Se a proposição "Os seres humanos sabem se comportar" for falsa, então a proposição P será verdadeira, independentemente do valor lógico da proposição "Há menos conflitos entre os povos".

a) Certo
b) Errado

32. (**UESPI–2014**) Um enunciado é uma tautologia quando não puder ser falso, um exemplo é:

a) Está fazendo sol e não está fazendo sol

b) Está fazendo sol

c) Se está fazendo sol, então não está fazendo sol

d) Não está fazendo sol

e) Está fazendo sol ou não está fazendo sol

33. (**VUNESP–2014**) O princípio da não contradição, inicialmente formulado por Aristóteles (384–322 a.C.), permanece como um dos sustentáculos da lógica clássica. Uma proposição composta é contraditória quando:

a) seu valor lógico é falso e todas as proposições simples que a constituem são falsas

b) uma ou mais das proposições que a constituem decorre/ decorrem de premissas sempre falsas

c) seu valor lógico é sempre falso, não importando o valor de suas proposições constituintes

d) suas proposições constituintes não permitem inferir uma conclusão sempre verdadeira

e) uma ou mais das proposições que a constituem possui/ possuem valor lógico indeterminável

34. (**FUNCAB–2014**) Assinale a alternativa que contém a classificação correta para a proposição "Ao lançar-se uma moeda para cima, a face coroa cairá virada para cima ou não cairá virada para cima".

a) Contradição

b) Tautologia

c) Equivalência

d) Conectivo

35. (**ESAF–2014**) Assinale qual das proposições das opções a seguir é uma tautologia.

a) $p \vee q \rightarrow q$

b) $p \wedge q \rightarrow q$

c) $p \wedge q \leftrightarrow q$

d) $(p \wedge q) \vee q$

e) $p \wedge q \leftrightarrow q$

36. (CS-UFG-2016) Considere verdadeira a informação "se a empresa A dobrar seu capital então a empresa B vai triplicar o seu capital", e falsa a informação "a empresa A vai dobrar o seu capital e a empresa B vai triplicar seu capital". Nessas condições, necessariamente a empresa

a) A vai dobrar seu capital
b) A não vai dobrar seu capital
c) B vai triplicar seu capital
d) B não vai triplicar seu capital

37. (IAT-2014) Maria está escrevendo uma mensagem a ser enviada por e-mail. Um dos trechos da mensagem traz a seguinte proposição: "Beatriz comprou um carro novo ou não é verdade que Beatriz comprou um carro novo e não fez a viagem de férias".

A partir dos seus conhecimentos, pode-se afirmar que a única alternativa correta:

a) Esta proposição é uma tautologia
b) A proposição em questão é um paradoxo
c) Trata-se de um exemplo de silogismo
d) Este é um exemplo de uma contradição

38. (IBFC-2013) Se o valor lógico de uma proposição p é verdadeira e o valor lógico de uma proposição q é falsa, podemos afirmar que:

a) A conjunção entre as duas é verdadeira
b) p condicional q é verdadeira
c) p bicondicional q é falsa
d) A disjunção entre as duas é falsa

39. (CESP-2013) Um provérbio chinês diz que:

P1: Se o seu problema não tem solução, então não é preciso se preocupar com ele, pois nada que você fizer o resolverá.

P2: Se o seu problema tem solução, então não é preciso se preocupar com ele, pois ele logo se resolverá.

O número de linhas da tabela verdade correspondente à proposição P2 do texto apresentado é igual a

a) 24
b) 4
c) 8
d) 12
e) 16

40. (CESPE–2016) Com relação à lógica proposicional, julgue o item subsequente. Considerando-se as proposições simples "Cláudio pratica esportes" e "Cláudio tem uma alimentação balanceada", é correto afirmar que a proposição "Cláudio pratica esportes ou ele não pratica esportes e não tem uma alimentação balanceada" é uma tautologia.

a) Certo
b) Errado

41. (UPENET/IAUPE–2015) Acerca de proposições e seus valores lógicos, analise as afirmativas abaixo, colocando C nas CORRETAS e I nas INCORRETAS.

( ) $(A \wedge B) \rightarrow (A \vee B)$ é uma contradição.

( ) $A \rightarrow (\sim A \rightarrow B)$ é uma tautologia.

( ) $\sim A \wedge (A \wedge \sim B)$ é uma tautologia.

Assinale a alternativa que apresenta a sequência CORRETA.

a) I – I – I
b) C – I – C
c) I – C – C
d) I – C – I
e) C – C – C

42. (ESAF–2016) Sejam as proposições (p) e (q) onde (p) é V e (q) é F, sendo V e F as abreviaturas de verdadeiro e falso, respectivamente. Então com relação às proposições compostas, a resposta correta

a) (p) e (q) são V
b) Se (p) então (q) é F
c) (p) ou (q) é F
d) (p) se e somente se (q) é V
e) Se (q) então (p) é F

43. (CESPE–2016) Julgue o item a seguir, relativos a raciocínio lógico e operações com conjuntos.

A sentença "Bruna, acesse a Internet e verifique a data da aposentadoria do Sr. Carlos!" é uma proposição composta que pode ser escrita na forma $p \wedge q$.

a) Certo
b) Errado

RESOLUÇÃO:

Veja, no começo do capítulo, o que pode ser considerado uma proposição. Essa frase é exclamativa, logo não é proposição, por isso não pode ser escrita da forma $\mathbf{p \wedge q}$.

44. (CESPE-2016) As proposições seguintes constituem as premissas de um argumento.

- Bianca não é professora.
- Se Paulo é técnico de contabilidade, então Bianca é professora.
- Se Ana não trabalha na área de informática, então Paulo é técnico de contabilidade.
- Carlos é especialista em recursos humanos, ou Ana não trabalha na área de informática, ou Bianca é professora.

Assinale a opção correspondente à conclusão que torna esse argumento um argumento válido.

a) Carlos não é especialista em recursos humanos e Paulo não é técnico de contabilidade
b) Ana não trabalha na área de informática e Paulo é técnico de contabilidade
c) Carlos é especialista em recursos humanos e Ana trabalha na área de informática
d) Bianca não é professora e Paulo é técnico de contabilidade
e) Paulo não é técnico de contabilidade e Ana não trabalha na área de informática

45. (FUNCAB-2016) Partindo das premissas:

I. Todo médico é formado em medicina
II. Todo médico é atencioso
III. Ribamar é atencioso
IV. Francisca é funcionária do hospital

Pode-se concluir que:

a) Francisca é atenciosa
b) Ribamar é formado em medicina
c) Ribamar é funcionário do hospital
d) Há pessoas atenciosas que são formadas em medicina
e) Francisca e Ribamar são casados

46. **(FUNCAB-2016)** Se todos os maranhenses são nordestinos e todos os nordestinos são brasileiros, então pode-se concluir que:

a) é possível existir um nordestino que não seja maranhense

b) é possível existir um maranhense que não seja nordestino

c) todos os nordestinos são maranhenses

d) é possível existir um maranhense que não seja brasileiro

e) todos os brasileiros são maranhenses

47. **(BIO-RIO)** Se NÃO é verdade que, naquele clube, todo sócio é casado, então:

a) ao menos um sócio não é casado

b) todos os sócios não são casados

c) nenhum sócio é casado

d) todos os sócios são solteiros

e) alguns sócios são casados

48. **(BIO-RIO-2015)** Se, numa empresa, é verdade que "nenhum flamenguista é cozinheiro" avalie se as afirmativas a seguir são falsas (F) ou certamente verdadeiras (V):

- Nenhum cozinheiro é flamenguista
- Todo flamenguista não é cozinheiro
- Algum cozinheiro é flamenguista

As afirmativas são respectivamente:

a) V, V e V

b) V, F e F

c) F, V e V

d) F, V e F

e) F, F e F

49. **(FCC-2015)** Considere como verdadeiras as afirmações:

- Todo programador sabe inglês.
- Todo programador conhece informática.
- Alguns programadores não são organizados.

A partir dessas afirmações é correto concluir que:

a) todos que sabem inglês são programadores

b) pode existir alguém que conheça informática e não seja programador

c) todos que conhecem informática são organizados

d) todos que conhecem informática sabem inglês

e) pode existir programadores organizados que não sabem inglês

50. (**FUNDATEC-2015**) Observando uma caixa com objetos de plástico, fez-se as seguintes afirmações:

Nem todos os objetos da caixa são vermelhos. Nenhum objeto da caixa é redondo.

Supondo que as afirmações são verdadeiras, então é correto deduzir que é verdadeiro:

a) Algum objeto da caixa não é vermelho e não é redondo

b) Todos os objetos da caixa são redondos

c) Todos os objetos da caixa são vermelhos

d) Algum objeto da caixa não é vermelho, mas é redondo

e) Todos os objetos da caixa não são redondos e não são vermelhos

51. (**BIO-RIO-2015**) Num planeta distante todo Mex é Nex e todo Nex é Ox; então

a) Todo Ox é Mex

b) Todo Ox é Nex

c) Todo Nex é Mex

d) Todo Mex é Ox

e) Nenhum Ox é Mex

52. (**VUNESP-2015**) Sabe-se que todos os primos de Vanderlei são funcionários públicos e que todos os primos de Marcelo não são funcionários públicos. Dessa forma, deduz-se corretamente que

a) nenhum funcionário público é primo de Vanderlei.

b) algum primo de Vanderlei é primo de Marcelo.

c) nenhum primo de Vanderlei é funcionário público.

d) algum funcionário público é primo de Marcelo.

e) nenhum primo de Marcelo é primo de Vanderlei.

53. **(FDC–2015)** Considere as seguintes premissas:

A – Todos os meus amigos são engenheiros.

B – Rui é meu amigo.

C – Nenhum dos meus vizinhos é engenheiro.

Podemos concluir então que:

a) Rui é meu vizinho;

b) Rui não é engenheiro;

c) Rui não é meu vizinho;

d) Rui é meu vizinho e meu amigo;

e) Rui não é meu vizinho nem meu amigo.

54. **(FCC–2015)** Se Daniela possui pelo menos três carros, então Elisa possui três carros. Se Elisa possui carro, então Fernanda possui cinco carros. Sabendo-se que Daniela possui cinco carros, foram feitas as seguintes afirmações:

I. Elisa possui carro;

II. Fernanda possui carro;

III. Fernanda não possui carro.

Das três afirmações feitas, são necessariamente corretas APENAS.

a) I.

b) II

c) III.

d) I e II.

e) I e III.

RESPOSTAS: 1. c) ■ 2. b) ■ 3. d) ■ 4. a) ■ 5. a) ■ 6. a) ■ 7. a) ■ 8. b) ■ 9. d) ■ 10. d) ■ 11. b) ■ 12. d) ■ 13. c) ■ 14. d) ■ 15. b) ■ 16. a) ■ 17. a) ■ 18. b) ■ 19. c) ■ 20. a) ■ 21. d) ■ 22. a) ■ 23. c) ■ 24. e) ■ 25. b) ■ 26. a) ■ 27. b) ■ 28. d) ■ 29. a) ■ 30. e) ■ 31. a) ■ 32. e) ■ 33. c) ■ 34. b) ■ 35. d) ■ 36. b) ■ 37. a) ■ 38. b) ■ 39. c) ■ 40. b) ■ 41. d) ■ 42. b) ■ 43. b) ■ 44. c) ■ 45. d) ■ 46. a) ■ 47. a) ■ 48. d) ■ 49. b) ■ 50. a) ■ 51. d) ■ 52. e) ■ 53. c) ■ 54. d)

ÍNDICE

A

B

C

D

E

U

V

Este livro foi impresso nas oficinas gráficas da Editora Vozes Ltda.,
Rua Frei Luís, 100 – Petrópolis, RJ.